离子液体电解质

陈人杰　赵桃林　著

科学出版社

北京

内 容 简 介

离子液体电解质在新能源领域展现出极大的应用发展潜力,是当前新型电解质材料设计开发的热点。本书基于离子液体的性质特点,以离子液体作为电解质的基础创新与应用研究为主线,系统阐述了离子液体电解质的结构与性质、合成与表征、计算与模拟、物性与应用,重点介绍了近年来离子液体电解质应用于锂离子电池、钠离子电池、双离子电池、锂硫电池、锂空气电池、燃料电池、电化学电容器、太阳电池等能源器件的研究进展,并对其在新能源领域的机遇与挑战进行了展望。

本书可供从事新能源材料及器件研究和离子液体设计开发的科研人员以及高等院校相关专业师生阅读参考。

图书在版编目(CIP)数据

离子液体电解质/陈人杰,赵桃林著. —北京:科学出版社,2023.10
ISBN 978-7-03-076660-1

Ⅰ. ①离… Ⅱ. ①陈… ②赵… Ⅲ. ①离子-液体-电解质 Ⅳ. ①O646.1

中国国家版本馆 CIP 数据核字(2023)第 196967 号

责任编辑:杨新改 / 责任校对:杜子昂
责任印制:赵 博 / 封面设计:东方人华

科学出版社 出版
北京东黄城根北街 16 号
邮政编码:100717
http://www.sciencep.com
北京建宏印刷有限公司印刷
科学出版社发行 各地新华书店经销

*

2023 年 10 月第 一 版 开本:720×1000 1/16
2025 年 1 月第二次印刷 印张:24 3/4
字数:500 000
定价:188.00 元
(如有印装质量问题,我社负责调换)

作 者 简 介

    陈人杰　北京理工大学教授、博士生导师，前沿技术研究院首席科学家（先进能源材料及智能电池创新中心主任），理学和材料学部副主任。

    现任国家部委能源专业组委员，中国材料研究学会副秘书长（能源转换及存储材料分会秘书长）、中国硅酸盐学会固态离子学分会理事、国际电化学能源科学院（IAOEES）理事、中国化工学会化工新材料专业委员会副主任委员、中国电池工业协会全国电池行业专家、北京电动车辆协同创新中心研究员。

    主要从事多电子高比能电池新体系、新型离子液体及功能复合电解质材料、特种电源与结构器件、绿色电池资源化再生、智能电池及信息能源融合交叉技术等方面的教学和科研工作。2002 年至今，面向不同电化学体系的应用，设计制备了包括离子液体-共溶剂混合液态电解质、离子液体-聚合物凝胶电解质、离子液体-无机复合电解质等多种功能电解质材料，对其作用机理、传递机制、界面相容等特性进行了系统的研究。先后合成制备了吡咯类、哌啶类、酰胺/有机酸质子型等液态离子液体电解质，提出的"环链协同效应"实现了多元溶剂组分的性能优化，有效提升了离子液体基电解质的离子传导性、电化学兼容性、宽温域适应性和安全性。通过溶胶-凝胶反应实现了离子液体中阴阳离子和功能基团与聚合物分子的稳定作用，明晰了聚合物链段的组成、结构对离子液体性能的影响规律，制备得到了具有良好机械强度、高离子电导率、宽电化学窗口、安全不燃的自支撑柔性离子液体-聚合物凝胶电解质。基于力学-电化学耦合机制，设计制备了系列无机纳米材料和离子液体电解质原位复合的固态化电解质，通过引入偶联剂有效实现了无机/有机材料的良好界面相容和微观结构构筑，显著增强了复合电解质的界面稳定性和离子迁移率，为设计开发高安全固态化电池新体系提供了支持。研制出能量密度从 300 Wh/kg 到 600 Wh/kg 不同规格和性能特征的锂二次电池样品，先后在高容量通信装备、无人机、机器人、新能源汽车等方面开展应用。

    发表 SCI 收录论文 400 余篇，获授权专利 60 余项，获批软件著作权 10 余项，出版学术专著 2 部（《先进电池功能电解质材料》《多电子高比能锂硫二次电池》，2020 年于科学出版社出版）。获得国家技术发明奖二等奖 1 项、省部级科学技术奖一等奖 6 项。入选教育部高层次人才、中国工程前沿杰出青年学者、北京高等学校卓越青年科学家和英国皇家化学学会会士、科睿唯安"全球高被引科学家"、爱思唯尔"中国高被引学者"。

作 者 简 介

赵桃林 石家庄铁道大学材料科学与工程学院副教授，硕士研究生导师。

主要研究领域：在能源存储与转换领域，致力于开展新能源材料与储能器件、先进电池体系、新型绿色电极、纳米材料等方面的教学与科研工作，期望推动高效能源存储技术的发展。基于新能源汽车、大规模长时储能、高精尖电子产业对二次电池高能量密度、低成本和长服役寿命等方面的重大需求，将新型纳米技术应用于电池电极材料的制备与改性研究，开展了微米/纳米三维分级结构电池电极材料的设计与优化制备、新型水系黏结剂改善电极结构稳定性、高导电性生物质碳原位复合高容量型纳米电极材料等工作，探明了黏结剂对维持电极结构稳定性的重要作用，揭示了电极材料的晶体结构转变过程及影响因素，开发了"无需高温煅烧的水热制备路线""原位熔融盐结晶""微米球/纳米棒分级结构"等新方法、新技术和新结构，实现了电极材料导电性的提升、循环中材料体积形变的抑制和电极结构稳定性的提高。

主持承担国家自然科学基金项目(51902213)、中央引导地方科技发展资金项目(226Z4405G)、河北省自然科学基金项目(B2016210071)、河北省高等学校科学技术研究项目(QN2016057、BJ2020046)等多项课题，并参与国家"973"计划项目、国家自然科学基金项目、国际科技合作计划项目等课题。

以第一作者或通讯作者在 *Nano Energy*、*Journal of Energy Chemistry*、*Nanoscale Horizons*、*ACS Applied Materials & Interfaces*、*Journal of Power Sources*、《复合材料学报》等国内外著名期刊上发表学术论文 30 余篇；担任国内外多个著名期刊审稿人；申请国家发明专利 3 项；获得河北省青年拔尖人才、河北省"三下乡"服务标兵、本科毕业论文优秀指导教师等荣誉称号。

序

　　随着全球可再生能源和新能源汽车产业的迅速发展，储能材料和技术将成为其中关键的一环。储能系统作为新能源产业持续稳定发展的一个核心部分，是满足可再生能源大规模使用和分布式能源系统、新能源交通产业的重要支撑。当前，不同储能技术的成熟度存在较大差异，需构建多能互补、取长补短、因地制宜、效益优先的储能技术布局。新能源与新型储能技术相互结合、共同发展，将成为新型储能产业的重要方向。受全球新能源发电、新能源交通及新型储能产业的需求牵引，多类型储能体系近年来取得了长足进步，同时人们对电池电化学性能和安全性方面的要求也越来越高。

　　提高新型二次电池电化学性能和安全性能的关键在于发展安全型的电极、电解质等电池新材料。电解质在电池体系中正负极间离子传导和转化反应等方面起着十分重要的作用，对改善电池稳定性、循环寿命、安全性等至关重要。目前广泛应用的有机液体电解质体系存在着易燃、易挥发、不稳定等不足，影响了电池本征安全性的整体提升。特别是近年来，新能源车用动力电池和大规模储能电池的发展对电池的电解质材料提出了更高的综合性能要求。室温下全部由离子成分组成的离子液体具有不易挥发、不易燃、电导率高、热稳定性好、电化学窗口稳定等特点，使得设计具有更优性能的新型离子液体基功能电解质材料成为可能。通过调整离子液体电解质的理化性质或者形成固态或准固态离子液体基复合电解质，可以降低电解液泄漏的风险，抑制枝晶生长，并有助于开发轻质、柔性和可弯曲的电池。

　　该书基于离子液体与电解质的基本特性，系统梳理了离子液体电解质的物化性质、结构设计、合成表征、理论计算、实验制备等基础理论知识，深入分析了离子液体电解质在多种储能装置中应用的研究进展，并对该研究领域所面临的机遇与挑战进行了探讨分析，对离子液体电解质的发展动态和未来趋势进行了总结展望。该书的出版，将有助于促进社会各界对新能源电池行业功能电解质材料研究领域进行深入了解、认识和关注。作为从事绿色二次电池及关键材料研究多年的科技工作者，我希望这本书能为我国电池新材料的创新发展和清洁能源产业形成多元化储能格局起到抛砖引玉的作用。

吴锋

2023 年 8 月

前　言

研究和开发清洁可再生能源并寻求提高能源利用率的先进方法，已成为全球共同关注的核心问题。随着新能源交通、先进信息装备和大规模储能对安全、可持续和高性能电池需求的日益增长，各种储能体系及装备迅速发展，并在能源化学与材料科学领域受到人们的普遍关注。目前，商业化电池仍使用液体电解质作为正负极离子传导介质，电解质的持续改进会影响到电池的能量密度、使用寿命和安全性，因此探索综合性能更优的电解质材料及应用技术是新能源领域的重要研究方向，符合我国清洁能源的可持续发展战略。

当前，电解质材料应用的难点主要是存在液体电解质的不安全性、固态或准固态电解质的低电导率等问题。离子液体具有极低的挥发性、高离子导电性、良好的热稳定性、低可燃性以及宽电化学稳定窗口等特性，是一种具有重要发展和应用前景的新材料，将其作为新型电解质材料进行应用可显著提高电池的安全性和稳定性。本书基于离子液体的基础理论知识，结合国内外电池技术的发展现状和趋势，系统介绍了离子液体电解质在代表性电池体系中的研究进展，并对本领域所面临的机遇、挑战与趋势进行了展望。全书共 14 章，第 1 章介绍了离子液体、电解质、离子液体电解质三者的基础理论知识，阐述了离子液体作为电解质的可能性与潜在优势；第 2 章分析了离子液体电解质的物化性质与结构设计之间的内在关系；第 3~5 章从理论计算与实验研究的角度为离子液体电解质的制备与开发提供了具体的实例分析；第 6~13 章从不同应用体系的角度总结了离子液体电解质在各种储能装置中的研究进展；第 14 章结束语部分，对离子液体电解质的发展趋势进行了展望，并论述了离子液体电解质的机遇、挑战与未来应用前景。

本书的撰写得到了中国工程院院士、北京理工大学吴锋教授的悉心指导，作者在深入开展绿色二次电池、离子液体电解质等相关研究的基础上，结合先后承担的国家"863"计划、国家"973"计划、国家自然科学基金项目、国家重点研发计划项目及北京市重大成果转化项目等课题，将研究成果和国内外代表性文献报道进行了系统总结和论述。作者的研究生纪日新、孟瑜、申建钢等在文献查阅、资料整理等方面做了大量细致认真的工作，在此，特向所有为本书付出辛勤劳动的老师和学生表示衷心的感谢。

在本书出版之际，感谢国家重点研发计划项目（2022YFB2502102）、国家自然科学基金项目（U2130204，51902213）、中央引导地方科技发展资金项目（226Z4405G）、北京高等学校卓越青年科学家计划项目（BJJWZYJH 01201910007023）和河北省青年拔尖人才项目（BJ2020046）的支持，感谢科学出版社及编辑在本书出版过程中付出的努力！

　　离子液体电解质材料研究工作日新月异，储能系统应用多种多样，相关创新工作涉及材料、化学、物理、计算等多个学科的理论知识，由于时间仓促，加之作者理论水平和经验有限，书中疏漏之处在所难免，敬请广大读者批评指正。

2023 年 8 月

目　　录

第1章

离子液体与电解质

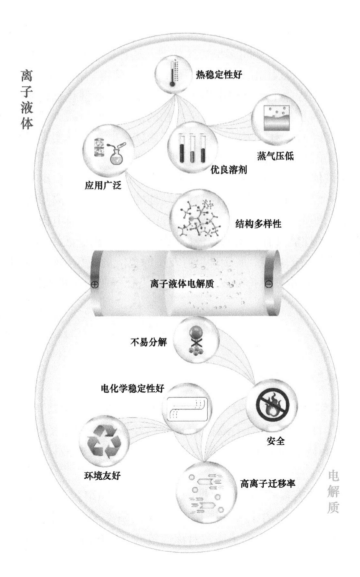

离子液体(ionic liquids，ILs)[1,2]是指完全由带正电的离子和带负电的离子组成的有机盐，通常指在室温时呈液体状态的有机离子液体。从理论上讲，离子液体可能有万亿种，科学家可以从中选择自己工作所需要的离子液体。离子液体一般不会形成蒸气，可以多次反复使用，而且使用方便。早在19世纪就有科学家开始研究离子液体，直到20世纪70年代初，美国科学家将离子液体作为液态电解质用于军事领域和空间探测的电池中，之后离子液体逐步得到人们的关注和研究。1999年，《化学评论》(Chem. Rev.)发表了以"室温离子液体：用于合成和催化的溶剂"为主题的关于离子液体的第一篇综述报道[3]。经过20多年的发展，离子液体在多个领域得到了广泛关注和应用发展。

离子液体是一种优良的溶剂。与典型的有机溶剂不同，离子液体中没有电中性的分子，在100～200℃之间多呈液体状态，具有良好的热稳定性和导电性；另外，某些离子液体还表现出酸性甚至超强酸性质，使得它不仅可以作为溶剂使用，还可以作为如石化行业生产过程中用于加速化学反应的催化剂使用，避免了使用额外的有毒催化剂及其可能产生大量废弃物的缺点，而且减少了使用高挥发性的有机溶剂，显著降低了对环境的污染；离子液体一般在化学实验过程中不会产生对大气造成污染的有害气体；离子液体可用于真空体系而不破坏真空体系的稳定性；多数离子液体对水具有稳定性，容易在水相中制备得到；离子液体具有优良的可设计性，可以通过分子设计获得特定功能的离子液体；离子液体还具有优良的电化学性能，如宽电化学窗口、高离子导电性及适宜的与电极材料的界面相容性，对提升电池的性能具有一定的积极作用[4-8]。总之，离子液体具有许多其他传统挥发性溶剂所不具备的优点，属于环境好友型绿色溶剂。离子液体的研究开发顺应当前所倡导的清洁技术和可持续发展的要求[9-12]，已经越来越被人们所认可和接受。

1.1 离子液体概述

1.1.1 离子液体的定义与分类

离子液体因具有电化学窗口宽、稳定温度范围宽等优势而得到广泛的探索与研究[13-17]，目前对于离子液体的研究已经取得了初步的进展。与常见的盐相比，离子液体具有低得多的熔点[18-21]，因此，离子液体也被称为"低温熔盐"。

离子液体的种类多种多样，根据阴阳离子的不同组合，可以分为有机阳离子-有机阴离子、有机阳离子-无机阴离子、无机阳离子-无机阴离子三大类。最常用在离子液体中的有机阳离子通常对称性较低且体积较大，比如不同烷基取代的咪唑离子、吡啶离子、季铵离子等。有机或无机阴离子可分为单核和多核两类。单核阴离子通常是碱性或中性离子，包括 BF_4^-、PF_6^-、HSO_4^-、NO_3^-、CH_3COO^-、X^-等。多核阴离子通常对水和空气不稳定，包括 $Al_2Cl_7^-$、$Al_3Cl_{10}^-$、$Au_2Cl_7^-$、$Fe_2Cl_7^-$、$Sb_2F_{11}^-$ 等。通过改变阴离子和阳离子的不同组合，可能设计出多达万亿种的离子液体[22]。

　　根据阴离子类型的不同，可以将离子液体分为两类。一类是组成成分可以改变的氯铝酸类离子液体。这类离子液体的阴离子通常为 $AlCl_4^-$ 和 $Al_2Cl_7^-$（其中 Cl 也可用 Br 代替），例如，[Bmim]Cl/AlCl₃ 也可记为[Bmim]AlCl₄，当 AlCl₃ 的物质的量分数 $x=0.5$ 时为中性，$x<0.5$ 时为碱性，$x>0.5$ 时为酸性。将固体的卤化盐与AlCl₃混合，通常可得到液态的离子液体，但制备过程中放热量大，因此通常将少量的两种固体交替地加入到已制好的同种离子液体中以利于散热。此类离子液体具有诸多优点，但其对水极其敏感，需在真空或惰性气氛下进行处理和应用。质子和氧化物杂质的存在会对在该类离子液体中进行的化学反应产生决定性的影响。此外，AlCl₃遇水会放出 HCl 气体，对皮肤有刺激作用。另一类也被称为新型离子液体，其组成是固定的，并且大部分可以在空气和水中保持稳定。组成该类离子液体的阴离子主要有 PF_6^-、BF_4^-、$CF_3SO_3^-$、$(CF_3SO_3)_2N^-$、AsF_6^- 等。此外，还可以通过基本的取代、加成等有机化学反应在离子液体的阳离子或阴离子上引入某些特殊性质的官能团，从而得到功能化离子液体。引入的官能团主要有—NH₂、—OH、—SO₂H、—CH₂OCH₃ 等，同时还可以调整阳、阴离子的位置来得到新型的离子液体。

　　根据阳离子类型的不同，又可以把离子液体分为四类：季铵盐类、季𬭩盐类、烷基取代咪唑类和吡啶类。其中，应用最多的阳离子主要有：①烷基季铵盐阳离子NR_4^+；②烷基季𬭩盐阳离子PR_4^+；③烷基取代的咪唑阳离子，如 1-丁基-3-甲基-咪唑阳离子（Bmim⁺）、1-乙基-3-甲基-咪唑阳离子（Emim⁺）；④烷基取代的吡啶阳离子 Rpy⁺。以上四类常见阳离子的结构式如图 1-1 所示。

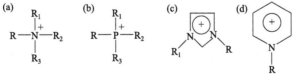

图 1-1　四类常见阳离子的结构式

(a)季铵盐阳离子；(b)季𬭩盐阳离子；(c)烷基咪唑阳离子；(d)烷基吡啶阳离子

1.1.2 离子液体的组成与结构

离子液体按照其结构进行分类，可以分为功能化离子液体、手性离子液体、可切换极性溶剂离子液体、生物离子液体、聚离子液体、高能离子液体、中性离子液体、酸性离子液体、碱性离子液体、质子离子液体、金属离子液体以及负载离子液体等。

1. 功能化离子液体

在过去的几十年中，离子液体因其特殊的性质而备受关注。根据应用的需要，通过调节改变阳离子和阴离子的组合可以实现功能化离子液体(task-specific ionic liquids，TSILs)的合成。Wu 等[23]通过对离子液体的催化性能研究发现，ILs 阳离子通过酸/氢键催化作用激活苯甲醇形成了苄基阳离子，而作为氢键受体的阴离子激活了芳烃苯环中的 C—H 键，从而协同实现了芳烃的苄基化并获得了二芳基甲烷。

2. 手性离子液体

手性离子液体是在液相色谱、立体选择性聚合、潜在活性手性化合物的合成、液晶、核磁共振手性鉴别和许多功能活性领域中最重要的离子液体之一。这类离子液体通常被用作催化剂或溶剂，可促进手性化合物的不对称合成。它们的手性中心可以存在于离子液体的阳离子或阴离子中。由于它们具有手性性质，因此很难合成。迄今为止，大多数已报道的离子液体都是基于手性的阳离子，只有非常有限种类的离子液体含有手性阴离子。Yu 等[24]合成了一系列结构新颖的手性离子液体，它们既有手性阳离子，也有手性阴离子。其中，阳离子是咪唑基，而阴离子是具有螺旋结构和手性取代基的硼酸盐离子。图 1-2 为手性离子液体的一般合成路线。

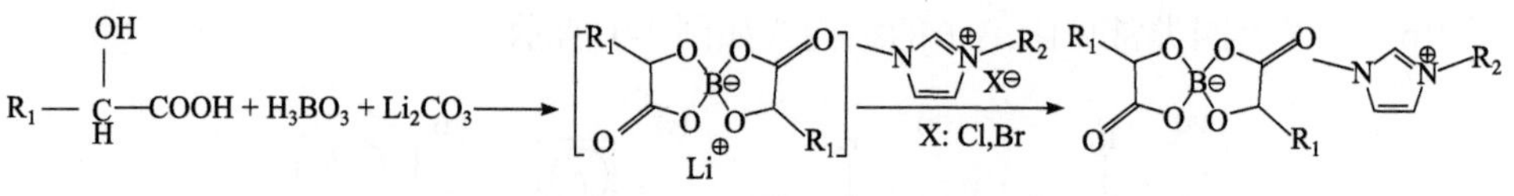

图 1-2　手性离子液体的一般合成路线[24]

R_1：甲基、异丙基、异丁基、苯基、苯甲基；R_2：乙基、丁基、(S)-2-甲基-丁基

3. 可切换极性溶剂离子液体

在可切换极性溶剂离子液体的合成中，采用某种活化剂可使其在阴阳极性较低和较高的范围内达到平衡。在式(1-1)中，二级胺通常用于与二氧化碳(作为活

化剂)反应形成氨基甲酸盐来获得可切换极性溶剂离子液体。

$$NHR_2 \underset{+NHR_2}{\overset{+CO_2}{\rightleftharpoons}} R_2NCOOH(氨基甲酸) \qquad (1-1)$$

$$\rightleftharpoons [R_2NH_2][R_2NCOO_2](氨基甲酸盐)$$

有研究者[25]发现 1,8-二氮杂双环[5.4.0]十一碳-7-烯(DBU)和乙醇等在可切换极性溶剂(SPS)中可以通过可逆反应得到更高极性的离子液体[DBUH+][RCO3]。图 1-3 为其反应式。

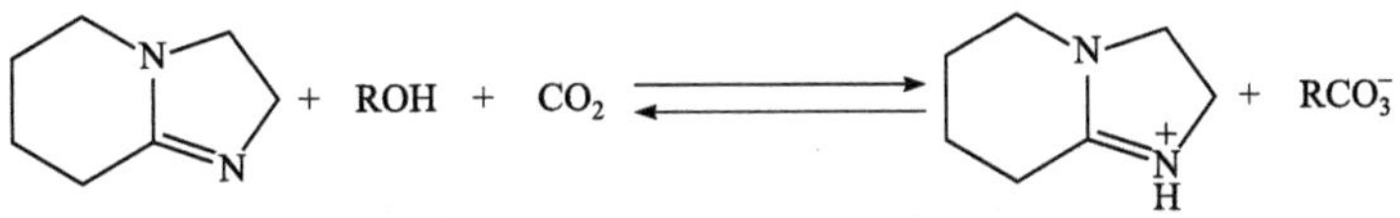

图 1-3　可切换极性离子液体反应[25]

4. 生物离子液体

生物离子液体(bio-ionic liquids)可以使用可回收和可持续的生物前体合成,其毒性小,环境友好,可生物降解。氨基酸是最丰富、最便宜、最容易获得的生物分子之一。由于其无毒性、具有生物降解性和良好的生物相容性,已被广泛用作合成各种离子液体的原料,这些以氨基酸为原料合成的离子液体即为生物离子液体[26]。Aathira 等[26]合成了一系列胆碱型氨基酸离子液体,并首次将其作为环境友好型润滑剂应用于钢表面 PEG 200 基液中。该类离子液体的合成过程如图 1-4 所示。通过测定离子液体的密度和黏度指数等物理化学性质发现,合成的 ILs 在不同浓度下与 PEG 200 混合时具有很高的热稳定性,并可以用作高效的减摩抗磨剂。

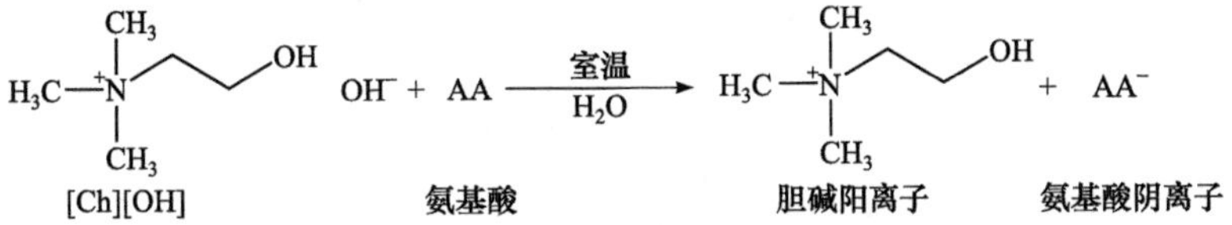

图 1-4　胆碱型氨基酸离子液体([Ch][AA]ILs)的合成过程[26]

5. 聚离子液体

聚离子液体(PILs)是 ILs 各单体单元重复基序的主链,首先形成二聚体、三聚体、低聚物,最终形成聚合物或共聚物。PILs 将离子液体的独特性能与大分子结构的灵活性结合在一起,得到了具有新型功能的化合物,包括固体离子导体、强力分散剂、稳定剂、吸收剂、碳材料前体、多孔聚合物等,在聚合物化学和材料科学等应用领域中具有巨大潜力。到目前为止，基于各种形式阳离子和阴离子的 PILs 的制备主要集中于 ILs 单体的常规自由基聚合[27]，示例见图 1-5。

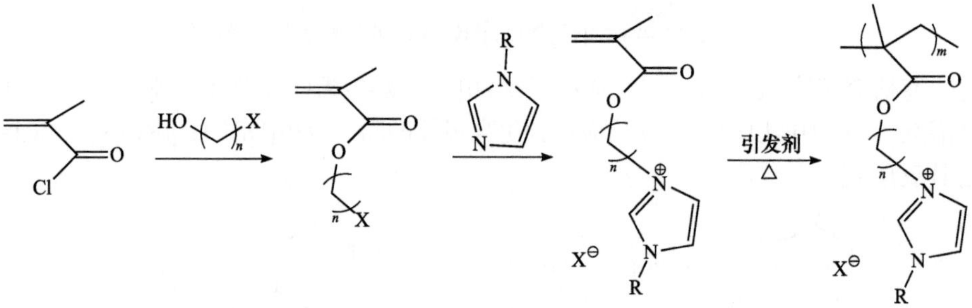

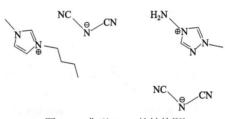

图 1-5　由含咪唑类的甲基丙烯酰 ILs 单体合成 PILs 的一般路线[27]
R：烷基链；X：卤化物

6. 高能离子液体

随着 ILs 领域的广泛发展，人们对高能离子液体(EILs)领域的兴趣不断增长。相对于传统的含能化合物[例如 2,4,6-三硝基甲苯(TNT)、2,4,6,8,10,12-六硝基-2,4,6,8,10,12-六氮杂异纤锌矿烷(HNIW)、1,3,5,7-四硝基-1,3,5,7-四氮杂烷(HMX)、4,4′-二硝基-3,3′-二氮杂呋喃(DDF)和硝基甲烷(如三硝基甲烷)(RDX)等]而言，EILs 具有密度较高、热稳定性高、易于合成、可忽略不计的蒸气压和蒸气毒性、运输安全以及应用广泛等特点。理想的 EILs 除了具有高能量特性外，还需要满足 ILs 的基本要求[28]。图 1-6 为 EILs 结构举例。

图 1-6　典型 EILs 的结构[28]

7. 中性离子液体

室温离子液体(RTILs)主要分为中性离子液体、酸性离子液体和碱性离子液体。中性离子液体的阴离子与阳离子之间会形成极弱的静电相互作用。这类离子液体具有良好的电化学稳定性和热稳定性，通常作为惰性溶剂应用。Ghorbani 等[29]合成了一种新型中性离子液体，即乙酸 2-乙基咪唑[2-Eim]OAc，能用作高效、均匀且可重复使用的催化剂。在无溶剂条件下，通过各种醛、丙二腈和间苯二酚的一锅三组分缩合反应可以合成一系列 2-氨基-4H-铬烯衍生物。此外，还采用响应面法(RSM)对反应条件进行了优化。所得催化剂可以使用和回收至少四次，而不会造成明显的活性损失，其合成过程见图 1-7。

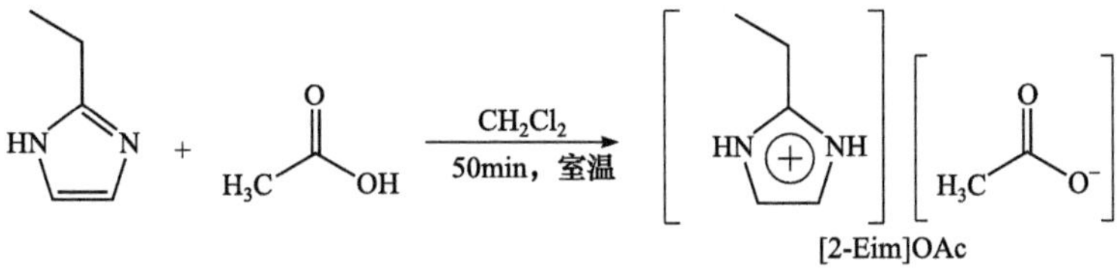

图 1-7　乙酸 2-乙基咪唑[2-Eim]OAc 的合成过程[29]

8. 酸性离子液体

Brønsted 酸性离子液体(BAILs)是功能化离子液体(TSILs)中最重要的子类别之一。BAILs 既具有固体酸的特性，又具有矿物酸的特性，可替代在化学过程中使用的传统液体酸(如硫酸和盐酸)。Arian 等[30]制备了一些基于 1,4-二甲基哌嗪和 1,10-苯并三氮杂菲阳离子与磷钨酸盐阴离子对应物的新型 BAILs，作为酸性催化剂，用于合成 3,3′-二芳基辛二醇、2H-吲唑[2,1-b]邻苯二甲嗪三酮以及酯化反应和醇的选择性氧化。

9. 碱性离子液体

酸性和中性离子液体目前已得到广泛认可，并有潜力用于许多有机转化反应领域。碱性离子液体取代了常用的无机碱，也可应用于有机转化反应，如迈克尔加成反应、马尔科夫尼科夫加成反应、羟醛缩合反应以及氮-迈克尔反应等。此外，碱性离子液体具有潜在的环保催化作用，与无机碱相比具有更多优势，如灵活性、无腐蚀性、非挥发性以及与许多有机溶剂的互溶性。Dutta 等[31]利用碱性离子液体合成了具有药用价值的 2,3-二氢喹唑啉-4(1H)-酮。

10. 质子离子液体

质子和其他酸性 ILs 之间的区别是存在可补偿的 Brønsted 酸性质子。因此，它可以作为溶剂或催化剂用于各种反应，如水解、脱水、燃料电池化学等。在 Brønsted 酸和 Brønsted 碱的等摩尔混合物之间通过质子转移法可以合成质子离子液体(protic ILs)。该方法具有成本效益高、易于制备的优点，而且合成过程不会形成残余产物。质子离子液体可以在酸和碱之间产生氢键，甚至形成氢键扩展网络[32]。图 1-8 为一些质子离子液体结构的举例。

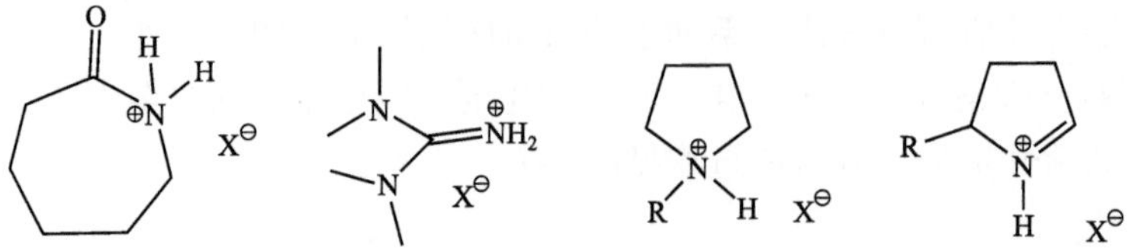

图 1-8　一些质子离子液体的结构[32]

11. 金属离子液体

大多数金属离子液体(MILs)是用咪唑基吡啶阳离子或直接金属卤化物制备的。为了提高它们的 Brønsted 和 Lewis 酸性，溴酸盐或含氯金属盐(如 $[Al_2Br_7]^-$、$[CuCl_3]^-$、$[FeCl_4]^-$、$[AlCl_3]^-$、$[NiCl_4]^-$、$[SnCl_3]^-$)等常被用作离子液体的阴离子。金属卤化物或 Lewis 酸性离子液体在性质上与其他离子液体相比具有很高的黏性。一些基于金属卤化物的 MILs 结构如图 1-9 所示。

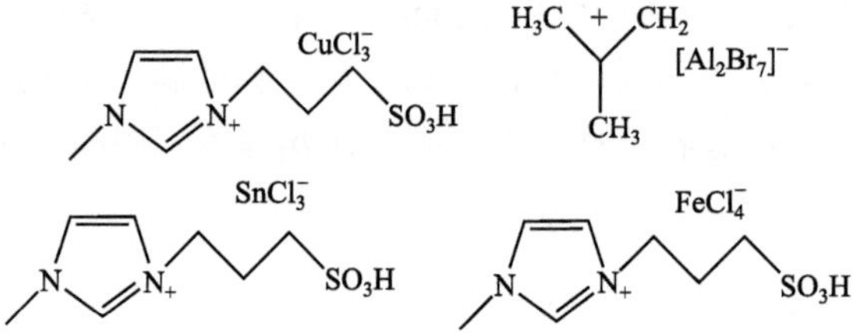

图 1-9　金属离子液体的常见结构[33]

12. 负载离子液体

使用纯 ILs 作为溶剂或催化剂成本较高，且其高黏度性质对达到最大的产品收率也产生了一定限制。在大规模生产情况下，其存在的主要问题是如何处置回收的低纯度离子液体。

Sefat 等[34]通过共价键将 3-磺基丁基-1-(3-丙基三乙氧基硅烷)咪唑硫酸氢盐固定在硅胶上，制备了负载型双酸性离子液体催化剂。在无溶剂条件下，新型固化酸性离子液体有效地催化了醛、2-萘酚和酰胺的多组分缩合一锅法反应，合成了酰胺烷基萘酚。该催化剂可循环使用 6 次，而不会显著降低催化活性。合成过程详见图 1-10。

1.1.3　离子液体的性能与特点

离子液体具有以下特性：①组成多样性；②具有一些传统有机溶剂所不易具有的性质；③良好的溶解性；④较宽的电化学窗口；⑤优良的绿色溶剂；⑥因含有弱

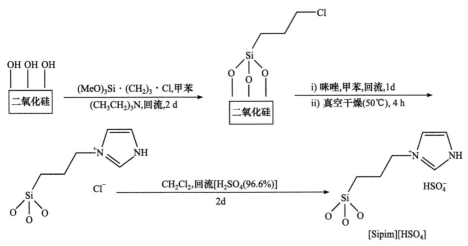

图 1-10　负载离子液体的合成过程[33,35]

配合离子，所以常常具有高极化能力而非配合能力，这一特点使得离子液体可以溶解过渡金属配合物而不与其发生配合作用；⑦有些离子液体表现出一定的酸性。通常，含 Lewis 酸（如 AlCl₃）的离子液体，在一定的条件下表现出 Lewis、Brønsted、Franklin 酸甚至超强酸的酸性，因而此类离子液体在作为反应介质的同时还可以发挥催化剂的作用。

　　由于离子液体具有电化学窗口较宽、不易燃、基本无挥发等特性，有望发展并应用于高能量密度电池和超级电容器等储能器件。离子液体作为锂离子电池电解质具有以下优势：①蒸气压低，不易挥发；②不易燃烧，安全性好；③热稳定性好，分解温度一般都高于 $300\,^{\circ}\mathrm{C}$；④与锂盐和有机溶剂有很好的相容性；⑤电导率高，一般在 $10^{-2}\sim10^{-3}\,\mathrm{S\cdot cm^{-1}}$；⑥电化学窗口较宽，一般都高于 5 V。例如：氰基离子液体由于其固有的低挥发性和不含昂贵的氟化物，是制造低成本、高安全性电池的主要候选材料，使电解液在室温下显示出高离子导电性（$5\,\mathrm{mS\cdot cm^{-1}}$）以及良好的循环稳定性，适用于低电压锂电池，如锂硫电池[36]。

1.1.4　离子液体的发展历程

　　最早研究的离子液体因无法在空气中稳定存在，而且极易爆炸，当时并没有引起人们太多的关注。通常来说，离子化合物要想克服离子键的束缚，必须在很高的温度熔化成液体，这时的状态叫作"熔盐"。离子化合物中的离子键随着阳离子半径的增大而变弱，熔点也随之下降。对于绝大多数物质而言，混合物的熔点低于纯物质的熔点。如果进一步增大阳离子或阴离子的体积和结构的不对称性，削弱阴阳离子间的作用力，就可以得到室温条件下的液体离子化合物。据此，F. H. Hurley 和 T. P. Wiler 在 1951 年首次合成了在环境温度下呈液体状态的离子液体[37]。他们选择 N-乙基吡啶作阳离子，用溴化正乙基吡啶和氯化铝的混合物（氯化铝和溴化正乙基吡啶摩尔比为 1：2）合成了离子液体。但这种离子液体的液体温度范围还是相对比较狭窄的，而且氯化铝基离子液体遇水会放出氯化氢，对皮肤有一定的刺激作用。

1975 年，Robert 利用 AlCl₃/[N-EtPy]Cl 进行有机电化学研究时，发现这种室温离子液体是很好的电解液，能和有机物混溶，不含质子，且电化学窗口较宽。1992 年，Wilkes 等合成了 1-乙基-3-甲基咪唑四氟硼酸盐（[Emim]BF₄），这种离子液体可以在水和空气中稳定存在。之后，离子液体的应用研究才得到广泛开展。Davis 及其同事以噻唑锡离子液体作为安息香缩合的催化剂为例，首次提出了以特定方式与溶质相互作用来设计离子液体的概念[38]。随后，*Task-Specific Ionic Liquids* 上发表的论文概述了这一概念，并引入术语"功能化离子液体"，该术语旨在赋予离子液体的特定性质或反应性的官能团[39]。功能化离子液体可以被定义为其官能团共价连接到离子液体的阳离子或阴离子（或两者）上的离子液体，其被认为是固体负载催化剂的液体形式，具有动力学流动性和大面积操作空间等优势。

图 1-11 是离子液体自研究以来的发展历程。如今，离子液体受到越来越多的关注，根据人们对物理、化学和生物性质的需求，可以合成特定性质的离子液体组合物。例如，由离子液体约束的共价有机框架(COF)膜可以高效分离乙烯/乙烷 [40]。又如，设计出各种类型的分子筛来完成特定的任务，如催化、有机合成、手性诱导、纳米材料的合成和稳定、电化学应用、催化剂表面修饰等。

1.1.5　离子液体的应用前景

离子液体作为新兴的绿色溶剂，具有众多优异的性能，引起了众多领域研究者的兴趣。图 1-12 为离子液体的属性及其可能的应用领域。目前，离子液体的优异特性使其适用于越来越多的领域，随着对离子液体研究的深入，离子液体的应用前景十分光明。

离子液体的主要功效之一是吸收 CO_2。一般情况下，传统离子液体多通过物理作用吸收 CO_2，而功能化离子液体通过化学作用吸收 CO_2。通过调节功能基团的结构可以调控功能位点与 CO_2 之间的相互作用，从而实现 CO_2 的高容量吸收和低能耗脱附以及功能化离子液体的循环利用。但是，将离子液体真正应用到工业过程中吸收 CO_2，仍然面临以下几个挑战：

(1)与传统的醇胺水溶液等吸收剂相比，功能化离子液体的黏度和生产成本都较高；

(2)仍需要不断丰富和完善功能化离子液体与 CO_2 的相互作用机制；

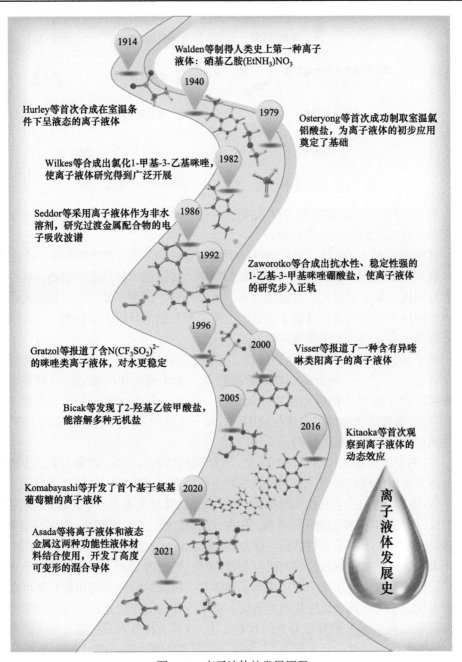

图 1-11　离子液体的发展历程

图 1-12　离子液体的属性(左)及其可能的应用领域(右)[41]

(3)功能化离子液体吸收 CO_2 的研究一般都是在常温常压下进行的，实验室研究与工业应用仍有较大的差距；

(4)烟气中的 H_2O、O_2、NO_x、SO_2 等其他组分对 CO_2 吸收性能的影响不可忽视。

利用离子液体可以实现纳米纤维素的制备。传统纳米纤维素的制备方法存在许多局限性，如酸用量大、易腐蚀设备、污染环境、试剂不易回收、能耗大等。而离子液体不仅可通过设计离子液体的类型来调控纳米纤维素的性能，还可通过离子液体的有效回收来实现成本效益。

离子液体所具有的良好热稳定性、不易挥发性以及可设计性等理化特性为化学研究开辟了一个崭新的领域。随着对离子液体结构和功能的深入研究，离子液体在化学领域中的应用也不断地深化，但仍需深入探索以下几个方面：

(1)功能性离子液体的合成与应用。对离子液体的阴阳离子进行功能化修饰，以达到化学分析与合成的目的。

(2)离子液体相关作用机理的探究。对结构与功能间关系、两相分配、溶剂萃取分离等作用机理的研究，有利于从本质上找出离子液体应用的理论依据。

(3)离子液体自身物化性质的积累。由于离子液体种类太多，并且施于应用的时间不长，因此对其完整的物化性质和结构参数的信息缺乏相应的积累，许多新型离子液体的性能参数(如综合毒性数据、热力学数据、动力学数据等)仍需进一步了解。

离子液体在催化领域的研究已经非常广泛。通过改变离子液体的阳离子和阴离子的结构参数，使用离子液体或离子液体与无机酸结合作为均相催化剂可以调节酸强度，还可以调节反应物的溶解度。离子液体的固定化是调节固体酸催化剂表面吸附/脱附性能和酸强度分布的有效方法，这种方法具有降低催化剂失活和提高固体酸催化剂活性的巨大潜力[42]。Sun 及其同事[43]采用基于离子液体 1-丁基-3-甲基咪唑鎓的高温溶剂热合成法，在碱性溶液中获得了具有优异特性的氮、磷和氟掺杂的 $CoFe_2O_4$。与没有离子液体时合成的材料相比，这些离子液体衍生的材料显示出更大的表面积和更多的氧空位。因此，离子液体和电沉积条件在控制所得电催化剂的表面积和活性方面起着关键作用。

在纳米材料合成方面，离子液体也发挥出巨大的作用。在离子液体介质中合成金属纳米粒子已经获得了极大的成功，因为它们的单分散和非凝聚行为可通过离子液体的阳离子和/或阴离子稳定金属纳米粒子来实现[44,45]。ILs 的物化性质极大地影响了金属纳米颗粒的尺寸分布[46,47]。例如，具有更长侧链的离子液体有利于实现更小直径和更窄尺寸分布的金属纳米粒子[47,48]。侧链长度的增加导致了离子液体的物化性质以及离子液体-纳米粒子间相互作用程度的改变。一般而言，纳米粒子尺寸较大可归因于不稳定的金属纳米粒子通过强库仑引力与离子液体的较小阴离子发生了聚集[47,49,50]。离子液体中配位较少的阴离子与金属纳米粒子的结合会导致金属纳米粒子尺寸更大且不均匀的分布[51,52]。

离子液体在电沉积领域也表现出突出的优势，这使得离子液体在分离化学、冶金、环境污染治理、材料制备以及电化学等领域都将得到应用。例如，电镀过程中将水溶液体系更换为离子液体体系，可减少贵金属的浪费；从被污染的水源中沉积有毒的贵金属、半导体材料；通过选择适当的阴阳离子添加到电解质中可以改善储能电池的电化学性能。

离子液体在电化学领域的应用方面更是展现出得天独厚的优势。目前，季铵盐类、季盐类、烷基取代咪唑类和吡啶类等离子液体已经有了进一步的发展，并在电化学领域有了较为广泛的应用。任何电化学装置的性能本质上都是基于界面的特性[53]。离子液体/电极界面的特性主要与离子液体的三个特点有关：

(1) 离子液体的导电性：电化学装置的导电性都是基于自由电荷、离子及其迁移率。一般来说，离子液体具有优异的离子导电性，因为它们完全是离子性质的[54,55]。

(2) 离子液体的黏度：离子液体具有黏度高的特点，这可能是由于它们含有不同大小的离子以及阳离子-阴离子间相互作用导致的[56,57]。

(3) 离子液体的电化学势：电化学势的性质主要取决于离子液体的氧化和还原电位。离子液体在有/无添加剂的情况下都具有很宽的电化学稳定窗口。

1.1.6 离子液体的关键科学问题

在离子液体的物化性质研究中有如下几个关键科学问题：

(1) 任何物质的性质测定都假定它的纯度为 100%，而事实上，离子液体的纯度始终是困扰着科学家的一个难题。离子液体的非挥发性，使得它作为溶剂很难通过蒸馏而进行精制，又由于它是液体，也很难用结晶的方法来达到精制。因此离子液体的纯化方法要求规范、方便，便于物化性质测定的重现性。离子液体的许多物化性质都与它的纯度密切相关，并且影响显著。因此，离子液体的纯度是物化性质数据是否可靠的根本保证。

(2) 由于许多离子液体都是亲水性的，而且即便不是亲水性的离子液体，它在空气中的吸湿性也较许多有机溶剂高很多。因此，在对离子液体进行测定时，环境的影响是十分重要的，其测定与使用一定要保证是在干燥的环境下或是在手套箱中进行。

(3) 目前已有大量文献报道了离子液体的物化性质，但对离子液体物化性质的系统研究还是十分有限的，尤其是针对一些特定反应需要而进行的特殊性质的测定更少。从大规模生产或者工业背景上讲，还有大量的关于离子液体本质的知识领域需要深入开拓。例如，直到近年离子液体的毒性才被研究；关于离子液体极性的研究还没有统一适用的标准；传递现象也只是在一两种离子液体中简单地进行了测定；溶解度/可溶性信息也只测定了几种物质甚至几乎不是量化的。

(4) 能够基于简单的实验数据或使用方便的计算方法来选择理想的离子液体将是离子液体物性研究的终极目标。

1.2　电解质概述

20 世纪 70 年代初期的锂电池以锂盐作为电解液，锂盐主要包括 $LiClO_4$、$LiAlCl_4$、$LiBF_4$、$LiPF_6$ 和 $LiAsF_6$。当时，$LiPF_6$ 无法实现最佳的锂金属溶解/沉积效率，并且其对于碳电极的循环也是有问题的。直到碳取代金属锂(后来被石墨取代)后，$LiPF_6$ 才成为锂电池电解液的主要锂盐。在优化溶剂后，索尼于 1991 年首次将该锂盐作为商业化锂离子电池中的电解质。

电解液与电极材料之间会发生相互作用，其本身也存在分解反应，几乎参与了电池内部发生的所有反应过程。目前，锂离子电池中包含的电解液多为有机体系。在过充、过放、短路及热冲击等滥用的状态下，电池温度迅速升高，常常会由于电解液的易燃特性而导致电池起火甚至爆炸。目前高容量型动力锂离子电池商业化最突出的障碍就是安全性问题。因此，选择合适的电解质体系有利于获得高能量、长循环寿命和高安全性能的锂二次电池。

1.2.1　电解质的应用需求

电解质是电池正常运作所必需的关键部分，在电池的正负极之间起着传导离子的作用，是衔接正负极材料的桥梁。电解质在很大程度上决定了电池的工作机制，影响着电池的安全性、倍率性能、比能量、循环性能等。因此，选择电解质时要满足以下条件：①在较宽的温度范围内保持较高的离子电导率；②热稳定性高，在较宽的温度范围内不易发生分解(例如熔点低、沸点高)；③要有较宽的电化学窗口，以保证电解液在正负极间不会发生明显的副反应；④不与电池的内部组分发生反应；⑤安全性好，不易燃烧或闪点高；⑥价格成本低；⑦无毒无污染。

以锂离子电池为例，目前应用于锂离子电池的电解质主要是液体电解质，由锂盐在有机溶剂中溶解而制得。锂盐与溶剂是它的两个基本组成部分，因此锂盐和溶剂的性质及配比对电池的性能影响很大。电解质盐必须满足一系列特性，其中比较重要的有以下几点：

(1) 离子电导率。锂盐阴离子的选择极大地影响了电解质的导电性，这归因于 Li^+ 的溶剂化作用和离子缔合作用的变化，这种变化是由阴离子结构和配位强度的差异引起的。

(2) 锂盐溶解度/结晶溶剂化物相。在电解质溶剂中获得相当高的锂盐溶解度是为快速离子传导提供足够的电荷载体以及防止盐析（即沉淀）所必需的。盐是高度可溶的，但是也易形成具有高熔点的结晶溶剂化物相，从而在电解质中形成固体。

(3) 稳定性。电解质必须在电池充放电反应的电化学电势窗口内以及高温下保持稳定，即不与其他电池组件反应，以实现数千次低容量损耗（衰减）的充/放电循环。

(4) 固体电解质界面(solid electrolyte interface，SEI) 膜在电极界面上的形成。理想情况下，SEI 膜的形成可以阻止进一步的电极-电解质反应，并使得电极和电解质之间仅利于 Li^+ 传输。电解质中存在的锂盐，无论是作为本体盐还是添加剂，都会显著影响 SEI 的组成、性质和稳定性[58]。

(5) 避免铝腐蚀。

(6) 水解稳定性。许多阴离子在暴露于水时会发生水解，尤其是在高温下，通常会导致氟化氢的形成，严重影响电池的循环性能和寿命，尤其是在高温和/或高电位时(>4.8 V)进行循环[59]。氟化氢的形成也可能是由于阴离子与溶剂分子的反应(氢离子的捕获过程)[60]。

电解质的其他理想特征还包括低成本和低毒性。不符合这些标准中的一个或多个都会妨碍电解质在锂离子电池中的实际使用。以上这些性质强烈依赖于电解质配方，例如，所用的溶剂、盐浓度、添加剂的种类及浓度。

在过去的三十年里，研究者们已经制备出多种多样的阴离子并用于锂电池电解质中的锂盐。一般来说，选择氟化阴离子降低了阴离子与 Li^+ 的相互作用，从而增加了电解质溶液与相应锂盐的导电性。阴离子氟化也倾向于提高阴离子在高电位下氧化的阳极稳定性，这是制备适用于高压阴极的电解质的重要考虑因素。常用的无机锂盐和有机锂盐主要有 $LiPF_6$、$LiClO_4$、$LiBF_4$、$LiAsF_6$、$LiB(C_2H_5)_3(C_4H_4N)$、$LiB(C_6F_5)_3(CF_3)$、$LiCFSO_3$ 等。$LiClO_4$ 是一种强氧化剂，只在实验中使用，工业上则使用较少；$LiPF_6$ 是最常用的锂盐，具有良好的离子电导率和电化学稳定性，但其抗热性和抗水解性较差，易水解生成 HF，因而要求电解质含杂质水尽可能少。近年来，腈基也被用来代替氟化，然而在某些情况下该类盐的稳定性较差。新型盐仍然是开发先进电解质配方的关键之一。

电解质溶液一般使用有机混合溶剂，它至少由一种挥发性小、介电常数高的有机溶剂(如 EC、PC)和一种低黏度、易挥发的有机溶剂(如 DMC、DME、DEC、THF)组成。所得的电解质溶液具有较低的黏度、较高的介电常数以及较低的挥发性。与单种溶剂相比，混合溶剂会使液体电解质的离子电导率和电池其他性能更有优势。另外，还可以在溶剂中引入 F、B、P、S 等元素来改善电解液的某些性能。

1.2.2　电解质的发展现状

2000 年以后，二次电池的发展进入新阶段，对电极材料的研究也越来越成熟。以锂离子电池为例，目前应用于锂离子电池的电解质主要是有机电解液。基于传统电解液的锂离子电池在充放电时，锂离子在电解液中往返运动，完成导电过程。然而，有机电解液存在一些缺点，制约着锂离子电池的发展。首先，有机电解液的电导率较低，会在锂离子电池内部形成较大的阻抗；其次，在充放电过程中，常常会出现金属锂形成锂枝晶的问题，这一缺陷往往会刺破隔膜而导致锂离子电池发生短路，造成电池内部产生大量热，且在高温的极端条件下，低黏度的碳酸二甲酯(DMC)和碳酸二乙酯(DEC)会导致电池燃烧[61,62]，造成严重的安全隐患；最后，从成本方面来看，有机电解液的价格都比较昂贵，导致锂离子电池的生产成本较高，且由于水分对于锂离子电池的性能影响较大，有机系锂离子电池在制造和生产过程中要隔绝水分，再次增加了成本。

在聚合物锂离子电池中，电解质体系由聚合物和锂盐两部分组成。聚合物电解质能够导电的先决条件是聚合物具备与锂盐耦合的能力。聚合物中的极性基团(—O—、=O、—N—、—P—、—S—、C=O、C≡N 等)可以和 Li$^+$进行络合，形成聚合物-锂盐复合物。聚合物电解质导电的实质就是在电场的作用下，Li$^+$与聚合物中的极性基团不断地耦合-解耦合的过程。当极性基团和 Li$^+$成一定比例时，聚合物链会形成螺旋结构。阳离子在螺旋结构的内部进行耦合和迁移的过程，而阴离子则游离于螺旋结构的外侧，所以阴阳离子是独立存在的，不会相互干扰影响迁移[63]。当阴阳离子的解离度越高，自由移动的阳离子的数目就越多，单个离子所带电荷增加，离子移动性越好，离子电导率越高。阳离子迁移数和离子电导率是评判聚合物电解质导电性能的重要标准。但是很多电化学装置在多次充放电时，阴离子易聚集在电极/电解质的表面，产生浓差极化现象，电极表面离子浓度和电解质本体之间产生一定的浓度差，影响电极电位，可能会产生和外加电场相反的极化电压，阻碍 Li$^+$的迁移，降低电池的使用寿命和性能。

1994 年，加拿大的研究者开始尝试用水溶液替代有机溶液[64,65]。Dahn 课题组提出了"水系锂离子电池"概念。该课题组以 5 mol·L^{-1} 的 LiNO$_3$ 水溶液作为电池的电解质溶液，LiMn$_2$O$_4$ 和 VO$_2$ 分别作为电池的正极材料和负极材料，这一研究开创了水系锂离子电池的研究时代[64]。但水系电解液的工作电压只有 1.23 V 左右[66]，其稳定的电化学窗口很狭窄。一旦超出这个电位窗口的范围，水溶液就会发生析氢或者吸氧反应，导致充放电过程中电极材料会与水或者氧气发生副反应。传统锂电池使用有机电解液充放电时，在电极材料表面会形成一层 SEI 膜，起到保护电极材料的作用，从而减少副反应的发生，保证锂离子电池可以长期稳定的工作。而水系电解液具有较强极性，无法在电极材料表面形成 SEI 膜，因此水系锂离子电池的电化学性能并不理想。目前对水系锂离子电池研究较多的改性方法是在电极材料表面包覆石墨烯或者导电聚合物等材料[67-69]。

1999 年，"功能性电解质"的概念是在控制 SEI 膜厚度和向高纯度电解质中添加微量的各种添加剂来改善电池性能的基础上创造和发展而来的，如在电解质中加入阳极添加剂、阴极添加剂和防止过充电添加剂等。

近二十年来，离子液体在电池领域的研究越来越多，这得益于离子液体在大气条件下易于制备和处理[70]。图 1-13 为离子液体及其衍生材料的结构示意图及其可能应用的电池组件。

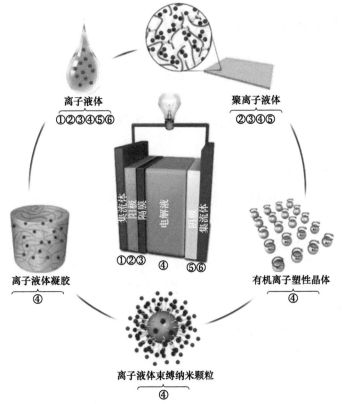

图 1-13　离子液体及其衍生材料的结构示意图及其可能应用的电池组件[71]

1.3　离子液体电解质概述

1.3.1　离子液体电解质的优势

　　离子液体电解质具有许多常规电解质所无法比拟的优点：①蒸气压非常小，几乎不挥发；②热稳定性好，液态温度的范围达到 300℃；③化学及电化学稳定性高，电化学稳定窗口宽，比如[Emim]$(CF_3SO_2)_2$N 的电化学窗口大于 4 V，并且能在 400℃时在空气中保持稳定；④溶解能力强，且没有溶剂化现象，能够溶解很多有机物、有机金属化合物、无机金属化合物及高分子材料；⑤导电性能好，如 2 mol·L^{-1} 的[Emim]PF_6丙烯腈溶液的电导率高达 5 mS·cm^{-1}；⑥具有良好的可设计性，通过设计阴、阳离子的结构可对离子液体的黏度、溶解能力、电导率和电化学活性等实现调控，同时还可以通过将离子液体和聚合物共聚、接枝等方式获得具有较高导电性的聚合物；⑦环境友好。离子液体电解质的上述优点为其未来发展奠定了有利的基础，并使其具有广阔的应用前景[72]。

1.3.2　离子液体电解质的分类

　　目前研究的离子液体电解质种类繁多，例如溶有 Li/Na 盐类的离子液体电解质、离子液体与分子性溶剂的杂化电解质、离子液体-纳米粒子杂化电解质、溶剂化离子液体电解质等。此外，还有一些新型的离子液体电解质，比如聚离子液体电解质、离子凝胶电解质、有机离子塑性晶体电解质、人工固体电解质界面。

　　1. 溶有 Li/Na 盐类的离子液体电解质

　　溶有锂/钠盐的离子液体电解质可以通过调控阴阳离子结构来满足高离子电导率、宽电化学稳定窗口、稳定的界面性质等不同需求。实际上，能够作为电解液使用的离子液体种类十分有限。阳离子种类主要包括非官能化的咪唑、吡咯烷基、含磷阳离子等，而阴离子主要是$[BF_4]^-$、$[TFSI]^-$、$[FSI]^-$、$[PF_6]^-$等高稳定性、低黏度的物种。离子液体电解质的电化学性质与阴阳离子的结构密切相关。比如，电解质的黏度会随着阳离子半径的增大而增大，而离子电导率则会相应降低；在有机阳离子中引入含醚的官能团则会获得黏度更低的离子液体。

　　溶有锂/钠盐的离子液体电解质可以通过调控阴阳离子结构来满足高离子电导率、宽电化学稳定窗口、稳定的界面性质等不同需求。对于 Li/Na 离子电池来讲，离子液体电解质能够赋予电池更高的安全性、更高的容量利用率和库仑效率，这在高电压和高温工作条件下表现得尤为突出。离子液体电解质有利于形成稳定的 SEI 膜，这通常也是改善电池长期循环稳定性需要考虑的因素，在硅负极等体积膨胀严重的电极材料中尤为显著。离子液体在电极界面上的少量分解，使硅负极表面生成稳定坚固的 SEI 膜，使电池在充放电过程中的库仑效率得到极大改善。同样，离子液体在高电位下的分解也可以在正极-电解质界面处形成稳定的正极材料保护层，因此正极材料可以维持结构稳定，减少副反应发生。近年来备受关注的双离子电池在使用离子液体电解质时也表现出优良的电化学性能，这是因为离子液体的引入提高了电解液的抗氧化稳定性，规避了有机溶剂电解质中广泛存在的溶剂共嵌入问题。图 1-14 为基于离子液体电解质，以铝箔为阳极，中间相炭微球（MCMB）为阴极的双离子电池的充放电过程示意图。在双离子电池中，阳离子和阴离子都参与电荷传输和存储，在充电期间，阳离子嵌入负极（通常为锂金属、$Li_4Ti_5O_{12}$ 或碳），阴离子嵌入正极（通常为碳），而常规电池仅涉及阳离子转移。

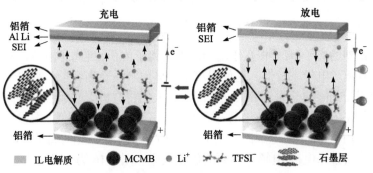

图 1-14　双离子电池的充放电过程示意图[71]

　　Li-S 电池是一种新型高比能的电化学储能器件，但其发展受到多硫化物穿梭效应的困扰。将离子液体电解质用于 S-C 复合正极材料中可以获得相比传统有机溶剂电解质更加出色的电化学表现，这是因为离子液体电解液抑制了多硫化物中间体的溶解，而且能够诱导电极-电解质界面上发生快速的电荷转移。离子液体对多硫化物溶解的抑制作用，实际上与其阴离子的给电子能力有关：较弱给电子能力的阴离子才能有效抑制多硫化物中间体的穿梭效应。具有弱 Lewis 碱性的电荷局域化的[TFSI]-阴离子在 Li-S 电池中不仅能够缓解多硫化物的穿梭问题，而且可以在负极界面上产生稳定坚固的 SEI 膜。图 1-15 为多硫化物在乙醚（左）或[PP₁₃][TFSI]基（右）溶剂中溶解和扩散的作用机理示意图。结果显示，[PP₁₃][TFSI]可以明显抑制多硫化物的快速穿梭过程[73]。

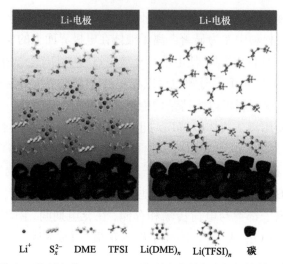

图 1-15　多硫化物在乙醚（左）或[PP₁₃][TFSI]基（右）溶剂中溶解和扩散的作用机理示意图[73]

2. 离子液体与分子性溶剂的杂化电解质

由于强烈的离子-离子相互作用和巨大的离子体积，纯离子液体常常黏度过高从而导致其离子电导率较低，这使得离子液体电解质在高容量、高倍率电化学体系中的应用受到限制。为了解决这个问题，人们将有机碳酸酯溶剂与离子液体混合在一起形成杂化电解质。杂化电解质相比纯离子液体具备更低的黏度和更高的离子电导率，相比纯碳酸酯电解液的安全性也更高。此外，杂化的离子液体-分子溶剂电解质往往会带来电极-电解质界面的优化效应。图 1-16 为 1 mol · L⁻¹ LiTFSI 杂化电解质体系中的 SiO₂-IL-TFSI/PC 示意图。结果表明，SiO₂-PP-TFSI 比 SiO₂-IM-TFSI 具有更高的电导率，并且在促进均匀的锂沉积和抑制电池短路方面更有效，这可能是由于[PP₁₃][TFSI]离子对的结合更弱。

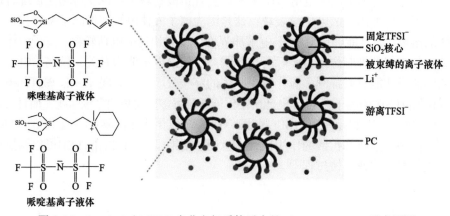

图 1-16　1 mol · L⁻¹ LiTFSI 杂化电解质体系中的 SiO₂-IL-TFSI/PC 示意图[74]

3. 离子液体-纳米粒子杂化电解质

金属锂电池的实际应用受到不均匀的电化学沉积和枝晶生长的限制。使用离子移动能力较弱的电解质对于枝晶生长的抑制有较好的效果。近年来，Lu 等[74]发展了离子液体维系的纳米粒子杂化电解质，并对其在金属锂负极中的应用进行了系统研究。在这种杂化电解质中，离子液体被束缚在纳米粒子（如 SiO_2、TiO_2、ZrO_2 等）的表面，然后纳米粒子再与锂盐或者含有锂盐的分子性溶剂混合。离子液体-纳米粒子杂化电解质可以有效抑制锂枝晶的生长，这主要归因于两方面：①被束缚的离子对可以在溶剂中解离出阴离子，抑制了负极表面空间电荷层的产生；②纳米粒子的抗渗透性和机械强度能够减缓已成核枝晶的渗透。图 1-17 是纳米粒子体积分数为 0.23 的电解质的透射电镜图。离子液体成分在整个电极空间作为一个几乎不动的、未解离的离子来源，可以在电池极化时迅速补充离子。

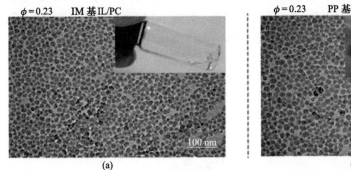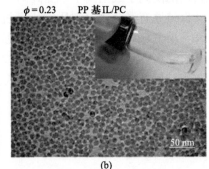

图 1-17　纳米粒子体积分数为 0.23 的 (a) IM 基 IL/PC 电解质和 (b) PP 基 IL/PC 电解质的透射电镜图[74]

4. 溶剂化离子液体电解质

近年来，高浓度的锂盐或钠盐溶于乙二醇二甲醚可形成熔融态的溶剂化离子液体电解质，并被作为一类新型的电解质体系而广泛研究。溶剂化离子液体的阳离子结构中存在一个可以与溶剂中配体强烈配位的锂原子。

等摩尔量的三甘醇二甲醚 (G_3) 与 LiTFSI 的混合物 [Li(G_3)][TFSI] 是溶剂化离子液体电解质的典型代表之一。[Li(G_3)] 阳离子中的锂原子通过四个氧原子与环状的醚实现配位，由此导致的阴阳离子的弱 Lewis 酸性和弱 Lewis 碱性对于抑制 Li-S 电池中多硫化物的穿梭效应作用显著。Ueno 小组[75]研究了锂离子在等摩尔混合物中的结构，以区分溶剂化的离子液体和浓溶液（图 1-18）。结果证实，[Li(glyme)][TFSA] 和 [Li(glyme)][BETI]（glyme=G_3 或 G_4，G_4 为四甘醇二甲醚）被认为是几乎没有游离的溶剂化离子液体。由于在溶剂中存在大量的游离甘氨酸，含有其他阴离子的络合物被认为是浓溶液，因为强 Lewis 碱性阴离子与 Li$^+$的相互作用比 Li$^+$与甘氨酸的相互作用强得多[76]。

5. 聚离子液体电解质

与离子液体相比，聚离子液体的可加工性、防渗透性和机械稳定性等都得到改善，其离子部分空间也具有可调性，因而被视作有潜力的聚合物电解质。与普通聚合物电解质不同的是，聚离子液体电解质即使不添加锂盐也同样具备离子导电性。

根据合成方法的不同，聚离子液体电解质可以分为单体直接聚合制备聚离子液体和对已有聚合物电解质进行离子液体化学修饰两种。使用离子液体单体直接聚合制备的聚离子液体电解质具备丰富的锂离子通道、稳定的机械性能和宽电化学稳定窗口。一些天然的聚合物可以通过离子液体进行化学修饰使其孔结构中产生自由的阴离子或阳离子来提高离子电导率，这种类型的聚离子液体电解质能够有效保持原有聚合物电解质的优良机械性能。如图 1-19 所示，3-(乙基丙烯氧基)丙基三甲氧基硅烷原位溶胶-凝胶生成了[Pyr$_{13}$][TFSI]固定化仿生蚁穴 SiO$_2$基体，其具有许多极性基团，如甲基丙烯酰基。在相互连接的通道中，仿生蚁穴可以传导锂离子并促进它们的传输。仿生蚁穴结构还抑制了锂枝晶的生长，保证了高倍率下锂离子的可逆脱出和嵌入[77]。

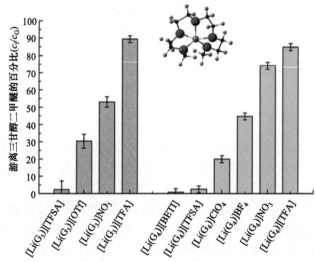

图 1-18　在 30℃时，等摩尔熔融混合物[Li(glyme)]X 中游离三甘醇二甲醚(c_f/c_G)的百分比[75]
插图为[Li(G$_4$)]$^+$在 B3LYP/6-311+G** 中的级别优化几何图形

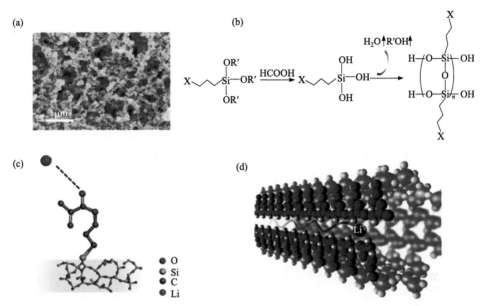

图 1-19　(a)蚁穴状 X-SiO$_2$ 离子液体骨架的 SEM 图；(b)固定化离子液体与三甲基硅烷偶联剂的反应机理；(c)仿生蚁穴离子液体凝胶电解质及其与 Li$^+$ 相互作用的示意图；(d)Li$^+$ 传导示意图[77]

6. 离子凝胶电解质

离子液体作为一种凝胶电解质，在离子凝胶中既充当增塑剂又可作为载流子，因此离子凝胶的离子电导率远超过一般的全固态电解质。此外，离子凝胶具有很好的柔韧性，与电极界面的相容性较高。已报道的离子凝胶电解质的种类相对有限，主要是由一些含氟的阴离子和咪唑、吡啶类的阳离子构成。但是离子凝胶电解质的基质种类相对丰富，包括无机物基质、线性聚合物基质、嵌段共聚物基质以及杂化基质等。

无机离子凝胶基质在热稳定性、机械性能、安全性等方面具有优势。目前最常用于限域离子液体的无机基质是二氧化硅。二氧化硅基质的制备工艺简单且尺寸孔径可调，但是其较低的介电常数使其离子电导率受限。近年来广泛研究的离子凝胶基质还有各种聚合物基质。聚合物基质的电中性特质使其与内部离子液体的相互作用较弱，这不仅不利于离子电导的增强，还容易使凝胶内部发生相分离。针对这个问题，解决措施通常是向凝胶中引入聚离子液体来增强离子-离子相互作用。在聚合物离子凝胶基质中还常常存在着机械性能与离子电导率的矛盾性。向凝胶中增加离子液体含量会使离子电导率升高，但是同时会牺牲一定的机械强度。在科学研究中常常向凝胶中加入化学交联的高强度聚合物基质来平衡该矛盾。

7. 有机离子塑性晶体电解质

有机离子塑性晶体是由室温离子液体和全部由阴阳离子组成的无机盐类构成的。有机离子塑性晶体与普通离子液体晶体的最大区别在于其可塑性，它反映了在低应力下离子在确定的晶格中的构象和旋转运动。有机离子塑性晶体中的离子运动和离子电导归因于材料中存在的空位和缺陷。阴阳离子的性质对于塑性晶体的离子电导率都有影响。Zhou 等[78]提出了一个解决离子导电性和机械强度之间矛盾的有趣策略，其关键在于原位合成技术，该技术一步完成了复合聚合物电解质的制备和高安全性聚合物锂/钠离子电池的组装。图 1-20 是通过原位聚合制备 PIL 基固体电解质(HPILSE)的示意图。这种原位合成方法不仅简化了聚合物锂/钠离子电池的组装过程，而且还确保了高性能电池中电极之间的界面接触稳定且电阻较低，以抵抗充/放电循环期间的电极体积变化[78]。

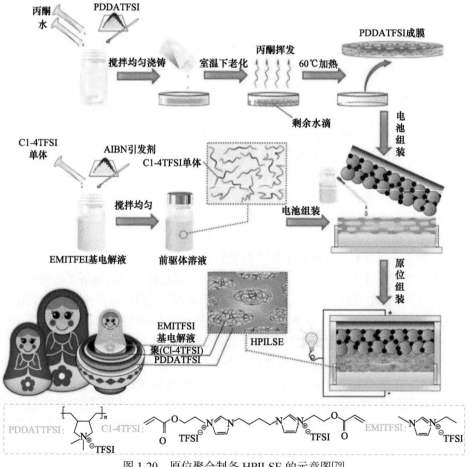

图 1-20　原位聚合制备 HPILSE 的示意图[79]

8. 人工固体电解质界面

碱金属负极存在着 SEI 膜不稳定、枝晶生长、体积膨胀等问题。除了电解液组分优化外，有利于离子液体对负极界面进行保护调控和构建特殊结构的金属集流体也是常用的手段。一方面，离子液体能够作为电解液组分可以参与到与金属负极反应的过程中，生成含有特定元素(如 F、N 等)的功能性 SEI 膜；另一方面，由离子液体衍生出的聚合物可以直接在电极表面成膜，从而对负极进行保护。此外，离子液体还可以作为润湿剂来稳定无机固体电解质与金属负极或正极之间的界面性质。如图 1-21 所示，为了提高 $Na_3V_2(PO_4)_3$/固体电解质/钠组成的固态电池中阴极/电解质界面处的电荷转移速率，研究者在阴极侧使用了少量不可燃且不挥发的离子液体作为润湿剂并提高了界面动力学，即加入了 *N*-甲基-*N*-丙基哌啶-双(氟磺酰基)酰亚胺([PP$_{13}$][FSI])。这种策略有效地提高了电池的库仑效率、倍率性能和循环稳定性，而不会降低全固态电池的安全性。电池优异的性能归因于离子液体在离子和电子导电网络形成过程中的多重作用，包括增强固体/固体界面接触、提供离子迁移通道，以及在循环过程中为体积膨胀提供"软"缓冲空间[79]。

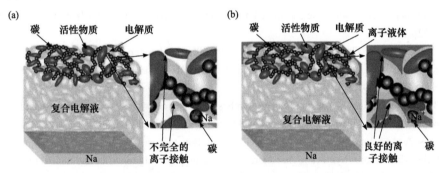

图 1-21　(a) $Na_3V_2(PO_4)_3$/固体电解质/Na 组成的固态电池示意图；(b) $Na_3V_2(PO_4)_3$/离子液体/固体电解质/Na 组成的固态电池示意图[79]

参 考 文 献

[1] Wang Y, Li B, Laaksonen A. Coarse-grained simulations of ionic liquid materials: From monomeric ionic liquids to ionic liquid crystals and polymeric ionic liquids. Phys Chem Chem Phys, 2021, 23: 19435-19456.

[2] Huang G, Porcarelli L, Liang Y, et al. Influence of counteranion on the properties of polymerized ionic liquids/ionic liquids proton-exchange membranes. ACS Appl Energy Mater, 2021, 4: 10593-10602.

[3] Welton T. Room-temperature ionic liquids: Solvents for synthesis and catalysis. Chem Rev, 1999, 99: 2071-2084.

[4] Barbosa J C, Correia D M, Goncalves R. Enhanced ionic conductivity in poly (vinylidene fluoride) electrospun separator membranes blended with different ionic liquids for lithium ion batteries. J Colloid Interface Sci, 2021, 582: 376-386.

[5] Baccour M, Louvain N, Alauzun J G, et al. Carbonization of polysaccharides in FeCl₃/BmimCl ionic liquids: Breaking the capacity barrier of carbon negative electrodes in lithium ion batteries. J Power Sources, 2020, 474: 228575.

[6] Huang Y, Wang H, Jiang Y, et al. Preparation of room temperature liquid metal negative electrode for lithium ion battery in one step stirring. Mater Lett, 2020, 276: 128261.

[7] Pal U, Rakov D, Lu B, et al. Interphase control for high performance lithium metal batteries using ether aided ionic liquid electrolyte. Energy Environ Sci, 2022, 15: 1907-1919.

[8] Forsyth M, Howlett P, Armand M, et al. Enhanced ion transport in an ether aided super concentrated ionic liquid electrolyte for long-life practical lithium metal battery applications. J Mater Chem A, 2020, 8: 18826-18839.

[9] Lowe R, Hanemann T, Zinkevich T, et al. Structure-property relationship of polymerized ionic liquids for solid-state electrolyte membranes. Polymers, 2021, 13: 792-813.

[10] Zhang X, Zhou W, Zhang M, et al. Superior performance for lithium-ion battery with organic cathode and ionic liquid electrolyte. J Energy Chem, 2021, 52: 28-32.

[11] Link S, Dimitrova A, Krischok S, et al. Electrogravimetry and structural properties of thin silicon layers deposited in sulfolane and ionic liquid electrolytes. ACS Appl Mater Interfaces, 2020, 12: 57526-57538.

[12] Chen T, Kong W, Zhang Z, et al. Ionic liquid-immobilized polymer gel electrolyte with self-healing capability, high ionic conductivity and heat resistance for dendrite-free lithium metal batteries. Nano Energy, 2018, 54: 17-25.

[13] Baker B, Cockram C J, Dakein S, et al. Synthesis and characterization of anilinium ionic liquids: Exploring effect of π-π ring stacking. J Mol Struct, 2021, 1225: 129122.

[14] Bessa A M M, Venerando M S C, Feitosa F X, et al. Low viscosity lactam-based ionic liquids with carboxylate anions: Synthesis, characterization, thermophysical properties and mutual miscibility of ionic liquid with alcohol, water, and hydrocarbons. J Mol Liq, 2020, 313: 113586.

[15] Briones O X, Tapia R A, Campodónico P R, et al. Synthesis and characterization of poly (ionic liquid) derivatives of N-alkyl quaternized poly (4-vinylpyridine). React Funct Polym, 2018, 124: 64-71.

[16] Deyab M A, Moustafa Y M, Nessim M I, et al. New series of ionic liquids based on benzalkonium chloride derivatives: Synthesis, characterizations, and applications. J Mol Liq, 2020, 313: 1700045.

[17] Ahmet K, Hüseyin A, Ali D, et al. Retraction note: Synthesis and characterization of trimeric phosphazene based ionic liquids with tetrafluoroborate anions and their thermal investigations. Sci Rep, 2021, 11: 5924.

[18] Liu K, Wang Z, Shi L, et al. Ionic liquids for high performance lithium metal batteries. J Energy Chem, 2021, 59: 320-333.

[19] Othman E A, van der Ham A, Miedema H, et al. Recovery of metals from spent lithium-ion

batteries using ionic liquid [P₈₈₈₈][Oleate]. Sep Purif Technol, 2020, 252: 117435.

[20] Brutti S, Simonetti E, Francesco M D, et al. Ionic liquid electrolytes for high-voltage, lithium-ion batteries. J Power Sources, 2020, 479: 228791.

[21] Chen T-L, Sun R, Willis C, et al. Lithium ion conducting polymerized ionic liquid pentablock terpolymers as solid-state electrolytes. Polymer, 2019, 161: 128-138.

[22] Eftekhari A, Liu Y, Chen P. Different roles of ionic liquids in lithium batteries. J Power Sources, 2016, 334: 221-239.

[23] Wu F, Zhao Y, Wang Y, et al. Hydrogen-bonding and acid cooperative catalysis for benzylation of arenes with benzyl alcohols over ionic liquids. Green Chem, 2022, 24: 3137-3142.

[24] Yu S, Lindeman S, Tran C D. Chiral ionic liquids: Synthesis, properties, and enantiomeric recognition. J Org Chem, 2008, 73: 2576-2591.

[25] Boyd A R, Jessop P G, Dust J M, et al. Switchable polarity solvent (SPS) systems: Probing solvatoswitching with a spiropyran (SP)-merocyanine (MC) photoswitch. Org Biomol Chem, 2013, 11: 6047-6055.

[26] Aathira M S, Khatri P K, Jain S L. Synthesis and evaluation of bio-compatible cholinium amino acid ionic liquids for lubrication applications. J Ind Eng Chem, 2018, 64: 420-429.

[27] Yuan J, Antonietti M. Poly(ionic liquid)s: Polymers expanding classical property profiles. Polymer, 2011, 52: 1469-1482.

[28] Sebastiao E, Cook C, Hu A, et al. Recent developments in the field of energetic ionic liquids. J Mater Chem A, 2014, 2: 8153-8173.

[29] Ghorbani M, Noura S, Oftadeh M, et al. Preparation of neutral ionic liquid [2-Eim]OAc with dual catalytic-solvent system roles for the synthesis of 2-amino-3-cyano-7-hydroxy-4-(aryl)-4H-chromene derivatives. J Mol Liq, 2015, 212: 291-300.

[30] Arian F, Keshavarz M, Sanaeishoar H, et al. Novel sultone based Brønsted acidic ionic liquids with perchlorate counter-anion for one-pot synthesis of 2H-indazolo[2,1-b]phthalazine-triones. J Mol Struct, 2021, 1229: 129599.

[31] Dutta A, Damarla K, Kumar A, et al. Gemini basic ionic liquid as bi-functional catalyst for the synthesis of 2,3-dihydroquinazolin-4(1H)-ones at room temperature. Tetrahedron Lett, 2020, 61: 151587.

[32] Zhu Y H, Yuanting K T, Hosmane N S. Applications of ionic liquids in lignin chemistry. InTech, 2013: 316-346.

[33] Singh S K, Savoy A W. Ionic liquids synthesis and applications: An overview. J Mol Liq, 2019, 297: 112038.

[34] Sefat M N, Saberi D, Niknam K. Preparation of silica-based ionic liquid an efficient and recyclable catalyst for one-pot synthesis of α-aminonitriles. Catal Lett, 2011, 141: 1713-1720.

[35] Zhang Q, Luo J, Wei Y. A silica gel supported dual acidic ionic liquid: An efficient and recyclable heterogeneous catalyst for the one-pot synthesis of amidoalkyl naphthols. Green Chem, 2010, 12: 2246-2254.

[36] Karimi N, Zarrabeitia M, Mariani A, et al. Nonfluorinated ionic liquid electrolytes for lithium metal batteries: Ionic conduction, electrochemistry, and interphase formation. Adv Energy Mater, 2020, 11: 2003521.

[37] Hurley F H, Wlier T P. Electrodeposition of metals from fused quaternary ammonium salts. J Electrochem Soc, 1951, 98: 203-206.

[38] Davis J H, Forrester K J. Thiazolium-ion based organic ionic liquids (OILs).[1,2] Novel OILs which promote the benzoin condensation. Tetrahedron Lett, 1999, 40: 1621-1622.

[39] Visser A E, Swatloski R P, Reichert W M, et al. Task-specific ionic liquids incorporating novel cations for the coordination and extraction of Hg^{2+} and Cd^{2+}: Synthesis, characterization, and extraction studies. Environ Sci Technol, 2002, 36: 2523-2529.

[40] Liang X, Wu H, Huang H, et al. Efficient ethylene/ethane separation through ionic liquid-confined covalent organic framework membranes. J Mater Chem A, 2022, 10: 5420-5429.

[41] Wallace A G, Symes M D. Water-splitting electrocatalysts synthesized using ionic liquids. Trends Chem, 2019, 1: 247-258.

[42] Gan P, Tang S. Research progress in ionic liquids catalyzed isobutane/butene alkylation. Chin J Chem Eng, 2016, 24: 1497-1504.

[43] Sun J, Guo N, Shao Z, et al. Electrocatalysts: A facile strategy to construct amorphous spinel-based electrocatalysts with massive oxygen vacancies using ionic liquid dopant. Adv Energy Mater, 2018, 8: 1800980.

[44] Huang T, Lei X, Wang S, et al. Ionic liquid assisted in situ growth of nano-confined ionic liquids/metal-organic frameworks nanocomposites for monolithic capillary microextraction of microcystins in environmental waters. J Chromatogr A, 2023, 1692: 463849.

[45] Scholten J D, Leal B C, Dupont J. Transition metal nanoparticle catalysis in ionic liquids. J Am Chem Soc, 2012, 2: 184-200.

[46] Ahmad A, Mansor N, Mahmood H, et al. Evaluation thermal degradation kinetics of ionic liquid assisted polyetheretherketone-multiwalled carbon nanotubes composites. J Appl Polym Sci, 2023, 140: e53647.

[47] He Z, Alexandridis P. Nanoparticles in ionic liquids: Interactions and organization. Phys Chem Chem Phys, 2015, 17: 18238-18261.

[48] Wegner S, Janiak C. Metal nanoparticles in ionic liquids. Top Curr Chem, 2017, 375: 65-97.

[49] Khairnar A P, Tawade A K, Kamble B B, et al. Ionic liquid mediated synthesis of TiO_2-ZnO-BMIMBr nanocomposite for electrochemical sensing of neurotransmitter. J Mater Sci Mater Electron, 2023, 34: 641.

[50] Nakanishi T, Kojima T, Ohkubo K, et al. Photoconductivity of porphyrin nanochannels composed of diprotonated porphyrin dications with saddle distortion and electron donors. Chem Mater, 2008, 20: 7492-7500.

[51] Léger B, Denicourt-Nowicki A, Roucoux A, et al. Synthesis of bipyridine-stabilized rhodium nanoparticles in non-aqueous ionic liquids: A new efficient approach for arene hydrogenation with nanocatalysts. Adv Synth Catal, 2008, 350: 153-159.

[52] Redel E, Walter M, Thomann R, et al. Synthesis, stabilization, functionalization and, DFT

calculations of gold nanoparticles in fluorous phases (PTFE and ionic liquids). Chem Eur J, 2009, 15: 10047-10059.

[53] Koch V R, Nanjundiah C, Appetecchi G B, et al. The interfacial stability of Li with two new solvent-free ionic liquids: 1,2-Dimethyl-3-propylimidazolium imide and methide. J Electrochem Soc, 2019, 142: L116-L118.

[54] Chen Q L, Wu K J, He C H. Thermal conductivity of ionic liquids at atmospheric pressure: Database, analysis, and prediction using a topological index method. Ind Eng Chem Res, 2014, 53: 7224-7232.

[55] Sánchez-Ramírez N, Assresahegn B D, Bélanger D, et al. A comparison among viscosity, density, conductivity, and electrochemical windows of N-n-butyl-N-methylpyrrolidinium and triethyl-n-pentylphosphonium bis(fluorosulfonyl imide) ionic liquids and their analogues containing bis(trifluoromethylsulfonyl) imide anion. J Chem Eng Data, 2017, 62: 3437-3444.

[56] Almeida H F D, Canongia Lopes J N, Rebelo L P N, et al. Densities and viscosities of mixtures of two ionic liquids containing a common cation. J Chem Eng Data, 2016, 61: 2828-2843.

[57] Zhang D, Ren Y, Hu Y, et al. Ionic liquid/poly (ionic liquid) -based semi-solid state electrolytes for lithium-ion batteries. Chin J Polym Sci, 2020, 38: 506-513.

[58] Lee D J, Ryou M-H, Lee J-N, et al. Nitrogen-doped carbon coating for a high-performance SiO anode in lithium-ion batteries. Electrochem Commun, 2013, 34: 98-101.

[59] Lux S F, Lucas I T, Pollak E, et al. The mechanism of HF formation in LiPF$_6$ based organic carbonate electrolytes. Electrochem Commun, 2012, 14: 47-50.

[60] Borodin O, Behl W, Jow T R. Oxidative stability and initial decomposition reactions of carbonate, sulfone, and alkyl phosphate-based electrolytes. J Phys Chem C, 2013, 117: 8661-8682.

[61] Pang Z, Zhang H, Wang L, et al. Towards safe lithium-sulfur batteries from liquid-state electrolyte to solid-state electrolyte. Front Mater Sci, 2023, 17: 230630.

[62] Bhowmick S, Ahmed M, Filippov A, et al. Ambient temperature liquid salt electrolytes. ChemComm, 2023, 59: 2620-2623.

[63] Zhang C, Gamble S, Ainsworth D, et al. Alkali metal crystalline polymer electrolytes. Nat Mater, 2009, 8: 580-584.

[64] Li W, Dahn J R, Wainwright D S. Rechargeable lithium batteries with aqueous electrolytes. Science, 1994, 264: 1115-1118.

[65] Li W, Dahn J R, Root J H. Lithium intercalation from aqueous solutions. J Electrochem Soc, 1994, 141: 2310-2316.

[66] Kühnel R S, Reber D, Remhof A, et al. "Water-in-salt" electrolytes enable the use of cost-effective aluminum current collectors for aqueous high-voltage batteries. Chem Commun, 2016, 52: 10435-10438.

[67] Widakdo J, Huang T-J, Subrahmanya T M, et al. Bioinspired ionic liquid-graphene based smart membranes with electrical tunable channels for gas separation. Appl Mater Today, 2022, 27: 101441.

[68] Wang H, Cui L, Yang Y, et al. Mn_3O_4-Graphene hybrid as a high capacity anode material for lithium ion batteries. J Am Chem Soc, 2011, 42: 13978-13980.

[69] Liu Z, Li H, Zhu M, et al. Towards wearable electronic devices: A quasi-solid-state aqueous lithium-ion battery with outstanding stability, flexibility, safety and breathability. Nano Energy, 2018, 44: 164-173.

[70] Clare B, Sirwardana A, Macfarlane D R. Synthesis, purification and characterization of ionic liquids. Topics Curr Chem, 2010, 290: 1-40.

[71] Yang Q, Zhang Z, Sun X G, et al. Ionic liquids and derived materials for lithium and sodium batteries. Chem Soc Rev, 2018, 47: 2020-2064.

[72] 陈人杰, 张海琴, 吴锋. 离子液体在电池中的应用. 化学进展, 2011 23: 366-373.

[73] Wang L, Liu J, Yuan S, et al. To mitigate self-discharge of lithium-sulfur batteries by optimizing ionic liquid electrolytes. Energy Environ Sci, 2016, 9: 224-231.

[74] Lu Y, Korf K, Kambe Y, et al. Ionic-liquid-nanoparticle hybrid electrolytes: Applications in lithium metal batteries. Angew Chem Int Ed, 2014, 53: 488-492.

[75] Ueno K, Tatara R, Tsuzuki S, et al. Li^+ solvation in glyme-Li salt solvate ionic liquids. Phys Chem Chem Phys, 2015, 17: 8248-8257.

[76] Moon H, Tatara R, Mandai T, et al. Mechanism of Li ion desolvation at the interface of graphite electrode and glyme-Li salt solvate ionic liquids. J Phys Chem C, 2014, 118: 20246-20256.

[77] Chen N, Dai Y, Xing Y, et al. Biomimetic ant-nest ionogel electrolyte boosts the performance of dendrite-free lithium batteries. Energy Environ Sci, 2017, 10: 1660-1667.

[78] Zhou D, Liu R, Zhang J, et al. *In situ* synthesis of hierarchical poly(ionic liquid)-based solid electrolytes for high-safety lithium-ion and sodium-ion batteries. Nano Energy, 2017, 33: 45-54.

[79] Zhang Z, Zhang Q, Shi J, et al. A self-forming composite electrolyte for solid-state sodium battery with ultralong cycle life. Adv Energy Mater, 2017, 7: 1601196.

第2章

离子液体的物化性质与设计优化

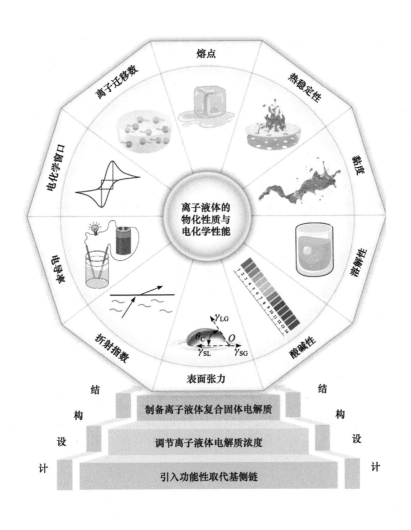

当前广泛应用的商业化有机液体电解质体系存在着易燃、易挥发、高毒性、物化性质不稳定等固有的缺点，对电池的安全性能有着极大的隐患，限制了电池的进一步发展。离子液体凭借其高安全性等优势逐渐成为研究人员关注的重点。目前，研究人员对离子液体电解质的物化性质及结构设计的研究已取得了初步的进展[1,2]。

本章主要对离子液体的物化性质、离子液体电解质的电化学性能以及结构设计进行简单介绍。

2.1 离子液体的物化性质

2.1.1 熔点

离子液体一般要求熔点低，且在室温下为液体。由不同氯化物的熔点可知，其熔点受到阳离子结构特征的影响。阳离子的离子间相互作用力与其结构对称性成正比，结构对称性越低，则相互作用力越小。阳离子电荷分布越均匀，则其熔点越低，如含对称性阳离子[EtEtIm]$^+$的离子液体比含不对称性阳离子[EtMeIm]$^+$的离子液体熔点要高；阳离子烷基侧链越长，体积越大，电荷越分散，对称性越差，熔点越低，但是当侧链增大到一定程度，熔点反而增大，侧链最佳 C 原子数 $n=6$、8；阳离子结构上烷基链的支化程度越高，熔点越高，如含异丙基的[iPrMeIm]$^+$比含正丙基的[PrMeIm]$^+$的熔点高；另外，咪唑环 2 位 C 上的质子被烷基取代也会使熔点上升。可见，离子液体熔点低可归因于其低对称性、弱的分子间作用力和阳离子电荷的分散性[3,4]。

阴离子的体积增大也会影响其熔点，但是其影响程度远小于阳离子。大多数情况下，阴离子的体积越大，则熔点越低[5]；阴离子上有强吸电子基(F$^-$)取代后使负电荷分散程度高，与阳离子间的作用力减弱，熔点降低，如[N(CF$_3$SO$_2$)$_2$]$^-$阴离子。

众所周知，一般离子化合物处于室温时都是固态，阴阳离子间静电作用力较强，所以具有较高的熔点、沸点和硬度，如 NaCl 的熔点可以达到 804℃。绝大部分离子液体仅能存在于高温下(高温熔融盐)。因此，如果阴阳离子体积很大且结构不对称，由于空间阻碍的作用，强大的静电作用力无法使阴阳离子在微观上呈密堆积，离子之间的作用力明显降低，从而使其熔点降低，在室温下可能成为液态，这样就可得到室温离子液体。在这种液体中只存在阴、阳离子，没有中性分子。

2.1.2　热稳定性

离子液体(ILs)由于其不易燃的特性,在各种高温应用中是最安全的溶剂。为了研究它们的热稳定性,热重分析(TGA)被广泛应用于 ILs 热分解过程的动力学分析。

在离子液体混合物中,阴离子和阳离子可以自由结合。利用纯 ILs 的 TGA 数据预测 ILs 混合物的热稳定性也是可行的。与单阳离子型离子液体相比,双阳离子型离子液体(DILs)具有更好的热稳定性,其结构对热稳定性的影响与单阳离子离子液体相似。此外,由于较强的静电相互作用,DILs 具有较高的熔点,而调整连接链的长度和阴离子的种类可以得到具有低熔点、高热稳定性的DILs[6]。

与大多数的有机溶剂和水相比,离子液体具有更宽的液态温度范围。离子液体的热稳定性主要决定于杂原子-碳原子之间的作用力和杂原子-氢键之间的作用力,所以其热稳定性与组成其的阴离子和阳离子的结构和性质有很大的关系。咪唑类的离子液体一般具有很高的热稳定性。离子液体的热稳定性优于有机电解液中的碳酸酯类溶剂。图 2-1 为纯有机电解液与混有离子液体的电解质的易燃性试验对比。纯有机电解质直接燃烧并有明亮的火焰,然而混有离子液体的电解质燃烧现象不明显。

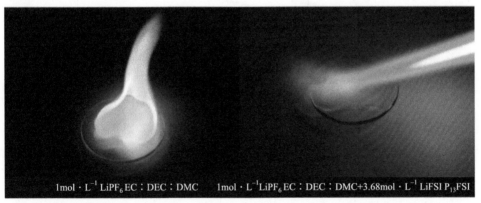

$1mol \cdot L^{-1} LiPF_6 EC : DEC : DMC$　　　$1mol \cdot L^{-1}LiPF_6 EC : DEC : DMC+3.68mol \cdot L^{-1} LiFSI P_{13}FSI$

图 2-1　纯有机电解质(左)和 50%有机电解质-50%离子液体混合物(右)暴露在裸露火焰中的现象[7]

2.1.3　黏度

金属离子在 ILs 中的迁移速率主要受到黏度(又称动态黏度 η)的影响。黏度与离子迁移速率成反比,随着黏度的升高,离子迁移速率会逐渐减小。氢键和范德瓦耳斯力是黏度的决定性因素,因为离子液体阴、阳离子间的库仑引力、范德瓦耳斯力以及氢键相互作用力一般比小分子溶剂分子间作用力强,导致离子液体黏度较高,因此,离子液体的黏度比传统的有机分子溶剂要高 1～3 个数量级(如

图 2-2 所示)，这成为离子液体在应用方面的限制因素之一。一般情况下，氢键越弱，离子液体的黏度越低，而范德瓦耳斯力越强，离子液体的黏度也越高。然而，在范德瓦耳斯力较强时，离子液体也有可能表现出较低的黏度，这主要是因为弱的氢键作用力使体系黏度降低的幅度超过由于范德瓦耳斯力的作用使体系黏度增加的幅度。温度对离子液体的黏度也有很大的影响。离子液体的黏度随着温度的升高而降低，一般是服从 VFT(Vogel-Fulcher-Tamman)方程。通常，黏度值随着温度的升高而降低，这可能是离子液体分子之间和分子内氢键断裂的结果。

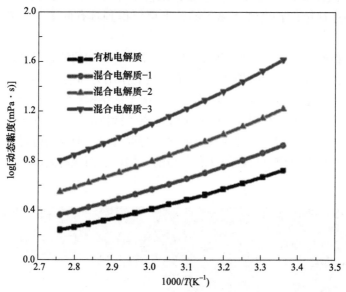

图 2-2　有机电解质与混有离子液体的电解质的黏度对比[7]

杂质对黏度具有显著影响。痕量杂质的存在可导致黏度急剧降低[8,9]，因此，离子液体混合物的黏度比纯离子液体低得多。离子液体黏度的常用测量方法有滚动球体法[10,11]、落体法[12,13]和移动活塞法[14,15]。其中，最常用的方法是落体法。

离子液体的黏度受阳离子结构的影响也较为明显。当阳离子尺寸增大(或烷基链增长)，范德瓦耳斯力增强，黏度增加；阳离子的取代基带有支链，黏度增加；阳离子中存在的不饱和键对正电荷有分散作用，降低了库仑引力，黏度降低(如咪唑类离子液体[16-20])；阳离子结构上引入供电子基团，能分散正电荷，降低库仑引力，黏度降低，相反引入吸电子基团，黏度增加；另外，醚基团具有挠性，能提高离子的移动能力，降低黏度。

阴离子对黏度也有一定的影响。当阳离子相同时，阴离子尺寸越大，范德瓦耳斯力随之增大，黏度越高，如 $CF_3SO_3^- < C_4F_9SO_3^-$ 或 $CF_3CO_2^- < C_3F_7CO_2^-$；当阴离子

具有强的氢键作用，黏度增加，如含 BF_4^- 或 PF_6^- 的离子液体黏度高于含 $N(CF_3SO_2)_2^-$ 的离子液体；另外，阴离子上的氟取代基对负电荷有分散作用，可以减弱与阳离子的相互作用，使黏度降低。

以采用 TFSI⁻为阴离子的离子液体为例，其黏度的影响主要来自阳离子。因为 TFSI⁻阴离子本身在空间结构的高对称性，决定了其整体是一个接近电中性的结构，电荷在整体分布均匀，锂离子与其的静电作用力近似于范德瓦耳斯力。而阳离子的结构影响主要取决于其构成，即阳离子的支链及其支链空间结构对离子液体黏度的影响十分显著[21,22]，所以通常离子液体阳离子采用的是甲基和丙基结构取代(1,3 结构)，或者乙基和丁基结构取代(2,4 结构)，这样可以尽量减少体系的黏度，并且使体系保持较理想的结构。

2.1.4　体积性质

体积性质是基本且重要的热力学性质之一。体积性质是指与物质的体积变化密切相关的特性，如密度、摩尔体积、偏摩尔体积、过量摩尔体积、可压缩性、膨胀性等。离子液体电解质通常是含离子液体的多组分混合物，是非常复杂的系统，其性质不仅取决于分子间的相互作用，还取决于离子-离子和离子-分子间的相互作用。同时，还必须考虑影响结构效应的一些因素，这是因为溶液组分之间的摩尔体积和自由体积不同会引起间隙调节。

密度是体积性质之一，某些体积性质是根据密度计算得到的，因此，关于密度的报道和研究较多，包括有机溶剂和离子液体的混合物、气体和离子液体的混合物、固体和离子液体的混合物等。一般来说，离子液体混合物的测量密度取决于温度、压力和组分。对于整个组成范围，离子液体混合物在不同温度下的密度可以通过使用线性方程或二阶多项式来关联。通常，密度与含有离子液体的混合物的组成有明显的非线性关系，这种现象不同于一般的有机溶剂混合物[23,24]。通过比较含有不同取代基咪唑阳离子的氯铝酸盐的密度发现，密度与咪唑阳离子上 N-烷基链长度呈线性关系。当有机阳离子变大时，离子液体的密度变小，因此可以通过阳离子结构的轻微调整来调节离子液体的密度。阴离子对密度的影响则更加明显。通常来说，阴离子越大，离子液体的密度也越大，因此设计不同密度的离子液体，首先应该选择相应的阴离子来确定大致范围，然后再选择阳离子对密度进行微调。

2.1.5　溶解性

离子液体可以作为很多化学反应的良好溶剂，有机物、无机物和聚合物等不同物质都可以很好地溶解于其中。阳离子和阴离子的特性会影响离子液体的溶解性，其中阳离子对其影响最为显著。由正辛烯在含相同甲苯磺酸根阴离子季铵盐离子液体中的溶解结果可以看出，随着离子液体中季铵阳离子侧链变大，即非极性特征增加，正辛烯的溶解性也随之变大。可见，改变阳离子的烷基可以调整离子液体的溶解性。由水在含不同[Bmim]⁺阳离子的离子液体中的溶解结果可以证实，阴离子也可以对离子液体的溶解性产生很大的影响。

2.1.6　极性

离子液体的极性用常规的方法往往难以表征，因此研究者们做了很多努力对其进行表征，如溶剂显色法、荧光探针染料法、分配系数法、气相色谱固定相法等，但极性的标度也因使用的方法而变。离子液体的极性研究大部分是利用极性敏感染料和荧光探针的方法来进行的。大部分探针所得的离子液体极性比介电常数观测的要高。有研究者认为离子液体的极性接近于短链醇，如甲醇(ε=32.5)，但介电常数的研究显示离子液体的极性相当于中等链长的醇，如正丙醇(ε=15.1)和正辛醇(ε=8.8)。大部分的研究表明离子液体的极性主要与阳离子的性质有关，而介电常数的研究则显示主要是与阴离子有关。

尼罗红(Nile red)分子是最早用于测定离子液体极性的化合物，通过测定尼罗红分子在一系列不同阴离子配位的咪唑类离子液体中的电子跃迁能量(E_T)大小，发现 E_T 数值变化不大，表明离子液体是中等极性的溶剂，这与通过介电常数反应的极性范围是一致的[25]。目前应用最广泛的经验性溶剂极性标度 E_T^N 是通过测定赖夏特(Reichardt)染料的最大吸收波长得到的[26]。Reichardt 染料是一种商业化的探针分子，其最大吸收波长在 375 nm 左右。它的吸收波长位置是由溶剂的偶极、氢键作用、Lewis 酸性和氢键供体能力所决定的。通过 Reichardt 染料测定的溶剂极性数值可用 E_T^N 来表示，其中 E_T^{30} 是 Reichardt 采用甜菜碱 30 测定的极性数值。E_T^N 是在 E_T^{30} 基础上建立的表述溶剂极性的归一化值，规定水的 E_T^N 值为 1，四甲基硅烷的 E_T^N 值为 0，所有测得的溶剂的极性是一个相对值。根据染料最大吸收波长，E_T^N 可以通过公式(2-1)和公式(2-2)求得。

$$E_T^N = \frac{\left[E_T^{30}(\mathrm{sol}) - 30.7 \right]}{32.4} \tag{2-1}$$

$$E_T^{30}\left(\frac{\mathrm{kcal}}{\mathrm{mol}} \right) = \frac{28\,592}{\lambda_{\max}(\mathrm{nm})} \tag{2-2}$$

阳离子对离子液体的 E_T^N 影响比较明显，一般的顺序为 $C_nNH_3^+ > C_nC_1im^+ > C_nC_1^2im^+ > (C_n)_4P^+$，这与阳离子给出氢键能力的大小顺序基本一致。采用该种方法测得的离子液体的极性最大值接近于水,最小值与极性非质子性溶剂接近。增加阳离子上烷基链的长度会导致 E_T^N 值的下降,但下降幅度不明显,而功能化的烷基链会增大离子液体的 E_T^N 值。阴离子对离子液体 E_T^N 值的影响比较小,这主要是由于 Reichardt 染料是一个氢键接受体,而非氢键供体,它不能反映溶剂的氢键接受能力。阴离子对于离子液体 E_T^N 的影响也与阳离子的类型有关[27-29]。

2.1.7　酸碱性

离子液体的酸碱性是人们关注的焦点之一。离子液体是阴阳离子组合的产物,因此,由不同形式以及不同结构合成的离子液体在一定条件下可能是 Lewis 酸或 Lewis 碱。但离子液体的酸碱性实际上由阴离子的本质决定。比如,当离子液体 [Bmim]Cl 中加入 Lewis 酸(如 AlCl₃),在 AlCl₃的摩尔分数 x(AlCl₃)<0.5 时,离子液体呈碱性;在 x(AlCl₃)=0.5 时,离子液体为中性,阴离子仅为 $AlCl_4^-$;在 x(AlCl₃)>0.5 时,随着 AlCl₃的增加会有 $Al_2Cl_7^-$ 和 $Al_3Cl_{10}^-$ 等阴离子存在,离子液体表现为强酸性。

研究离子液体的酸碱性时,必须注意其"潜酸性"和"超酸性"。与传统的超酸体系相比,超酸性离子液体处理起来更安全。

2.1.8　表面张力

液体物质在一定力的作用下的阻力特性称为表面张力,是离子液体最重要的特性之一。离子液体的表面张力值主要取决于离子液体表面存在的阳离子和阴离子的结构[30]。

(1)离子液体表面张力计算的常用关系式见式(2-3):

$$\gamma = a - bT \tag{2-3}$$

式中:γ 为离子液体的表面张力;a、b 为实验数据拟合的参数;T 为实验温度。

(2)离子液体表面张力随温度变化规律可以通过 Eotvos 方程计算,见式(2-4):

$$\gamma V_m^{2/3} = k(T_c - T) \tag{2-4}$$

式中:γ 为离子液体的表面张力;V_m 为离子液体的摩尔体积;k 为经验常数;T_c 为临界温度。

离子液体内部存在范德瓦耳斯力、库仑力、氢键等相互作用,这些作用均会影响离子液体的表面张力大小。Arjmand 等[31]根据伪晶格理论,利用近似方法,得到了离子液体表面张力的简单线性关系式。这一线性规律的参数可用于估算宽温度范围内的表面张力和预测离子液体二元混合物的表面张力。

2.1.9　折射指数

极性与离子液体的对称性相关，离子液体对称性减弱，其折射率增大。通常，吡啶盐比咪唑盐的折射率更高，这是吡啶盐比咪唑盐极性强的原因。

在外界条件相同且阴离子也相同的情况下，离子液体折射率随阳离子取代基链长的增长而变大，这可能是因为随着链长的增长，离子液体的极化率增大。阳离子相同时，离子液体折射率与阴离子尺寸负相关；不同温度时，折射率随外界温度的升高而呈减小的趋势。阴离子一定时，折射率随阳离子取代基链长基本呈线性关系。

离子液体的各项物理化学性质都有可能对制备的电解质性能产生影响，因此，对离子液体物理化学性质的研究具有重要意义。痕量水或任何有机溶剂作为杂质存在时对离子液体的物理化学性质均有重大影响。离子液体中存在的痕量水对其酸度、密度、黏度、电导率、焓、表面和界面张力等均有影响，比如少量水的添加会导致黏度或者焓的较大变化。

2.2　离子液体的电化学性能

2.2.1　电导率

将离子液体应用于电池电解质中，则其电导率性能尤为重要。离子迁移率和电流载流子决定了离子液体电导率的高低。虽然离子液体完全由阴、阳离子构成，电荷载流子数充足，但由于部分离子之间的缔合作用，会导致载流子数目减少，电导率降低。电导率还与黏度密切相关，离子液体的电导率受黏度的影响很大。通常来说，离子液体的黏度越高，锂离子在其中的迁移越困难。在众多离子液体中，电导率较高的是 EMITFSI（黏度也较低），其室温电导率接近 $10^{-2}\,\mathrm{S\cdot cm^{-1}}$。离子液体体系的电导率还和锂盐的浓度有关，在离子液体的体系中掺入一定量的有机电解液可以明显降低其黏度和提高其电导率。随着有机电解液体积分数的增加，体系的黏度逐渐降低。但是，电导率却呈现出不同的变化规律，离子液体体系的电导率随着有机电解液含量的增加呈现先升高后降低的趋势，这说明对离子液体体系而言，其电导率受黏度和锂盐浓度的影响很大。

一般来讲，黏度、温度、离子大小等都会影响离子电导率。其中，黏度和电导率有密切的关系，主要是因为离子迁移性和黏度有关，黏度越高，离子半径越大，电导率越低。离子电导率也受温度的影响，温度越高，离子电导率越高，温度越低,离子电导率越低。在较低温度范围内,离子电导率和温度的相互关系大致服从阿伦尼乌斯方程,在较宽的范围内,其关系可以用 VFT 方程[式(2-5)]来描述:

$$\delta = AT^{-1/2}\exp\left[-B\left(T - T_0\right)\right] \tag{2-5}$$

式中:A、B、T_0 均为拟合参数。

除了黏度,离子液体的密度、离子大小均对电导率有影响。密度对电导率的影响与黏度相反,即密度与电导率成正比关系。在密度和黏度都相近时,离子半径大小起到主要作用,离子半径越小,电导率越高。

2.2.2 电化学窗口

电化学窗口是选择离子液体作为电池电解质的重要参数之一。电化学稳定窗口是离子液体开始发生氧化反应和还原反应的电位差,其大小由阴、阳离子的电化学稳定性决定。通常阴离子决定离子液体的氧化电位,目前离子液体阴离子通常采用 TFSI$^-$(可使体系获得较大的电化学窗口,一般氧化电位大于 4.5 V),而阳离子决定了离子液体的还原电位。离子液体的电化学窗口随温度的升高而变窄,这是由于温度升高,阳离子的还原极限电位升高,而阴离子的氧化极限电位降低。大部分离子液体都具有 4 V 以上的电化学窗口,比有机溶剂宽,这是因为组成离子液体的阴阳离子所具有的特性导致阳离子的还原和阴离子的氧化一般都在较负和较正的电位下进行。通常可以通过线性扫描测试或是循环伏安测试来确定离子液体的电化学窗口。

2.2.3 离子迁移数

电解质溶液依靠离子的定向迁移而导电。为了使电流能够通过电解质溶液,需将两个导体作为电极浸入溶液,使电极与溶液直接接触。当电流通过电解质溶液时,溶液中的正负离子各自向阴、阳两极迁移,同时电极上发生氧化还原反应。根据法拉第定律,在电极上发生物质的量的变化多少与通入电量成正比。通过溶液的电量等于正、负离子迁移电量之和。由于各种离子的迁移速率不同,各自所产生的电量也必然不同。每种离子所产生的电量与通过溶液的总电量之比,称为该离子在此溶液中的迁移数,用符号 τ 表示,τ 为无量纲的量。

离子液体由于具有良好的电导率,因而可以表现出较高的离子迁移数。Zhang 等[32]对聚离子液体的离子迁移数进行了系统的研究。结果表明,离子迁移数在很大程度上受阳离子对电导率的贡献的影响。不同阳离子之间的动力学关联在影响聚离子液体的真实电导率中起着重要作用。

2.3　离子液体电解质的结构设计

近年来，新型离子液体电解质在电池中的应用被广泛研究，但离子液体在电解质中的使用还存在诸多问题。首先，与传统的有机电解质体系相比，离子液体电解质具有较高的黏度；其次，离子液体对一些材料的浸润性差，难以形成较好的 SEI 膜；最后，离子液体虽然具有较宽的电化学窗口，但是当电压达到 4 V 以上时，离子液体的电化学性质变得不稳定，且应用于锂离子电池中时会与锂发生反应。通常对作为电解质的离子液体的结构进行设计从而在一定程度上改善这些问题。

2.3.1　引入功能性取代基侧链

离子液体最大的特点就是可以在众多的阴阳离子中自由地选择进行搭配，从而得到满足需求的具有特定物理化学性能的离子液体。在常规离子液体中根据需要引入功能性取代基侧链，有利于改善离子液体电解质的性能。Ferrari 团队[33]发现，在众多离子液体中，1-甲基-4-丁基-吡咯烷亚胺（三氟甲磺酰亚胺）（$Pyr_{1,4}$-TFSI）由于其疏水性、宽的电化学窗口和在熔融相中的高离子电导率而被认为是锂电池中非常有前途的电解质。然而，它很容易在 0℃以下结晶，这显然会导致电池在工作温度范围内的电导率发生急剧下降。此外，如果与标准有机电解质相比，它的黏度仍太高。为了探索其他潜在的离子液体作为液体电解质，该团队提出了基于甲基吡咯烷酮的结构（$Pyr_{1,OR}$-TFSI），用含乙氧基的侧链衍生得到[34]。该团队还提出了取代基的链长和氧单元数量不同的两种体系，即 $Pyr_{1,201}$-TFSI 和 $Pyr_{1,20201}$-TFSI。研究观察到醚基的存在抑制了低于室温时的结晶现象，这可能是由于官能化基团的氧原子和邻近酰亚胺阴离子之间的相互作用。此外，氧还可以降低离子液体电解质的黏度，从而有望提高离子电导率。在其他环状季铵盐中也观察到这些特征，例如吡唑啉鎓、哌啶鎓、吗啉鎓、噁唑鎓基季铵盐等[35,36]。

Iwasaki 等[37]研究了 1-丁基-3-甲基咪唑芳基三氟硼酸盐（$[C_4mim][ArBF_3]$）的物理化学性质和电化学行为，该化合物在阴离子的苯基部分引入了不同的取代基，如甲氧基、氟基、三氟甲基和氰基。此外，该研究还制备了$[ArBF_3]^-$阴离子的几种位置异构体，以进一步了解位置的影响。从阳离子-阴离子相互作用和阴离子的最高占据分子轨道（HOMO）能级的量子化学计算结果，定性地讨论了室温离子液体 $[C_4mim][ArBF_3]$ 的电导率和电化学稳定性。有趣的是，在苯基部分带有吸电子基团的$[C_4mim][ArBF_3]$在铂电极上可以形成离子选择性膜，并且只有中性和阳离子物质可以通过该膜。图 2-3 列出了$[C_4mim][ArBF_3]$离子对的优化结构，并与$[C_4mim][BF_4]$离子对进行了比较。

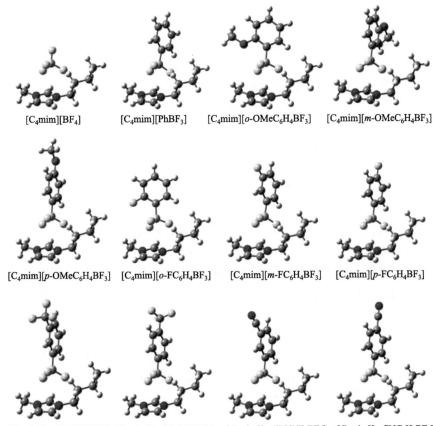

[C₄mim][BF₄]　　[C₄mim][PhBF₃]　　[C₄mim][o-OMeC₆H₄BF₃]　　[C₄mim][m-OMeC₆H₄BF₃]

[C₄mim][p-OMeC₆H₄BF₃]　　[C₄mim][o-FC₆H₄BF₃]　　[C₄mim][m-FC₆H₄BF₃]　　[C₄mim][p-FC₆H₄BF₃]

[C₄mim][m-CF₃C₆H₄BF₃]　　[C₄mim][p-CF₃C₆H₄BF₃]　　[C₄mim][m-CNC₆H₄BF₃]　　[C₄mim][p-CNC₆H₄BF₃]

图 2-3　由[C₄mim]和具有各种取代基的芳基三氟硼酸盐组成的离子对的优化结构[37]
在 HF/6-311G（d,p）水平上对几何形状进行了优化

　　结果发现，几乎所有优化的离子对结构都有相似的构象。在[C₄mim][PhBF₃]离子对的优化结构中，[PhBF₃]⁻阴离子中的 BF₃基团与咪唑阳离子的 C2 位置上的氢相互作用，这与[C₄mim][BF₄]离子对相同。苯环相对于咪唑环的平面倾斜。唯一的例外是[C₄mim][ArBF₃]离子对，这是因为它们的阴离子在邻位取代基中具有—F 或—OMe。在[C₄mim][o-FC₆H₄BF₃]和[C₄mim][o-OMeC₆H₄BF₃]离子对的优化结构中，苯环转向咪唑阳离子的平面。阳离子上的丁基和阴离子上的邻位基团之间的空间位阻是导致优化结构具有不同构象的原因。研究表明，制备的十多种室温离子液体电解质的物理化学性质随着基团上引入的取代基不同而发生了变化。其中，[C₄mim][m-FC₆H₄BF₃]显示出良好的流动性以及比非取代的[C₄mim][PhBF₃]更优异的离子导电性。

　　功能化离子液体电解质针对离子液体电解质在使用过程中的不足进行了相应的结构设计，利用功能化取代基改善离子液体电解质的物理化学性能及电化学性能，是非常具有前景的研究方向。

2.3.2　调节离子液体电解质浓度

调节电解质浓度是实现功能设计的关键策略之一。研究中使用的离子液体电解质盐的浓度通常为 1 mmol · L^{-1}。目前，已经有一些研究通过调整离子液体电解质中的盐浓度对离子液体电解质的电导率进行改善[38-41]。

Wang 等[42]在 2017 年基于浓缩盐电解质概念，将浓缩的 NaFSA/TMP 和 LiFSA/TMP 电解质应用于钠离子和锂离子电池的模型系统。该模型概念图如图 2-4 所示，(a)为电池系统热失控后加热的易燃电解质蒸气喷出导致电池爆炸的示意图，(b)为在各种电解质中阳离子(红色球体)嵌入碳质阳极的行为示意图。传统电解质通过优先还原电解溶剂(黄色椭圆体)而不是阴离子(绿色椭圆体)来钝化阳极，但是其高可燃性带来了严重的安全风险。含有不易燃溶剂的电解质(蓝色椭圆体)通常不能钝化阳极，导致持续的溶剂分解或溶剂共嵌入。含有不可燃溶剂的浓缩电解质可以通过形成盐衍生的 SEI 膜(绿色膜)从而有效地钝化阳极。浓缩盐电解质不仅可以作为强灭火剂，保证电池的安全性能，而且可以使硬碳或石墨阳极实现长期稳定的充放电循环，其降解可忽略不计，且其性能可与常规易燃碳酸盐电解质相比更优。通常情况下，增加离子液体电解质的浓度，无疑增加了电解质的黏度和成本，降低了电解质的导电性能。优异的循环稳定性是由自发形成的盐衍生的无机 SEI 膜实现的，这种 SEI 膜优于传统的溶剂衍生的有机-无机杂化 SEI 膜。该设计策略极其简单灵活，可适用于不可燃或阻燃溶剂和碱性盐的各种组合，可促进安全、高性能可充电电池的发展。

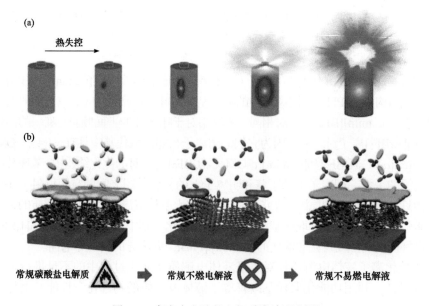

图 2-4　高安全电池的电解质设计理念[42]

Li 等[43]利用稀电解质的低黏度和可以形成的有机物主导的固体电解质界面，提出了一种用于钠离子电池的非常规超低浓度电解质(0.3 mol·L⁻¹)，以进一步降低成本和扩大工作温度范围。图 2-5 为电解质从高浓度到低浓度的物化性质、分子/离子之间的相互作用和界面成分的相关变化规律。在这种超低浓度电解质(0.3 mol·L⁻¹)中，纳米粒子可以很好地工作。稀释浓度不仅显著降低了成本，而且还扩大了安全强化型纳米粒子的工作温度范围(30～55℃)。此外，形成的稳定的有机物主导的 SEI/CEI 具有优越的动力学特性，使得纳米粒子能够在极端温度下持久运行。

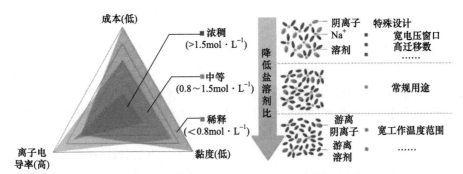

图 2-5　电解质从高浓度到低浓度的物化性质、分子/离子之间的相互作用和界面成分的相关
变化规律[43]

2.3.3　制备离子液体复合固体电解质

聚合物电解质在基于溶剂的传统液体电解质和无溶剂的陶瓷或熔融电解质之间形成了重要的桥梁，是新型实用电源的基础。这些电源不存在与腐蚀性、易燃性或毒性液体逸出相关的问题，并且它们还为基于薄膜层压技术的新型连续制造工艺提供了机会。

聚合物电解质必须具有一系列关键性能[44]，包括：①足够高的离子电导率和高电阻率；②高的阳离子迁移率；③良好的机械性能；④与电极形成良好界面接触的能力；⑤宽的电化学稳定性窗口；⑥易于处理；⑦高的化学和热稳定性；⑧高安全性。

凝胶类电解质可以显示出液体和固体电解质系统的综合优良特性。早些年常用的凝胶类电解质通常是由低分子量的有机增塑剂(如碳酸丙烯酯、碳酸乙烯酯、碳酸二乙酯、碳酸二甲酯等)与常规有机碳酸盐组成的混合物[45,46]。但是，含有碳酸盐类的电解质会由于无机盐(例如：LiF、Li₂O 和 Li₂CO₃)的形成而发生降解或导致器件温度升高[45]。为了克服上述问题，有机增塑剂被室温离子液体代替。室温离子液体可以被无机盐捕获到主体聚合物基质中，形成"离子液体基凝胶聚合物电解质"。离子液体凝胶电解质是一个混合电解质系统，显示出液体和固体电解质的综合特性。与有机液体电解质相比，离子液体电解质克服了有机电解质存在的一些问题，并且还具有其他优点，如改善的机械/热稳定性，增强的离子导电性、柔韧性、安全性、防漏性能和降低的界面电阻。此外，离子液体作为增塑剂可以利用固体聚合物电解质的无定形性质增强离子传导[47-49]。

聚离子液体(PILs)是包含离子液体重复单元的聚电解质。作为离子液体的一种聚合形式，聚离子液体不仅具有离子液体的优点，如不燃性、传输离子的能力和良好的热稳定性，而且显示出优于离子液体的其他优点，如优异的可加工性和可控性[50-52]。由于聚离子液体和液体电解质之间的良好亲和力[53,54]，聚离子液体可以作为高性能聚离子液体基质的良好选择。通常，玻璃化转变温度(T_g)是影响离子电导率的关键因素。聚离子液体可以用较低的玻璃化转变温度获得较高的离子电导率，但是这些材料通常没有足够的机械强度来保持独立的膜态[55-57]。例如，聚偏二氟乙烯-六氟丙烯(PVDF-HFP)由于其良好的机械性能、高介电常数、电化学稳定性和良好的耐热性，可用作柔性凝胶聚合物电解质(GPE)基体[58-60]。

Hu 等[61]报道了一种新型聚离子液体 GPE，是通过一种简单和可扩展的相转化方法，衍生得到了多孔的 PIL/(PVDF-HFP)复合膜(图 2-6)。PIL/(PVDF-HFP)之间的离子偶极相互作用赋予了 PIL/(PVDF-HFP)膜具有显著增强的机械性能和热稳定性。在液体电解质被吸收到 PIL/(PVDF-HFP)膜中之后，可以获得柔性凝胶。与商用 Celgard 2325 隔膜中吸收的液体电解质相比，PIL/(PVDF-HFP)凝胶聚合物电解质显示出高得多的离子电导率(1.78×10^{-3} S·cm^{-1})。基于该电解质组装的锂/磷酸铁锂电池在 12 C 倍率下，表现出 99.2 mAh·g^{-1} 的高可逆容量，在 1 C 和 4 C 下经过 200 周充放电循环后分别表现出 138.4 mAh·g^{-1} 和 125.4 mAh·g^{-1} 的高放电容量。更重要的是，PIL/(PVDF-HFP)这种凝胶聚合物电解质还表现出优异的防火性能，这得益于 PIL 的不易燃性。

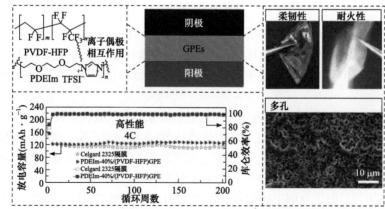

图 2-6　多孔 PIL/(PVDF-HFP)电解质的结构示意图(左上)和抗燃性实验(右上)以及循环性能图(左下)和 SEM 图(右下)[61]

　　Singh 等[62]以 PVDF-HFP 聚合物为基质，配以 LiTFSI 和不同质量分数的 Pyr13FSI 离子液体，制备了自支撑、透明、柔性的离子液体凝胶聚合物。所得产物的洁净度及易燃性实验如图 2-7 所示。聚合物的结晶度随着离子液体质量百分比的增加而降低，这是因为在加入离子液体后，聚合物链中的链段运动增强，变得更加柔韧和无定形。当加入离子液体质量分数为 70%时，离子液体电解质显示出最高的离子电导率，且该样品在易燃性试验中显示出高安全性。

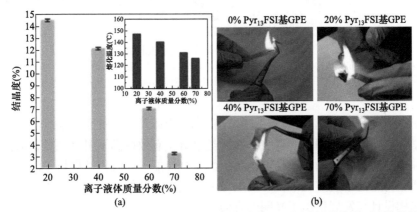

图 2-7　(a)结晶度百分比(带误差条)和熔融温度；(b)加入不同质量分数离子液体的易燃性试验现象[62]

　　聚合物电解质的热稳定性和机械强度仍然不足以满足要求[63,64]。高性能固体复合电解质要求具有快速锂离子传导、与电极的良好界面接触、高热稳定性、宽电化学窗口和足够的机械强度，同时使用无毒和环境友好的材料。由非挥发性离子液体、有机金属盐和多孔无机材料组成的纳米复合电解质作为固体电解质材料是一种有前途的选择。通过溶胶-凝胶法制备纳米多孔无机基质的固体复合电解质可以获得高离子电导率。这些复合电解质也被称为"离子凝胶"。由于离子液体和无机成分具有非挥发性、热稳定性和电化学稳定性，这种电解质可以提高电池的安全性。此外，大孔隙率但刚性的多孔基质有利于实现良好的锂离子传导性和机械性能。低黏性液体溶胶-凝胶前体可以被浸渍到致密多孔的粉末电极中，在电极中进一步凝胶化，使活性电极颗粒和电解质之间形成了良好的界面接触[65]。

　　Sagara 等[66]提出了在固体电池中使用的硅胶固体纳米复合电解质。由 1-乙基-3-甲基咪唑双(氟磺酰基)酰亚胺(EMI-FSI)和 LiFSI 组成的纳米复合电解质被限制在介孔二氧化硅基质中(图 2-8)，室温下离子电导率为 6.2 mS · cm^{-1}，应用于锂/磷酸铁锂电池的容量在 0.1 C 时可达到 150 mAh · g^{-1}，在 1C 时达到 113 mAh · g^{-1}。所制的固体电池的倍率性能可与使用常规六氟磷酸锂(LiPF$_6$)电解质的电池相媲美。

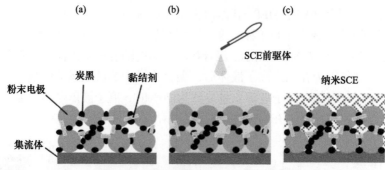

图 2-8　复合电极制作工艺示意图[66]

(a) LFP 粉末电极箔；(b) 固体复合电解质溶胶-凝胶前体的滴铸(液态溶胶-凝胶前体渗入粉末电极、填充活性物质和凝胶之间的空隙)；(c) 滴铸后 6 天凝胶化(纳米颗粒围绕活性物质形成，复合电极在凝胶干燥固化成纳米颗粒的过程中致密化)

　　研究表明，聚离子液体电解质和离子液体/固体复合电解质都表现出了优异的电化学性能。类似于固态的存在，这两类电解质有效提高了机械强度，避免了应用中漏液的现象，有助于提高电池系统的安全性能，并且仍然保持了液体电解质的性质，为电池系统实现了良好的电导率和电化学性能，这为离子液体电解质未来的结构设计与发展指出了光明的方向。

参 考 文 献

[1] Zheng Y, Wang D, Kaushik S, et al. Ionic liquid electrolytes for next-generation electrochemical energy devices. EnergyChem, 2022, 4: 100075.

[2] Song Z, Yan Q, Xia M, et al. Physicochemical properties of *N*-alkylpyridine trifluoroacetate ionic liquids [C_nPy][TFA] (*n*=2~6). J Chem Thermodyn, 2021, 155: 106366.

[3] Yavir K, Marcinkowski L, Marcinkowska R, et al. Analytical applications and physicochemical properties of ionic liquid-based hybrid materials: A review. Anal Chim Acta, 2019, 1054: 1-16.

[4] Ludwig M, von Klitzing R. Recent progress in measurements of oscillatory forces and liquid properties under confinement. Curr Opin Colloid Interface Sci, 2020, 47: 137-152.

[5] Wang J, Tang X, Qi Z, et al. Ionic liquids as thermal fluids for solar energy storage: Computer-aided molecular design and TRNSYS simulation. ACS Sustain Chem Eng, 2022, 10: 2248-2261.

[6] Xu C, Cheng Z. Thermal stability of ionic liquids: Current status and prospects for future development. Processes, 2021, 9: 337-373.

[7] Basile A, Hilder M, Makhlooghiazad F, et al. Ionic liquids and organic ionic plastic crystals: Advanced electrolytes for safer high performance sodium energy storage technologies. Adv Energy Mater, 2018, 8: 1703491.

[8] Philippi F, Rauber D, Eliasen K L, et al. Pressing matter: Why are ionic liquids so viscous? Chem Sci, 2022, 13: 2735-2743.

[9] Vázquez-Fernández I, Bouzina A, Raghibi M, et al. Influence of hydrophilic/hydrophobic protic ionic liquids（PILs）on the poly（vinylidene fluoride）（PVDF-ionic liquid）membrane properties. J Mater Sci, 2020, 55: 16697-16717.

[10] Hu X, Lin J, Lin P, et al. Rigid spheroid migration in square channel flow of power-law fluids. Int J Mech Sci, 2023, 247: 108194.

[11] Xu H, Zhou F, Li Y, et al. Performance evaluation of oil-displacement viscoelastic zwitterionic surfactant fracturing fluid. J Mol Liq, 2023, 377: 121545.

[12] Umebayashi Y, Han J, Watanabe H. Toward new ion conductive liquids via ionic liquids. Chem Rec, 2023, 2: e202200302.

[13] Yadrova A A, Grinevich O I, Shafigulin R V, et al. Influence of ionic liquids' nature on chromatographic retention of benzimidazoles by RP HPLC. J Liq Chromatogr Relat Technol, 2020, 44: 127-139.

[14] Wang Q, Zhang W, Wang C, et al. Microstructure of heavy oil components and mechanism of influence on viscosity of heavy oil. ACS Omega, 2023, 8: 10980-10990.

[15] Calvagna C, Lapini A, Taschin A, et al. Modification of local and collective dynamics of water in perchlorate solution, induced by pressure and concentration. J Mol Liq, 2021, 337: 116273-116309.

[16] Wang Z, Wu Y, Cao Z, et al. Absorption of ethylene dichloride with imidazolium-based ionic liquids. J Mol Liq, 2023, 376: 121449.

[17] Marsh K N, Boxall J A, Lichtenthaler R. Room temperature ionic liquids and their mixtures: A review. ChemInform, 2004, 219: 93-98.

[18] Xu W, Cooper E I, Angell C A. Ionic liquids: Ion mobilities, glass temperatures, and fragilities. J Phys Chem B, 2003, 107: 6170-6178.

[19] Kim J Y, Kim T H, Dong Y K, et al. Novel thixotropic gel electrolytes based on dicationic bis-imidazolium salts for quasi-solid-state dye-sensitized solar cells. J Power Sources, 2008, 175: 692-697.

[20] Cruz C, Ciach A. Phase transitions and electrochemical properties of ionic liquids and ionic liquid-solvent mixtures. Molecules, 2021, 26: 3668-3695.

[21] Tomida D, Kenmochi S, Qiao K, et al. Viscosity of ionic liquid mixtures of 1-alkyl-3-methylimidazolium hexafluorophosphate+CO_2. J Chem Eng Data, 2011, 307: 185-189.

[22] Domańska U, Laskowska M. Temperature and composition dependence of the density and viscosity of binary mixtures of {1-butyl-3-methylimidazolium thiocyanate+1-alcohols}. J Chem Eng Data, 2009, 54: 2113-2119.

[23] Connors K A, Wright J L. Dependence of surface tension on composition of binary aqueous-organic solutions. Anal Chem, 1989, 61: 194-198.

[24] Geppert R, Ska M, Heintz A, et al. Volumetric properties of binary mixtures containing ionic liquids and some aprotic solvents. J Chem Eng Data, 2010, 55: 4114-4120.

[25] Carmichael A J, Seddon K R. Polarity study of some 1-alkyl-3-methylimidazolium ambient-temperature ionic liquids with the solvatochromic dye, Nile Red. J Phys Org Chem, 2000, 13: 591-595.

[26] Poole S K, Shetty P H, Poole C F. Chromatographic and spectroscopic studies of the solvent properties of a new series of room-temperature liquid tetraalkylammonium sulfonates. Anal Chim

Acta, 1989, 218: 241-264.

[27] Reichardt C. Polarity of ionic liquids determined empirically by means of solvatochromic pyridinium *N*-phenolate betaine dyes. Chem Soc Rev., 2005, 36: 339-351.

[28] Du J, Chamakos N T, Papathanasiou A G, et al. Initial spreading dynamics of a liquid droplet: The effects of wettability, liquid properties, and substrate topography. Phys Fluids, 2021, 33: 42118-42134.

[29] Kulshrestha A, Gehlot P S, Kumar A. Paramagnetic surface active ionic liquids: Synthesis, properties, and applications. Mater Today Chem, 2021, 21: 100522-100534.

[30] Xu A, Wang J, Zhang Y, et al. Effect of alkyl chain length in anions on thermodynamic and surface properties of 1-butyl-3 methylimidazolium carboxylate ionic liquids. Ind Eng Chem Res, 2012, 51: 3458-3465.

[31] Arjmand F, Aghaie H, Bahadori M, et al. Surface tension investigation of ionic liquids by using the pseudolattice theory. J Mol Liq, 2019, 277: 80-83.

[32] Zhang Z, Wheatle B K, Krajniak J, et al. Ion mobilities, transference numbers, and inverse haven ratios of polymeric ionic liquids. ASC Macro Lett, 2019, 9: 84-89.

[33] Ferrari S, Quartarone E, Tomasi C, et al. Alkoxy substituted imidazolium-based ionic liquids as electrolytes for lithium batteries. J Power Sources, 2013, 235: 142-147.

[34] Ferrari S, Quartarone E, Mustarelli P, et al. Lithium ion conducting PVDF-HFP composite gel electrolytes based on *N*-methoxyethyl-*N*-methylpyrrolidinium bis(trifluoromethanesulfonyl)-imide ionic liquid. J Power Sources, 2009, 195: 559-566.

[35] Zhou Z B, Matsumoto H, Tatsumi K. Cyclic quaternary ammonium ionic liquids with perfluoroalkyltrifluoroborates: Synthesis, characterization, and properties. Chem Eur J, 2006, 12: 2196-2212.

[36] Chai M, Jin Y, Fang S, et al. Ether-functionalized pyrazolium ionic liquids as new electrolytes for lithium battery. Electrochim Acta, 2012, 66: 67-74.

[37] Iwasaki K, Tsuzuki S, Tsuda T, et al. Physicochemical properties and electrochemical behavior of systematically functionalized aryltrifluoroborate-based room-temperature ionic liquids. J Phys Chem C, 2018, 122: 3286-3294.

[38] Hu Y-S, Lu Y. Nobel prize for the Li-ion batteries and new opportunities and challenges in Na-ion batteries. ACS Energy Lett, 2019, 4: 2689-2690.

[39] Li Y, Lu Y, Adelhelm P, et al. Intercalation chemistry of graphite: Alkali metal ions and beyond. Chem Soc Rev, 2019, 48: 4655-4687.

[40] Rauber D, Philippi F, Kuttich B, et al. Curled cation structures accelerate the dynamics of ionic liquids. Phys Chem Chem Phys, 2021, 23: 21042-21064.

[41] Zhang W, Feng S, Huang M, et al. Molecularly tunable polyanions for single-ion conductors and poly(solvate ionic liquids). Chem Mater, 2021, 33: 524-534.

[42] Wang J, Yamada Y, Sodeyama K, et al. Fire-extinguishing organic electrolytes for safe batteries. Nat Energy, 2017, 3: 22-29.

[43] Li Y, Yang Y, Lu Y, et al. Ultralow-concentration electrolyte for Na-ion batteries. ACS Energy Lett, 2020, 5: 1156-1158.

[44] Scrosati B, Vincent C A. Polymer electrolytes: The key to lithium polymer batteries. MRS Bull, 2000, 25: 28-30.

[45] Chawla N, Bharti N, Singh S. Recent advances in non-flammable electrolytes for safer lithium-ion batteries. Batteries, 2019, 5: 19-44.

[46] Kim S, Park S J. Interlayer spacing effect of alkylammonium-modified montmorillonite on conducting and mechanical behaviors of polymer composite electrolytes. J Colloid Interface Sci, 2009, 332: 145-150.

[47] Macfarlane D R, Forsyth M, Howlett P C, et al. Ionic liquids and their solid-state analogues as materials for energy generation and storage. Nat Rev Mater, 2016, 1: 15005-15016.

[48] Gupta H, Kataria S, Balo L, et al. Electrochemical study of ionic liquid based polymer electrolyte with graphene oxide coated $LiFePO_4$ cathode for Li battery. Solid State Ion, 2018, 320: 186-192.

[49] Long L, Wang S, Xiao M, et al. Polymer electrolytes for lithium polymer batteries. J Mater Chem A, 2016, 25: 28-30.

[50] Wang R, Fang C, Yang L, et al. The novel ionic liquid and its related self-assembly on the areas of energy storage and conversion. Small Sci, 2022, 2: 2200048.

[51] Guo P, Su A, Wei Y, et al. Healable, highly conductive, flexible and nonflammable supramolecular ionogel electrolytes for lithium ion batteries. ACS Appl Mater Interfaces, 2019, 11: 19413-19420.

[52] Li J, He R, Yuan H, et al. Molecular insights into the effect of asymmetric anions on lithium coordination and transport properties in salt-doped poly(ionic liquid) electrolytes. Macromolecules, 2022, 55: 6703-6715.

[53] Zhou D, Liu R, Zhang J, et al. *In situ* synthesis of hierarchical poly (ionic liquid)-based solid electrolytes for high-safety lithium-ion and sodium-ion batteries. Nano Energy, 2017, 33: 45-54.

[54] Kuo P L, Tsao C H, Hsu C H, et al. A new strategy for preparing oligomeric ionic liquid gel polymer electrolytes for high-performance and nonflammable lithium ion batteries. J Membr Sci, 2016, 499: 462-469.

[55] Choi J H, Ye Y, Elabd Y A, et al. Network structure and strong microphase separation for high ion conductivity in polymerized ionic liquid block copolymers. Macromolecules, 2013, 46: 5290-5300.

[56] Lindner J-P. Imidazolium-based polymers via the poly-radziszewski reaction. Macromolecules, 2016, 49: 2046-2053.

[57] Qian W, Texter J, Yan F. Frontiers in poly (ionic liquid) s: Syntheses and applications. Chem Soc Rev, 2017, 46: 1124-1159.

[58] Gao X, Yuan W, Yang Y, et al. High-performance and highly safe solvate ionic liquid-based gel polymer electrolyte by rapid UV-curing for lithium-ion batteries. ACS Appl Mater Interfaces, 2022, 14: 43397-43406.

[59] Parangusan H, Ponnamma D, Al-Maadeed M A A. Stretchable electrospun PVDF-HFP/Co-ZnO nanofibers as piezoelectric nanogenerators. Sci Rep, 2018, 8: 754-765.

[60] Shi J, Yang Y, Shao H. Co-polymerization and blending based PEO/PMMA /P (VDF-HFP) gel polymer electrolyte for rechargeable lithium metal batteries. J Membr Sci, 2017, 547: 1-10.

[61] Hu Z, Chen J, Guo Y, et al. Fire-resistant, high-performance gel polymer electrolytes derived from

poly (ionic liquid)/P (VDF-HFP) composite membranes for lithium ion batteries. J Membr Sci, 2020, 599: 117827.

[62] Singh S K, Dutta D, Singh R K. Enhanced structural and cycling stability of Li_2CuO_2-coated $LiNi_{0.33}Mn_{0.33}Co_{0.33}O_2$ cathode with flexible ionic liquid-based gel polymer electrolyte for lithium polymer batteries. Electrochim Acta, 2020, 343: 136122.

[63] Dias F B, Plomp L, Veldhuis J B J. Trends in polymer electrolytes for secondary lithium batteries. J Power Sources, 2000, 88: 169-191.

[64] Agrawal R C, Pandey G P. Solid polymer electrolytes: Materials designing and all-solid-state battery applications: An overview. J Phys D Appl Phys, 2008, 41: 223001.

[65] Bideau J L, Viau L, Vioux A. Ionogels, ionic liquid based hybrid materials. Chem Soc Rev, 2011, 40: 907-925.

[66] Sagara A, Chen X, Gandrud K B, et al. High-rate performance solid-state lithium batteries with silica-gel solid nanocomposite electrolytes using bis (fluorosulfonyl) imide-based ionic liquid. J Electrochem Soc, 2020, 167: 070549.

第 3 章

离子液体的合成制备
与表征分析

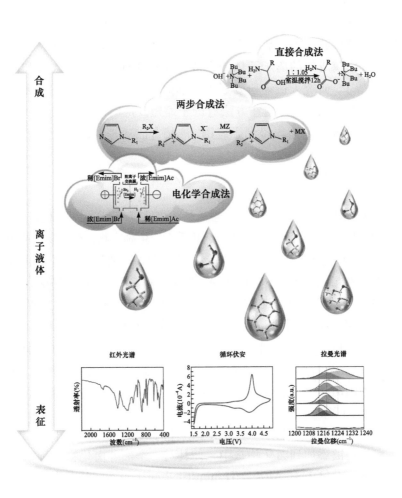

3.1　离子液体的合成制备

　　离子液体由于其独特的物理、化学和生物特性带来诸多突出的优势[1]，例如：物理性质表现优良，易于处理，不与其他共溶剂混溶，不易挥发以及对各种有机、无机、有机金属和生物物质具有极好的溶解性；具有相当突出的化学性能，如电化学稳定性窗口较宽、蒸气压可忽略不计、高离子电导率和温度稳定性。同时，离子液体在日常使用中不会产生大量污染物，因此被归类为绿色溶剂[2]。离子液体可满足日益增长的资源、能源和医疗保健需求[3]，已成为解决当前社会面临的一些重大问题的选择之一。

　　离子液体的合成方法多种多样[4-9]，常用的方法如酸碱中和法、卤代置换法、微波法、超声波法等。本章主要针对离子液体的常用合成和表征方法进行介绍。目前，比较成熟的离子液体的合成方法有两种：直接合成法和两步合成法[10]。除此之外，研究人员还研发了微波加热技术、超声辐射技术和溶剂热技术等新型绿色化学方法[11]。这些方法有助于缩短反应时间、提高反应转化效率，在无机和有机合成等方面均得到了应用。液相合成法是一种可行的大规模生产方法[12,13]。

3.1.1　直接合成法

　　直接合成法也称一步合成法，是通过季铵化反应或酸碱中和反应一步制备离子液体，操作相对简单经济，方便快捷，几乎不产生副产物，产品易于提纯。在大多数情况下，离子液体的合成只需要一个步骤。例如，硝基乙胺离子液体就是通过乙胺的水溶液与硝酸发生中和反应制备的，具体工艺是：中和反应后真空除去多余的水，为了保证离子液体的纯度，将其溶解于有机溶剂(乙腈或者四氢呋喃等)中，再用活性炭处理，最后在真空中除去有机溶剂得到离子液体产物。采用直接合成法可合成一系列含有不同阳离子的四氟硼酸盐离子液体。通过季铵化反应也可以一步制备出 1-丁基-3-甲基咪唑盐等离子液体。例如，利用氢氧化四丁基铵为阳离子来源，与氨基酸反应制备四丁基铵-氨基酸离子液体，反应方程式如图 3-1 所示。

　　采用简单的加成反应可以合成 Lewis 酸性的 $AlCl_3$ 基离子液体，其中 Lewis 酸或金属卤化物被添加到卤化物盐中，使其与一个额外卤化物物种形成相应的酸性离子液体。式(3-1)是 $AlCl_3$ 与[Emim]Cl 之间比例不同时发生的反应。

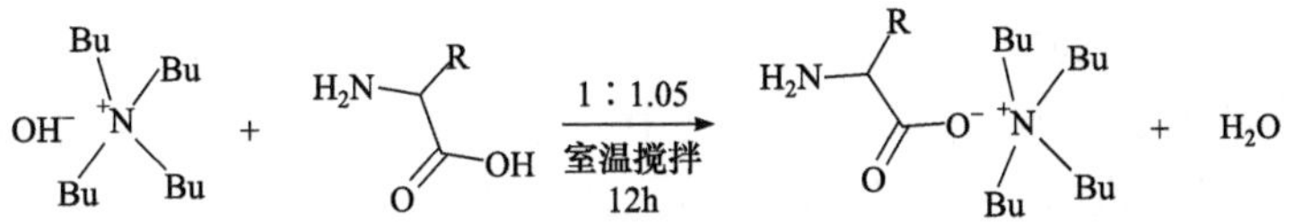

图 3-1　酸碱中和一步法直接制备四丁基铵-氨基酸离子液体的反应方程式(R 为不同种类氨基
酸的侧链)

$$[Emim]Cl + [AlCl_3] \rightleftharpoons [Emim][AlCl_4] \qquad (i)$$

$$[Emim][AlCl_4] + [AlCl_3] \rightleftharpoons [Emim][Al_2Cl_7] \qquad (ii) \qquad (3-1)$$

$$[Emim][Al_2Cl_7] + [AlCl_3] \rightleftharpoons [Emim][Al_3Cl_{10}] \qquad (iii)$$

基于阴离子置换或与 1,3-二烷基咪唑阳离子的阴离子交换反应,很容易获得一系列在空气和水中稳定的离子液体。Srour 课题组[14]利用咪唑、磷和吡咯烷基离子液体分别与不同阴离子[如二氰酰胺、硫氰酸盐、四氟硼酸盐和双(三氟甲基磺酰基)酰亚胺]反应,制备出一系列室温下稳定的离子液体。

杂多酸作为一类传统的多金属含酸盐材料,由于其优良的特性而被广泛应用。但是,杂多酸作为高质子导体,极易潮解、易泄漏、运输和存储不便,这些因素使其无法直接用于电化学中。近年来出现了新的无机有机杂化材料,它结合了具有高热稳定性和质子传导性的无机组分(杂多酸)以及具有高柔性结构和灵活结构设计的有机组分(离子液体)。这种新型材料不仅保留了离子液体的优点,还可以显著降低离子液体的黏度。同时,体系中的杂多阴离子还可优化其空穴结构中质子的传输,进一步提高导电性[15],使其成为性能优异的新型电解质材料。这类材料的合成思路是构建磺酸功能化的离子液体作为阳离子再与杂多酸进行杂化。该法不仅操作简便,还改善了传统杂多酸易潮解、易泄漏、稳定性差等缺点,同时保持了其较高的电导率和可观的活化能。

生物高聚物具有成本低、丰度高、可再生性好、易生物降解等优点,已被广泛用作合成高分子材料的原料。Lobregas 等[16]将等摩尔量的环氧氯丙烷和甲基咪唑混合在 40 mL 乙腈(ACN)溶剂中,合成了 1-缩水甘油基-3-甲基咪唑氯化物(GMIC)离子液体,再将离子液体部分附着到淀粉上形成淀粉阳离子。改性后淀粉的物理外观、溶解性能、形态和热行为等性能都得到了改善。

3.1.2　两步合成法

当使用一步合成法无法合成出目标离子液体时,可以考虑采用两步合成法[17]。操作步骤举例如下:首先通过季铵化反应制备出含有目标阳离子的卤化物盐,也就是[阳离子]X 型离子液体;然后用目标阴离子 Y⁻置换出 X⁻或加入 Lewis 酸 MX_y 来得到目标离子液体。其中,在第二步反应中,使用金属盐 MY(常用的是 AgY 或

NH₄Y)时，产生的 AgX 呈中性，用有机溶剂萃取离子液体，最后真空除去有机溶剂得到纯净的离子液体。在两步合成法中，需要注意以下几点：在用目标阴离子(Y⁻)与 X⁻阴离子进行交换的过程中，尽可能地使反应进行完全，确保没有 X⁻阴离子残留在目标离子液体中，因为离子液体的纯度在其应用和物化性质的表征中极其重要。高纯度的二元离子液体的合成通常是在离子交换器中进行。另外，直接将 Lewis 酸(MXᵧ)与卤盐相结合，可制备[阳离子][MₙX⁺ₙᵧ]型离子液体。两步合成法的优点是普适性好、收率高。

　　由于大部分卤盐具有较强的吸水性，为了避免空气中的水蒸气对产物的影响，第一步通常在惰性气体保护下进行；同时，第二步反应不可能完全置换出卤素阴离子，离子液体中会有少量的副产物残留，可对其进行提纯，以得到高纯度的离子液体。咪唑类离子液体的典型两步合成步骤如图 3-2 所示。

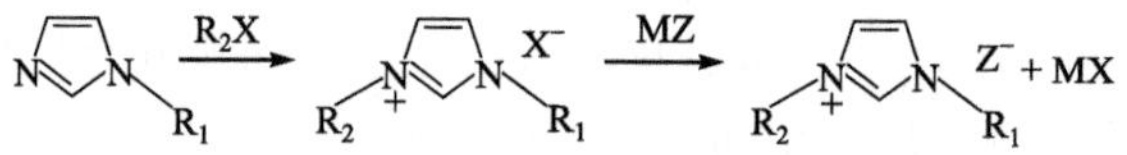

图 3-2　咪唑类离子液体的两步合成步骤

　　两步法利用了离子液体的物理性质，即离子液体和卤盐在有机溶剂中的溶解度不同，可以实现萃取分离。因此，采用两步法制得的产物不可避免地有少量(约 1%～5%)杂质(卤离子)存在于离子液体中，影响其使用效果，同时有机溶剂也将产生等摩尔量的副产物，采用常规法不易去除，因此有必要探索纯度更高的合成方法。

3.1.3　超声波辅助合成法

　　超声波辅助合成法是借助于超声空化作用，在液体内部形成局部的高温高压微环境，并且超声波的振动搅拌作用可以极大地提高反应速率，尤其是非均相化学反应。超声波的机械空化作用可以增加分子间的相互作用、提高反应效率。若利用超声波辅助合成离子液体[Bmim]BF₄有利于缩短反应时间，而且反应以丙酮作溶剂，可回收再利用，符合"绿色化学"的要求，且有利于离子液体的纯化。该方法具有反应条件温和、反应速度快、能耗低、产物易纯化等优点。

　　采用超声波辅助加热回流的方法可以成功合成[Gly]Cl 离子液体，其适宜条件为：反应温度为 60℃、反应时间为 2 h、盐酸与甘氨酸的摩尔比为 1∶1.8、超声波功率为 125 W，此时离子液体的收率为 89.97%。可见，超声波确实能强化离子液体的合成过程，明显缩短合成时间。

3.1.4　微波辅助合成法

　　微波是指波长在 1 mm～1 m 之间，频率在 300 MHz～300 GHz 范围内的电磁波，具有穿透、反射、吸收特性。微波加热是基于某些液体和固体将电磁能转化为热量从而引发化学反应的能力。微波加热优于有机合成中的传统加热方法，如油浴，因为它不需要加热容器的额外功耗[18]。加热强度随着电场频率和场强的增加而增加，而且加热程度可以高精度调节[19]。微波辐射有利于分子的极化，从而使反应迅速发生。微波辐射作为改善各种合成过程中化学反应的一种手段[20-22]，具有快速、均匀、可控性高、加热方式独特等特点[23]。离子液体一般是在有机溶剂中加热回流制备，反应时间需要数小时至数十小时不等。与传统的改性方法不同，微波技术有许多优点，如无需有机溶剂，且反应速度快、产率高、产品纯度好[24]。

　　离子液体微波辅助合成又称微波两步合成法。首先将构成离子液体阳离子的单体卤代烃 RX 混合，置于微波合成仪中磁力搅拌或机械搅拌，并持续微波辐射或间歇微波辐射一定的时间，通过烷基化或者季铵化反应制备出含目标阳离子的卤化物或离子液体中间体；然后再用目标阴离子置换出 X⁻或加入 Lewis 酸来制取目标离子液体。采用微波加热，需严格控制反应条件。一步合成法则是将合成的原料在反应器中混合，微波辐射下反应，直至生成目标离子液体。

　　研究如何利用微波加热辅助来优化聚合过程的新方法，可以制备具有特定性能的功能性聚合物材料[25]。室温离子液体可显示出低挥发性和高离子传导性。前一种性质使 RTILs 比挥发性有机溶剂更环保，而后一种性质使它们可提供吸收微波辐射的良好反应环境[26-28]。因此，将离子液体的特性与微波加热相结合，为聚合物合成提供了一种快速且环保的方法。

3.1.5　电化学合成法

　　电化学合成法制备高纯离子液体的步骤是首先选取化合物，其中包含目标阳离子如季铵盐、季鏻盐、硫鎓盐以及含氮杂环、含硫杂环化合物等，其中的阴离子可以用电解氧化的方法生成氯气、二氧化碳或氮气等；同时还需要选取含有乙酸、硝酸等这类目标阴离子的化合物，其中的阳离子可以通过电解还原而成(如氢气、氨气或氮气等)。电解生成的气体从电化学反应池中排出，剩下的目标阴、阳离子通过电化学反应池中的离子交换膜形成最终的离子液体[29]。采用电化学技术合成的离子液体在经过除水后纯度能达到 99.99%，氯离子等卤离子含量可低于 100 μg·g⁻¹，钠离子等金属离子含量可低于 20 μg·g⁻¹。电化学合成法是一种合成高纯离子液体的方法，但其合成装置和操作均比较复杂。

　　电化学合成离子液体的基本原理以[Emim]Ac 的电化学合成为例，电解装置如图 3-3 所示。电解原理为

阳极反应：$\qquad$ $2Br^- - 2e^- \longrightarrow Br_2$

阴极反应：$\qquad$ $2H^+ + 2e^- \longrightarrow H_2\uparrow$

阴极化学反应：$\qquad$ $Ac^- + [Emim]^+ \longrightarrow [Emim]Ac$

电解时总反应：$2[Emim]Br + 2HAc \longrightarrow 2[Emim]Ac + H_2\uparrow + Br_2$

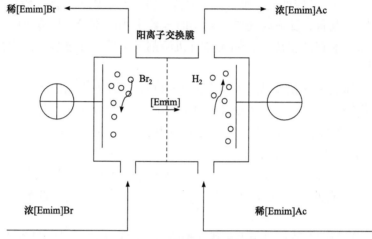

图 3-3　[Emim]Ac 的电解装置

从电化学合成的反应原理看，合成过程分两步完成，即采用第一步的产物为原料合成第二步的离子液体。通过电化学方法制备高纯离子液体时，反应器的设计需要考虑如下因素：

（1）电极材料的选择：要求材料工作稳定持久，电流效率高和过电位低，价格合理。

（2）温度和压力：除特殊要求外，电解槽通常都在常压下运行，温度往往高于室温，以加速电极反应速度，减少极化，提高电解液的导电性。

（3）传质方式：一般采用搅拌或循环电解液来优化传质。对于释放气体的电极，可通过上升的气泡搅拌溶液。

（4）离子交换膜的选择：采用阴离子交换膜还是阳离子交换膜，要考虑到产物所生成的槽内物质是否会有杂质离子。

在电化学反应器的设计中，从单反应器的产率要求、原材料转化率的要求和电流效率数据进行物料衡算，计算出通过反应器的总电量，再根据选用的电流密度算出所需电极的总表面积，从而初步选择一种反应器的操作方式。然后，根据电化学反应的性质、反应物和产物的物理化学性质、电解液的温度等，选择电极材料，并且确定电解槽的整体结构。电流密度是电化学反应器的重要参数，影响到槽电压的大小和电流效率的高低。在不降低电流效率的条件下，尽可能增大电流密度来提高生产能力。但是，电流密度的提高会受到扩散传质的限制。

3.1.6　加热回流法

加热回流法是制备离子液体的传统方法之一，一般需要有机溶剂，耗时长。它也可分一步合成法与两步合成法。一步法主要是银盐法，相对比较简单。两步法的合成过程如下：首先，通过季铵化反应制备出含目标阳离子的卤盐([阳离子]X 型离子液体)，然后加入 Y^- 或 Lewis 酸将 X 离子置换为目标阴离子，得到目标离子液体。之后，加入强质子酸 HY，反应需要在低温搅拌条件下进行，然后多次洗涤至中性，用有机溶剂萃取离子液体，最后在真空环境中除去有机溶剂得到纯净的离子液体。另外，[阳离子]M_nX_{my+1} 型离子液体可以通过 Lewis 酸与卤盐直接结合制备。加热回流法操作经济简便、无副产物、产品易于纯化。

3.1.7　液液萃取法

液液萃取法是利用水-有机溶剂液液两相反应萃取法制备室温离子液体的方法[30]。基本步骤是：首先选取含有目标阳离子和含有目标阴离子的碱金属盐，在水相中发生交换反应；再依据"相似相溶"的原则，选择不溶于水但能溶解目标离子液体的有机溶剂，利用目标产物离子液体易溶于有机溶剂，而形成的无机盐则溶于水相，从而实现高纯离子液体的合成。

液液萃取法作为一种有效的分离技术，被广泛应用于分析化学中，但是传统液液萃取法中多引入具有高挥发性、毒性和可燃性的有机溶剂，易造成环境污染、引发安全事故。因此，有必要寻找一种环境友好、分离富集倍数高、萃取剂可循环使用的新型液液萃取体系。

3.2　离子液体的表征分析

ILs 通常由有机阳离子和带有侧链的弱碱性有机或无机阴离子组成，这些反过来又可以被官能化。离子的性质可极大地影响离子液体的物理化学性质和基本特性。原则上，通过匹配不同种类的阳离子和阴离子可获得特定的性能，从而有利于将其用作"专用溶剂"。ILs 作为新的环境友好型溶剂被广泛应用于有机合成、催化、电化学、液相萃取和分析化学[31]。

目前，对离子液体的结构研究主要采用核磁共振、红外光谱和拉曼光谱等技术手段进行表征，其中以核磁共振和红外光谱居多。除去上述方法以外，电化学法、质谱法和紫外可见光谱法等手段也得到了较多的应用。本章将主要介绍离子液体的表征手段，从而解析典型离子液体的结构。离子液体的理论计算方法详见第 4 章。

3.2.1　红外光谱

当一束波长连续的红外光通过一种物质，且分子中基团的振动频率或旋转频率与红外光相同时，分子就可以从原来的振动(旋转)动能中吸收能量，从基态水平达到具有更高能量的振动(转动)能级水平。分子吸收红外辐射后，会发生振动和旋转能级跃迁。因此，红外光谱本质上是一种根据分子中原子的相对振动和分子旋转来确定分子结构和鉴定化合物的分析方法。红外光谱可以通过记录红外光的吸收来获得。红外光谱中常用波长(λ)或波数(σ)作横坐标表示吸收峰的位置，纵坐标用透射率($T\%$)或吸光度(a)表示吸收强度。

Yan 等[32]合成了聚偏氟乙烯/离子液体功能化二氧化硅微孔聚合物电解质。图 3-4 是对其进行红外光谱分析所得的图谱。在 IL-SiO$_2$ 的 FTIR 光谱中，960 cm^{-1} 附近的振动带消失，这是起始化学物质的 SiOEt 基团的特征。在 1000～1200 cm^{-1} 处存在强的振动带，这归因于 Si—O—Si，证实了二氧化硅网络的形成。此外，二氧化硅网络中碘化咪唑鎓成分的存在是通过 1572 cm^{-1} 和 1447 cm^{-1} 附近的尖峰来确定的，该尖峰对应于咪唑环的拉伸振动带。另外，在 3400 cm^{-1} 附近的吸收峰表明存在硅烷醇。

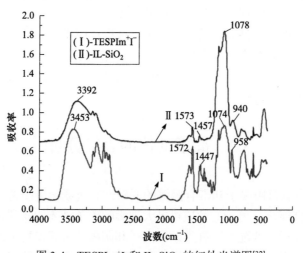

图 3-4　TESPIm$^+$I$^-$和 IL-SiO$_2$ 的红外光谱图[32]

Farah 等[33]以聚乙烯醇(PVA)、三氟甲磺酸钠(NaTf)和 1-丁基-3-甲基咪唑鎓溴化物([Bmim]Br)为原料，同时利用活性炭(AC)、炭黑、碳纳米管(CNT)、聚偏二氟乙烯(PVDF)和 1-甲基-2-吡咯烷酮等制备得到了固体聚合物电解质与离子液体相结合的材料,并对其进行红外图谱分析,结果如图 3-5 所示。图 3-5 对比了纯 PVA、纯 NaTf、纯[Bmim]Br、PVA60 和 IL-0.5 SPE 的红外光谱。

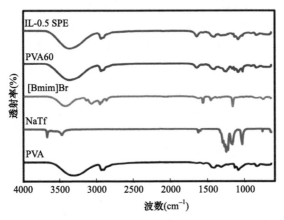

图 3-5 纯 PVA、纯 NaTf、纯[Bmim]Br、PVA60 和 IL-0.5 SPE 的红外光谱图[33]

Veisi 等[34]制备了一种新型的磺酸官能化离子液体 $C_3N_4[C_3N_4\text{-}SO_3H(IL)]$,研究了该离子液体在中性条件下对吡唑并[3,4-b]吡啶和双(吲哚基)甲烷衍生物的催化活性,并使用 FTIR 分析解释了—SO_3H 对 g-C_3N_4(石墨相氮化碳)的功能化原理(图 3-6)。g-C_3N_4-SO_3H 的光谱表明,g-C_3N_4 的原始 C—N 网络仍然存在,功能化后几乎保持不变。3000~3500 cm^{-1} 之间的宽峰归因于两种化合物(—NH_2 和 N—H)的拉伸振动,以及 g-C_3N_4 的氢键相互作用。在 1305 cm^{-1} 和 1604 cm^{-1} 处观察到的吸收峰分别是由 C—N 和 C=N 拉伸振动引起的。用—SO_3H 对 g-C_3N_4 进行官能化后,出现了一些新的峰,例如 1051 cm^{-1} 和 1152 cm^{-1} 处的吸收峰分别对应 S=O 对称和不对称拉伸。3000~3500 cm^{-1} 处的宽峰是由—OH 拉伸振动和 g-C_3N_4 的氢键相互作用引起的。g-C_3N_4 的功能化不会改变其 C—N 网络。

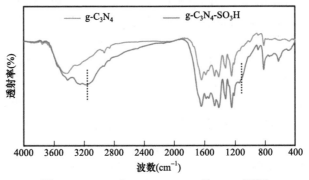

图 3-6 g-C_3N_4 和 g-C_3N_4-SO_3H 的 FTIR 图[34]

　　红外光谱分析不仅在离子液体的结构探索中发挥着重要作用，而且在对离子液体混合物体系结构的认识方面也有不可替代的作用。离子液体混合体系包括离子液体-水体系、离子液体-有机物体系和离子液体-二氧化碳体系等。

　　Song 等[35]首次研究了使用胆甾醇基丁酸酯基团通过离子自组装设计合成了基于六亚甲基四胺的新型离子液晶(ILC)，并利用各种技术研究了 ILC 的离子自组装方式、化学结构和液晶(LC)特性，并系统研究了如何通过六亚甲基四胺基离子自组装结构促进离子迁移。研究者利用胆固醇和 4-溴丁酰氯合成了溴化 LC 胆甾醇 4-溴丁酸酯(ChBA)，通过溴化 ChBA 与六亚甲基四胺之间的成盐反应制备了六亚甲基四溴化铵型离子液晶[ChBA-H]Br。图 3-7 显示了所制备[ChBA-H]Br 和前体 ChBA 在 500～2100 cm^{-1} 范围内的 FTIR 光谱。

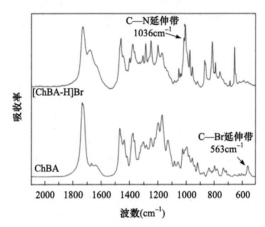

图 3-7　离子液晶[ChBA-H]Br 和前体 ChBA 的 FTIR 光谱[35]

3.2.2　核磁共振

　　核磁共振主要是由原子核的自旋运动引起的[36]。核磁共振光谱学的研究可详尽反映原子核周围化学环境的变化，是研究分子结构及动态、构型构象等的方法之一。核磁共振不仅可以定性分析表征各种有机物和无机物的成分、结构，还可用于定量分析。在离子液体领域，核磁共振技术主要应用于确认体系中阳离子和阴离子种类以及阴阳离子的相互作用等,同时还可以测定离子液体的纯度与性质，研究离子液体在溶液中的聚集行为，测定离子液体的热力学行为等。

　　Zang 等[37]通过聚合、磺化和离子交换三个过程制备了三种新型的季铵基聚离子液体(PILs)产品，包括十四烷基二甲基苄基铵磺化聚苯甲酸乙烯酯、十六烷基二甲基苄基氯化铵和硬脂基二甲基苄基铵磺化聚苯甲酸乙烯酯(TDBAS、HDBAS 和 SDBAS)，以期提高液态 CO$_2$(LCO$_2$)的黏度。他们还研究和讨论了不添加 P、B、F 等有毒元素的新型季铵基 PIL 的特点[38]。苯甲酸乙烯酯和各种季铵盐分别用于提供亲CO_2基团和增黏基团[39]。在聚合后，将磺酸根阴离子基团引入聚苯甲酸乙烯酯上；之后，与现有的季铵盐进行离子交换，以达到将亲CO_2基团与增黏基团结合的目的[40]。这些季铵基 PIL 可以在所需助溶剂的帮助下有效地用作LCO_2增黏剂。所有获得的中间体和目标产物（PIL）的 ^1H 核磁共振（NMR）光谱如图 3-8 所示。

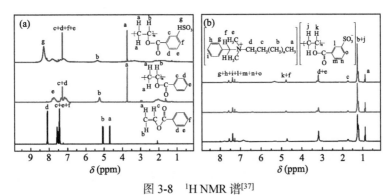

图 3-8　^1H NMR 谱[37]

(A) VBz（下）、PVBz（中）、SPVBz（上）；(B) TDBAS（下）、HDBAS（中）、SDBAS（上）

Briones 等[41]通过将卤离子与疏水性更强的阴离子交换，合成了具有不同烷基链长、不同分子量、不同疏水特性的聚（4-乙烯基吡啶），其中含有的BF_4^-、PF_6^-、$(CF_3SO_2)_2N^-$和$CF_3SO_3^-$作为抗衡离子。该 PIL 由具有不同烷基链长和不同分子量（60 000 和 160 000）的 N-烷基季铵化聚（4-乙烯基吡啶）$P-4VP^+-C_nBr^-$（n=2、4、5）合成。将获得的体系与作为原料的聚电解质，即 N-烷基季铵化的聚（4-乙烯基吡啶）进行比较发现，该系统在水处理中重金属离子的分离和去除方面具有潜在的应用价值。通过 ^1H NMR 和 ^{19}F NMR 对获得的 PIL 进行分子表征。图 3-9 为 $P-4VP^+-C_4Br^-$和 $P-4VP^+-C_4BF_4^-$ 的 ^1H NMR 谱。在这两个光谱图中，均观察到与吡啶鎓环质子相对应的信号（7.8～8.9 ppm）。但是，Br^-与BF_4^-的阴离子交换会改变这些信号的形状和化学位移。为了验证抗衡离子BF_4^-在 PIL 中的存在，进行了 ^{19}F NMR 分析（图 3-9）。对于其余系统的分子表征，也发现了相似的响应特性。

Khan 等[42]用 Bruker-Av-III 型 500 MHz 谱仪分别在 500.13 MHz 和 125.78 MHz 的共振频率下记录了磷酸酯（BEHP）系列离子液体的 ^1H 和 ^{13}C NMR 谱。用含 20% 样品的三氯化镉溶液采集核磁共振波谱。用双光谱 FTIR 光谱仪（PerkinElmer）记录了 BEHP 离子液体在 400～4000 cm^{-1} 波数范围内的 FTIR 光谱。该研究证实了离子液体中存在 BEHP 阴离子。

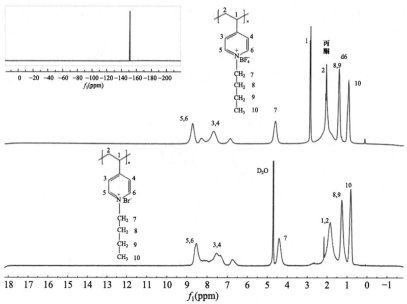

图 3-9　P-4VP⁺-C₄Br⁻(D₂O)和 P-4VP⁺-C₄BF₄⁻(丙酮-d6)的 ¹H NMR 光谱[41]

插图为 P-4VP⁺- C₄BF₄⁻ [聚(4-乙烯基吡啶)]四氟硼酸盐的 ¹⁹F NMR 光谱

3.2.3　紫外可见吸收光谱

有机化合物分子中有形成单键的σ电子、有形成双键的π电子、有未成键的孤对 n 电子。当分子吸收一定能量的辐射能时，这些电子就会跃迁到较高的能级，此时电子所占的轨道称为反键轨道,而这种电子跃迁同内部的结构有密切的关系。紫外可见(UV-vis)吸收光谱的应用很广，不仅可以用来对物质进行定性分析，而且可以进行定量分析来测定某些化合物的物理化学特性，也可以配合红外光谱、核磁共振等进行定性定量及结构分析。例如，紫外可见吸收光谱法可应用于研究离子液体体系的氢键作用、氢键强度等。

Williams 等[43]对离子液体 1-乙基-3-甲基咪唑鎓乙酸盐[Emim]Ac 和 1-丁基-3-甲基咪唑鎓乙酸盐[Bmim]Ac 进行了一系列的表征。使用 UV-vis 吸收光谱监测在 24 h 内，不同高温(100℃、120℃和 150℃)和压力(~35 bar 和 350 bar①)下，ILs 与乙醇、甲醇、水和非质子传递溶剂(DMF)的混合物的热稳定性。图 3-10 显示了在 100℃、120℃和 150℃时，350 bar 下的乙醇溶液中，1% [Bmim]Ac 和 1% [Emim]Ac 在 24 h 内的紫外光谱变化。这些光谱的偏移均表明了离子液体发生了降解。而且，随着降解的进行，紫外线检测器在较低的波长处变得饱和。较短波长的检测器饱和可能是由于高压电池的路径长度较长[44]。

---

① bar 非法定单位，1 bar = 10⁵Pa。

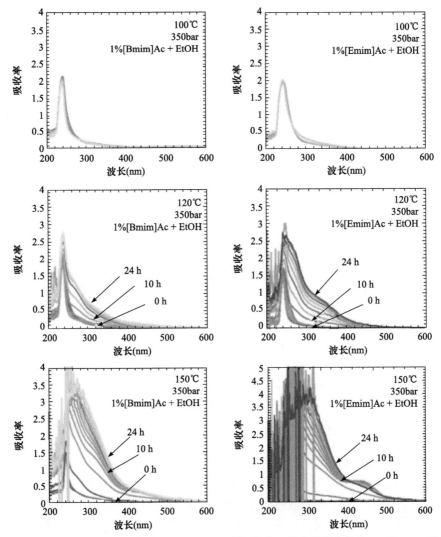

图 3-10　1%[Bmim]Ac（左列）和 1%[Emim]Ac（右列）在乙醇中的混合物在 100℃、120℃和 150℃，350 bar 下经过 24 h 的延时 UV 光谱[43]

　　Ren 等[45]为了提高柴油的电导率并避免静电火花爆炸/火灾，在超声过程中，使用不同的季铵盐，如十二烷基三甲基氯化铵、十四烷基三甲基氨氯化铌、六烷基三甲基氯化铵、硬脂酰三甲基氯化铵（DTAS、TTAS、HTAS 和 STAS）和环烷磺酸正丁酯，合成了一系列 RTILs，并基于合成的 ILs 的反胶束（RM）微观结构和物化性质，对作用机理进行了阐明和讨论。为了检测所制备样品的光学性质，对其进行了紫外可见吸收光谱表征，研究了 ILs 类型对 RM 大小的影响。图 3-11 显示了在相同 ILs 浓度（5 ppm）下 RM 的 UV-Vis 光谱。尽管由这 4 种类型的 ILs 形成的 RM 的每个最强吸收峰都集中在 230 nm 附近(如箭头所示),但最强吸收峰的位置仍然存在微小差异。根据折射率的分析结果,ILs 的分子极性倾向于随着阳离子烷基碳链的增加而变高,由于紧密堆积导致难以形成大尺寸的 RM[46]。同时,根据量子尺寸效应,粒子吸收带的能隙随着粒子半径的减小而减小,导致紫外可见吸收光谱的蓝移[47]。

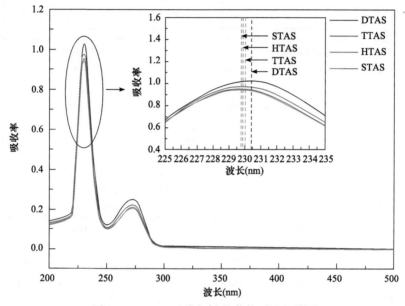

图 3-11　ILs RM(反胶束)的紫外可见光谱[45]

离子液体在物理化学中的独特性质使其在电化学、分离和催化反应过程中均可发挥重要的作用。研究 ILs 的聚集行为有助于解释实际生产应用中的机理[48,49]。随着科学技术的发展,离子液体也在电化学、新材料、化学合成、吸附分离技术、液体表面处理技术、有机催化和合成领域取得突破性进展[50,51]。Zha 等[52]选择离子液体表面活性剂 CTAB、[C₁₆mim]BF₄、[C₁₂mim]BF₄、[C₁₀mim]BF₄ 和橙色 G(OG)分别研究了离子液体和染料之间的络合物形成过程。紫外可见吸收光谱分析发现,在 OG 存在下,紫外可见吸收光谱随碳链长度的增加而发生变化。浓度为 0.002～0.08 mmol · L⁻¹ 的 OG 在水溶液中的吸收光谱如图 3-12 所示。图中可观察到两个主峰,它们随浓度的增加而规则地增加。作为偶氮染料,含羟基的 OG 通常以两种异构体的形式存在于水溶液中,分别为偶氮形式(—C=N—N—C)或腙形式(—C=N—NH—C)。溶液中存在肼-偶氮互变异构平衡,不同形式的比例随着[C₁₀mim]BF₄ 浓度的增加而连续降低。在 480 nm 处的峰、430 nm 处的峰和约 298 nm 处的小峰被认为是腙形式[53]的特征吸收峰。总之,紫外可见光谱呈现了溶液中肼-

偶氮互变异构的平衡，并且偶氮是主要的存在形式。

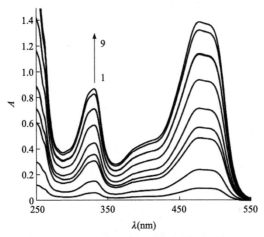

图 3-12　OG 水溶液的 UV-Vis 吸收光谱[52]

$c_{(OG)}$(1～9)：0.002 mmol · L^{-1}、0.005 mmol · L^{-1}、0.01 mmol · L^{-1}、0.02 mmol · L^{-1}、0.03 mmol · L^{-1}、0.04 mmol · L^{-1}、
0.05 mmol · L^{-1}、0.07 mmol · L^{-1}、0.08 mmol · L^{-1}

Diabate 等[54]在糖精酸钠的研究当中发现，钠的糖化物的紫外吸收光谱与 ILs 的光谱类似，表明该吸收带来自于糖精酸盐离子的 n→π* 和/或 π→π* 跃迁，这说明糖精化物的离子液体可以有效地从其他二价阳离子中分离。

3.2.4　电喷雾质谱

随着科学技术的发展，以电喷雾质谱为代表的软电离质谱技术蓬勃兴起。在用核磁共振对阳离子结构分析的基础上，结合质谱分析可以得到离子液体中离子及分子片段的分子量，包括阳离子和阴离子的部分信息，有助于确定离子液体的整体结构。

电喷雾质谱的操作步骤是把样品溶液经很细的进样管进入电喷雾室，在强电场的作用下，样品溶液由于电荷和静电引力的分离，在出口处分解成许多带电的微液滴，在电场的影响下，带电液滴逆着干燥气体流动的方向移动，向质谱计入口处漂移，此处的干燥气体使液滴迅速蒸发，并增大了液滴表面的电荷浓度，倘若使库仑斥力的极限值和液滴表面张力的极限值趋于相等，那么此刻液滴就会爆裂成更小的液滴，之后变成极小的液滴，因为液滴的曲率半径很小，其表面电荷密度很大，结果就会导致在液滴表面形成非常强的电场。这种强电场足以从液滴中解析出离子，让碰撞活化裂解发生在离子经玻璃毛细管进入压力为几托（1Torr =133.322 Pa）的第一真空区，这样就可以获得样品分子的碎片，进一步获得分子的结构信息。电喷雾质谱法具有很高的灵敏度，可以使电离的分子带有多电荷，这种多电荷离子的产生大大扩展了普通质谱仪能分析的质量范围，使质谱仪可以分析分子质量为几十万质量单位的蛋白质分子。

3.2.5　拉曼光谱

光照射到物质上会发生两种散射：其一是弹性散射，弹性散射的散射光是与激发光波长相同的成分；其二是非弹性散射，非弹性散射的散射光与激发光波长有不同的成分，统称为拉曼效应。与红外光谱相比较，拉曼光谱可以测量与对称中心有对称关系的振动。

当采用单色光照射气体、液体或透明试样时，大部分的光会按原来的方向透射，这是因为它们具有波长比试样粒径小得多的特质，剩下的一小部分则按不同的角度散射开来，产生散射光。除了瑞利散射外，这些与原入射光有相同频率的散射光，在垂直方向还有一系列拉曼谱线，若干条很弱的拉曼谱线对称分布且与入射光频率发生位移，则这种现象称为拉曼效应。谱线的长度直接与试样分子振动或转动能级有关。因此，拉曼光谱可得到一系列分子振动或转动的信息。红外光谱和拉曼光谱都是通过测定分子振动光谱得到官能团的信息，但是二者具有不同的选择性，如果能同时加以测定，则可以得到更为完备的信息。在鉴定无机盐方面，与红外光谱相比，拉曼光谱仪得到波数 400 cm^{-1} 以下的谱图信息要更加方便。拉曼光谱与红外光谱可以互相补充、互相佐证。拉曼光谱的主要优点是能够提供指纹振动信息，从而对离子液体和类离子液体结构的细微变化有反映，同时拉曼光谱可以测量许多不同状态体系的振动光谱，尤其是反映离子液体和类离子液体中存在的局部结构变化。目前在物质的鉴定领域以及分子结构的研究谱线特征中，拉曼光谱的分析技术得到了认可，并被广泛应用。

Kausteklis 等[55]利用拉曼光谱研究了咪唑基室温离子液体 1-丁基-3-甲基咪唑鎓硝酸盐（[C$_4$mim][NO$_3$]）中称为"水袋"的水分子的聚集过程。当 RTIL-D$_2$O 系统中重水（D$_2$O）含量不断增加时，可以在四个不同的光谱区域中观察到拉曼光谱的变化。研究发现，拉曼谱带的不同参数对 D$_2$O 的添加量敏感。"水袋"的形成过程由监测到的位移的浓度依赖性和拉曼谱带的积分强度的不连续性确定。图 3-13 为在 550 cm^{-1} 和 3300 cm^{-1} 之间的整个光谱范围内的纯净[C$_4$mim][NO$_3$]和纯净 D$_2$O 的拉曼光谱。

Tsuchida 等[56]用拉曼光谱研究了二价铁、钴和镍配合物在离子液体三乙基正戊基双（三氟甲基磺酰基）酰亚胺（[P$_{2225}$][NTf$_2$]）中的溶剂化结构。图 3-14 显示了[P$_{2225}$][NTf$_2$]中的铁（Ⅱ）、钴（Ⅱ）和镍（Ⅱ）样品在 720~780 cm^{-1} 频率范围内的反卷积拉曼光谱的浓度依赖性。拉曼能带可归因于[NTf$_2$]$^-$阴离子[57]的拉伸 ν_s(SNS) 和弯曲振动 δ_s(CF$_3$) 的组合。740 cm^{-1} 和 751 cm^{-1} 处的这两个谱带分别来自于金属离子结合的游离[NTf$_2$]$^-$阴离子和非游离[NTf$_2$]$^-$阴离子。

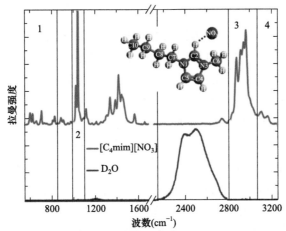

图 3-13　纯[C$_4$mim][NO$_3$]和纯 D$_2$O 的拉曼光谱，分布在对添加 D$_2$O 敏感的四个光谱区域中[55]

插图为[C$_4$mim][NO$_3$]的结构

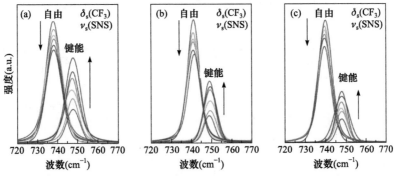

图 3-14　[P$_{2225}$][NTf$_2$]在 373 K 下的拉曼光谱，其含有不同浓度的(a)Fe(Ⅱ)、(b)Co(Ⅱ)和

(c)Ni(Ⅱ)[56]

红线：0.23 mol·kg^{-1}；橙色线：0.30 mol·kg^{-1}；黄绿线：0.38 mol·kg^{-1}；绿线：0.45 mol·kg^{-1}；

蓝线：0.53 mol·kg^{-1}；紫色线：0.59 mol·kg^{-1}

3.2.6　光电子能谱

　　光电子能谱所用到的基本原理是爱因斯坦的光电效应定律[35]。若想要观察到电子的发射，需要材料暴露在波长足够短(高光子能量)的电磁波下，这是由于材料内电子是被束缚在不同的量子化的能级上,当用一定波长的光量子照射样品时，原子中的价电子或芯电子吸收一个光子后，从初态做偶极跃迁到高激发态而离开原子。早期因为存在较易观测出的光电流，称该现象为光电效应；现在比较常用的术语是光电离作用或者光致发射。若样品用单色(即固定频率)的光子照射，则这个过程的能量可用爱因斯坦关系式来规定：

$$h\nu = E_k + E_b$$

式中：$h\nu$ 为入射光子能量；E_k 为被入射光子所击出的电子能量；E_b 为该电子的电离能，或称为结合能。光电离作用要求一个确定的最小光子能量，称为临阈光子能量 $h\nu_0$。对固体样品，又常用功函数这个术语，记作 φ。

Foelske-Schmitz 等[58]通过 X 射线光电子能谱（XPS）研究了离子液体 [Emim][TFSI]的不同基材（例如：Au、Ag、经过不同预处理的玻璃碳以及 n 型掺杂的硅）。研究者用高信噪比的 XPS 光谱对除 C、O、F、S 或 N[图 3-15（a）中蓝色柱状标示]以外的元素信号进行了检测。图 3-15（a）是以扫描 51°的平均角度记录的沉积在银和 n 型硅载体上的[Emim][TFSI]数据[59]。所研究样品的定量分析结果均未显示出与预期化学计量的显著差异。图 3-15（b）显示了沉积在氩离子 n 型 Si 上的[Emim][TFSI]的 C 1s 信号。改变灵敏度对 C 1s 线形没有明显影响，这可以从沉积在 n 型硅上的[Emim][TFSI]记录的 C 1s 光谱中看出[图 3-15（b），顶部]。C 1s 线在 27°±6°（红色曲线）和 75°±6°（蓝色曲线）处几乎是相同的，进一步排除了烃类的严重污染。

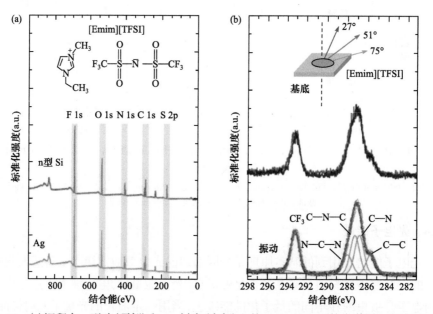

图 3-15 （a）沉积在 n 型硅（顶部）和 Ag 衬底（底部）上的[Emim][TFSI]的光谱图。（b）沉积在 n 型 Si 上的[Emim][TFSI]的 C 1s 光谱图。顶部：在 12.7°的起飞角 27°±6°（红色曲线）和 75°±6°的起飞角（蓝色曲线）处记录的 C 1s 光谱叠加图；底部：积分 C 1s 线的反卷积[58]

Foelske 等[61]通过将离子液体 1-乙基-3-甲基咪唑鎓双(三氟甲基磺酰基)酰亚胺([Emim][Tf₂N])的液滴沉积在具有不同掺杂状态的硅和锗半导体表面上，根据 XPS 分析结果探讨了半导体/离子液体界面的电子性质如何影响充电效应。图 3-16 是沉积在具有未知电导率的硅衬底上[Emim][Tf₂N]的 XPS 光谱。所有检测到的核心能级归因于离子液体，并且在测量扫描中没有检测到诸如 Si 或 Cl 之类的污染物。这些光谱的定量分析结果如表 3-1 所示，可与预期标称值进行比较。在完成喷枪实验后，对测量扫描的元素进行量化分析，结果显示离子液体的成分没有显著变化，这可能是由于长时间使用低能量的 X 射线和电子进行照射造成的。

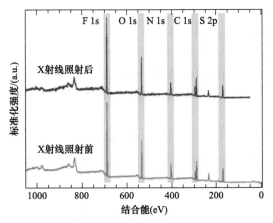

图 3-16　长时间 X 射线照射前后，在电阻率未知的 n 型半导体衬底上，[Emim][Tf₂N]的归一化 XPS 测量光谱[61]

蓝色区域显示用于量化的区域(表 3-1)

表 3-1　在长时间 X 射线照射之前(黑色)和之后(灰色)所有基材上[Emim][Tf₂N]的 XPS 测量光谱(图 3-16)的定量结果[61]

样品	元素(原子分数，%)				
	C	F	N	O	S
Si 未掺杂	34.4	25.6			
	36.3	25.4	12.3	17.0	9.0
n 型 Si	33.7	25.1	13.4	18.5	9.5
	33.8	26.7	12.8	17.1	9.0
p 型 Si	36.5	24.6	12.8	17.0	9.0
	35.9	26.3	12.9	17.5	8.1
n 型 Si 未知电阻系数	35.1	24.6	13.3	18.0	9.0
	33.3	28.3	12.6	17.6	8.2
Ge 未掺杂	34.3	24.9	13.3	18.3	9.2
	34.0	26.5	12.8	17.8	8.9

样品	元素(原子分数,%)				
	C	F	N	O	S
n 型 Ge	34.5	24.2	13.5	18.7	9.1
	35.5	27.1	12.8	17.8	8.7
p 型 Ge	34.4	24.9	13.2	18.3	9.2
	35.1	26.1	12.3	17.9	8.5
标称	34.8	26.1	13	17.4	8.7

3.2.7　X 射线衍射

　　将具有一定波长的 X 射线照射到结晶性物质上时, X 射线因在结晶内遇到规则排列的原子或离子而发生散射, 散射的 X 射线在某些方向上相位得到加强, 从而显示出与结晶结构相对应的特有衍射现象。X 射线衍射是一种结构和物相分析手段, 应用极其广泛。根据 X 射线衍射图谱可以确定离子液体的物相结构以及组成。

　　Sasi 等[62]通过改变腰果酚衍生的 3-(4-(3-十五烷基苯氧基)丁基)-1-甲基咪唑-3-六氟磷酸铵(PmimP)和聚偏氟乙烯-六氟丙烯共聚物(PVDF-HFP)的组成比例来合成生物基离子液晶衍生聚合物电解质膜(BILC-SPE)。活化的电解质膜的 XRD 图与干电解质膜的 XRD 图见图 3-17。通过 XRD 表征图, 可以很明显看到活化后电解质膜的结晶度降低, 而在较低衍射角处的合成峰则略微移向较高的晶面间距, 从而证实了目标产物的存在。

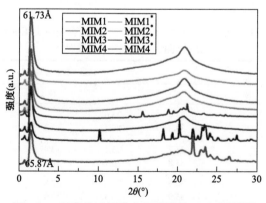

图 3-17　活化前后固体电解质膜的 XRD 图谱[62]

　　Yan 等[32]合成了聚偏氟乙烯/离子液体功能化二氧化硅微孔聚合物电解质。纯 IL-SiO$_2$ 和 PVDF/IL-SiO$_2$ 聚合物膜的 XRD 表征结果如图 3-18 所示。图中没有观察到对应于 IL-SiO$_2$ 的结晶峰（见图 3-18a），这与电子衍射分析的结果一致。随着 IL-SiO$_2$ 浓度的增加，与聚合物膜相对应的衍射峰的相对强度降低（见图 3-18b～g）。这表明，加入 IL-SiO$_2$ 会降低 PVDF 的结晶度。剩余硅烷醇和水解硅烷的氢键形成阻止了聚合物链的重结晶。IL-SiO$_2$ 纳米填料的添加可能有利于与聚合物形成络合物，继而可以通过降低聚合物的自组织张力和提高硬度来充当聚合物的交联中心。

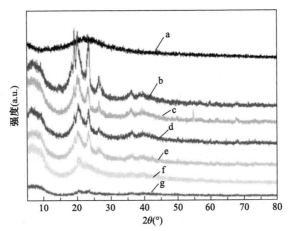

图 3-18　纯 IL-SiO$_2$ 和 PVDF/IL-SiO$_2$ 聚合物膜的 XRD 图谱[32]

a. 纯 IL-SiO$_2$；b. PVDF/IL-SiO$_2$（9：1 质量比）；c. PVDF/IL-SiO$_2$（8：2 质量比）；d. PVDF/IL-SiO$_2$（7：3 质量比）；
e. PVDF/IL-SiO$_2$（6：4 质量比）；f. PVDF/IL-SiO$_2$（5：5 质量比）；g. PVDF/IL-SiO$_2$（4：6 质量比）

Farah 等[33]合成了聚乙烯醇的固体聚合物电解质与钠盐和离子液体结合在一起的材料，并通过 X 射线衍射对其进行了表征，如图 3-19 所示。XRD 图谱表明，离子液体的添加使有用的游离子变多，有助于提高离子电导率。

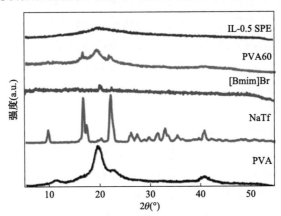

图 3-19　PVA、NaTf、[Bmim]Br、PVA60 和 IL-0.5 SPE 的 XRD 图谱[33]

3.2.8　同步辐射

当高能电子在磁场中以接近光速运动时，如运动方向与磁场垂直，电子将受到与其运动方向垂直的洛伦兹力的作用而发生偏转[63]。按照电动力学的理论，带电粒子作加速运动时都会产生电磁辐射，因此这些高能电子会在其运行轨道的切线方向产生电磁辐射。这种电磁辐射最早是在同步加速器上观测到的，因此称作同步加速器辐射，简称同步辐射或同步光。

同步辐射的光源亮度大、稳定性高、方向性强、平行性好，是液体散射实验的理想光源[64]。Yoshimura 等[65]采用同步辐射紫外可见光电子能谱研究了离子液体的电子结构，采用分子轨道计算了孤立离子的价态，并通过光谱计算得到了态密度。

同步辐射 X 射线吸收精细结构光谱(XAFS)是研究物质局部微观结构的有效技术手段之一，它具有原子选择性[66]。从谱图中能够获得某一中心原子邻近几个壳层的结构信息，例如中心原子的电子结构/配位原子的类别及数量/配位键的键长/体系的无序度等。由于 XAFS 不依赖长程有序的晶体结构，所以特别适用于离子液体这类非晶的复杂结构以及金属离子的还原过程研究。Zou 等[67]利用 XAFS 观察了离子液体氯化锌-氯化胆碱在不同摩尔比时的结构，分析表明，当离子液体中氯化锌摩尔分数较高时，离子对、氯-锌-氯形成了主要的离子络合物。

3.2.9　电化学法

电化学法是利用要测量样品的电位、电流及电阻(或电导度)，以分析样品中待测物组成及浓度的方法。电化学分析法测定结果是来自电极表面接触的局部样品，所以分析结果存在显著异质性，任何会影响到待测物电极表面的因素皆会反映在测定结果中。在电化学相关理论中，待测物的性能与其活性有关而非浓度，但实际操作上则往往必须以浓度表达。当离子浓度较高时，活性与浓度之间的差异较明显，故样品溶液的离子强度较高时，需进行必要的控制措施。

Li 等[68]研究了在 $AlCl_3$/尿素离子液体中硫的高度可逆氧化过程。硫被 $AlCl_4^-$ 电化学氧化形成 $AlSCl_7$，硫氧化效率可达 94%。基于硫氧化的 Al-S 电池可以在 1.8 V 左右稳定循环。

Finger 等[69]在酸性条件下利用脱羧作用制备了无卤族元素、无金属离子和无水的碳酸氢甲酯前驱体，将基于氢化硫属元素 HE^-(E=S、Se、Te)阴离子的离子液体和所制备的有机盐进行复合，所得的产物具有很高的纯度。研究者利用循环伏安法(CV)研究了多硫化物盐和氢硫化物的氧化还原行为。使用含有 $50\ mmol \cdot L^{-1}$ 六氟磷酸四丁基铵的二甲基亚砜(DMSO)作为电解质，[BMPyr][HS]的循环伏安图(图 3-20)显示了不可逆的氧化还原过程，在 0.78 V 时发生明显氧化，在 0.73 V 和

0.55 V 处出现较小的氧化峰，在 1.64 V 处发生还原。根据 $HS^- \xrightarrow{-2e^-} H^+ + S$，硫氢化物水溶液在电极上的电化学氧化以双电子过程进行。

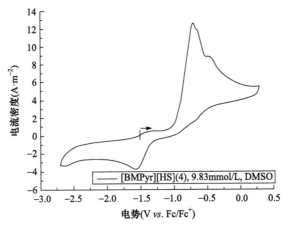

图 3-20　[BMPyr][HS] 的循环伏安图[69]

GC 电极，扫描速率为 $100\ mV \cdot s^{-1}$，箭头指示扫描方向和起始电位

Vélez 等[70]通过实验研究了基于双键双金属吡咯烷鎓和哌啶双(三氟甲基磺酰亚胺)酰亚胺离子液体的新型电解质的合成和表征，其中两个阳离子通过可变长度的氧化乙烯链间隔连接。将该电解质与 $LiMn_2O_4$ (LMO) 尖晶石组装在锂半电池中，结果表明，阳离子结构和氧化乙烯链间隔基团的长度均会对 LMO 电池的电化学性能产生重大影响。基于两个氧化乙烯单元连接的阳离子结构的吡咯烷鎓电解质的电池具有更优异的倍率能力。图 3-21(a) 中循环伏安图之间的差异表明，电池性能取决于用于电解液中的离子液体溶剂。在最低测试倍率 0.2 C 下的充电/放电曲线如图 3-21(b) 所示。

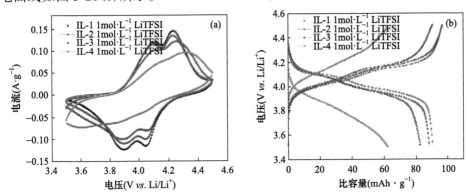

图 3-21　使用 $1\ mol \cdot L^{-1}$ LiTFSI 的双金属吡咯烷鎓和哌啶鎓 IL 电解质在 60℃ 下记录
LMO/电解质/Li 电池的 (a) 循环伏安图(第三次循环，扫描速率为 $0.12\ mV \cdot s^{-1}$) 和 (b) 充电/
放电曲线(第三周，0.2 C)

3.2.10　热重分析法

热重分析法(TGA)是指在程序控制温度下测定待测样品的质量与温度变化关系的一种热分析技术。最常用的测量原理有两种，即变位法和零位法[71-73]。所谓变位法，是根据天平梁倾斜度与质量变化成比例的关系，用差动变压器等检知倾斜度，并自动记录。零位法是采用差动变压器法、光学法测定天平梁的倾斜度，然后去调整安装在天平系统和磁场中线圈的电流，使线圈转动恢复天平梁的倾斜。由于线圈转动所施加的力与质量变化成比例，而这个力又与线圈中的电流成比例，因此只需测量并记录电流的变化，便可得到质量变化的曲线。

Briones 等[41]从 TGA 测量中发现离子液体热降解曲线随烷基链长度的变化而变化，这反过来又影响了其玻璃化转变温度(T_g)值，这归因于烷基链的较大或较小的节段运动。根据烷基链长、分子量和负离子效应对所得结果进行分析，表明离子液体对六价铬的去除率为 72.2%。

3.2.11　溶液量热法

离子液体中有机分子间相互作用的定量有两种热力学方法[74]。

第一种方法是利用多参数关联式描述溶液或溶剂化的热力学函数。这种方法适用于两种类型的溶质-溶剂体系：①一种溶质溶于一系列溶剂(Kamlet-Taft-Abbod)；②一系列溶质溶于一种溶剂(Abraham)。这两种类型的多参数关联可以用于研究各种溶质-离子液体系统的分子间相互作用和溶剂化性质。

第二种方法是基于非特定溶剂化(范德瓦耳斯相互作用)和特定溶剂化(氢键、供体-受体相互作用)贡献的溶剂化热力学函数的分离。这种方法可以用于离子液体溶液的研究。据观察，溶质分子的偶极矩不影响离子液体中的溶剂化焓。近年来，基团贡献法被成功地应用于测定芳香族化合物在分子溶剂中的溶剂化焓，后来又扩展到离子液体溶液中。离子液体的范德瓦耳斯相互作用标度是根据烷烃在其介质中的焓来评估的。

然而，应用这两种方法分析离子液体中的分子间相互作用，在某些情况下会产生不一致的结果。根据多参数关联得到的数据，与氢键质子给体能力相关的 N-烷基取代离子液体的酸值与脂肪醇的酸值非常接近。然而，溶剂化方法显示了相反的结果，其中，N-烷基取代离子液体与弱(腈)、中等(酮、醚)和强(酰胺)质子受体的具体相互作用焓几乎为零。

在多参数关联的情况下，分歧可能是由于特定参数获得的值之间的差异。关于溶剂化方法，人们可以利用溶液量热法分析氢键在溶解(溶剂重组)时断裂和形成的关系。

参 考 文 献

[1] Karadaghi L R, Malmstadt N, Van Allsburg K M, et al. Techno-economic analysis of recycled ionic liquid solvent used in a model colloidal platinum nanoparticle synthesis. ACS Sustain Chem Eng, 2021, 9: 246-253.

[2] Fu J, Xu Y, Dong L, et al. Multiclaw-shaped octasilsesquioxanes functionalized ionic liquids toward organic-inorganic composite electrolytes for lithium-ion batteries. Chem Eng J, 2021, 405: 126942.

[3] Mirjafari A. Ionic liquid syntheses via click chemistry: Expeditious routes toward versatile functional materials. Chem Commun, 2018, 54: 2944-2961.

[4] Tan J, Ao X, Dai A, et al. Polycation ionic liquid tailored PEO-based solid polymer electrolytes for high temperature lithium metal batteries. Energy Stor Mater, 2020, 33: 173-180.

[5] Woo H-S, Son H, Min J-Y, et al. Ionic liquid-based gel polymer electrolyte containing zwitterion for lithium-oxygen batteries. Electrochim Acta, 2020, 345: 136248.

[6] Skorikova G, Rauber D, Aili D, et al. Protic ionic liquids immobilized in phosphoric acid-doped polybenzimidazole matrix enable polymer electrolyte fuel cell operation at 200℃. J Membr Sci, 2020, 608: 118188.

[7] Hu Z, Zhang X, Chen S. A graphene oxide and ionic liquid assisted anion-immobilized polymer electrolyte with high ionic conductivity for dendrite-free lithium metal batteries. J Power Sources, 2020, 477: 228754.

[8] Chen X, Xie Y, Ling Y, et al. Ionic liquid crystal induced morphological control of solid composite polymer electrolyte for lithium-ion batteries. Mater Des, 2020, 192: 108760.

[9] Seitkalieva M M, Samoylenko D E, Lotsman K A, et al. Metal nanoparticles in ionic liquids: Synthesis and catalytic applications. Coord Chem Rev, 2021, 445: 213982.

[10] Cecchini M M, Charnay C, De A, Francesco, et al. Poly（ethylene glycol）-based ionic liquids: Properties and uses as alternative solvents in organic synthesis and catalysis. ChemSusChem, 2004, 7: 45-65.

[11] Baker B, Cockram C J, Dakein S, et al. Synthesis and characterization of anilinium ionic liquids: Exploring effect of π-π ring stacking. J Mol Struct, 2021, 1225: 129122.

[12] Miura A, Rosero-Navarro N C, Sakuda A, et al. Liquid-phase syntheses of sulfide electrolytes for all-solid-state lithium battery. Nat Rev Chem, 2019, 3: 189-198.

[13] Hikima K, Yamamoto T, Phuc N H H, et al. Improved ionic conductivity of Li_2S-P_2S_5-LiI solid electrolytes synthesized by liquid-phase synthesis. Solid State Ion, 2020, 354: 115-403.

[14] Srour H, Rouault H, Santini C C, et al. A silver and water free metathesis reaction: A route to ionic liquids. Green Chem, 2013, 15: 1341-1347.

[15] Niazov-Elkan A, Weissman H, Dutta S, et al. Self-assembled hybrid materials based on organic nanocrystals and carbon nanotubes. Adv Mater, 2018, 30: 1705027.

[16] Lobregas M O S, Camacho D H. Gel polymer electrolyte system based on starch grafted with ionic liquid: Synthesis, characterization and its application in dye-sensitized solar cell. Electrochim Acta, 2019, 298: 219-228.

[17] Fei Y, Chen Z, Zhang J, et al. Thiazolium-based ionic liquids: Synthesis, characterization and physicochemical properties. J Mol Liq, 2021, 342: 117553.

[18] Perez-Cuapio R, Alberto Alvarado J, Juarez H, et al. Sun irradiated high efficient photocatalyst ZnO nanoparticles obtained by assisted microwave irradiation. Mater Sci Eng B, 2023, 289: 116263.

[19] Dubinskaia E D, Gasparov A S, Fedorova T A, et al. Role of the genetic factors, detoxication systems and oxidative stress in the pathogenesis of endometriosis and infertility. Vestn Ross Akad Med Nauk, 2013, 5: 14-19.

[20] Li X, Zhang Z, Li S, et al. Polymeric ionic liquid-ionic plastic crystal all-solid-state electrolytes for wide operating temperature range lithium metal batteries. J Mater Chem A, 2017, 5: 21362-21381.

[21] Xiao Y, Shao Z, Wei W. Investigation of thermally-induced separation in mortar-aggregate under microwave irradiation. Compos Struct, 2023, 316: 117035.

[22] Desai A V, Rainer D N, Pramanik A, et al. Rapid microwave-assisted synthesis and electrode optimization of organic anode materials in sodium-ion batteries. Small Methods, 2021, 5: 2101016.

[23] Feng Y, Tao Y, Meng Q, et al. Microwave-combined advanced oxidation for organic pollutants in the environmental remediation: An overview of influence, mechanism, and prospective. Chem Eng Sci, 2022, 441: 135924.

[24] Ragab S, El Sikaily A, El Nemr A. Fabrication of dialysis membrane from cotton Giza 86 cellulose di-acetate prepared using Ac_2O and $NiCl_2$ as a new catalyst. Sci Rep, 2023, 13: 2276.

[25] Yu Z J, Liu L J. Effect of microwave energy on chain propagation of poly（ε-caprolactone）in benzoic acid-initiated ring opening polymerization of ε-caprolactone. Eur Polym J, 2004, 40: 2213-2220.

[26] Mallakpour S, Rafiee Z. Green and rapid preparation of thermally stable and highly organosoluble polyamides containing L-phenylalanine-9,10-dihydro-9,10-ethanoanthracene-11,12-dicarboximido moieties. Polym Adv Technol, 2010, 21: 817-824.

[27] Habermann J, Ponzi S, Ley S. Organic chemistry in ionic liquids using non-thermal energy-transfer processes. Cheminform, 2005, 2: 125-137.

[28] Lévêque J M, Cravotto G. Microwaves, power ultrasound, and ionic liquids. A new synergy in green organic synthesis. Chimia（Aarau）, 2010, 37: 313-320.

[29] Zhang X, Yuan Q, Zhang H, et al. Electrochemical synthesis of oxazoles via a phosphine-mediated deoxygenative [3+2] cycloaddition of carboxylic acids. Green Chem, 2023, 25: 1435-1441.

[30] Ramjhan Z, Lokhat D, Alshammari M B, et al. Trioctylammonium-based ionic liquids for metal ions extraction: Synthesis, characterization and application. J Mol Liq, 2021, 342: 117534.

[31] Yu J, Wheelhouse R T, Honey M A, et al. Synthesis and characterisation of novel nopyl-derived phosphonium ionic liquids. J Mol Liq, 2020, 316: 113857.

[32] Yan Y, Jie T, Xin J, et al. Preparation and characterization of a microporous polymer electrolyte based on poly（vinylidene fluoride）/ionic-liquid-functionalized SiO_2 for dye-sensitized solar cells. J Appl Polym Sci, 2011, 121: 1566-1573.

[33] Farah N, Ng H M, Numan A, et al. Solid polymer electrolytes based on poly (vinyl alcohol) incorporated with sodium salt and ionic liquid for electrical double layer capacitor. Mater Sci Eng B, 2019, 251: 114468.

[34] Veisi H, Mohammadi P, Ozturk T. Design, synthesis, characterization, and catalytic properties of g-C_3N_4-SO_3H as an efficient nanosheet ionic liquid for one-pot synthesis of pyrazolo[3,4-b]pyridines and bis(indolyl) methanes. J Mol Liq, 2020, 303: 109365.

[35] Song Y, Tang X, Kong S, et al. Synthesis and characterization of hexamethylenetetramine-based ionic liquid crystals. J Mol Struct, 2019, 1178: 135-141.

[36] Moshikur R M, Chowdhury M R, Wakabayashi R, et al. Ionic liquids with methotrexate moieties as a potential anticancer prodrug: Synthesis, characterization and solubility evaluation. J Mol Liq, 2019, 278: 226-233.

[37] Zang X, Chang M, Zheng L, et al. Synthesis and characterization of novel poly(ionic liquid)s and their viscosity-increasing effect. J Mol Liq, 2020, 298: 112044.

[38] Itakura T, Hirata K, Aoki M, et al. Decomposition and removal of ionic liquid in aqueous solution by hydrothermal and photocatalytic treatment. Environ Chem Lett, 2009, 7: 343-345.

[39] Naderi O, Nyman M, Amiri M, et al. Synthesis and characterization of silver nanoparticles in aqueous solutions of surface active imidazolium-based ionic liquids and traditional surfactants SDS and DTAB. J Mol Liq, 2019, 273: 645-652.

[40] Shultz Z, Gaitor J C, Burton R D, et al. Phosphorodithioate-functionalized ionic liquids: Synthesis and physicochemical properties characterization. J Mol Liq, 2019, 276: 334-337.

[41] Briones O X, Tapia R A, Campodónico P R, et al. Synthesis and characterization of poly (ionic liquid) derivatives of N-alkyl quaternized poly (4-vinylpyridine). React Funct Polym, 2018, 124: 64-71.

[42] Khan A, Gusain R, Khatri O P. Organophosphate anion based low viscosity ionic liquids as oil-miscible additives for lubrication enhancement. J Mol Liq, 2018, 272: 430-438.

[43] Williams M L, Holahan S P, McCorkill M E, et al. Thermal and spectral characterization and stability of mixtures of ionic liquids [Emim]Ac and [Bmim]Ac with ethanol, methanol, and water at ambient conditions and at elevated temperatures and pressures. Thermochim Acta, 2018, 669: 126-139.

[44] Özönder Ş, Ünlü C, Güleryüz C, et al. Doped graphene quantum dots UV–vis absorption spectrum: A high-throughput TDDFT study. ACS Omega, 2023, 8: 2112-2118.

[45] Ren J, Zheng L, Wang Y, et al. Synthesis and characterization of quaternary ammonium based ionic liquids and its antistatic applications for diesel. Colloids Surf A, 2018, 556: 239-247.

[46] Li P, Wang W, Du Z, et al. Adsorption and aggregation behavior of surface active trisiloxane room-temperature ionic liquids. Colloids Surf A, 2014, 450: 52-58.

[47] Lei Z, Wei X, Bi S, et al. Reverse micelle synthesis and characterization of ZnSe nanoparticles. Mater Lett, 2008, 62: 3694-3696.

[48] Saien J, Asadabadi S. Alkyl chain length, counter anion and temperature effects on the interfacial activity of imidazolium ionic liquids: Comparison with structurally related surfactants. Fluid Phase Equilib, 2015, 386: 134-139.

[49] Wang G-Y, Wang Y-Y, Wang X-H. Aggregation behaviors of mixed systems for imidazole based ionic liquid surfactant and Triton X-100. J Mol Liq, 2017, 232: 55-61.

[50] Li Y, Jin R, Cui Z, et al. Synthesis and characterization of novel sulfonated polyimides from 1,4-bis (4-aminophenoxy) -naphthyl-2,7-disulfonic acid. Polymer, 2007, 48: 2280-2287.

[51] Qian W, Texter J, Yan F. Frontiers in poly (ionic liquid) s: Syntheses and applications. Chem Soc Rev, 2017, 46: 1124-1159.

[52] Zha J P, Zhu M T, Qin L, et al. Study of interaction between ionic liquids and orange G in aqueous solution with UV-vis spectroscopy and conductivity meter. Spectrochim Acta Part A Mol Biomol Spectrosc, 2018, 196: 178-184.

[53] Chen X C, Tao T, Wang Y-G, et al. Azo-hydrazone tautomerism observed from UV-vis spectra by pH control and metal-ion complexation for two heterocyclic disperse yellow dyes. Dalton Trans, 2012, 41: 11107-11115.

[54] Diabate P D, Boudesocque S, Dupont L, et al. Syntheses and characterization of the analogues of glycine-betaine based ionic liquids with saccharinate anion: Application in the extraction of cadmium ion from aqueous solution. J Mol Liq, 2018, 272: 708-714.

[55] Kausteklis J, Talaikis M, Aleksa V, et al. Raman spectroscopy study of water confinement in ionic liquid 1-butyl-3-methylimidzolium nitrate. J Mol Liq, 2018, 271: 747-755.

[56] Tsuchida Y, Matsumiya M, Tsunashima K. Solvation structure for Fe(II), Co(II) and Ni(II) complexes in [P2225][NTf2] ionic liquids investigated by Raman spectroscopy and DFT calculation. J Mol Liq, 2018, 269: 8-13.

[57] Castriota M, Caruso T, Agostino R G, et al. Raman investigation of the ionic liquid N-methyl-N-propylpyrrolidinium bis(trifluoromethanesulfonyl) imide and its mixture with $LiN(SO_2CF_3)_2$. J Phys Chem A, 2005, 109: 92-96.

[58] Foelske-Schmitz A, Sauer M. About charging and referencing of core level data obtained from X-ray photoelectron spectroscopy analysis of the ionic liquid/ultrahigh vacuum interface. J Electron Spectrosc Relat Phenom, 2018, 224: 51-58.

[59] Zajac A, Szpecht A, Zielinski D, et al. Synthesis and characterization of potentially polymerizable amine-derived ionic liquids bearing 4-vinylbenzyl group. J Mol Liq, 2019, 283: 427-439.

[60] Smith E F, Rutten F J M, Villar-Garcia I J, et al. Ionic liquids in vacuo: Analysis of liquid surfaces using ultra-high-vacuum techniques. Langmuir, 2006, 22: 9386-9392.

[61] Foelske A, Sauer M. Probing the ionic liquid/semiconductor interfaces over macroscopic distances using X-ray photoelectron spectroscopy. Electrochim Acta, 2019, 319: 456-461.

[62] Sasi R, Chandrasekhar B, Kalaiselvi N, et al. Green solid ionic liquid crystalline electrolyte membranes with anisotropic channels for efficient Li-ion batteries. Adv Sustain Syst, 2017, 1: 1600031-1600038.

[63] Bessa A M M, Venerando M S C, Feitosa F X, et al. Low viscosity lactam-based ionic liquids with carboxylate anions: Synthesis, characterization, thermophysical properties and mutual miscibility of ionic liquid with alcohol, water, and hydrocarbons. J Mol Liq, 2020, 313: 113586.

[64] Castillo C, Chenard E, Zeller M, et al. Examining the structure and intermolecular forces of thiazolium-based ionic liquids. J Mol Liq, 2021, 327: 115411.

[65] Yoshimura D, Yokoyama T, Nishi T, et al. Electronic structure of ionic liquids at the surface studied by UV photoemission. J Electron Spectrosc Relat Phenom, 2005, 144-147: 319-322.

[66] Ghosh R, Roy N, Saha S, et al. Synthesis and characterization of an industrially significant ionic liquid and its inclusion complex with β-cyclodextrin and its soluble derivative for their advanced applications. Chem Phys Lett, 2021, 769: 138401.

[67] Zou Y, Xu H, Wu G, et al. Structural analysis of $[ChCl]_m[ZnCl_2]_n$ ionic liquid by X-ray absorption fine structure spectroscopy. J Phys Chem B, 2009, 113: 2066-2070.

[68] Li H, Meng R, Guo Y, et al. Reversible electrochemical oxidation of sulfur in ionic liquid for high-voltage Al-S batteries. Nat Commun, 2021, 12: 5714.

[69] Finger L H, Sundermeyer J. Halide-free synthesis of hydrochalcogenide ionic liquids of the type [Cation][HE]（E=S, Se, Te）. Chem Eur J, 2016, 22: 4218-4230.

[70] Vélez J F, Vázquez-Santos M B, Amarilla J M, et al. Geminal pyrrolidinium and piperidinium dicationic ionic liquid electrolytes. Synthesis, characterization and cell performance in $LiMn_2O_4$ rechargeable lithium cells. J Power Sources, 2019, 439: 227098.

[71] Huang T, Zhao W, Zhang X, et al. Synthesis and characterization of diimidazole-based hexafluorophosphate ionic liquids. J Mol Liq, 2020, 320: 114465.

[72] Li X, Liu X, Yu Y, et al. Preparation and characterization of nanometre silicon-based ionic liquid micro-particle materials. J Mol Liq, 2020, 311: 113327.

[73] Wu G, Liu Y, Liu G, et al. Characterizing the electronic structure of ionic liquid/benzene catalysts for the isobutane alkylation. J Mol Liq, 2021, 328: 115411.

[74] Khachatrian A A, Shamsutdinova Z I, Rakipov I T, et al. The ability of ionic liquids to form hydrogen bonds with organic solutes evaluated by different experimental techniques. Part I. Alkyl substituted imidazolium and sulfonium based ionic liquids. J Mol Liq, 2018, 265: 238-242.

第4章

离子液体的理论计算与模拟分析

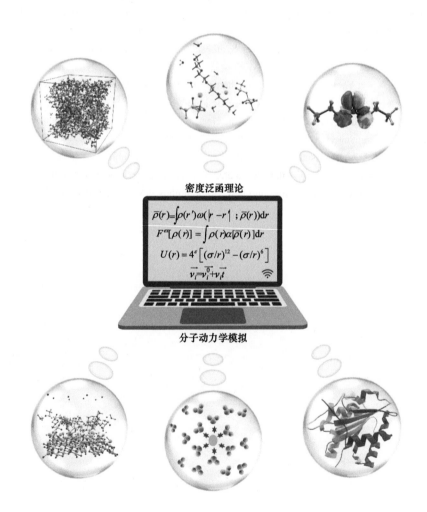

密度泛函理论

$$\bar{\rho}(r)=\int \rho(r')\omega(|r-r'|\,;\bar{\rho}(r))\mathrm{d}r$$

$$F^{e}[\rho(r)]=\int \rho(r)\alpha[\bar{\rho}(r)]\mathrm{d}r$$

$$U(r)=4^{e}\left[(\sigma/r)^{12}-(\sigma/r)^{6}\right]$$

$$\vec{v_i}=\vec{v_i^0}+\vec{v_i}t$$

分子动力学模拟

溶剂排放量约占工业总排放量的三分之二。传统的有机溶剂具有挥发性，易挥发到大气中，造成许多负面影响，包括气候变化、城市空气质量下降和人类疾病[1]。随着对离子液体研究的深入，研究者利用分子动力学模拟方法可以预测 ILs 的某些热力学性质。近年来，通过混合两种离子液体来控制离子液体的热力学[2]、物理化学[3]和力学性质的方法受到了广泛关注。通过不同离子的适当组合，可以设计出具有所需性质的离子液体。通过理论计算可以高效合理地设计电解质的最优结构，最终实现电池电化学性能的显著提升[4]。

为了建立离子液体的结构和性质之间的相互关系，需要有关离子液体的结构和键合的可靠数据。各种计算机模拟方法是研究离子液体的有效途径。随着计算技术的指数级增长，模拟实验越来越流行。例如，可以在许多候选对象合成之前就对其属性进行估算并计算筛选，这有助于确定哪些候选对象最适合给定的应用程序。此外，无论是在本体中还是在各种界面附近，分子动力学模拟还可以洞悉特定离子液体的结构和动力学。但是，这要求对使用的力场进行详细的参数化。相反，在没有参数化的情况下，量子力学计算可以快速探索离子液体的应用空间，由于存在大量可能的阴离子-阳离子组合，因此该空间很大。

快速的计算方法对于高通量筛选和大型模拟都是必不可少的。这些方法可以足够精确地分析离子液体中的所有物理相互作用。密度泛函理论(density functional theory，DFT)方法可以兼顾速度和精度[5-7]。DFT 的成功与否取决于所使用的交换关联功能是否可以充分描述系统。

DFT 是一种研究多电子体系结构的量子化学方法[8]，利用该方法可以从原子和分子水平上研究反应粒子的几何结构[9]。与其他方法相比，DFT 在处理含有金属(尤其是过渡金属)元素的体系时具有很大的优势，目前在研究金属化学反应途径和电化学过程中通常会采用此方法。利用此方法，可从原子和分子水平上对离子液体的微观结构进行精细研究，为离子液体的性质及电化学机理等研究提供一些可能的帮助。本章将从 DFT 和分子动力学模拟两方面对离子液体的结构与性质进行阐述。

4.1　密度泛函理论及其在离子液体研究中的应用

4.1.1　密度泛函理论

DFT 最早于 21 世纪初期应用于量子力学领域，寻找体系的能量最低点得到电子的平衡密度分布已逐渐成为 DFT 所研究的核心问题。该理论在描述非均相流体的热力学结构和性质上被拓展开来，即通过最小化体系的自由能得到流体分子的平衡密度分布，在平衡的气液界面上该理论更是被初次应用。与之相比较，早期阶段多采用局部密度近似(local density approximation，LDA)。LDA 是为了简化非均相体系的能量表达的方法，其主要思路是将非均相流体的某些局部性质近似看成均相流体，通过此方法的处理，关于非均相体系的能量表达会被大大简化。之后，Evans[10]又通过引入 Percus-Yevick(PY)近似构建了新的 DFT 模型，计算了Lennard-Jones (LJ)流体在平衡时气液界面的结构和热力学性质。在研究液体结构因子的长波行为、旋节线分解等性质的问题上也会采用新的 DFT 模型。

　　LDA 用于描述密度涨落不剧烈的非均相体系(如气液界面和重力场作用下的非均相体系)时，有很好的预测能力。但是，对密度涨落剧烈的非均相体系在预测时就可能产生明显偏差，甚至出现错误，例如对受限(狭缝、固体表面等)空间中流体结构及性质的描述。因此，需要考虑引入其他近似方法。Curtin 和 Ashcroft[11]在计算非均相流体的热力学性质时采用了新的方法，即引入加权密度近似(weighted density approximation，WAD)方法，所得的结果与分子模拟近似。该方法中系统的超额自由能 $F^{\text{ex}}[\rho(r)]$ 可表示为

$$F^{\text{ex}}\big[\rho(r)\big] = \int \rho(r)\alpha\big[\bar{\rho}(r)\big]\mathrm{d}r \qquad (4\text{-}1)$$

式中：$\alpha[\rho]$ 表示主体密度为 ρ 的流体中单个粒子的超额自由能；$\rho(r)$ 为加权密度。通过对 r 周围的密度进行取样，$\rho(r)$ 可表示为

$$\rho(r) = \int \rho(r')\omega(|r-r'|;\bar{\rho}(r))\mathrm{d}r \qquad (4\text{-}2)$$

式中：$\omega(|r-r'|;\bar{\rho}(r))$ 为归一化权重函数。对权重函数的选取是 WAD 的核心要素之一，因为它决定了自由能密度泛函的非均相性质。在随后的 DFT 研究中，WAD得到了广泛应用。

　　通常，体系的 DFT 可表示为

$$\Omega\big[\rho(r)\big] = F\big[\rho(r)\big] + \int \mathrm{d}r\big[\rho(r)(V_{\text{ext}}(r)-\mu)\big] \qquad (4\text{-}3)$$

式中：$F\big[\rho(r)\big]$ 为体系的内在 Helmholtz 自由能；$V_{\text{ext}}(r)$ 为外势；μ 为主体流体的化学势；$\mathrm{d}r$ 为体积微元。DFT 的核心结果是得到体系的密度分布及相应的热力学性质，因此需要将势能最小化，此时采用建立 $F\big[\rho(r)\big]$ 随密度变化的具体表达式可解决这一问题。通常情况下，$F\big[\rho(r)\big]$ 由理想项、硬球排斥项和色散吸引项组成。$F\big[\rho(r)\big]$ 中由于理想项的形式相对固定，因此，模型研究的重点就转变为其他问题，即考虑硬球排斥项和色散吸引项的构建。

　　根据之前对非均相硬球流体的泛函优缺点的描述，Percus[12]研究了一维硬棒的自由能密度泛函。后来，Tarazona[13]结合 Carnhan-Starling(CS)方程[14]和 WAD 构建了 DFT，并以此为依据获得了硬球体系在硬板上的密度分布。1989 年，Rosenfeld[15]

提出了基本度量理论(foundamental measure theory，FMT)，此理论在定标粒子理论和 PY 积分方程的基础上，采用三维加权，在理论上提高了对硬球流体非均相行为的描述精度，这对 DFT 的发展有举足轻重的意义。该理论中 Helmholtz 超额自由能可表示为

$$F^{\text{rep}}\left[\rho(r)\right] = \kappa_B T \int \mathrm{d}r\left[-n_0\ln(1-n_3) + \frac{n_1 n_2 - n_{v1}n_{v2}}{1-n_3} + \frac{n_2^3 - 3n_2 n_{v2}n_{v2}}{24\pi(1-n_3)^2}\right] \quad (4\text{-}4)$$

式中：n_0、n_1、n_2、n_3 和 n_{v1}、n_{v2} 分别为标量和矢量权重密度；κ_B 为 Boltzmann 常数；T 为体系的绝对温度。该理论在面对非均匀流体硬球斥力项的描述问题上是一个重要的里程碑，并为后来的研究奠定了基础。不同于其他 WAD，FMT 采用的六个函数只考虑了硬球的几何形状的影响，对于流体的密度分布及主体性质不予考虑，更不需要丝毫经验近似。另外，对 FMT 进行直接拓展，不仅可以在多组分混合中有更加简单的应用，而且可以轻而易举地延伸到低维度。尽管 FMT 的最大优势是能够描述硬球体系的很多性质，但其也有明显的短板，即对凝固相转变不能得到清楚的描述，而且由于 FMT 会略微高估平板表面接触点的密度，这就会导致主体流体凝固点的压力产生偏差，通常会高于正常压力值。Yu 和 Wu[16]基于状态方程 Boublik-Mansoori-Carmahan-Starling-Leland（BMCSL）[17]对上述理论进行了改进，提出了改进的基本度量理论，其自由能表达式为

$$F^{\text{rep}}\left[\rho(r)\right] = \kappa_B T \int \mathrm{d}r[-n_0\ln(1-n_3) + \frac{n_1 n_2 - n_{v1}n_{v2}}{1-n_3}$$
$$+ \left[n_3\ln(1-n_3) + \frac{n_3^2}{1-n_3}\right]\frac{n_2^3 - 3n_2 n_{v2}n_{v2}}{36\pi n_3^3} \quad (4\text{-}5)$$

4.1.2　密度泛函理论在离子液体研究中的应用

DFT 可用于微观层面获得离子对配合物的结构。Bodo 和 Caminiti[18]表征了由咪唑阳离子和 Tf_2N 阴离子组成的双离子液体(GDIL)的电荷分布和红外光谱。他们推断，GDIL 气相中的阳离子-阴离子络合物以其弯曲的烷基链(连接两个带咪唑鎓电荷的环)取向的方式获得致密结构，从而最大限度地加强了与两个阴离子的静电相互作用。

采用 DFT 可以研究以 SiO_2 为载体的限域离子液体对 CO_2 的吸附作用。通过对比纯 ILs 以及限域离子液体与 CO_2 的相互作用情况，从几何结构、相互作用以及电荷分析等方面对 ILs、SiO_2 以及 ILs/SiO_2 复合结构进行研究，计算结果表明，载体、离子液体和 CO_2 之间都存在较强的相互作用。离子液体的负载不仅改变了 SiO_2 载体的结构，而且受载体的影响，阴阳离子之间的相互作用力也

发生了改变。此计算结果为进一步深入研究限域离子液体对 CO_2 的吸附打下了理论基础。

DFT 还可以研究脯氨酸离子液体催化 CO_2 合成碳酸丙烯酯的可能反应路径。在 M06/6-31+G(d) 理论水平上优化反应体系的平衡态和过渡态的几何结构时，常采用频率分析的方法，通过内禀坐标分析从而确认过渡态与平衡态的连接关系，因此可以在 M06/6-311++G(2d,p) 理论水平上计算各点的单点能。结果表明，脯氨酸负离子对催化剂前体 2,4-戊二酮起到了活化的作用，原理是使其失去亚甲基上的质子从而产生碳负离子，可以进一步催化 CO_2 合成碳酸丙烯酯；2,4-戊二酮负离子可以被 CO_2 羧基化，羧基化的 2,4-戊二酮负离子催化活性更强。

Forsman 等[19]提出用一种简单的经典密度泛函方法来研究室温离子液体的简单模型。考虑到色散吸引以及离子关联效应和排除体积堆积，许多离子液体分子共有的低聚结构是通过 DFT 来处理的。在他们的工作中，使用 ILs 的模型，其中分子离子通过色散力以及静电力相互作用，并且阳离子具有与咪唑鎓离子一致的低聚结构。因此，该模型适用于 ILs 的简单（尽管近似）密度泛函理论（ILs-DFT）。ILs-DFT 可以看作是 Kornyshev[20]和 Lauw 等[21]针对 ILs 的最新近似理论的发展。前者的空间效应是基于使用晶格近似的模型。后者的模型也基于晶格模型，包括低聚结构和局部介电响应，与各个部分的分子极化率有关。在某些情况下，这两种理论都能够证明骆驼形差分电容 C_D 的存在。ILs-DFT 是一种非晶格理论，可以针对较早的 C_D 蒙特卡罗模拟对 ILs-DFT 进行测试[22]，在适当的密度和温度值下预测骆驼形 C_D，为理论上定性描述 ILs 的行为提供了良好的支持。通过比较微分电容 $C_D(\varPsi_S)$ 的模拟值和预测值，将评估 ILs-DFT 的精度作为表面电位的函数。图 4-1 为当 a_w=0（非吸附）、σ=6 Å 的模拟和计算的差分电容曲线。该模拟不是定量的，而是定性的。对于固有排斥的表面，在低表面电势下在表面附近发生耗尽。这种消耗有多个来源。色散和静电相关性会由于两种离子种类而导致正的表面能贡献，从而导致表面浓度降低。此外，阳离子低聚物的构型熵的限制还导致排斥表面的耗竭。表面电荷密度的细微变化需要表面电势相对较大的变化，并且相应的差分电容较低。在表面电势的中间绝对值处，电荷的屏蔽增加，并且表面电势对表面电荷密度 σ_{el} 的变化的响应开始饱和，导致 C_D 增大。另一方面，在非常高的表面电势下，空间效应开始被抵消，导致所吸附离子密度的增加。相反，它们被吸收在层中，这导致相对于 σ_{el} 的表面电势发生较大变化，从而导致 C_D 降低。这些机制解释了在 ILs 中观察到的所谓"驼峰"形状[20,21,23-26]。图 4-1 中模拟 $C_D(\varPsi_S)$ 曲线具有此特征形状，ILs-DFT 也可以合理且准确地再现该特征形状，即使在模拟中观察到的 $\varPsi_S$ 值似乎更高，但立体效果也有所提高。

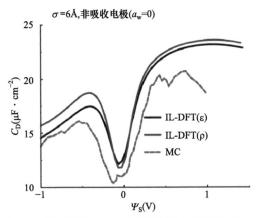

图 4-1　当 $a_w=0$（非吸附）、$\sigma=6$ Å 时模拟和计算的差分电容曲线[19]

Ma 等[27]基于经典 DFT 揭示了离子液体中短程结构衰减和长程力衰减并存现象。通过计算不同宽度狭缝系统内部的结构轮廓和表面力来研究离子液体中的静电屏蔽。利用基于反应的经典 DFT，建立了离子对缔合的强离子-离子的关联模型，对平衡密度和离子对分数迭代求解。对于纯离子液体，电荷密度的振荡在相对短的范围内衰减，而表面力在长范围内呈指数衰减。根据各种类型的相互作用识别表面力的不同分量。基于反应的经典 DFT 方法足以计算一系列表面电荷和离子浓度下的表面力。而且，用浸入离子液体中的狭缝表面之间的自由离子和缔合的离子对来模拟离子缔合/解离平衡。这种方法可以将表面力分解为由空间位、范德瓦耳斯力和静电相互作用产生的分量，这将确定表面力的远距离指数衰减是否可以追溯到静电源。从模型中的一价离子的 $n_c(r)$-$n_a(r)$ 可获得作为位置 r 的函数的净电荷密度 q。相应的净电荷分布如图 4-2 所示。

Bahadur 等[28]将聚乙烯吡咯烷酮（PVP）聚合物与含咪唑鎓的离子液体（IL）：1-丁基-3-甲基咪唑双（三氟甲基磺酰基）酰亚胺[Bmim][Tf$_2$N]、1-丁基-3-甲基咪唑甲基硫酸盐[Bmim][MeSO$_4$]和 1-乙基-3-甲基咪唑正辛基硫酸盐[Emim][OS]按照一定比例混合、溶解，并对 PVP 和 ILs 进行了 DFT 计算以优化 ILs-PVP 系统，确认 PVP 和 ILs 之间的相互作用。结果表明，ILs 和 PVP 之间存在多个氢键。为了评估 ILs 和 PVP 之间的氢键，将阳离子、阴离子和 PVP 的组合假定为连续系统。然后，使用具有 6-31+G(d,p) 基础集的混合密度泛函 B3LYP，采用 DFT[29]进行了几何优化。图 4-3 表示了 3 种不同 ILs 的优化几何结构与 PVP 的氢键键合。图中显示了 PVP 的阳离子和阴离子的氢键，并且省略了分子内的氢键。根据图 4-3，在[Emim][OS]和 PVP 之间至少有 4 个可能的氢键：1 个键表示阳离子，3 个键表示阴离子。由于碳可以是供体[30-35]，阳离子和 PVP 的氢键是在阳离子的甲基和乙基分支的氢原子与 PVP 中的吡咯烷酮环的氧原子之间产生的。

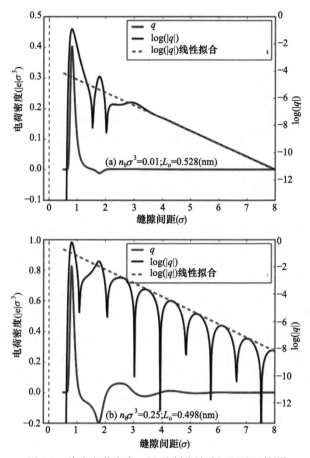

图 4-2 将净电荷密度 $q(r)$ 绘制为缝隙间距的函数[27]

(a) $n_b\sigma^3$=0.01，衰减长度 L_o=0.528 nm；(b) $n_b\sigma^3$=0.25，衰减长度 L_o=0.498 nm[为了确认单调或振荡方式的指数衰减，绘制了 $\log(|q|)$（黑线）及其线性拟合（红色虚线）]

Hosseinian 等[36]通过 DFT 方法对咪唑基的离子液体 1-乙基-3-甲基咪唑双（三氟甲基磺酰基）酰亚胺（[Emim][Tf₂N]）与三种分子液体（MLs）[包括二甲基亚砜（DMSO）、甲醇（MeOH）和乙腈（AN）]之间的分子间相互作用进行了检测。此外，为了更好地研究混合物中非键相互作用的数量、性质和强度，使用了自然键轨道（NBO）理论[37]和分子中的原子（AIM）理论[38]，考虑并研究了阳离子（[Emim]…ML）和阴离子（[Tf₂N]…ML）配合物的所有可能构型。图 4-4 显示了在气相理论的 M06-2X/6-311++G(d,p) 水平上，[Emim][Tf₂N]构型的优化结构。结果表明，将离子液体与分子液体混合是调节黏度的有效方法之一。

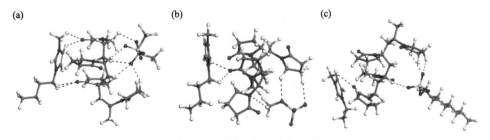

图 4-3　不同系统中的氢键[28]

(a) [Bmim][Tf₂N]-PVP；(b) [Bmim][MeSO₄]-PVP；(c) [Emim][OS]-PVP

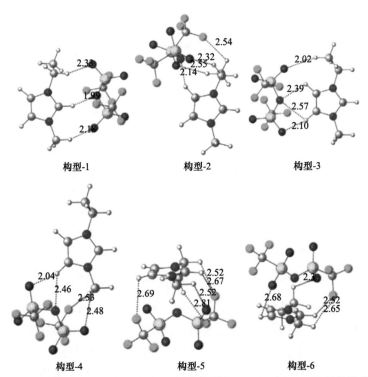

图 4-4　在气相理论的 M06-2X/6-311++G(d,p) 水平上，[Emim][Tf₂N] 构型的优化结构[36]

N 原子(深蓝色)、C 原子(灰色)、S 原子(黄色)、O 原子(红色)、F 原子(绿色)和 H 原子(白色)。图中还显示了
可能的非键合相互作用及其键长

　　Verma 等[39]通过基于 M06-2X 的 DFT，获得了由功能化的咪唑鎓阳离子和双
(三氟甲基磺酰基) 酰亚胺 (Tf₂N) 阴离子组成的双阳离子的离子液体的电子结构、
振动和 ¹H NMR 光谱。通过天然键轨道和非共价还原密度梯度分析揭示了此类复
合物中潜在的 C—H···O、C—H···F、阴离子-π 和范德瓦耳斯力相互作用。在分子
中的原子量子理论(QTAIM)分析中，C—H 振动频率随着动能密度分量的减小而
稳定增加。在 ¹H NMR 光谱中，咪唑鎓上的(反应性)次甲基质子的场信号与

QTAIM 分析中键临界点的电子密度高度相关。M06-2X/6-311++G（d,p）理论显示的阳离子-阴离子配合物的最低能级结构，如图 4-5 所示。位于苯环上方的阴离子促进了与咪唑鎓阳离子的(反应性)次甲基质子的相互作用。所有的[R$_n$DIL][Tf$_2$N]$_2$络合物都仅与氢键结合，形成不同的 C—H···O、C—H···F 和 C—H···H，反应性质子和烷基取代基产生紧密的冠状结构。

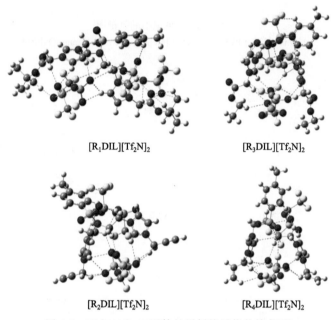

[R$_1$DIL][Tf$_2$N]$_2$ [R$_3$DIL][Tf$_2$N]$_2$

[R$_2$DIL][Tf$_2$N]$_2$ [R$_4$DIL][Tf$_2$N]$_2$

图 4-5 双（Tf$_2$N）$_2$三联体的最低能量优化构象[39]

Tankov 等[40]在量子化学 DFT 计算的基础上，采用 B3LYP/6-311μG（d,p）和 B3LYP/6-311μG（2d,2p）方法，讨论了吡啶基离子液体硫酸吡啶鎓硫酸氢盐（[H-Pyr]$^+$[HSO$_4$]$^-$）的几何结构、电子结构和化学反应性。计算结果表明，[H-Pyr]$^+$[HSO$_4$]$^-$以离子对的形式存在。在吡啶鎓环上发现了较大的正电势，而负静电势的区域与硫酸氢根阴离子（[HSO$_4$]$^-$）中的一对孤对负电性氧原子相连。使用天然键轨道理论描述了阴离子对内部以及离子对的阴离子和阳离子之间的电子转移。−7.1375 eV 和−2.8801 eV 的能量值分别对应于 HOMO 和 LUMO。使用 B3LYP/6-311μG（d,p）方法计算离子液体[H-Pyr]$^+$[HSO$_4$]$^-$的分子静电势表面（MESP）发现，分子静电势的值从−0.07172 a.u.变化为+0.05761 a.u.。分子静电势表面如图 4-6 所示。MESP 的各种值对应不同的颜色。最深的红色对应于电子富集区域，对应于局部最大负电荷（−0.07172 a.u.）。换句话说，最深的红色代表离子对的亲电反应行为的位置。相反，深蓝色象征着电子不足的区域，即对应于最正的电荷（+0.05761

a.u.)。因此，深蓝色代表离子液体[H-Pyr]⁺[HSO₄]⁻的亲核反应活性。考虑到以上分类，浅蓝色代表为略微缺电子的区域，黄色代表稍微富电子的区域，绿色代表中性区域。

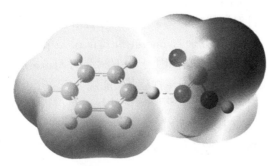

图 4-6　离子液体[H-Pyr]⁺[HSO₄]⁻的分子静电势表面[40]

　　Tankov 等[41]使用 B3LYP/6-311++G(2d,2p)水平的 DFT 计算用于研究离子液体 4-氨基-1*H*-1,2,4-三唑鎓硝酸盐([4-am-1*H*-124-tr]⁺[NO₃]⁻)的几何结构、电子性质和催化活性。AIM(分子中的原子)量子理论充分描述了化合物的几何形状和键性质。结果表明，4-氨基-1*H*-1,2,4-三唑鎓硝酸盐分子具有环状结构，通过两个氢键 C⁷—H⁸···O¹⁴ 和 N⁹—H¹⁰···O¹⁵ 稳定存在。研究者通过几种理论方法研究了 4-氨基-1*H*-1,2,4-三唑鎓硝酸盐的电子性质和化学活性，包括分子静电势表面、自然键轨道和前线分子轨道分析，证实了硝酸根阴离子结构中的氧原子会影响所得离子液体的亲电反应性。离子对[4-am-1*H*-124-tr]⁺[NO₃]⁻的化学反应性也可以通过前线分子轨道分析来解释。通过 DFT 方法获得的离子液体[4-am-1*H*-124-tr]⁺[NO₃]⁻的前线分子轨道及其相应的负区和正区分别如图 4-7(a)和(b)所示。由图可知，HOMO 在硝酸根阴离子上离域化，而 LUMO 在 1,2,4-三唑鎓环上离域化。

(a)　　　　　　　　　　　　　　　　(b)

图 4-7　[4-am-1*H*-124-tr]⁺[NO₃]⁻的前线分子轨道[41]

(a)HOMO；(b)LUMO

Verma 等[42]通过实验和计算研究了三种 1-丁基-3-甲基咪唑鎓类离子液体，即 1-丁基-3-甲基咪唑鎓氯化物([Bmim]Cl)、1-丁基-3-甲基咪唑乙酸酯([Bmim]Ac) 和 1-丁基-3-甲基咪唑鎓三氟甲磺酸盐([Bmim][CF₃SO₃])在低碳钢/1 mol · L⁻¹ HCl 界面上的吸附行为。通过 DFT 对研究的三种离子液体进行了前线分子轨道的结构优化。表 4-1 列出了针对所研究的离子液体的中性和质子化形式计算的反应性参数。HOMO 和 LUMO 能量(分别为 E_{HOMO} 和 E_{LUMO})是给电子和接受抑制剂分子趋势的量度[43-45]。结果表明，中性和质子化抑制剂的 E_{HOMO} 和 E_{LUMO} 值与所研究的离子液体的抑制效率没有任何规律性趋势。能隙 ΔE 是分子相对反应性的量度，较低的 ΔE 表示高反应性，反之亦然[43,44,46-48]。从结果可以看出，ΔE 值按[Bmim]Ac< [Bmim][CF₃SO₃]<[Bmim]Cl 的顺序增加，这表明[Bmim]Ac 是三种离子液体中最具反应性的，与观察到的缓蚀效率趋势一致。

表 4-1　用 B3LYP/6-31G(d)模型计算的[Bmim]Cl、[Bmim][CF₃SO₃]和[Bmim]Ac 分子的中性和质子化形式的 DFT 参数[42]

抑制剂	E_{HOMO} (eV)	E_{LUMO} (eV)	ΔE (eV)	χ (eV)	η	σ	ΔN	μ
[Bmim]Cl	−4.3380	−0.1253	4.2126	2.2317	2.1063	0.4747	1.1318	10.3177
[Bmim][CF₃SO₃]	−4.5905	−0.9251	3.6653	2.7578	1.8362	0.5456	1.1573	17.1894
[Bmim]Ac	−2.1676	−0.8541	1.3135	1.5109	0.6567	1.5226	4.1788	17.7375
[Bmim]Cl-H⁺	−4.1018	0.3491	4.4509	1.8763	2.2254	0.4493	1.1511	11.4300
[Bmim][CF₃SO₃]-H⁺	−4.5132	−0.4375	4.0757	2.4754	2.0378	0.4907	1.1101	18.6206
[Bmim]Ac-H⁺	−3.3331	−0.0356	3.2974	1.6843	1.6487	0.6065	1.6120	16.0367

Xu 等[49]采用 M06-2X 和 ωB97XD 方法，以 6-311++G(2d,p)基组，详细研究了胞嘧啶与咪唑溴化离子液体[CₙmimᵢBr (n=2，4，6，8，10)分子形成的不同配合物的几何结构、电子结构、能量学和光谱学性质。根据分子中的原子(AIM)理论，氢键可以用键临界点(BCP)的存在来表征。M06-2X/6-311++G(2d,p)级别的结构 C_n1 的 BCP 和键路径如图 4-8 所示，原子之间键的性质可以用 ρ 值和电子密度的拉普拉斯算子 $\nabla^2\rho$ 的符号来表征。较大的 ρ 值和负的 $\nabla^2\rho$ 意味着原子间键以共价形成存在。相反，低 ρ 值和正 $\nabla^2\rho$ 值通常是指离子键、H 键或范德瓦耳斯力相互作用。此外，氢键的存在条件有三个：①存在 BCP；②H···Y 的 BCP 处的电子密度 ρ 在 0.002~0.035 a.u.的范围内；③相应的拉普拉斯算子 $\nabla^2\rho$ 值落在 0.024~0.139 a.u 的范围内。

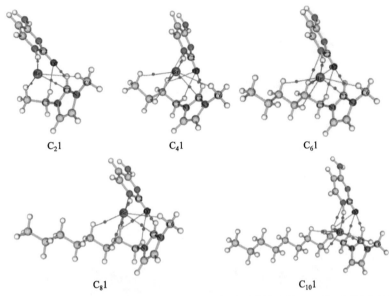

$C_2 1$　　　　　　　$C_4 1$　　　　　　　$C_6 1$

$C_8 1$　　　　　　　　　　　　$C_{10} 1$

图 4-8　AIM 图显示了在 M06-2X/6-311++G（2d,p）水平下计算出的 $C_n 1$ 的不同键临界点（BCP）
和键路径[49]

BCP 用橙色圆点表示

　　Zhuang 等[50]将两种咪唑氯化物 ILs 与尿素混合来溶解壳聚糖。两种离子液体分别为[Amim]Cl 和[Etmim]Cl[1-烯丙基-3-甲基-咪唑鎓氯化物和 3-甲基-1（乙基乙酰基）咪唑鎓氯化物]。他们以壳聚糖（KET）为结构模型，使用 DFT 计算来讨论 ILs、尿素和壳聚糖之间的相互作用，并阐明 ILs、尿素和壳聚糖溶液的不同物化性质。同时，利用 DFT 模拟结果来阐明不同阳离子取代基和尿素添加对壳聚糖溶解的影响。图 4-9 为使用 DFT 优化的纯 ILs（[Amim]Cl 和 [Etmim]Cl）与 ILs-尿素溶液的几何形状和氢键情况。图 4-10 反映了壳聚糖和 [Etmim] Cl 或[Amim]Cl 的氢键以及壳聚糖和[Etmim]Cl-尿素或[Amim]Cl-尿素的氢键情况。

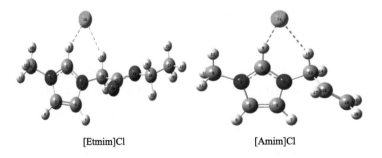

[Etmim]Cl　　　　　　　　　　　　　[Amim]Cl

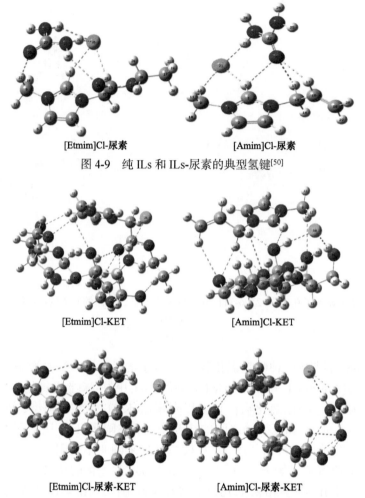

[Etmim]Cl-尿素   [Amim]Cl-尿素

图 4-9　纯 ILs 和 ILs-尿素的典型氢键[50]

[Etmim]Cl-KET   [Amim]Cl-KET

[Etmim]Cl-尿素-KET   [Amim]Cl-尿素-KET

图 4-10　壳聚糖和[Etmim]Cl 或[Amim]Cl 的氢键以及壳聚糖和[Etmim]Cl-尿素或[Amim]Cl-尿素的氢键示意图[50]

DFT 是一种强大的量子化学方法，可用于腐蚀抑制研究，即将分子电子参数与其性能相关联，以防止低碳钢表面腐蚀。Hajjaji 等[51]使用电化学技术和量子化学计算，评估了两种吡啶基离子液体(E)-4-(2-(4-氟苄叉)肼羰基)-1-丙基吡啶-1-碘化鎓(IPyr-C$_3$H$_7$)和(E)-4-(2-(4-氟苄叉)肼羰基)-1-戊基吡啶-1-碘化鎓(IPyr-C$_5$H$_{11}$)作为低碳钢在 1 mol·L^{-1} HCl 中腐蚀的新型抑制剂的性能，并使用基于 B3LYP/6-311++G(d,p) 的高斯 09 模块进行 DFT 计算，以将其吸附模式与分子结构的各种描述关联起来，这可以使人们深入了解这些抑制剂与钢表面之间可能发生的机理[52,53]。图 4-11 显示了所研究的离子液体分子的优化结构，HOMO 和 LUMO 电子密度分布以及静电势表面(ESP)。IPyr-C$_3$H$_7$ 和 IPyr-C$_5$H$_{11}$ 具有几乎相同的 HOMO 密度分布，其基本上集中在与这些分子相连的 C=O 键、N—N 键和苯环上。另一方面，对于两种抑制剂，LUMO 密度的分布主要位于哒嗪基序上。ESP 是另一种了解分子结构中亲电子活性位点的形式。从这些 ESP 图谱中可以看出，这两种化合物的亲电子活性位点都位于哒嗪原子和与该基序的氮原子相连的碳周围，在 ESP 图谱中显示为深蓝色[51]。

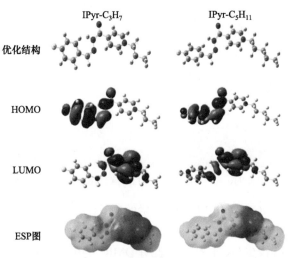

图 4-11　在 B3LYP/6-311G++(d,p) 下，中性形式的化合物的优化结构、HOMO 和 LUMO 以及 ESP 图[51]

　　同时，他们还利用 MD 模拟评估了两种抑制分子 IPyr-C₃H₇ 和 IPyr-C₅H₁₁ 在金属 Fe(110) 表面上的吸附性能。图 4-12 是两种抑制剂分子在 298 K 和 328 K 的温度下在 Fe(110) 表面上的平衡吸附模式的侧视图和俯视图。两种研究温度下的抑制剂均通过整个分子结构吸附在酸性介质中的 Fe(110) 表面。温度升高对吸附的抑制剂分子的吸附构型没有明显影响。这种吸附行为可能是由于所研究的抑制剂分子中存在几个局部活性电子供体-受体位点而出现的，从而增强了这些 ILs 在钢表面的吸附[55]。

　　Singh 等[56]研究了在静态和动态条件下，在 15% HCl 中咪唑啉基离子液体 1-癸基-3-甲基咪唑鎓氯化物 (DMIC) 在 P110 钢表面上的腐蚀抑制和吸附性能。他们使用 DFT 证明了阴离子/阳离子部分都有助于 DMIC 的吸附。图 4-13 为使用 DFT 优化的 DMIC 的中性和质子化形式的前线分子轨道分布。前线分子轨道 (FMO) 的能量[包括最高占据分子轨道 (HOMO)、最低未占据分子轨道 (LUMO) 和能隙 (ΔE)]在定义分子的反应性中起着重要作用。电子给出和接受部分分别由 HOMO 和 LUMO 的能量控制。由图可知，中性和质子化形式的 LUMO 在阳离子部分上集中在咪唑啉环上，这表明阴离子部分以中性和质子化形式提供电子，而阳离子

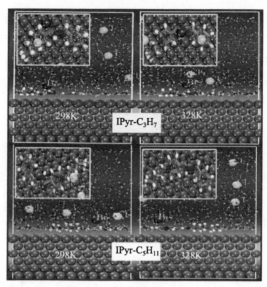

图4-12　298 K 和 328 K 时，分子 IPyr-C₃H₇ 和 IPyr-C₅H₁₁ 在 Fe(110) 表面的最佳吸附结构[51]

部分则接受电子。HOMO 和 LUMO 能量的比较结果表明，中性形式的 E_{HOMO} 高于质子化形式。通过对比表 4-2 中的电化学阻抗参数可知，与质子化形式相比，中性形式的 E_{LUMO} 较少（表 4-2）。这表明 DMIC 的中性形式比质子化形式具有更大的吸附趋势[57]。同样，中性形式的能隙（ΔE）低于质子化形式的能隙，比质子化形式显示出更中性的吸附[57]。使用 MD 证实了中性 DMIC 在 P110 钢表面平坦吸附，而质子化吸附呈扭曲状。在中性形式下，DMIC 分子以平行方式吸附在铁表面。然而，在质子化形式中，DMIC 不是以平行方式被吸附的。DMIC 分子的这些构型导致中性形式的（E_{ads}）吸附能值（–471.2 kcal · mol⁻¹）高于质子化形式（–396.61 kcal · mol⁻¹）。E_{ads} 的高强度证实了 DMIC 分子在铁表面的更强吸附[58]。

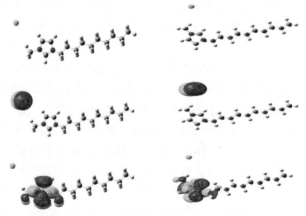

图4-13　使用 DFT 优化的 HOMO 和 LUMO 图像[56]

表 4-2　在 308 K，不同转速条件且 DMIC 处于最佳浓度 (400 mg · L⁻¹) 下，P110 钢在 15% HCl 中的电化学阻抗参数[56]

转速 (r/min)	R_s ($\Omega \cdot cm^{-2}$)	R_{ct} ($\Omega \cdot cm^{-2}$)	Y_0 ($\Omega^{-1} \cdot s^n \cdot cm^{-2}$)	n	C_{dl} ($\mu F \cdot cm^{-2}$)
0	2.04	78.9	72.1	0.890	210
500	1.15	103.3	60.1	0.898	162
1000	1.14	143.3	48.9	0.908	120
1500	1.16	166.6	41.3	0.918	91
2000	5.85	66.53	101.9	0.817	376

　　精确的 Kohn-Sham 密度泛函理论在 MD 模拟中涉及系统尺寸、待评估的分子或分子簇的数量或采样效率时的精度。Kranz 等[59]将近似 DFT 方法与自动机器学习相结合，利用大型量子化学数据集进行参数化，并有效地使 DFT 的参数化过程自动化。密度功能紧密绑定方法在准确性和计算效率之间取得了很好的效果。Huran 等[60]在紧束缚条件下计算了形成能和原子上的力，用 DFT 再现得到的结果可以作为计算第四组元素的参数集。

4.2　分子动力学模拟及其在离子液体研究中的应用

　　在分子水平上了解离子液体的结构和性质是十分关键的，分子动力学模拟方法的使用不仅可以分析离子液体阴阳离子之间的排布及其微观结构，而且还能预测其热力学性质。

　　分子动力学模拟是在评估和预测材料结构和性质方面模拟原子和分子的一种重要模拟方法。在该方法中，忽视体积的影响，将体系内的原子或粒子当作质点，只考虑质量和电荷。通过划出多维坐标系，可以给出每一个原子或粒子在初始时刻的位置和速度，再给出质点间的作用势能函数，就可计算出每一个原子受周围原子作用而产生的力和势能，再利用经典牛顿力学理论方程可以对力和势能进行最终求解，便可确定每一原子在每一时刻的矢量速度和多维坐标，进而可以从宏观上了解整个系统的行为轨迹。在不考虑每个原子的核外电子及其产生的极化效应的情况下，体系内所有原子或粒子都是理想状态，满足牛顿运动方程，每一个原子在当前受力的基础上依然可以考虑其他原子对其力的作用的叠加。因此，分子动力学方法是牛顿运动方程的一种特殊的表现形式。简而言之，分子动力学模拟是基于应力场及牛顿运动力学原理的一种现代计算机模拟方法。

4.2.1　分子动力学模拟

在进行分子动力学模拟之前，首先需要准确了解力场、牛顿运动方程及其数值解法、系综、周期性边界条件、积分、步长等基本概念。

1. 力场

力场是势能面的表达式，它是分子动力学模拟的基础，是分子的势能与原子间距的函数。力场分为许多不同形式，具有不同的适用范围和局限性。选用合适的力场对计算结果的准确性有极大的影响。

在各种形式的力场中，Lennard-Jones (LJ) 势能[式(4-6)]是目前较为常用的势能，其势能表达式为

$$U(r) = 4^{\varepsilon} \left[(\sigma / r)^{12} - (\sigma / r)^{6} \right] \tag{4-6}$$

式中：$U(r)$ 为对应于 r 值下的分子势能；r 为原子间距；ε，σ 为势能参数。

目前，力场已由最初的单元子分子系统发展到多原子分子、聚合物分子甚至生物分子系统。力场的复杂性、精确性、适用范围与之前大有不同，在各个方面都有极大提升。在众多力场中，每个力场在不同的条件下都有着各自的优势和不足。因此，在模拟时分析并选取合适的力场是至关重要的，这需要考虑模拟的条件、系统的特征等诸多因素，从而选出最佳的力场，保证模拟的速度和准确性，最大限度减小误差。

2. 牛顿运动方程及其数值解法

在分子动力学计算中，首先需要了解牛顿运动方程及其相关的数值解法。

由于离子液体中存在大量氢键，并且对离子液体性能影响很大，对于常用的咪唑类离子液体，为了准确了解物性并分析局部结构与离子液体性质之间的关系，首先需要建立其氢键力场，再通过分子动力学模拟方法获得；另外，针对应用中常见的离子液体与水的混合体系，研究离子液体在水溶液中形成团簇结构时要着重分析囊泡结构的形成机理与渗透行为的关系；最终，构建出粒化力场并优化参数，常用的离子液体可以在此力场中实现大规模计算。

$$\frac{d^2}{dt^2} \vec{r_i} = \frac{d}{dt} = \vec{\upsilon_i} = \vec{\alpha_i} \tag{4-7}$$

$$\vec{\upsilon_i} = \vec{\upsilon_i^0} + \vec{\upsilon_i} t \tag{4-8}$$

$$\vec{r_i} = \vec{r_i^0} + \vec{r_i^0} t + \frac{1}{2} \vec{\alpha_i^0} t^2 \tag{4-9}$$

根据式(4-7)、式(4-8)和式(4-9)算出粒子的速度与位置，从而确定粒子运动

的轨迹。这是分子动力学模拟计算的基本思路。

牛顿运动方程一般采用 Verlet 所发展的数值解法，最初的 Verlet 方法存在很大的误差，其原理是将粒子的位置以泰勒式展开，经过计算得出结果。之后，Verlet 提出了跳蛙方法（leap frog method），从而解决了误差过大的问题。此方法计算速度与位置的数学式如下：

$$\vec{v}_i\left(t+\frac{1}{2}\delta t\right)=\vec{v}_i\left(t-\frac{1}{2}\delta t\right)+\overrightarrow{\alpha_i(t)} \tag{4-10}$$

$$\vec{v}_i(t+\delta t)=\vec{r}_i(t)+\vec{v}_i\left(t+\frac{1}{2}\delta t\right)\delta t \tag{4-11}$$

计算假设 $\vec{v}_i\left(t-\frac{1}{2}\delta t\right)$ 与 $\vec{r}_i(t)$ 已知，则由时间的位置 $\vec{r}_i(t)$ 计算质点所受的力与加速度 $\overrightarrow{\alpha_i(t)}$。再根据上式计算时间为 $t^*+\frac{1}{2}\delta t$ 时的加速度 $\vec{v}_i\left(t+\frac{1}{2}\delta t\right)$，以此类推，时间为 t 的速度可由下式算出：

$$\vec{v}_i(t)=\frac{1}{2}\left[\vec{v}_i\left(t-\frac{1}{2}\delta t\right)+\vec{v}_i\left(t+\frac{1}{2}\delta t\right)\right] \tag{4-12}$$

可以看出，该算法只需要 $\vec{v}_i\left(t-\frac{1}{2}\delta t\right)$ 与 $\vec{r}_i(t)$ 两个已知条件，节省了计算机的存储空间，具有较高的准确性和稳定性。目前，在分子动力学模拟中该方法具有极强的适用性。

3. 系综

系综（ensemble）是指具有相同条件系统（system）的集合。例如，正则系综（canonical ensemble）是指具有相同分子数目 N、相同体积 V 与相同温度 T 的系统的集合，符号为 (N,V,T)。此外，还有很多系综，如等粒子等温定压系综 (N,T,p)、等粒子等容等能量系综 (N,V,E) 等。系综是统计力学中非常重要的概念，以系综作为起点进行推导，可得到系统的所有统计特性。在实际应用中，选择适当的系综是非常重要的，如在研究材质的相变时常用的系综是 (N,T,p) 等。

4. 周期性边界条件

分子动力学计算通常是选取一定数目的分子，将其置于一个正方体盒子中，该盒子作为模拟系统，在它的周围通常是与它具有相同的粒子排列和运动的盒子。在粒子的运动过程中，为了维持模拟系统中粒子数是定值，假若计算系统中有一个或几个粒子离开盒子，则必有一个或几个粒子由其他盒子跑进该计算系统，这样才可确保该模拟系统的密度恒定，实际情况中便是如此。这种具有保证体系密度恒定的条件称为周期性边界条件。

4.2.2　分子动力学模拟在离子液体研究中的应用

分子动力学模拟方法能够获得实验条件下无法测定的离子液体的微观结构信息以及极端条件下离子液体的行为，为理解离子液体中原子之间的相互作用、进一步获得体系的原子-原子和质心径向分布函数提供依据。本节主要介绍了分子动力学模拟在离子液体结构与性质研究中应用的一些实例，并阐述其具体的应用方向。

Zhang 等[61]利用分子动力学模拟研究了平面 RTIL 膜的自由表面的电场驱动离子发射，计算了离子发射速率(j_e)作为垂直于 RTIL /真空表面(E_n)的电场的函数，发现 j_e 对表面电荷密度(σ)的对数与 E_n 成正比，单体必须在发射之前穿过两个壁垒，二聚体的分数取决于外场和离子-离子相互作用，E_n 和离子/表面的分子细节决定了 RTIL/真空表面的离子发射速率和组成。

Shaikh 等[62]为了减少大气中二氧化碳水平，使用氨基酸离子液体对二氧化碳进行了可逆捕获，使用 DFT 计算了 CO_2 化学吸附对甘氨酸四甲基膦[P_{1111}][Gly]和四丁基膦甘氨酸[P_{4444}][Gly] ILs 的影响，并进行了分子动力学模拟，以研究纯净形式和存在水的情况下 ILs 的物化性质。该研究证实了所研究的 ILs 能够有效地捕获 CO_2。图 4-14 显示了气相中[P_{1111}][Gly]上 CO_2 吸收的活化能垒，并使用了连续溶剂化模型。反应的第一步是在甘氨酸和 CO_2 之间形成分子间复合物[63]。在溶剂相中，能垒的增加可能归因于阳离子的疏水性和膨松性。二氧化碳对甘氨酸盐和水的影响通常会降低能垒[64]。

Abbaspour 等[65]在两个热力学温度(300 K 和 500 K)和大气压下，用 MD 在离子液体 1-丁基-1,1,1-三甲基铵甲烷磺酸盐[N_{1114}][C_1SO_3]中模拟了不同实体尺寸的铁纳米簇，并研究了簇大小和温度对系统的某些热力学、结构和动力学性质的影响。结果表明，随着纳米簇尺寸的增加，溶剂化能量的绝对值也会增加。同样，绝对溶剂化能随着温度的升高而增加。簇大小的影响远大于温度的影响。纳米簇周围至少有两个壳(双层)，并且阴离子比阳离子更靠近簇表面。研究者计算了300 K 和 500 K 时的 Fe-阳离子和 Fe-阴离子径向分布函数(RDF)，如图 4-15 所示。Fe-阳离子和 Fe-阴离子 RDF 显示两个不同的峰，这些峰证实了两个纳米簇周围的壳(双层)。离子或离子簇通过静电力吸引在纳米颗粒表面(带正电荷)上。具有负净电荷的离子或离子簇形成簇周围的第一层，抗衡离子或离子簇通过静电吸引在纳米粒子表面形成第二层[66-68]。Fe-阴离子 RDF 的第一个峰出现在比 Fe-阳离子 RDF 更短的距离内，这表明阴离子比阳离子离簇表面更近，该结果与胶体稳定性(DLVO)模型一致。在 DLVO 模型中，阴离子的第一个溶剂化壳围绕着金属簇，然后是阳离子的无序层[69]。

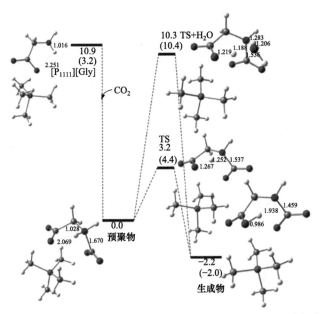

图 4-14　在气相(以及括号内的溶剂相)中优化的[P₁₁₁₁][Gly]上的 CO₂ 吸收的吉布斯自由能谱(相对于以 kcal·mol⁻¹ 为单位的预配合物);主要距离以 Å 显示。存在和不存在明确的水分子的情况下都已经定位了过渡态[62]

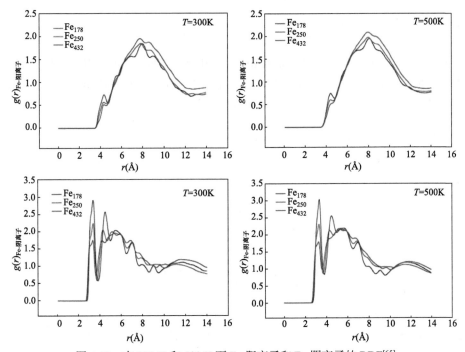

图 4-15　在 300 K 和 500 K 下 Fe-阳离子和 Fe-阴离子的 RDF[65]

Marcinkowski 等[70]在温度为 298.15～328.15 K 和大气压条件下，测量了四种离子液体（N-乙基-N-甲基吗啉四氟硼酸酯[Mor$_{1,2}$][BF$_4$]、N-丁基-N-甲基吗啉四氟硼酸酯[Mor$_{1,4}$][BF$_4$]、N-辛基-N-甲基吗啉-四氟硼酸酯[Mor$_{1,8}$][BF$_4$]和 N-癸基-N-甲基吗啉四氟硼酸酯[Mor$_{1,10}$][BF$_4$]）在乙腈（AN）中的密度和声速，并使用 MD 模拟计算了 AN 中 IL 的缔合度，还估算了极限表观摩尔体积，并与实验值进行了比较。结果表明，控制离子液体体积和声学性质的最重要因素是离子液体阳离子的大小。此外，与二甲基亚砜和 N,N-二甲基甲酰胺相比，AN 与 N-烷基-N-甲基吗啉四氟硼酸盐的相互作用更强，不仅通过强的离子-偶极相互作用，而且通过堆积效应进行相互作用。径向分布函数可以容易地预测溶液中存在的各种类型的离子对（IPs）的离子缔合形式[71]。图 4-16 和图 4-17 分别对应于[Mor$_{1,n}$][BF$_4$]和[Mor$_{1,n}$][TFSI]离子液体的阳离子质心和阴离子质心之间的 RDF。

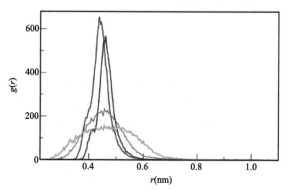

图 4-16　从分子动力学模拟获得的乙腈中[Mor$_{1,2}$][BF$_4$]（蓝色）、[Mor$_{1,4}$][BF$_4$]（红色）、[Mor$_{1,8}$][BF$_4$]（紫色）和[Mor$_{1,10}$][BF$_4$]（绿色）离子液体的阳离子质心和阴离子质心之间的径向分布函数[70]

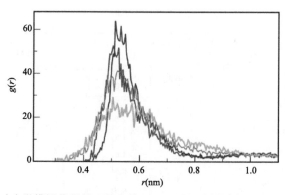

图 4-17　从分子动力学模拟获得的乙腈中的[Mor$_{1,2}$][TFSI]（蓝色）、[Mor$_{1,4}$][TFSI]（红色）、[Mor$_{1,8}$][TFSI]（紫色）和[Mor$_{1,10}$][TFSI]（绿色）离子液体的阳离子的质心和阴离子的质心之间径向分布函数[70]

Sedghamiz 等[72]利用经典分子动力学模拟研究了非卤代手性离子液体(CIL)1-丁基-3-甲基咪唑(T-4)-双[(αS)-α-(羟基-O)苯乙酰-κO]硼酸酯与普萘洛尔对映体的界面络合。实验结果表明，合成的这种无卤手性离子液体是普萘洛尔对映体手性鉴别的合适候选物。在他们的研究中，使用 MD 模拟研究了[BMIm+][BSMB−]作为手性选择剂用于识别普萘洛尔对映体的性能，并研究了普萘洛尔对映体在 CIL/蒸气界面的密度分布、微观结构、取向或环化、扩散和氢键寿命。S-普萘洛尔/CIL 体系中的氢键数目和相互作用强度大于 R-普萘洛尔/CIL 体系，使得 S-普萘洛尔/CIL 体系的热力学稳定性提高了 9.93×10^4 kJ·mol^{-1}。图 4-18 为 R-和 S-普萘洛尔/CIL 系统的模拟快照，结果显示这些化合物具有表面活性，并且全部位于 CIL 表面。R-和 S-普萘洛尔对映异构体的密度分布如图 4-19 所示。

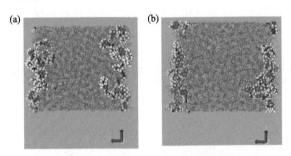

图 4-18　模拟 5 ns 后系统的快照[72]

(a) R-普萘洛尔/CIL 溶液；(b) S-普萘洛尔/CIL 溶液。普萘洛尔对映体通过球和棒模型呈现，CIL 分子为茶色线。
颜色编码是：氧—红色，氮—蓝色，碳—灰色，氢—白色

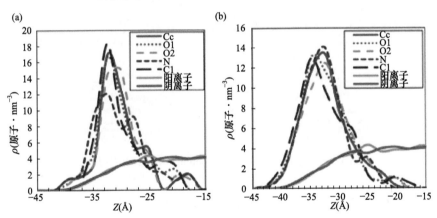

图 4-19　(a) R-和(b) S-普萘洛尔/CIL 溶液的原子密度分布[72]

Xiao 等[73]通过离子液体 1-十六烷基-3-甲基咪唑鎓氯化物(C_{16}mimCl)对蒙脱石进行改性，研究了离子液体在蒙脱石上的负载特性及机理，并将分子动力学模拟(MDS)用于构建改性的蒙脱石模型，其 C_{16}mimCl 载荷为 0.5 CEC、1.0 CEC 和 3.0

CEC，模拟结果如图 4-20 所示。$C_{16}mimCl$ 插层主要影响蒙脱石夹层的高度和种类。对于阳离子表面活性剂在蒙脱石夹层中的排列，先前的研究提出了多种不同的假设，例如横向单层、横向双层、假三层、倾斜单层和斜双层[74-76]。从图 4-20 可以看出，在低剂量（例如 0.5 CEC）下，$C_{16}mimCl$ 在蒙脱石夹层中主要以横向双层的形式排列，有机链相对较直[图 4-20(b)]。随着剂量的增加（例如 1.0 CEC），$C_{16}mimCl$ 在蒙脱石以假三层样式排列[图 4-20(c)]，该结果与 Liu 等的发现是一致的[77]。如果剂量不断增加（例如 3.0 CEC），则 $C_{16}mimCl$ 会通过烷基链之间的疏水相互作用嵌入蒙脱石夹层中，从而破坏 $C_{16}mimCl$ 分子的排列并重新排列[76]。它们大多数集中在蒙脱石中间层的中间，并排列成倾斜的双层[图 4-20(d)]。当负载量接近饱和时，$C_{16}mimCl$ 的排列不变。根据模拟结果，该研究揭示了 $C_{16}mimCl$ 在蒙脱石中的排列方式和改性机理，可为有机蒙脱石的合成及其在污染物去除中的应用提供新思路。

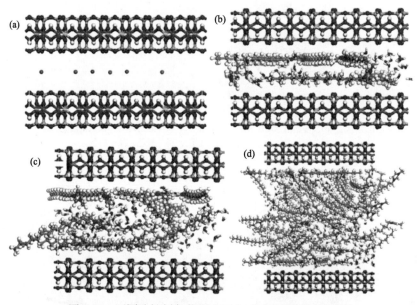

图 4-20　不同改性剂负载下 $C_{16}mimCl$-Mt 结构的快照[73]

(a) Mt；(b) 0.5$C_{16}mimCl$-Mt；(c) 1.0$C_{16}mimCl$-Mt；(d) 3.0$C_{16}mimCl$-Mt

绿色球：Ca 离子；灰色球：C 原子；白色球：H 原子；蓝色球：N 原子；浅绿色球：Cl 原子；棒：水分子

Sedghamiz 等[78]用分子动力学模拟研究了单壁碳纳米管（SWCNT）对手性离子液体对映体分离能力的影响。将非卤代手性离子液体（CIL）1-丁基-3-甲基咪唑(T-4)-双[(αS)-α-(羟基-O)苯乙缩醛-κO]硼酸酯[BMIm+][BSMB−]用于普萘洛尔对映体的分离，并使用 MD 模拟研究了单壁碳纳米管表面上 CIL 和普萘洛尔对映体行为的分子水平图，还在 CIL/CNT 溶液中研究了普萘洛尔对映体的密度分布、微

观结构、径向分布函数、二聚体存在自相关函数(DAF)和动力学性质。研究表明,
碳纳米管(CNT)通过增强手性选择剂与化合物对映体的相互作用界面来提高手性
离子液体的对映选择性。R-普萘洛尔对映体与 CIL 和 CNT 表面之间的相互作用
更强。此外,在 R-普萘洛尔分子之间发现了更强的相互作用,这导致 CNT 表面
上普萘洛尔对映异构体的替换方式不同,从而使 R-普萘洛尔分子沿 CNT 扩散更
多,与 CIL 分子具有最大的相互作用。与不存在 CNT 的体系相比,S-普萘洛尔和
R-普萘洛尔分子之间的扩散系数显示出更高的差值。由此可知,普萘洛尔对映异
构体的相互作用、扩散和迁移率均受到 CNT 的强烈影响。图 4-21 显示了垂直于
CNT 壁的 S-和 R-普萘洛尔质心(CM)的数量径向(x 密度)分布图。两种对映异构
体的显著特征是,CM 数密度的振荡沿 x 轴延伸,这表明在固体表面附近分子呈
分层结构[79]。密度分布图的分层结构和 S-对映异构体的峰更尖锐,这代表了分子
在 CNT 周围以径向分布进一步扩散。另一方面,R-对映体的较宽峰表明分子沿
CNT 表面分散,沿 x 轴的分层结构相对较低。

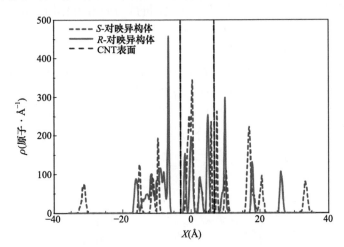

图 4-21　在 CIL/CNT 溶液中,R-和 S-普萘洛尔的质量密度中心分布[78]

　　Saha 等[80]结合对接实验和分子动力学模拟,从多光谱研究中探索了 KMP-11
蛋白与离子液体磷酸二氢胆碱(CDHP)溶剂的相互结合作用。KMP-11 蛋白是针对
"利什曼病"的候选疫苗,其 WT 序列中不含任何色氨酸(Trp)。在该研究中,借
助于固有荧光,生成了 KMP-11 的两个单点 Trp,突变蛋白 Y5W 和 Y89W 作为
Trp 的生物标记。在前一个突变体(Y5W)中,Trp 插入 N 端附近,而在后一个突
变体(Y89W)中,相同的残基位于蛋白质的 C 端附近。利用 MD 模拟预测并证明
了添加 CDHP 分子后,WT 和突变蛋白的二级结构几乎没有展开。图 4-22 为从
WT KMP-11-DCHP、Y5W-CDHP 和 Y89W-CDHP 的 MD 轨迹在 0、50 ns、100 ns 捕
获的结合构象的离散快照。

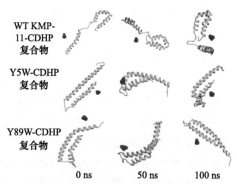

图 4-22　离散快照显示了在不同时间范围捕获的 WT KMP-11-CDHP、Y5W-CDHP 和 Y89W-CDHP 的结合构象[80]

　　Vázquez-Montelongo 等[81]使用经典 MD 计算，研究了 RTILs 作为溶剂从芳香族/脂肪族混合物中分离芳香族化合物这一分离过程。由于溶剂的高度带电性质，需要精确的力场来准确描述不同混合物组分之间的分子间相互作用。利用多极/可极化力场 AMOEBA 来研究 1,3-二甲基咪唑四氟溴酸盐[Dmim][BF₄]和乙基-甲基咪唑四氟溴酸盐[Emim][BF₄]从苯-十二烷的混合物中萃取苯的能力。整个系统由汽油模型组成，由正十二烷(NC12)和苯(PhH)的 1∶1 混合物，以及[Dmim][BF₄]和[Emim][BF₄]的组合作为萃取剂[82,83]。结果表明，[Dmim][BF₄]比[Emim][BF₄]具有更好的萃取苯能力。图 4-23 和图 4-24 分别是混合物[Dmim][BF₄]+PhH-NC12 和[Emim][BF₄]+PhH-NC12 的密度分布图。从表 4-3 中可以看出，[Dmim][BF₄]的

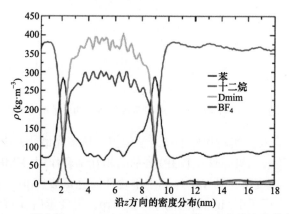

图 4-23　混合物[Dmim][BF₄]+PhH-NC12 沿 z 方向的密度分布[81]
黑色、红色、绿色和蓝色线分别表示沿 z 轴的 PhH、NC12、Dmim 和 BF₄ 的密度。在完整的 MD 仿真的 150 ns 中，最后 50 ns 可获得该轮廓

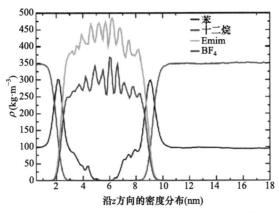

图 4-24 混合物[Emim][BF₄]+PhH-NC12 沿 z 方向的密度分布[81]

黑色、红色、绿色和蓝色线分别表示沿 z 轴的 PhH、NC12、Emim 和 BF₄ 的密度。在完整的 MD 模拟的 300 ns 中，最后 50 ns 可获得该曲线

PhH 和 NC12 摩尔浓度值高于[Emim][BF₄]。[Dmim][BF₄]使 PhH 和 NC12 在三元混合物中有更好的分布。另一方面，相对于[Emim][BF₄]，[Dmim][BF₄]表现出更高的 b 和 S 值，这意味着[Dmim][BF₄]在提取 PhH 方面效率更高。

表 4-3 PhH-NC12+[Dmim][BF₄]和 PhH-NC12+[Emim][BF₄]在烃和 IL 富集区域中的 NC12 和 PhH 摩尔分数值(χ)、溶质分布比(β)和选择性(S)[81]

I, II, III	χ_1^{I}	χ_2^{I}	χ_1^{II}	χ_2^{II}	β	S
[Dmim][BF₄]	0.63	0.34	0.0001	0.12	0.36	2231.5
[Emim][BF₄]	0.61	0.35	0.00007	0.085	0.24	2065.5

MD 结果的准确性主要取决于所使用的相互作用势模型的准确性。Zhang 等[84]通过 MD 探究了不同相互作用势模型对离子液体 1-乙基-3-甲基咪唑四氟硼酸酯([Emim][BF₄])电喷雾推进器的影响。将减荷全原子模型、全荷全原子模型、有效力粗粒化模型和 Merlet 粗粒模型进行比较，并与实验数据结合以阐明哪些相互作用势模型可能是最现实的。通过计算表明，减少电荷的全原子模型是电喷雾分子动力学模拟中最准确的模型。相比之下，粗粒度模型无法揭示能量特征，全电荷全原子模型无法表征速度特性，全荷全原子模型和粗粒度模型分别低估和高估了推进性能。同时，该研究还发现泰勒锥内颗粒的能量特性和速度分布在不同的工作条件下几乎没有变化。图 4-25 是在实验中使用的[Emim][BF₄]的全原子模型和相应的粗粒度模型。

Chen 等[85]采用分子动力学模拟从微观角度研究了离子液体/正己烷/乙酸乙酯的萃取机理。研究的四种离子液体包括[Hmim][PF₆]、[Hmim][OTF]、[Bmim][PF₆]和[Hmim][NTf₂]。通过分子动力学方法计算了体系中各物质之间的径向分布函数、

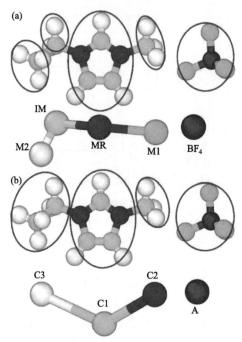

图 4-25　[Emim][BF₄]的全原子模型和相应的粗粒度模型[84]

(a)[Emim][BF₄]的 EFCG 模型；(b)[Emim][BF₄]的 Merlet 粗粒度模型

空间分布函数和自扩散系数，以选择最佳的离子液体萃取剂。为了验证模拟值与实验值之间的良好一致性，比较了模拟值与系统材料密度的实验值之间的偏差，该偏差小于 2%。结果表明，离子液体对正己烷-乙酸乙酯混合物的萃取能力顺序为[Hmim][PF₆]>[Hmim][NTf₂]>[Hmim][OTF]>[Omim][PF₆]。但是，[PF₆]⁻容易水解产生 HF，对环境和设备造成极大伤害。因此，[Hmim][NTf₂]更适合于正己烷-乙酸乙酯混合体系的分离。如图 4-26 所示，空间分布函数(SDF)反映了两种不同 ILs 系统对乙酸乙酯(EA)的影响。其中，不同离子液体对 EA 的萃取能力与以离子为中心的不同离子液体的表面积有关。表面积越大，萃取能力越强。图 4-26(a)显示了被 EA 包围的阴离子的三维图。[PF₆]⁻中 EA 的等效粒子距离为 $1.5\,\mathrm{nm^{-3}}$。因此，[Hmim][PF₆]对 EA 的萃取能力强于[Omim][PF₆]。如图 4-26(b)所示，当[Hmim]⁺附近的 EA 的等效粒子距离为 $3.3\,\mathrm{nm^{-3}}$ 时，以[Hmim]⁺为中心原子的[Hmim][PF₆]萃取 EA 的表面积大于[Hmim][OTF]。因此，[Hmim][PF₆]的 EA 萃取能力大于[Hmim][OTF]。

　　Vucemilovic-Alagic 等[86]通过分子动力学模拟获得了[C₂mim][NTf₂]在本体和纳米受限环境中的结构表征数据，证实了分子动力学模拟对离子液体在固体和真空界面处的结构组织和扩散动力学的相关见解[87]，其中使用了三种不同电荷方法和三种电荷比例因子的力场分析真空界面上的整体离子液体与羟基化氧化铝表面

接触的离子液体膜。图 4-27(a)为在分子动力学模拟中获得的由咪唑基阳离子
[C₂mim]⁺和原型阴离子[NTf₂]⁻组成的离子液体结构。

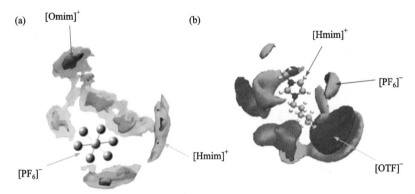

图 4-26　SDF 曲线：(a)在[PF₆]⁻周围的 EA，其等值为 1.5 个粒子·nm⁻³(绿色表面表示
[Hmim]⁺，蓝绿色表面表示[Omim]⁺)；(b)等值线[Hmim]⁺周围的 EA 值为 3.3 个粒子·nm⁻³(绿
色表面表示[PF₆]⁻，紫色表面表示[OTF]⁻)[85]

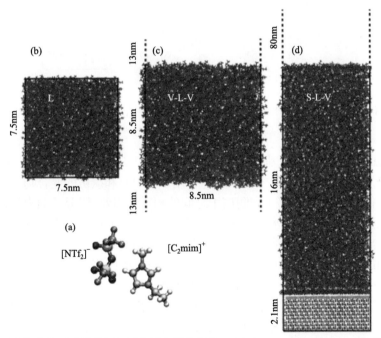

图 4-27　(a)构成离子液体的阳离子和阴离子的结构；(b)由 1000 个离子对组成的离子液体(L
型系统)，阳离子和阴离子分别以红色和蓝色显示；(c)由两个真空平板之间的 1400 个离子对
组成的 ILs(V-L-V 模型系统)；(d)在 S-L-V 模型系统中，由 1800 个离子对组成的 ILs，固体
基质是尺寸为 7.57 nm×6.29 nm×2.12 nm 的完全羟基化(0001)的蓝宝石平板[86]

Rivera-Pousa 等[88]通过分子动力学模拟研究了氨与质子离子液体硝酸乙基铵
(EAN)之间的相互作用。在这项工作中，他们首次分析氨与 ILs 的混合物，其中
ILs 包括具有类似分子头基团 NH_4^+ 的阳离子。同时，还比较了 NH_3 的两种不同的
分子模型，一种是传统的 4 位模型，另一种是新型的 6 位模型。模型通过包括氮
原子周围的偶极和四极电子分布以及原子位置上的点电荷，准确地描述了静电相
互作用。另外，通过计算混合物中不同物种的空间分布函数(SDF)来完善结构图。
由于氨是这项工作的中心点，使用每个氨分子的三个氢来定义局部参照系，从而
获得每个 ILs 物种的数值密度的等值面。在图 4-28 中，可以观察到每个粒子在氨
分子周围占据的优先位置，以及两个氨模型之间的差异。

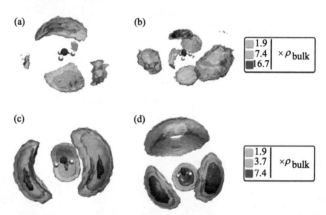

图 4-28　在摩尔浓度为 50%的 4 位(a)和 6 位(b)模型中，NH_3 分子周围的阳离子(c)和
阴离子(d)的空间分布函数[88]

Rezaeian 等[89]对含有氨基酸阴离子的 1-乙基-3-甲基咪唑鎓盐离子液体([C₂mim])
进行了分子动力学模拟和量子力学计算，用水、甲醇和氯仿的混合物来研究氨基
酸离子液体(AAIL)中阳离子和阴离子之间的相互作用效果。分子动力学模拟结果
表明，三氯甲烷、甲醇和水的摩尔比影响着离子液体的相互作用。溶剂的极性和
摩尔比在离子聚集和离子液体的交叉复合物形成中起主要作用。采用 DFT 计算研
究了 AAIL 在 M06-2X/6-311++G(d,p)理论水平上的相互作用。结果表明，离子液
体的阳离子和阴离子之间的最大相互作用能高于气相。此外，甲醇和水的相互作
用能低于氯仿，这证实了在极性溶剂的存在下，离子液体的结构会受到影响。自
然键轨道(NBO)和非共价相互作用(NCI)分析证实，氢键的形成归因于离子液体
离子对之间的重要相互作用。[Emim][Gly]和[Emim][Arg]在 20 ns MD 模拟期间获
得的最终构型如图 4-29 所示。由图可知，在甲醇和水的低摩尔比下形成孤立的
簇。但是，将这些溶剂的摩尔比提高至 0.7 时，与 AAIL 形成氢键的能力得到提
高，这是由于甲醇和水的氧原子与 AAIL 阴离子之间的强相互作用，因此，在这

些溶剂的存在下，形成交叉络合物的可能性增加。另一方面，由于氯仿对 H 键形成的空间效应，在氯仿的摩尔比较高时，AAIL 的离子发生聚集。为了从分子角度了解溶剂分子存在时阳离子和阴离子之间的相互作用强度，在 M06-2X/6-311++G (d,p) 理论水平下在气相和不同溶剂中优化了 AAIL 的结构，结果如图 4-30 所示。

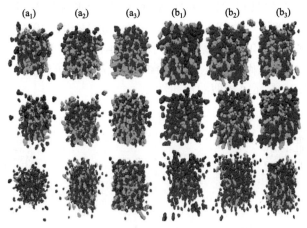

图 4-29　20 ns MD 模拟期间获得的结构[89]

(a₁、b₁) [Emim][Gly] 和 [Emim][Arg] 中氯仿的摩尔比分别为 0.3、0.5 和 0.7 (由上向下)；(a₂、b₂) [Emim][Gly] 和 [Emim][Arg] 中甲醇的摩尔比分别为 0.3、0.5 和 0.7 (由上向下)；(a₃、b₃) [Emim][Gly] 和 [Emim][Arg] 中水的摩尔比分别为 0.3、0.5 和 0.7 (由上向下)。咪唑鎓阳离子、甘氨酸根、精氨酸根阴离子和溶剂分别用绿色、蓝色、紫色和红色表示

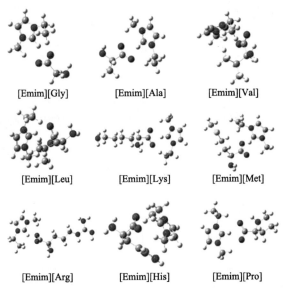

[Emim][Gly]　　　　　[Emim][Ala]　　　　　[Emim][Val]

[Emim][Leu]　　　　　[Emim][Lys]　　　　　[Emim][Met]

[Emim][Arg]　　　　　[Emim][His]　　　　　[Emim][Pro]

图 4-30　M06-2X/6-311++G (d,p) 理论水平下不同 AAIL 在气相中的优化结构[89]

　　Zhou 等[90]为了研究 ILs 的吸水和解吸行为,通过分子动力学模拟研究了 1-丁基-3-甲基咪唑四氟硼酸酯([Bmim][BF₄])-水系统在汽-液界面的结构和性能。结果发现,界面层中的表面张力与水含量之间存在良好的线性关系。通过计算质心RDF(COMRDF)可以了解界面和本体相内部的详细结构信息,发现差异,从而求出其随含水量的变化规律。图 4-31 显示了 5 个水含量不同的系统(400IL、A400IL+100W、A400IL+1600W、M400IL+10kW 和 M100IL+10kW)的质心的 RDF,阳离子由正电荷最集中的咪唑鎓的质心表示。本体相中 IL 的第二溶剂化层的结构首先被较高的含水量破坏,并且仅当含水量极高时才可以破坏界面处的结构。咪唑环质心的 RDF 显示了相似的规律性。

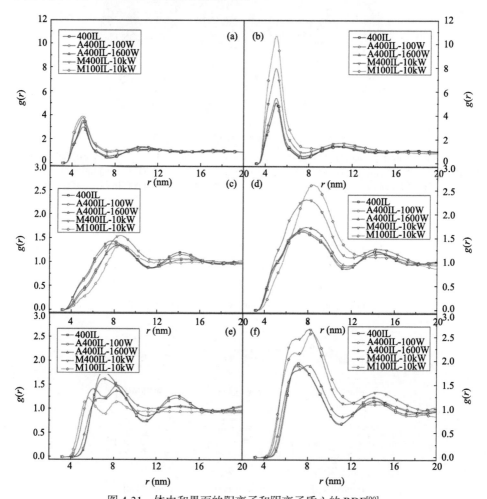

图 4-31　体内和界面的阳离子和阴离子质心的 RDF[90]

(a)、(c)和(e)分别是在本体内的咪唑鎓-阴离子、咪唑鎓-咪唑鎓和阴离子-阴离子的 RDF；(b)、(d)和(f)分别是在界面处的咪唑鎓环-阴离子、咪唑鎓环-咪唑鎓环和阴离子-阴离子的 RDF

　　阴离子-阴离子的 COMRDF 与前两者不同。本体相中的第一个峰值从 A400IL＋1600W 系统开始分裂，M400IL-10kW 系统和 M100IL-10kW 系统的第一个峰值完全分成两个。第一个峰的位置比 A400＋800W 系统的峰高 0.6～0.7 nm。阴离子峰是由一个阳离子或水分子周围的多个阴离子吸引而形成的。根据空间分布函数（SDF）（图 4-32），阴离子中的 B 原子主要分布在咪唑环的 HCR 两侧和 HCW 外侧，而阳离子中的 B 原子主要沿 O—H 分布在水分子中。

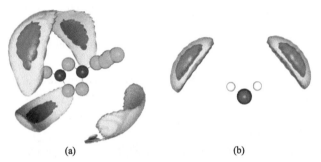

(a)　　　　　　　　　　　　　　　(b)

图 4-32　在 A400IL＋100W 中，(a)咪唑鎓环和(b)水周围阴离子中的 B 原子空间分布函数[90]
(a)分别以平均密度的 30 倍和 15 倍绘制红色和黄色边界轮廓表面；(b)分别以平均密度的 14 倍和 7 倍绘制红色和黄色边界轮廓表面

参 考 文 献

[1] Mruthunjayappa M H, Kotrappanavar N S, Mondal D. New prospects on solvothermal carbonisation assisted by organic solvents, ionic liquids and eutectic mixtures: A critical review. Prog Nat Sci, 2022, 126: 100932.

[2] Huang G, Lin W-C, He P, et al. Thermal decomposition of imidazolium-based ionic liquid binary mixture: Processes and mechanisms. J Mol Liq, 2018, 272: 37-42.

[3] Costa R, Voroshylova I V, Cordeiro M N D S, et al. Enhancement of differential double layer capacitance and charge accumulation by tuning the composition of ionic liquids mixtures. Electrochim Acta, 2018, 261: 214-220.

[4] Chen F, Wang X, Armand M, et al. Cationic polymer-in-salt electrolytes for fast metal ion conduction and solid-state battery applications. Nat Mater, 2022, 21: 1175-1182.

[5] Marrazzini G, Giovannini T, Scavino M, et al. Multilevel density functional theory. J Chem Theory Comput, 2021, 17: 791-803.

[6] Chen J, Dong K, Liu L, et al. Anti-electrostatic hydrogen bonding between anions of ionic liquids: A density functional theory study. Phys Chem Chem Phys, 2021, 23: 7426-7433.

[7] He Y, Guo Y, Yan F, et al. Density functional theory study of adsorption of ionic liquids on graphene oxide surface. Chem Eng Sci, 2021, 245: 116946.

[8] Ma J, Zhu M, Yang X, et al. Different cation-anion interaction mechanisms of diamino protic ionic liquids: A density functional theory study. Chem Phys Lett, 2021, 774: 138615.

[9] Chou C-P, Sakti A W, Nishimura Y, et al. Development of divide-and-conquer density-functional

tight-binding method for theoretical research on Li-ion battery. Chem Rec, 2019, 19: 746-757.

[10] Evans R. The nature of the liquid-vapour interface and other topics in the statistical mechanics of non-uniform, classical fluids. Adv Phys, 1979, 28: 143-200.

[11] Curtin W A, Ashcroft N W. Weighted-density-functional theory of inhomogeneous liquids and the freezing transition. Phys Rev A, 1985, 32: 2909-2919.

[12] Percus J K. Equilibrium state of a classical fluid of hard rods in an external field. J Stat Phys, 1976, 15: 505-511.

[13] Tarazona P. Free-energy density functional for hard spheres. Phys Rev A Gen Phys, 1985, 31: 2672-2679.

[14] Carnahan N F, Starling K E. Equation of state for nonattracting rigid spheres. J Chem Phys, 1969, 51: 635-636.

[15] Rosenfeld Y. Free-energy model for the inhomogeneous hard-sphere fluid mixture and density-functional theory of freezing. Phys Rev Lett, 1989, 63: 980-983.

[16] Yu Y-X, Wu J. Structures of hard-sphere fluids from a modified fundamental-measure theory. J Chem Phys, 2002, 117: 10156-10164.

[17] Bui K M, Dinh V A, Okada S, et al. Na-ion diffusion in NASICON-type solid electrolyte: A density functional study. Phys Chem Chem Phys, 2016, 18: 27226-27231.

[18] Bodo E, Caminiti R. The structure of geminal imidazolium bis(trifluoromethylsulfonyl) amide ionic liquids: A theoretical study of the gas phase ionic complexes. J Phys Chem A, 2010, 114: 12506-12512.

[19] Forsman J, Woodward C E, Trulsson M. A classical density functional theory of ionic liquids. J Phys Chem B, 2011, 115: 4606-4612.

[20] Kornyshev A A. Double-layer in ionic liquids: Paradigm change? J Phys Chem B, 2007, 111: 5545-5557.

[21] Lauw Y, Horne M D, Rodopoulos T, et al. Electrical double-layer capacitance in room temperature ionic liquids: Ion-size and specific adsorption effects. J Phys Chem B, 2010, 114: 11149-11154.

[22] Trulsson M, Algotsson J, Forsman J, et al. Differential capacitance of room temperature ionic liquids: The role of dispersion forces. J Phys Chem Lett, 2010, 1: 1191-1195.

[23] Patil T, Dharaskar S, Sinha M K, et al. Efficient CO_2/CH_4 separation using [Bmim][Ac]/Pebax-1657 supported ionic liquid membranes and its prediction by density functional theory. Int J Greehn Gas Con, 2023, 124: 103856.

[24] Lu X, Xu S, Chen J, et al. Cellulose dissolution in ionic liquid from hydrogen bonding perspective: First-principles calculations. Cellulose, 2023, 30: 4181-4195.

[25] Lockett V, Sedev R, Ralston J, et al. Differential capacitance of the electrical double layer in imidazolium-based ionic liquids: Influence of potential, cation size, and temperature. J Phys Chem C, 2008, 112: 7486-7495.

[26] Islam M M, Alam M T, Ohsaka T. Electrical double-layer structure in ionic liquids: A corroboration of the theoretical model by experimental results. J Phys Chem C, 2008, 112: 16568-16574.

[27] Ma K, Lian C, Woodward C E, et al. Classical density functional theory reveals coexisting short-range structural decay and long-range force decay in ionic liquids. Chem Phys Lett, 2020, 739:

137001.

[28] Bahadur I, Momin M I K, Koorbanally N A, et al. Interactions of polyvinylpyrrolidone with imidazolium based ionic liquids: Spectroscopic and density functional theory studies. J Mol Liq, 2016, 213: 13-16.

[29] Calais J L. Density-functional theory of atoms and molecules. Int J Quantum Chem, 1993, 47: 101.

[30] Zhang S, Qi X, Ma X, et al. Investigation of cation-anion interaction in 1-(2-hydroxyethyl)-3-methylimidazolium-based ion pairs by density functional theory calculations and experiments. J Phys Org Chem, 2012, 25: 248-257.

[31] Schneider S, Drake G, Hall L, et al. Alkene-and alkyne-substituted methylimidazolium bromides: Structural effects and physical properties. Z Anorg Allg Chem, 2007, 633: 1701-1707.

[32] Compaan K, Vergenz R, Schleyer P V R, et al. Carbon-donated hydrogen bonding: Electrostatics, frequency shifts, directionality, and bifurcation. Int J Quantum Chem, 2008, 108: 2914-2923.

[33] Knak Jensen S J, Tang T-H, Csizmadia I G. Hydrogen-bonding ability of a methyl group. J Phys Chem A, 2003, 107: 8975-8979.

[34] Ouadi A, Gadenne B, Hesemann P, et al. Task-specific ionic liquids bearing 2-hydroxybenzylamine units: Synthesis and americium-extraction studies. Chem Eur J, 2006, 12: 3074-3081.

[35] Pernak J, Feder-Kubis J. Synthesis and properties of chiral ammonium-based ionic liquids. Chem Eur J, 2005, 11: 4441-4449.

[36] Hosseinian A, Sadeghi Googheri M S. How cationic and anionic portions of an imidazolium-based ionic liquid interact with molecular liquids: Insights from density functional theory calculations. J Mol Liq, 2019, 277: 631-640.

[37] Weinhold F, Landis C R. Natural bond orbitals and extensions of localized bonding concepts. Chem Educ Res Pract, 2001, 2: 91-104.

[38] Bader R. Atoms in molecules: A quantum theory. J Mol Struct Theochem, 1996, 360: 1423-1423.

[39] Verma P L, Gejji S P. Electronic structure, vibrational spectra and ^{1}H NMR chemical shifts of the ion pair composites within imidazolium functionalized geminal dicationic ionic liquids from density functional theory. J Mol Struct, 2020, 1201: 127112.

[40] Tankov I, Yankova R, Genieva S, et al. Density functional theory study on the ionic liquid pyridinium hydrogen sulfate. J Mol Struct, 2017, 1139: 400-406.

[41] Tankov I, Yankova R. Theoretical (density functional theory) studies on the structural, electronic and catalytic properties of the ionic liquid 4-amino-1*H*-1,2,4-triazolium nitrate. J Mol Liq, 2018, 269: 529-539.

[42] Verma C, Olasunkanmi L O, Bahadur I, et al. Experimental, density functional theory and molecular dynamics supported adsorption behavior of environmental benign imidazolium based ionic liquids on mild steel surface in acidic medium. J Mol Liq, 2019, 273: 1-15.

[43] Olasunkanmi L O, Obot I B, Ebenso E E. Adsorption and corrosion inhibition properties of *N*-{*n*-[1-*R*-5-(quinoxalin-6-yl)-4,5-dihydropyrazol-3-yl]phenyl}methanesulfonamides on mild steel in 1 M HCl: Experimental and theoretical studies. RSC Adv, 2016, 6: 86782-86797.

[44] Deng Y, Li F, Shen Y, et al. Experimental and DFT studies on electrochemical performances of ester-containing vinylimidazolium ionic liquids: Effect of the ester substituent and anion. J. Chem

Eng Data, 2023, 68: 835-847.

[45] Chakraborty S, Paul B, De U C, et al. Water-SDS-[BMIm]Br composite system for one-pot multicomponent synthesis of pyrano[2,3-*c*]pyrazole derivatives and their structural assessment by NMR, X-ray, and DFT studies. RSC Adv, 2023, 13: 6747-6759.

[46] Ding L, Sun X, Huang C, et al. Insights into the mechanism of cumene catalytic oxidation using ionic liquid [Bmim]OH. Mol Catal, 2023, 538: 113008.

[47] Al-Azawi K F, Al-Baghdadi S B, Mohamed A Z, et al. Synthesis, inhibition effects and quantum chemical studies of a novel coumarin derivative on the corrosion of mild steel in a hydrochloric acid solution. Chem Cent J, 2016, 10: 23-31.

[48] Singh P, Ebenso E E, Olasunkanmi L O, et al. Electrochemical, theoretical, and surface morphological studies of corrosion inhibition effect of green naphthyridine derivatives on mild steel in hydrochloric acid. J Phys Chem C, 2016, 120: 3408-3419.

[49] Xu J, Yi L, Mou Y, et al. Effect of a molecule of imidazolium bromide ionic liquid on the structure and properties of cytosine by density functional theory. Chem Phys Lett, 2018, 708: 109-116.

[50] Zhuang L, Zhong F, Qin M, et al. Theoretical and experimental studies of ionic liquid-urea mixtures on chitosan dissolution: Effect of cationic structure. J Mol Liq, 2020, 317: 113918.

[51] Hajjaji F E, Salim R, Taleb M, et al. Pyridinium-based ionic liquids as novel eco-friendly corrosion inhibitors for mild steel in molar hydrochloric acid: Experimental & computational approach. Surf Interfaces, 2021, 22: 100881.

[52] ElBelghiti M, Karzazi Y, Dafali A, et al. Experimental, quantum chemical and Monte Carlo simulation studies of 3,5-disubstituted-4-amino-1,2,4-triazoles as corrosion inhibitors on mild steel in acidic medium. J Mol Liq, 2016, 218: 281-293.

[53] Ouakki M, Rbaa M, Galai M, et al. Experimental and quantum chemical investigation of imidazole derivatives as corrosion inhibitors on mild steel in 1.0M hydrochloric acid. J Bio Tribo Corros, 2018, 4: 35-48.

[54] El Faydy M, Benhiba F, Lakhrissi B, et al. The inhibitive impact of both kinds of 5-isothiocyanatomethyl-8-hydroxyquinoline derivatives on the corrosion of carbon steel in acidic electrolyte. J Mol Liq, 2019, 295: 111629.

[55] Hsissou R, Benhiba F, Dagdag O, et al. Development and potential performance of prepolymer in corrosion inhibition for carbon steel in 1.0 M HCl: Outlooks from experimental and computational investigations. J Colloid Interface Sci, 2020, 574: 43-60.

[56] Singh A, Ansari K R, Quraishi M A, et al. Corrosion inhibition and adsorption of imidazolium based ionic liquid over P110 steel surface in 15% HCl under static and dynamic conditions: Experimental, surface and theoretical analysis. J Mol Liq, 2020: 114608.

[57] Singh A, Ansari K R, Kumar A, et al. Electrochemical, surface and quantum chemical studies of novel imidazole derivatives as corrosion inhibitors for J55 steel in sweet corrosive environment. J Alloys Compd, 2017, 712: 121-133.

[58] Singh A, Ansari K R, Quraishi M A, et al. Effect of electron donating functional groups on corrosion inhibition of J55 steel in a sweet corrosive environment: Experimental, density functional theory, and molecular dynamic Simulation. Materials, 2019, 12: 17-38.

[59] Kranz J J, Kubillus M, Ramakrishnan R, et al. Generalized density-functional tight-binding repulsive potentials from unsupervised machine learning. J Chem Theory Comput, 2018, 14: 2341-2352.

[60] Huran A W, Steigemann C, Frauenheim T, et al. Efficient automatized density-functional tight-binding parametrizations: Application to group IV elements. J Chem Theory Comput, 2018, 14: 2947-2954.

[61] Zhang F, Jiang X, Chen G, et al. Electric-field-driven ion emission from the free surface of room temperature ionic liquids. J Phys Chem Lett, 2021, 12: 711-716.

[62] Shaikh A R, Ashraf M, AlMayef T, et al. Amino acid ionic liquids as potential candidates for CO_2 capture: Combined density functional theory and molecular dynamics simulations. Chem Phys Lett, 2020, 745: 137239.

[63] Shaikh A R, Karkhanechi H, Kamio E, et al. Quantum mechanical and molecular dynamics simulations of dual-amino-acid ionic liquids for CO_2 capture. J Phys Chem C, 2016, 120: 27734-27745.

[64] Shaikh A R, Kamio E, Takaba H, et al. Effects of water concentration on the free volume of amino acid ionic liquids investigated by molecular dynamics simulations. J Phys Chem B, 2015, 119: 263-273.

[65] Abbaspour M, Akbarzadeh H, Yousefi P, et al. Investigation of solvation of iron nanoclusters in ionic liquid 1-butyl-1,1,1-trimethylammonium methane sulfonate using molecular dynamics simulations: Effect of cluster size at different temperatures. J Colloid Interface Sci, 2017, 504: 171-177.

[66] Obliosca J M, Arellano I H J, Huang M H, et al. Double layer micellar stabilization of gold nanocrystals by greener ionic liquid 1-butyl-3-methylimidazolium lauryl sulfate. Mater Lett, 2010, 64: 1109-1112.

[67] Rubim J C, Trindade F A, Gelesky M A, et al. Surface-enhanced vibrational spectroscopy of tetrafluoroborate 1-N-butyl-3-methylimidazolium (BMIBF4) ionic liquid on silver surfaces. J Phys Chem C, 2008, 112: 19670-19675.

[68] Schrekker H S, Gelesky M A, Stracke M P, et al. Disclosure of the imidazolium cation coordination and stabilization mode in ionic liquid stabilized gold (0) nanoparticles. J Colloid Interface Sci, 2007, 316: 189-195.

[69] Fonseca G S, Machado G, Teixeira S R, et al. Synthesis and characterization of catalytic iridium nanoparticles in imidazolium ionic liquids. J Colloid Interface Sci, 2006, 301: 193-204.

[70] Marcinkowski Ł, Śmiechowski M, Szepiński E, et al. Interactions of N-alkyl-N-methylmorpholinium based ionic liquids with acetonitrile studied by density and velocity of sound measurements and molecular dynamics simulations. J Mol Liq, 2019, 286: 110875.

[71] Marcus Y, Hefter G. Ion pairing. Chem Rev, 2006, 106: 4585-4621.

[72] Sedghamiz T, Bahrami M. Chiral ionic liquid interface as a chiral selector for recognition of propranolol enantiomers: A molecular dynamics simulations study. J Mol Liq, 2019, 292: 111441.

[73] Xiao F, Yan B, Zou X, et al. Study on ionic liquid modified montmorillonite and molecular dynamics simulation. Colloids Surf A, 2020, 587: 124311.

[74] Hu Z, He G, Liu Y, et al. Effects of surfactant concentration on alkyl chain arrangements in dry and swollen organic montmorillonite. Appl Clay Sci, 2013, 75: 134-140.

[75] Mandalia T, Bergaya F. Organo clay mineral-melted polyolefin nanocomposites effect of surfactant/CEC ratio. J Phys Chem Solids, 2006, 67: 836-845.

[76] Luo W, Sasaki K, Hirajima T. Surfactant-modified montmorillonite by benzyloctadecyldimethyla mmonium chloride for removal of perchlorate. Colloids Surf A, 2015, 481: 616-625.

[77] Liu B, Wang X, Yang B, et al. Rapid modification of montmorillonite with novel cationic gemini surfactants and its adsorption for methyl orange. Mater Chem Phys, 2011, 130: 1220-1226.

[78] Sedghamiz T, Bahrami M. Molecular dynamics simulation study of the effect of single-walled carbon nanotube on the enantioseparation ability of a chiral ionic liquid. J Mol Liq, 2020, 304: 112769.

[79] Shim Y, Kim H J. Solvation of carbon nanotubes in a room-temperature ionic liquid. ACS Nano, 2009, 3: 1693-1702.

[80] Saha S, Sannigrahi A, Chattopadhyay K, et al. Interaction of KMP-11 and its mutants with ionic liquid choline dihydrogen phosphate: Multispectroscopic studies aided by docking and molecular dynamics simulations. J Mol Liq, 2020, 301: 112475.

[81] Vázquez-Montelongo E A, Cisneros G A, Flores-Ruiz H M. Multipolar/polarizable molecular dynamics simulations of liquid-liquid extraction of benzene from hydrocarbons using ionic liquids. J Mol Liq, 2019, 296: 111846.

[82] Tu Y-J, Allen M J, Cisneros G A. Simulations of the water exchange dynamics of lanthanide ions in 1-ethyl-3-methylimidazolium ethyl sulfate ([Emim][EtSO$_4$]) and water. Phys Chem Chem Phys, 2016, 18: 30323-30333.

[83] Starovoytov O N, Torabifard H, Cisneros G A. Development of AMOEBA force field for 1,3-dimethylimidazolium based ionic liquids. J Phys Chem B, 2014, 118: 7156-7166.

[84] Zhang J, Cai G, Liu X, et al. Molecular dynamics simulation of ionic liquid electrospray: Revealing the effects of interaction potential models. Acta Astronaut, 2021, 179: 581-593.

[85] Chen Z, Shen Y, Ma Z, et al. Mechanism analysis and sustainability evaluation of imidazole ionic liquid extraction based on molecular dynamics. J Mol Liq, 2021, 323: 115066.

[86] Vucemilovic-Alagic N, Banhatti R D, Stepic R, et al. Structural characterization of an ionic liquid in bulk and in nano-confined environment using data from MD simulations. Data Brief, 2020, 28: 104794.

[87] Vucemilovic-Alagic N, Banhatti R D, Stepic R, et al. Insights from molecular dynamics simulations on structural organization and diffusive dynamics of an Ionic liquid at solid and vacuum interfaces. J Colloid Interface Sci, 2019, 553: 350-363.

[88] Rivera-Pousa A, Otero-Mato J M, Coronas A, et al. The interaction of ammonia with the protic ionic liquid ethylammonium nitrate: A simulation study. J Mol Liq, 2020, 320: 114437.

[89] Rezaeian M, Izadyar M, Housaindokht M R. Exploring the interaction of amino acid-based ionic liquids in water and organic solvents: Insight from MD simulations and QM calculations. J Mol Liq, 2020, 327: 114867.

[90] Zhou G, Jiang K, Zhang Y, et al. Insight into the properties and structures of vapor-liquid interface for imidazolium-based ionic liquids by molecular dynamics simulations. J Mol Liq, 2021, 326: 115295.

第5章

离子液体电解质的设计制备与物性研究

离子液体在大型二次电化学储能设备中的热稳定性方面存在优势，可使这些设备的工作温度扩展到宽温度范围(高达 1508℃)[1]。离子液体的性质可以根据应用需求通过改变阳离子和阴离子的组合来改变[2]。离子液体电解质的合成主要是根据对电解质性能的需求，选择合适的离子液体作为电解质溶剂，并与锂盐进行混合。随着对电解质和离子液体研究的不断深入，研究人员对离子液体电解液和离子液体复合固体电解质进行了深入探究并取得了不错的进展。

5.1　离子液体电解液的设计制备与物性研究

5.1.1　电解质盐的选择及配制

以离子液体电解质在锂二次电池中的具体应用进行介绍。离子液体作为锂二次电池电解质中的组分，有以下几种应用方式：①离子液体+锂盐；②离子液体+锂盐+有机添加剂；③有机溶剂+锂盐+离子液体(离子液体含量少，作为添加剂)；④有机溶剂+锂盐+离子液体(离子液体含量较多，作为阻燃剂)。锂二次电池是由正极材料、负极材料、隔膜和电解质等组成的复杂体系，而离子液体以何种方式应用在锂二次电池中，是由离子液体本身性质和电池其他材料性质共同决定的[3-6]。锂盐是离子液体电解质组分中必不可少的组成部分，因此对其选择非常重要，须满足以下条件：较宽的电化学窗口，较高的离子电导率；热稳定性好，在较宽的温度范围内不发生分解；化学稳定性好，不与电池其他部件发生反应；易溶于相应溶剂；易嵌入正、负极材料；从应用的角度考虑，成本尽可能低。

目前研究较多的锂盐主要包括两类：一类是无机锂盐，如 $LiClO_4$、$LiBF_4$、$LiPF_6$、$LiAsF_6$；另一类是有机锂盐，如三氟甲基磺酸锂 $LiCF_3SO_3$、双(三氟甲基磺酰)亚胺锂 $LiN(CF_3SO_2)_2$、双(多氟烷氧基磺酰)亚胺锂 $LiN(RFOSO_2)_2$、三(三氟甲基磺酰)甲基锂 $LiC(SO_2CF_3)_3$ 等。由于有机碳酸酯基溶剂具有较差的热稳定性、低闪点、高挥发性和易燃性等缺陷，加上 $LiPF_6$ 等盐对湿度极其敏感，会产生腐蚀性 HF，限制了锂离子电池在 80℃以上工作温度的使用。为了解决这一问题，可以采取在电解质中加入阻燃剂或使用高闪点共溶剂[7]等措施。另外，还可以用有机离子液体部分取代碳酸溶剂，提高电化学装置的安全性。在配制过程中，通常选择与所用离子液体的阴离子一致的锂盐。

常温下呈液态的离子液体电解质的配制过程与传统电解液的配制过程相似，即按照需要的浓度，将一定摩尔比的电解质盐、添加剂和离子液体混合(当前应用的大部分离子液体电解液中混有部分的有机溶剂)，搅拌均匀，即得到所需的离子液体电解液。电解液的制备过程对水和气氛的要求极高，因此，配制离子液体电解质所需的离子液体与电解质盐均需要预先充分地干燥，并放入惰性气氛的手套箱中备用[8]。

相较于原离子液体，离子液体电解液通常具有更高的黏度，这是因为加入电解质盐后会增加电解液体系的黏度，也将进一步导致电解液的电导率下降，因此离子液体电解液电导率通常低于原离子液体体系电导率。电解质盐的加入还可能引起电化学窗口的下降，但通常仍在 1 V 以上，因此基于离子液体电解液的电池体系最好选用电压平台高于 1 V 的材料作负极。

5.1.2　离子液体电解液的设计制备

1. 咪唑类离子液体电解液的制备

离子液体的合成和纯化需要标准的合成方法来保证它们的一致性。工业应用中大规模合成 ILs 的收率及其毒性和环境友好性已成为人们关注的焦点[9]。

咪唑类离子液体是最早研究的离子液体，常见的咪唑类离子液体中阳离子和阴离子的名称简写和结构如表 5-1 所示。1-乙基-3-甲基咪唑阳离子[Emim]类离子液体由于具有两性性质而成为研究的热点[10]，其中[Emim]AlCl$_4$ 离子液体在锂离子电池中最早被使用。但这种离子液体咪唑环的 C2 上的质子具有很强的还原性，还原电位偏高，约达到 1 V（$vs.$ Li/Li$^+$），此电压高于锂的沉积电位，限制了其应用。为此，TFSI$^-$、PF$_6^-$、BF$_4^-$ 等阴离子基团常被用来取代 AlCl$_4^-$。卤素离子具有吸湿的性质[11]，含有卤素类的离子液体在实际中应用很少，但是它们可以作为相应的四氟硼酸或六氟磷酸类离子液体的前驱体。以烷基咪唑为阳离子，制备的离子液体具有其他离子液体不可比拟的优点，如对空气、水稳定，有较宽的液态温度范围和低配位能力等。

表 5-1　常见咪唑类离子液体中阳离子和阴离子的名称简写及结构式[10]

离子名称	离子类型	离子结构
1-正丁基-3-甲基咪唑（Bmim）	阳离子	$R_1=CH_3—$，$R_2=n\text{-}C_4H_9—$
1-n-乙基-3-甲基咪唑（Emim）$_n$	阳离子	$R_1=CH_3—$，$R_2=n\text{-}C_2H_5—$
1-正辛基-3-甲基咪唑（Omim）	阳离子	$R_1=CH_3—$，$R_2=n\text{-}C_8H_{17}—$
1-正十六烷基-3-甲基咪唑（Hmim）	阳离子	$R_1=CH_3—$，$R_2=n\text{-}C_{16}H_{13}—$
1-n-烷基-3-甲基咪唑（C$_n$mim）	阳离子	$R_1=CH_3—$，$R_2=n\text{-}C_nH_{2n+1}—$

续表

离子名称	离子类型	离子结构
双(三氟甲磺酰基)酰亚胺(TFSI)	阴离子	X=(CF$_3$SO$_2$)N$^-$
双(五氟乙基磺酰)亚胺(BETI)	阴离子	X=(C$_2$F$_5$SO$_2$)$_2$N$^-$
六氟磷酸根(PF$_6$)	阴离子	X = PF$_6^-$
四氟硼酸根(BF$_4$)	阴离子	X = BF$_4^-$

与传统有机电解质相比，离子液体具有液态范围宽、不挥发和不可燃等特点，将其应用于电解液有望解决锂离子电池的安全问题[12-15]。这里基于咪唑类离子液体，介绍[Emim]BF$_4$和[Emim]TFSI两种离子液体电解液的实验合成与表征过程。

实验所需药品有：1-乙基-3-甲基咪唑溴化物([Emim]Br)，双(三氟甲基磺酰)亚胺锂(Li-TFSI)，二氯甲烷，去离子水，硝酸银，[Emim]Cl，NH$_4$BF，丙酮，氧化铝，锂盐。

1)[Emim]BF$_4$离子液体电解液的制备

[Emim]Cl 需在氩气环境的手套箱中进行储存。在手套箱中称取一定量的[Emim]Cl后，加入100 mL丙酮。之后，向丙酮中加入等摩尔量的NH$_4$BF，搅拌三天，过滤出杂质沉淀。为除去少量有机杂质，向滤液中加入过量中性氧化铝，然后过滤氧化铝，旋转蒸发除去丙酮，最终得到无色无味的[Emim]BF$_4$，在真空干燥箱中120℃干燥6 h。离子液体电解液的配制需在氩气环境的手套箱中进行，将一定量的锂盐加入到[Emim]BF$_4$离子液体中，室温搅拌3~4 h，至其完全溶解，即得[Emim]BF$_4$离子液体电解液[16]。

2)[Emim]TFSI 离子液体电解液的制备

取摩尔比为1:1的[Emim]Br和Li-TFSI，并分别溶于去离子水中，混合后常温搅拌12 h。向混合液体中加入一定量的二氯甲烷，萃取下层油状液体。用去离子水洗涤下层油状液体，直至用硝酸银检验上层水溶液不变浑浊。将收集到的下层油状液体搅拌加热蒸发除去二氯甲烷，并将产物放入烘箱内干燥一天，最终得到[Emim]TFSI 离子液体。将一定量的锂盐加入到[Emim]TFSI 离子液体中，室温搅拌3~4 h至其完全溶解，即得[Emim]TFSI 离子液体电解液。

2. 哌啶类和吡咯类离子液体电解液的制备

相比于其他类型离子液体，哌啶类和吡咯类离子液体具有低黏度和高电导率的优势，是目前离子液体在锂离子电池中应用研究的重点[17-26]。

在哌啶类离子液体的制备过程中，温度是影响反应进度的主要因素。温度太低则反应速率过慢，温度太高则易造成反应物分解，这可能导致产物纯度降低。投料方式对反应有一定程度的影响，滴加方式对离子液体产率提高效果相对微弱。与恒温水浴合成的离子液体相比，超声浴回流法合成的离子液体更适合作为电解液。

吡咯类离子液体通常具有较大的密度，是阳离子含有五元环和六元环结构的季铵类离子液体，具有与季铵类离子液体和季鏻类离子液体相似的电化学稳定性。2005 年，Sakaebe 等[12]首次尝试将 LiTFSI/PP$_{13}$TFSI 电解质应用在 Li/LiCoO$_2$ 电池中并得到较高的容量保持率。Pyr$_{13}$TFSI 具有短的阳离子烷基侧链长度致使其具有相对低的黏度，并拥有高的介电常数导致其较高的放电产物溶解度，这些性质都能有效地改善电池的性能。Pyr$_{13}$TFSI 电解液应用在锂聚合物电池中有效提高了电池的循环可逆性[27]。

本节分别以 PP$_{13}$DFOB 和 Pyr$_{13}$TFSI 作为哌啶类和吡咯类离子液体电解液的代表，对它们的合成过程进行介绍。

1) PP$_{13}$DFOB 离子液体电解液的制备

PP$_{13}$DFOB 离子液体通过两步合成法进行制备。首先合成中间产物 PP$_{13}$Br。称取等摩尔比的 1-溴代丙烷和 N-甲基吡咯烷以及适量的乙酸乙酯溶剂，置于三口烧瓶中进行烷基化反应，40℃磁力搅拌过夜，此时烧瓶中形成白色鸡蛋羹状固体，然后经过乙酸乙酯洗涤、过滤多次后，得到溴化 N-甲基-N-丙基哌啶鏻盐中间产物，随后在真空烘箱中 90℃下干燥 10 h，最后转移到干燥器中备用。第二步合成 PP$_{13}$DFOB，将中间产物 PP$_{13}$Br 与 LiDFOB 按照 0.95：1 的摩尔比，分别溶于适量的乙腈中，LiDFOB 的含量稍微过量以确保 PP$_{13}$Br 能够反应完全，避免带入溴离子杂质。然后将 LiDFOB 的乙腈溶液缓慢滴加到 PP$_{13}$Br 中，此时可以看到 LiBr 沉淀物生成。滴加完后，60℃反应 12 h。将副产物 LiBr 过滤后悬干，得到粗产物 PP$_{13}$DFOB，最后离子液体的纯化和 PP$_{14}$TFSI 的纯化步骤一样[28-30]，最终得到 PP$_{13}$DFOB 离子液体，经过真空干燥后转移到充满氩气的手套箱中存储备用。将一定量锂盐加入 PP$_{13}$DFOB 离子液体中，室温搅拌 3～4 h，至其完全溶解，即得 PP$_{13}$DFOB 离子液体电解液。

2) Pyr$_{13}$TFSI 离子液体电解液的制备

使用 1-甲基吡咯烷与相应化学计量的 1-碘丙烷在乙酸乙酯进行反应制备 Pyr$_{13}$I。将得到的 Pyr$_{13}$I 盐用乙酸乙酯洗涤几次，然后将盐溶解/熔化在热丙酮中并加入乙酸乙酯重结晶，得到纯的白色盐。在去离子水中混合 Pyr$_{13}$I 和 LiTFSI（1：1 摩尔比），得到 Pyr$_{13}$TFSI（含有 LiI 的水层和 ILs 相分离）。除去水相，用去离子水洗涤盐五次以除去残留的 LiI。除去最后的水层，在热板上将 Pyr$_{13}$TFSI 加热以除去多余的溶剂。加入活性炭，将高温混合物在热板上搅拌过夜。加入丙酮，混合物通过活化氧化铝柱过滤。通过加热除去丙酮，Pyr$_{13}$TFSI 在 100℃下真空干燥过夜，然后在 120℃下干燥 6 h。所得 Pyr₁₃TFSI 在室温下为透明无色液体。将离子液体在干燥的环境储存备用(0.2%相对湿度，20℃)。

3. 无机盐类离子液体电解液的制备

无机盐类离子液体[31-33]主要包括季铵盐类离子液体和季鏻盐类离子液体。与其他离子液体相比，季铵盐类离子液体原料便宜易得，合成路线简单。季鏻盐离子液体具有强亲核性阴离子，比季铵盐离子液体更稳定。另外，季鏻盐离子液体比含有相同阴离子的咪唑类离子液体具有更高的热稳定性和黏度。下面分别对苄基三乙胺硫酸氢盐、三丁基十四烷基硫酸氢鏻以及新型高氯酸盐反离子液体的合成过程进行介绍。

1) 苄基三乙胺硫酸氢盐离子液体电解液的制备

将 10 mmol 氯化苄基三乙胺盐和 30 mL 二氯甲烷放入装有回流冷凝管的三口烧瓶中，搅拌均匀，回流冷凝管配有干燥管。三口烧瓶置于冰水浴中，逐滴加入等物质量的浓硫酸(质量分数 98%)，滴加完后，反应 8 h，将三口烧瓶转入 50℃的油浴中。反应结束后，旋转蒸发出溶剂，得到微黄色黏性液体，即苄基三乙胺硫酸氢盐离子液体。将一定量的锂盐加入到苄基三乙胺硫酸氢盐离子液体中，室温搅拌 3~4 h，至其完全溶解，即得苄基三乙胺硫酸氢盐离子液体电解液。

2) 三丁基十四烷基硫酸氢鏻离子液体电解液的制备

在室温下，向带有搅拌、温度计和回流冷凝器的 500 mL 反应瓶中加入 147.2 g 的三丁基十四烷基氯化磷(TTPC)，搅拌状态下，逐滴加入 35.5 g 浓硫酸。滴加完成后，升温至 95~100℃，反应 20 h。反应结束后，用饱和硫酸氢钠水溶液将产物洗涤三次，除去过量的硫酸和生成的氯化氢。洗涤后的有机层采用减压蒸馏的方式除水，之后进行冷却、抽滤等操作，除去析出的少量盐分，得到最终目标产物三丁基十四烷基硫酸氢鏻离子液体。将一定量的锂盐加入三丁基十四烷基硫酸氢鏻离子液体中，室温搅拌 3~4 h，完全溶解后即得三丁基十四烷基硫酸氢鏻离子液体电解液。

3) 新型高氯酸盐反离子液体的制备

当 1,10-苯并三啉与 1,4-丁烷磺酮在不同摩尔比和热条件下反应时，只有两个氮原子中的一个受到攻击，导致 1,10-苯醌部分只含有一个丁基磺酸支链，这可能与双键结构中的空间位阻有关，也可能是由于增强的正电荷对苯环芳香性的干扰作用。另一方面，通过改变单、双取代 1,4-二甲基的摩尔比和反应温度制备了哌嗪盐。当量摩尔比的 1,4-二甲基哌嗪与 1,4-丁烷磺酮在室温下反应 4 h 后得到单取代哌嗪盐，而 1,4-二甲基哌嗪与 1,4-丁烷磺酮的摩尔比为 1:3 时，在 60℃下反应 2 h，得到单取代哌嗪盐。在室温下，将完全溶解在水中的苯妥英钠或哌嗪盐与等摩尔比的 HClO₄ 反应 24 h。最后，水溶剂蒸发后得到靶向 BAILs（[PhBs₁] ClO₄、[PipBs₁]ClO₄ 和[PipBs₂]（ClO₄）₂）[34]。合成流程如图 5-1 所示。

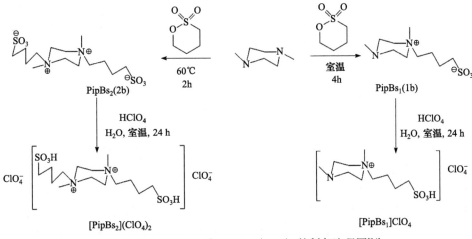

图 5-1　[PipBs₁]ClO₄ 和[PipBs₂]（ClO₄）₂ 的制备流程图[34]

4. 其他离子液体电解液的制备

离子液体种类繁多，除了上述几大类离子液体电解质外，下面将介绍一些其他类型离子液体电解质的合成。

1）聚（二烯丙基二甲基铵）双（三氟甲磺酰基）酰亚胺聚合物离子液体的制备

聚合离子液体可以通过聚合和阴离子交换反应合成。与聚合反应相比，阴离子交换反应速度快、成本低、操作简单。通过阴离子交换反应可合成聚（二烯丙基二甲基铵）双（三氟甲磺酰基）酰亚胺聚合物离子液体。将一定量的锂双（三氟甲磺酰基）酰亚胺盐和聚（二烯丙基二甲基铵）分别溶解在蒸馏水中。将聚二甲基二烯丙基氯化铵（DADMAC）溶液置于 250 mL 圆底锥形瓶中，滴加 LiTFSI 溶液与聚（DADMAC）溶液混合。然后在 25℃下用磁力搅拌使混合溶液均匀化，搅拌 10 min 后发生阴离子交换反应，在锥形瓶底部产生白色沉淀。沉淀经真空过滤分离，用蒸馏水洗涤数次，除去残余的 LiCl，然后在 120℃真空烘箱中干燥 24 h，得到白色聚（DADMATFSI）聚合物离子液体粉末。

采用 AgNO₃ 沉淀滴定法对合成的聚（DADMATFSI）进行验证。将少量 AgNO₃ 和聚（DADMATFSI）溶解在丙酮中，结果表明，聚合离子液体中不存在氯离子，即合成的聚（DADMATFSI）不含杂质[35]。

2）PDEIm 离子液体电解质的制备

基于聚（1,2-二乙氧基乙基咪唑）与醋酸根对离子（简称 PDEImAcO）通过阴离子交换反应可制备 PDEIm。将 1,2-双（2-氨基乙氧基）乙烷（4.85 g，3.3 mmol）、乙酸(4 mL)、乙二醛溶液(4.85 mL)、甲醛溶液(2.5 mL)和去离子水(10 mL)在100 mL 圆底烧瓶中冰浴下进行混合,然后在100℃回流2 h。随后,通过过滤收集沉淀产物。将所得的棕黄色产品用丙酮(200 mL)彻底清洗,然后在60℃下真空干燥24 h,得到 PDEImAcO。为了将 PDEImAcO 转化为所需的 PDEIm,将PDEImAcO 水溶液(10 mg · mL⁻¹)逐滴添加到 LiTFSI 水溶液(0.1 mol · L⁻¹)中,然后搅拌3 h。用去离子水彻底清洗所得产品,然后在80℃下真空干燥24 h,随即得到 PDEIm 离子液体[36]。

　　3)乙酸和乳酸基离子液体的制备

　　该离子液体通过两步反应制备得到。第一步是获得溴化物,包括 N-甲基-N-丙基吡咯烷溴化物([MPPyrr][Br])、N-甲基-N-丙基哌啶溴化物([MPPip][Br])、N, N′-二甲基-N-乙基哌嗪溴化物([DMEPpz][Br])和 N,N′-二甲基-N-丙基哌嗪溴化物([DMPPpz][Br])。第二阶段是用离子交换树脂通过酸碱反应进行阴离子交换。将Dowex®树脂装入用去离子水冲洗的柱(约 200 mL)中,并用过量的 NaOH 水溶液处理。用去离子水清洗过量的 NaOH 以去除所有未反应的离子,通过测定洗脱液的电导率来控制 OH⁻交换的有效性。然后,向柱中加入吡咯烷、哌啶或二甲基哌嗪基溴化物溶液,得到相应的氢氧化物水溶液,并作为洗脱液滴加到化学计量的乙酸或乳酸溶液。图 5-2 展示了获得吡咯烷、哌啶或二甲基哌嗪基离子液体的反应模式。在旋转真空干燥器上蒸发水后,离子液体在 333 K(60℃)的真空下干燥24 h。得到的白色沉淀包括[MPPyrr][Br]、[MPPip][Br]、[DMEPpz][Br]和

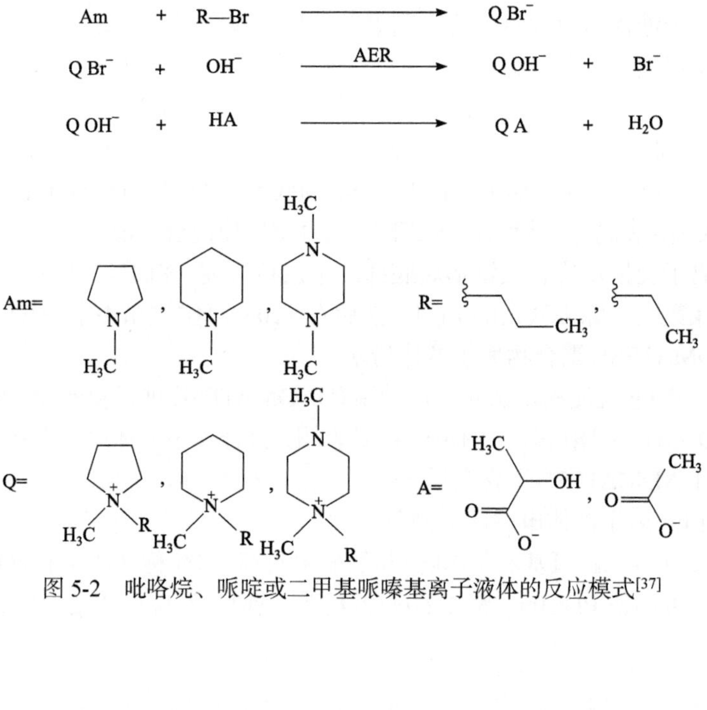

图 5-2　吡咯烷、哌啶或二甲基哌嗪基离子液体的反应模式[37]

[DMPPpz][Br]，产率高达 95%～98%。得到的无色液体包括[MPPyrr][Ac]和[MPyrr][L]。用卡尔费休滴定法测定发现合成的离子液体中的水含量（质量分数）小于 0.1%[37]。

4）四烷基铵基聚合物离子液体的制备

作为增塑剂的 N,N-二乙基-N-甲基-N-（2-甲氧基乙基）铵双（三氟甲磺酰基）酰亚胺（DEME-TFSI）可通过两步工艺制备。将 N-二乙基甲胺（1.0 g，0.012 mol）和 2-溴乙基甲醚（2.09 g，0.015 mol）添加到 40 mL 无水丙酮中。将混合物回流 48 h，得到白色固体 DEME-Br 并用乙醚反复洗涤。然后，在去离子水中将 DEME-Br 和 LiTFSI 混合，在室温下搅拌 5 h。离子液体用氯仿多次萃取，用无水硫酸镁干燥。去除溶剂后，获得 DEME-TFSI，并在 110℃下真空干燥 12 h，得到了四烷基铵基聚合物离子液体[DEME-TFSI][38]。

5）聚（二甲基二烯丙基）离子液体电解质和聚（二甲基二烯丙基）电解质薄膜的制备

将预先确定质量的双（三氟甲磺酰基）酰亚胺盐和聚（二烯丙基二甲基铵）氯化物[聚（二烯丙基二甲基铵）氯化钠]分别溶解于蒸馏水中。将聚（DADMACl）溶液置于 250 mL 圆底锥形瓶中，滴加 LiTFSI 溶液以与聚（DADMACl）溶液混合。然后在 25℃的温度下用磁力搅拌，搅拌 10 min 后发生阴离子交换反应，在锥形瓶底部产生白色沉淀。真空过滤分离沉淀，蒸馏水多次洗涤除去残余的 LiCl，然后在真空烘箱中 120℃干燥 24 h，得到白色聚（DADMATFSI）聚合物离子液体粉末。采用 AgNO₃ 沉淀滴定法对合成的聚（DADMATFSI）进行了验证。将少量 AgNO₃ 和聚（DADMATFSI）溶解在丙酮中。结果表明，聚合离子液体中不存在氯离子，即合成的聚（DADMATFSI）不含杂质。

以聚丙酮为溶剂，采用流延法制备了聚丙酮薄膜。首先，将聚（DADMATFSI）聚合物离子液体在 25℃下通过磁力搅拌溶解在丙酮中，然后在连续搅拌 8 h 的条件下向聚（DADMATFSI）溶液中加入预定量的 LiTFSI 盐，得到均匀的混合物。最后，将溶液倒入干净的玻璃培养皿中，使溶剂在室温下蒸发，然后真空干燥，在培养皿底部形成聚合物电解质膜。所得聚合物电解质膜在真空炉中于 40℃下放置 6 h 以除去残留溶剂。在 LiTFSI 掺杂的聚（DADMATFSI）聚合物电解质薄膜中，LiTFSI 释放离子进行传导，而聚（DADMATFSI）通过多聚链的缠结作为机械稳定性的主体基质，同时也提供一些 TFSI⁻离子用于导电。用螺旋测微计测得聚合物电解质膜的厚度约为 120 mm，精度为 5 mm。在进行表征之前，这些薄膜被储存在手套箱中，以避免环境湿气污染[35]。

6）聚芳醚酮-聚咪唑共聚物与离子液体共混制备电解质膜

如图 5-3 所示，由甲哌啶和乙二醇可以合成 BuMePyr-TFSI。将 19 g IB 与 10 mL THF 的溶液缓慢滴入含有 10 g MePyr 和 25 mL 乙酸乙酯的反应器中。在室温下连续搅拌 2 h 获得均匀溶液。将反应器温度升高至 50℃后反应 6 h，直到出现白色固体。白色固体经过滤后用乙酸乙酯多次洗涤，然后在室温下真空干燥 1 天，得到 BuMePyr-I 产品。将干燥的 BuMePyr-I（9.5 g）和 LiTFSI 盐（10 g）溶解在 9 g 去离子水中进行离子交换。初始混合物在 6 h 后出现相分离。收集底部相并用冷水冲洗，以除去多余的盐。将 0.7175 g 的 LiTFSI 盐溶解在 5 mL 的 BuMePyr-TFSI 中，制备出含 0.5 mL LiTFSI 的 BuMePyr-TFSI 离子液体。

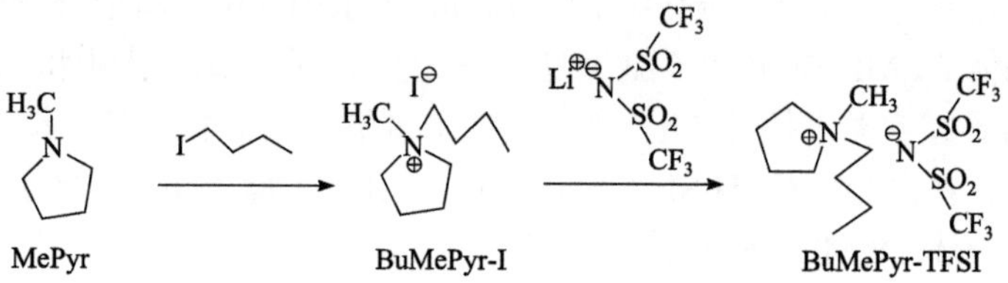

图 5-3　BuMePyr-TFSI 的合成步骤

图 5-4 为端接羟基的 PBuVIm-I 的合成方案。首先将 32 g VIm 与 30 mL 四氢呋喃溶液缓慢加入含有 57 g IB 和 70 mL 乙酸乙酯的反应器中，合成 BuVIm-I。在反应器底部加热 24 h，将产物洗涤到透明相乙酸乙酯中。干燥的 BuVIm-I 产品通过冷冻干燥得到。在向反应器中添加干燥的 BuVIm-I（5 g）和 30 mL 氯仿后，添加 AIBN（2%，质量分数）和乙醇硫醇。在氮气环境下，75℃下连续搅拌 2 天进行聚合反应。初始均相转变为顶部透明液相和底部高黏度液相。收集高黏度液相，用氯仿洗涤，真空干燥，制备得到端接羟基 PBuVIm-I。

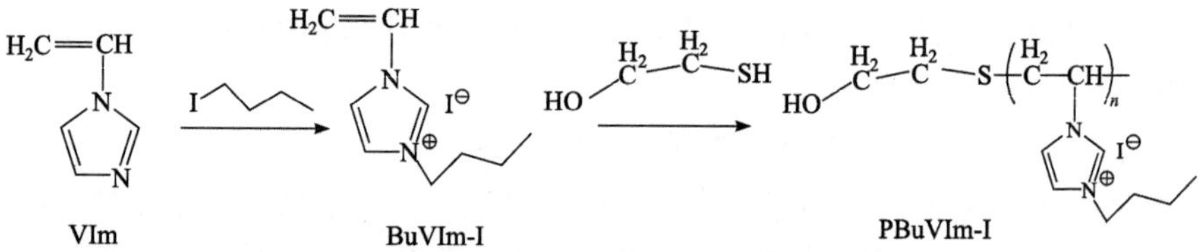

图 5-4　端接羟基的 PBuVIm-TFSI 的合成步骤

如图 5-5 所示，在 170℃下，由 VB（2.95 g）和 DB（2.56 g）单体在二甲基亚砜（45 g）和甲苯（40 g）的混合物中合成 PAEK-COOH。将合成的 PAEK-COOH（2.24 g）和 DMF 溶剂（75 mL）置于三颈烧瓶中搅拌，得到均匀溶液。将 PBuVIm-I（0.015 mol）和 DMAP（1.5%，摩尔分数）加入烧瓶中。搅拌 2 h 后，在反应器中缓慢滴加 3 mL 含 2%DCC 的 THF 溶液，在 70℃下进行反应 24 h。过滤反应产物以除去白色的少量固体杂质。将过滤后的溶液沉淀并洗涤到 IPA 溶剂中。将合成的 PAEK-g-[PBuVIm-I]在真空烘箱中 60℃下干燥 24 h。将干燥的 PAEK-g-[PBuVIm-I]和 10 mL THF 与另一种 LiTFSI（10 g）盐溶液在 16 mL 去离子水中混合。搅拌 2 h 后，过滤得到固体产物 PAEK-g-[PBuVIm-TFSI]。产品在真空烘箱中干燥并储存。

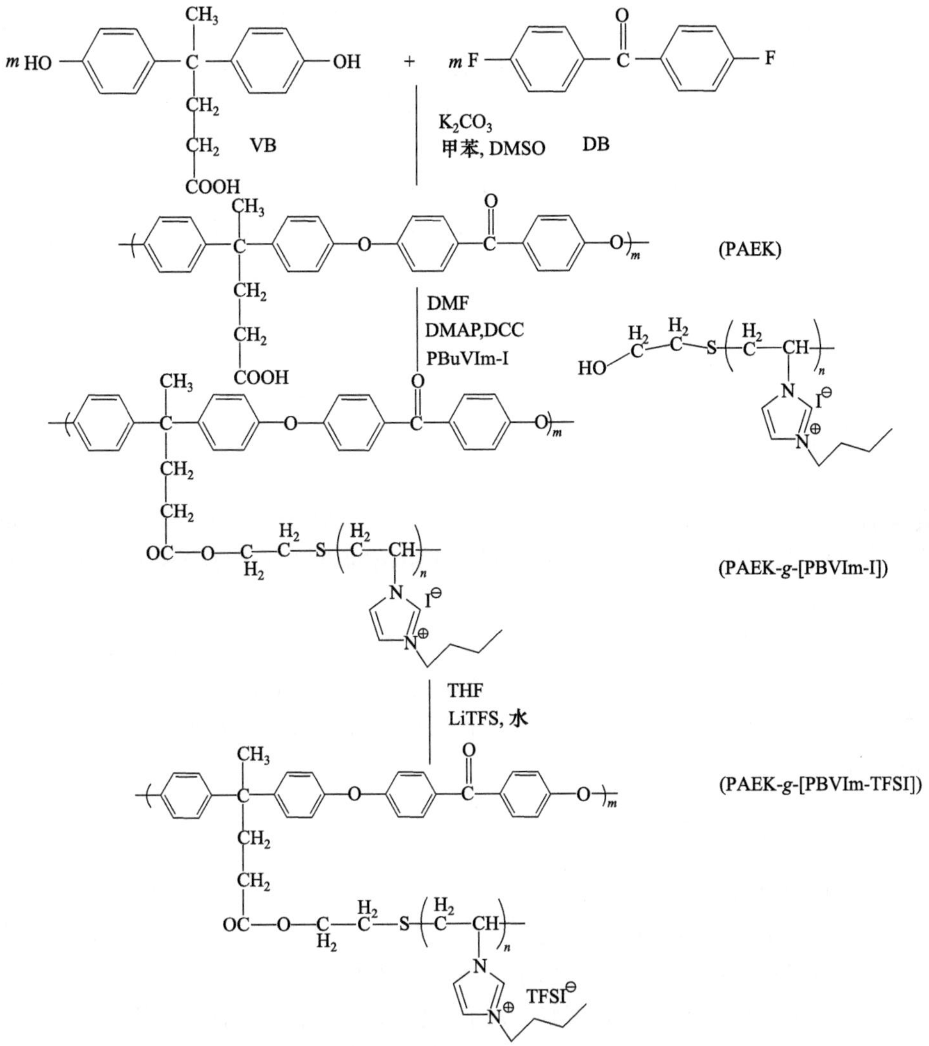

图 5-5　PAEK-*g*-[PBuVIm-TFSI]的合成步骤

　　将 PAEK-*g*-[PBuVIm-TFSI]（0.5 g）溶于 5 mL *N*-甲基吡咯烷酮（NMP）中，加入 40%的 ILs（LiTFSI/BuMePyr-TFSI），制备得到锂离子电池电解质膜。将均匀溶液浇铸在聚四氟乙烯基板上之后，首先在 60℃下干燥 24 h，然后在 70℃的真空下干燥 24 h，以完全去除 NMP[39]。

5.1.3　离子液体电解液的物性研究

　　本节所有离子液体电解液的电化学表征均采用组装扣式电池的形式，将各电解液与 Li$_4$Ti$_5$O$_{12}$/LiCoO$_2$ 活性材料进行匹配[40]。安全性是二次电池优劣的一个重要指标，因此电解质的阻燃性和热稳定性是评判电解质性能的两个重要指标。电导率直接影响电池的阻抗大小，是判断电解质性能的另一个重要指标。活性材料不同，电池充放电的电压范围也不同。电解质的电化学窗口也是电解质的一个重要评判指标。此外，电解质会与极片上的活性物质发生副反应，在电极片表面生成 SEI 膜，从而导致阻抗的增大和电池容量的衰减。对循环前后电极片的形貌分析可以观察到电极片上副反应产物的多少，从而结合电化学性能对电解质的性能进行评判。

1. 电极制备及电池装配

将活性电极材料、导电材料、黏结剂按照质量比 8∶1∶1 进行混合，用 NMP 调节稀稠度，得到均匀且稠度适中的浆料。使用刮刀将混合好的浆料均匀刮涂到清洁干净的铜箔或铝箔上，放入真空箱中 60℃干燥过夜，使溶剂充分挥发。将负载活性物质的铜箔或铝箔在辊压机上辊压三次，压实后用切片机冲切成 11 mm 的圆形电极片，称量极片及同样大小铜箔或铝箔的质量，计算极片上活性电极材料的负载量。

电池的装配过程在 Ar 环境的手套箱中进行。将制备好的电极片作为工作电极，放入正极壳中，加盖隔膜，滴加适量离子液体电解液，放入金属锂片作为对电极，加弹片、垫片，盖上负极壳，用封口机封口后即完成电池的装配。装配好的电池静置 12 h 备测。

2. 物理性能测试和表征

1)电解质可燃性测试

测试离子液体电解液可燃性的通用方法是自熄时间测试。测试时，使用一定大小的长方形玻璃纤维，在待测离子液体电解液中完全浸润，用滤纸吸去多余离子液体电解液。用铁架台将处理好的浸有待测离子液体电解液的玻璃纤维一头挂起，底端与酒精灯灯芯距离 50 mm 左右，玻璃纤维与火源接触 10 s 左右，移走酒精灯。观察玻璃纤维燃烧情况，若玻璃纤维全程未被点燃或酒精灯移走后自动熄灭，则认为离子液体电解液不可燃，否则，认为离子液体电解液可燃。若离子液体电解液可燃，则记录玻璃纤维开始燃烧的时间和燃烧结束自动熄灭的时间，计算离子液体电解液的燃烧时间。测试重复三次，若三次测试结果均不可燃，则认为离子液体电解液不可燃，若可燃，则计算三次测试的平均燃烧时间。

2)热稳定性测试

离子液体电解液的热稳定性测试主要通过对离子液体电解液进行热重分析。将离子液体电解液样品置于热重分析仪中，观察样品的质量随温度和时间的变化，从而研究离子液体电解液的热稳定性和组分[41]。

3) 表面形貌分析

表面形貌分析主要研究循环过程中离子液体电解液对电极片的影响，即将循环后的电极片与未循环极片进行表面形貌观察。其中，循环后的极片在手套箱中进行拆卸，取出的极片用 DMC 将表面残留的离子液体电解液等清洗干净，然后置于手套箱中待有机溶剂充分挥发后装入瓶中密封待用。

4) 傅里叶变换红外光谱分析

傅里叶变换红外光谱分析用来对离子液体电解液中的分子结构进行鉴定并分析各分子间的相互作用。

3. 电化学性能测试

1) 电导率

采用电化学阻抗法测试离子液体电解液的电导率，由电导率测试仪进行测量。整个测试过程，样品所处环境温度均由恒温水浴锅进行控制，水浴锅达到设定温度后恒温 1 h 再进行测试。整个测试重复三次，取三次电导率的平均值。

2) 循环伏安

使用电化学工作站进行循环伏安测试[40]，以研究电极材料的电化学反应过程，并观察离子液体电解液的电化学稳定性。

3) 电化学阻抗谱

电化学阻抗谱是用来研究离子液体电解液与电极之间过程动力学及电化学性能和界面反应的重要手段。使用电化学工作站测量电化学阻抗谱，分析反应过程中的阻抗和电极材料的扩散阻抗。测试频率为 $10^{-2}\sim10^5$ Hz。

4) 恒流充放电

恒流充放电测试是将组装好的电池，通过电池测试系统，按照程序设定的电流密度和电压区间进行充放电行为，并由电池测试系统记录下充放电过程中电压-电流的变化曲线及放出的电量等数据。恒流充放电测试是研究离子液体电解液与电极材料电化学性能的最直观的方法。根据前面计算极片上的活性物质的负载量，乘以相应的电流密度，即得充放电的电流值。电压区间与循环伏安测试的电压范围相同。

4. 具体实例分析

下述以近年来的几个实例来做具体分析。

1) 温控双咪唑离子液体的表征

大多数离子液体两相催化反应发生在两相界面或者离子液体相，因为一般的离子液体与有机溶剂互不相溶，这就导致很多反应受阻，反应速率受限制，而与有机溶剂互溶的离子液体在催化结束后又难以分离，不利于催化剂的回收利用，也使得产物不容易提纯。基于普通离子液体的弊端，科研工作者进一步提出了温控型离子液体。温控可变相态离子液体(又称温控型离子液体)的溶解度能够随温度发生显著变化,可以实现"高温均相,低温分相",即在高温下呈液态催化,而低温下容易形成固态分离出来,是集均相催化剂催化活性高和非均相催化剂容易分离回收于一体的新型离子液体。本例以温控型离子液体合成方面的文献为基础,根据晶体学数据对双咪唑型温控型离子液体的结构进行相关分析。

晶体结构的测定:选取大小为 0.20 mm×0.10 mm×0.10 mm 的白色单晶样品,采用 CCD-X 射线 SMART-1000 型单晶衍射仪于 296 K 温度下收集衍射数据,使用经石墨单色器单色化的 Mo Kα 射线(λ=0.71073),以 ω 扫描方式在 2.6°≤θ≤25.50°范围内共收集 3517 个衍射数据。数据经 Lp 因子和经验吸收校正。采用直接法并经数轮差值 Fourier 合成,找到全部非氢原子。所有非氢原子的坐标及其各向异性温度因子用全矩阵最小二乘法进行精修。所有结构计算工作均用 SHELX-97 程序完成。

表 5-2 中 DIM3 晶体学数据表明,DIM3 晶体呈现四方晶系,在晶胞堆积结构上呈现高度中心对称。该结构的对称性在温控分离方面具有一定的应用价值,能够改善水的极性。应用其与甲苯混合双相体系催化胺醛进行缩合反应时,缩合反应结果良好,实现了温控型离子液体"高温均相,低温分相"的目的,并且在反应结束后能够回收并重复利用。

表 5-2　DIM3 晶体学数据[42]

参数	值	参数	值
经验式	$C_{13}H_{22}F_{12}N_4P_2$	Z	1
重量加权	524.33	D_c(g·cm⁻³)	1.479
晶系	四方晶系	Mu(Mo-Kα)(mm)	λ=0.71073
空间群	$Iba2$	F(000)	1880
a(nm)	16.236(2)Å	晶体尺寸(mm)	0.20×0.10×0.10
b(nm)	16.236(2)Å	数据采集范围(°)	2.509~25.500
c(nm)	16.497(2)Å	反射收集	16178
α(°)	90	独立反射	[R(int)=0.0345]
β(°)	90	F^2拟合有度	1.258
γ(°)	90	最终 R 指数[$I>2\sigma(I)$]	R_1=0.1064 ωR_2=0.2903
V(nm³)	4348.7(8)	R 指数(全数据)	R_1=0.1388 ωR_2=0.3372

2)新型聚双离子液体(PGDIL)的制备与表征

如图 5-6 所示,通过电化学聚合法制备了一种新型的聚双离子液体(PGDIL)膜。用 SEM 和 FTIR 分析了 PGDIL 薄膜的形貌和结构,确定了 GDIL 在金电极表面的聚合机理为三维瞬时成核。FTIR 证实了 PGDIL 链中聚苯胺样单元的存在，表明 GDIL 的苯胺基是在 Au 电极表面电聚合得到的。用循环伏安法研究了 PGDIL 膜在苯酚中的电化学性能，并确定 PGDIL 膜电极促进了苯酚的电催化。

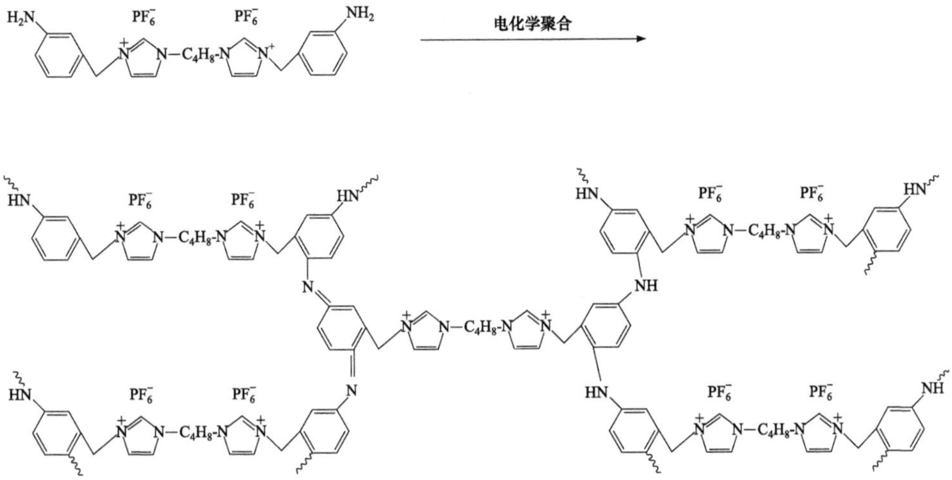

图 5-6　PGDIL 的制备[43]

图 5-7(a) 是 PGDIL 粉末的扫描电子显微镜照片。如图所示，PGDIL 粉末由均匀、堆叠的球形颗粒组成，其形状与大多数导电聚合物相似。为了进一步了解 PGDIL 和 GDIL 的结构，对聚合物粉末的 IR 光谱进行了测试，如图 5-7(b) 所示。在 PGDIL 的 FTIR 光谱中，3158 cm^{-1} 和 3106 cm^{-1} 处的谱带清晰可见，这是由芳香环(咪唑和苯)的 C—H 环拉伸振动引起的。由于聚合后形成更多的氢键，C—H 键长度增加，键力常数减小，吸收波数红移。3462 cm^{-1} 为仲胺的拉伸振动带，肩带 3342 cm^{-1} 为弯曲振动的 N—H 倍频峰。对比红色曲线 (GDIL) 和黑色曲线 (PGDIL)，1312 cm^{-1} 处的峰值可能归因于 C—N 拉伸振动带，在 1700~1400 cm^{-1} 范围内的峰属于 N—H 变形振动 (1609 cm^{-1}) 以及 C=C 和 C—C 在芳香环的拉伸振动带，咪唑环在 924 cm^{-1} 处的变形，归因于 PeF 拉伸振动，830 cm^{-1} 处的峰归因于 N—H 平面外弯曲振动(宽峰)。在 GDIL 单体的红外光谱中分别观察到 739 cm^{-1} 处的 C—(CH$_2$)$_2$—C 骨架振动和 682 cm^{-1} 处的 C—H(1,3-二取代苯环)平面外弯曲振动。而在 PGDIL 的红外光谱中，1329 cm^{-1} 处的峰属于苯醌环变体的 C—N 伸缩振动，1250 cm^{-1} 处的峰属于醌环结构中的共轭 C=N 伸缩振动，1108 cm^{-1} 处的峰属于 N=Q=N、Q=N$^+$H=B 和 B—N$^+$H—B 拉伸振动，咪唑环在 920 cm^{-1} 处变形，PeF 在 835 cm^{-1} 处出现拉伸振动(尖峰)，这意味着—NH$_2$ 基团参与聚合反应并转化为—NH—或—N$_{1/4}$，在 744 cm^{-1} 处观察到 C—(CH$_2$)$_2$—C 振动，在 652 cm^{-1} 处观察到 C—H(1,3,5-三取代苯环)平面外弯曲振动。

　　然而，PGDIL 的红外光谱在 1700 cm^{-1} 到 1400 cm^{-1} 的范围内与 GDIL 的红外光谱有很大不同，这是由于 GDIL 的苯胺基聚合形成的苯二胺和喹啉二胺结构类似于聚苯胺[图 5-7(c)][43]。

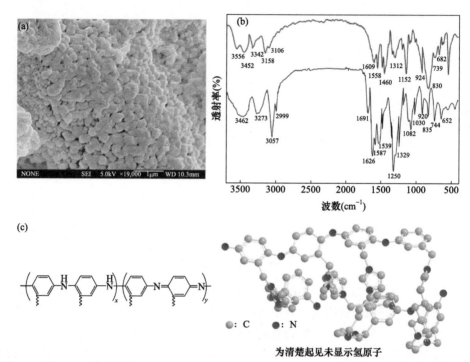

图 5-7　(a)PGDIL 扫描电镜图；(b)GDIL 和 PGDIL 的红外光谱；(c)PGDIL 分子结构示意图[43]

5.2　离子液体复合固体电解质的设计制备与物性研究

5.2.1　离子液体聚合物电解质

　　基于传统液体电解质的锂离子电池在反复充放电循环过程中会形成不规则的金属锂电沉积层，导致锂枝晶，引起安全性问题，不仅会使电池库仑效率降低，也会加速电解质的消耗，甚至增加短路的风险，存在严重的热失控危险[44-46]。

　　离子液体聚合物是一类重复单元中包含离子液体结构的新型聚合物材料[47-55]，其高分子链上至少含有一个离子中心，重复单元与常见离子液体结构类似，且具有特殊性能。与常规聚合物相比，它具有诸多优异的特性，如良好的成膜性能、不易燃、高的热稳定性和电化学稳定性以及与离子液体良好的相容性等。除此之外，它还具有电导率高、力学性能好以及不易发生溶剂挥发和漏液现象等优点[56-59]。

离子液体聚合物电解质能否在下一代固体锂离子电池中使用引起了极大的关注[60]。由离子液体和聚合物组成的离子液体聚合物电解质将离子液体和聚合物的优点结合，具有稳定性强、电导率高等特点[61]，且没有漏液的危险[62]，近年来引起了科学家的广泛关注[63]。离子液体聚合物电解质在大体上可以分为两类：一类是离子液体和聚合物之间没有化学反应，即聚合物中含有离子液体，实质是离子液体以溶液的形式存在于固态聚合物中；另一类是在聚合物分子上引入离子液体结构得到离子液体聚合物电解质。根据聚合物链上的电荷分布，可将离子液体聚合物分为聚阳离子型、聚阴离子型和阴阳离子共聚型等，如图 5-8 所示[64]。离子液体聚合物电解质的制备方法主要有三种：①将离子液体和聚合物直接共混成膜；②向已经成膜的聚合物内部浸入离子液体；③由聚合物单体直接在离子液体中聚合得到[65]。目前研究的离子液体聚合物主要为聚阳离子型离子液体聚合物，这可能是由于离子液体中全氟阴离子的聚合较为困难[47]，且聚阴离子骨架与锂离子的相互作用也会降低锂离子的流动性[66]。同时，离子液体聚合物的阴离子对其玻璃化转变温度和离子电导率均有显著影响[67]。根据聚阳离子型离子液体聚合物重复单元中与骨架链相连的阳离子中心的数目，又可将其分为单中心阳离子离子液体聚合物以及双中心阳离子离子液体聚合物等[68]。

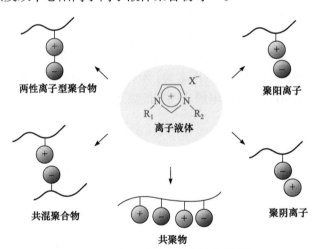

图 5-8　离子液体聚合物的分类[64]

近年来，研究较多的离子液体聚合物电解质主要包括凝胶电解质、离子塑性晶体电解质、混合电解质和单离子导电电解质等几类。

1. 凝胶电解质

有机聚合物固体电解质属于一种新型电解质范畴，其整体是由大分子物质作为基体支撑，内部可以进行离子迁移从而具有导电性的特点[69]。由于凝胶具有介于固态和液态之间的特殊结构，使得凝胶聚合物既具有液体的扩散传导能力，又具有固体的内聚性。以聚合物作为基体，将有机电解液或锂盐-离子液体溶液固定在其中，从而制得自支撑的聚合物电解质膜，可使聚合物的力学柔韧性和电解液的电化学性质得到完美的结合。基于有机电解液的聚合物电解质由于含有易燃、易挥发的有机溶剂，其安全性能仍不够理想[70]。将离子液体引入聚合物中复合得到离子液体聚合物电解质，既保留了聚合物的柔韧性和离子液体电解质诸多优良的电化学特性，又可获得与离子液体电解质相似的电池性能[71]。但常规聚合物基体与离子液体复合制备的离子液体基凝胶聚合物电解质会存在相容性差的问题，如将锂盐-离子液体溶液固定在聚合物基体中得到的电解质体系。为解决这个问题，可以将离子液体作为主链的重复单元制备出离子液体聚合物，并应用于离子凝胶体系。

　　PVDF 中的β相晶型具有较大极性，使其具有高介电常数，有利于锂盐解离，同时增强与电解质的亲和能力，且 PVDF 拥有较好的机械强度和电化学稳定性[72]，因此，聚偏氟乙烯-六氟丙烯(PVDF-HFP)以其优异的电化学稳定性、易成膜性和高热稳定性，被认为可以作为凝胶电解质的潜在基质[56]。Que 等[73]报道了由 PVDF-HFP 和室温离子液体[Emim]TFSI 组成的柔性薄膜离子液体基凝胶电解质。图 5-9 为该凝胶电解质和 3P(MPBIm-TFSI)的结构示意图。所制备的凝胶电解质显示出良好的热稳定性，在高达 370℃时没有重量损失，并且具有相对较高的离子电导率，基于此电解质的电池表现出稳定的能量输送能力。Jia 等[74]指出影响PVDF-HFP 基 GPE 离子电导率的因素为：液体电解质吸收量、聚合物基体和液体电解质间的相互作用以及液体电解质固有的离子电导率。

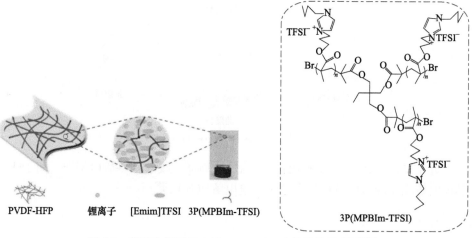

PVDF-HFP　　锂离子　　[Emim]TFSI　3P(MPBIm-TFSI)　　　　3P(MPBIm-TFSI)

图 5-9　凝胶电解质和 3P(MPBIm-TFSI)的结构示意图[73]

Liu 等[75]在离子凝胶形成之前，将 PVDF-HFP 的溶剂加入离子液体 1-乙基-3-甲咪唑鎓二氰酰胺(EMIM∶DCA)和 PVDF-HFP 的丙酮溶液中，可以显著改变 PVDF-HFP 形成的微观固体网络，有效提高了离子凝胶的离子电导率。Chaudoy 等[76]将 PVDF-HFP 和聚环氧乙烷(PEO)交联形成半互穿聚合物网络，承载了 N-丙基-N-甲基吡咯烷鎓双(氟磺酰基)酰亚胺(P₁₃FSI)和 LiTFSI，应用于锂金属电池时表现出了高离子电导率和优异的机械性能。Caimi 等[77]使用去离子水为溶剂制备了 PVDF-HFP 基 GPE，指出离子液体过多会使膜均匀性和完整性下降。实验表明：离子液体含量为 70%时，GPE 性能最优。Singh 等[51]也研究了离子液体含量对 PVDF-HFP 基 GPE 的影响，发现随着离子液体含量增加，电解质可燃性降低。同样，当离子液体含量为 70%(质量分数)时，获得的 GPE 性能最好。

Sakaebe 等[12]基于含有三种不同阴离子的离子液体，研究了 Li/LiCoO$_2$ 电池的性能。利用酰胺将不对称性质引入阴离子，提高了 RTIL 的黏度和电导率。Appetecchi 等[78]报道了以新型聚(二烯丙基二甲基铵)双(三氟甲磺酰基)酰亚胺聚合物离子液体为主体，加入 N-甲基-N-丁基吡咯双(三氟甲基磺酰)亚胺([Pyr₁₄]TFSI)离子液体和 LiTFSI 盐的无溶剂三元聚合物电解质的电化学性能。研究发现，即使在与锂阳极接触较长时间后，PILs-LiTFSI-Pyr₁₄TFSI 电解质膜仍具有优异的化学稳定性，并且热稳定性高达 300℃。Lee 等[79]将含乙烯基离子液体单体的电解质溶液原位聚合得到凝胶聚合物电解质。不可燃离子液体单体的聚合导致凝胶聚合物电解质的可燃性显著降低。用稳定的凝胶聚合物电解质组装的锂聚合物电池的放电比容量为 134.3 mAh·g^{-1}，且在室温下表现出良好的容量保持性。

在锂离子电池中，研究较多的聚合物电解质有聚甲基丙烯酸甲酯(PMMA)基、聚丙烯腈(PAN)基、聚偏氟乙烯(PVDF)基和聚环氧乙烷(PEO)基等，其余都是在这些聚合物基础上形成的共聚物。典型的聚合物凝胶电解质系列主要是偏氟乙烯与六氟丙烯的共聚物[P(VDF-HFP)]和丙烯腈-甲基丙烯酸甲酯-苯乙烯的共聚物[P(AN-MMA-ST)]等。

1) PEO 基

目前研究最早且最广泛的凝胶电解质是 PEO 基电解质。早在 1973 年，研究者就发现 PEO 与碱金属盐配位具有离子导电性，这就是 PEO 基电解质研究的开端。1978 年，研究者又提出 PEO 与碱金属盐配合物作为带有碱金属电极的可充电电池的离子导体。

PEO 基电解质在没有任何有机增塑剂的情况下能够与锂盐形成稳定的结合物。但 PEO 基聚合物容易结晶，不利于凝胶电解质的导电。为了降低 PEO 的结晶性，将其与丙烯酰胺(AAM)和甲基丙烯酸甲酯(MMA)共聚可以提高电解质的电导率。形成的共聚物主要有 P(EO-AAM)和 P(EO-MMA)。AAM 和 MMA 的加入增加了 PEO 链的柔性，提高了聚醚无定形相中自由链段的运动幅度，减少了锂离子在聚合物当中的交联度，增加了锂离子自由运动的速度。PEO 在室温下的高结晶度(即低离子电导率)仍然是 PEO 基聚合物电解质商业化的主要挑战。此外，传统的 PEO 基电解质在充放电过程中与高压不匹配，限制了其在三元阴极材料(NCM)中的应用。

2) PVDF 基

现在研究者们对 PVDF 基电解质的研究日益加深。聚偏氟乙烯-六氟丙烯(PVDF-HFP)作为聚合物电解质的基体，不仅能承受高电压，而且具有良好的吸液率和机械强度，使电池具有更高的能量密度、更快的反应动力学和更高的安全性。Liu 等[80]采用紫外光固化法制备了一种半互穿 PVDF-HFP 基聚合物电解质。以 PVDF-HFP 为基体引入大分子，单体乙氧基化三羟甲基丙烷三丙烯酸酯(ETPTA)在紫外光下引发聚合形成网络结构，共同形成半互穿聚合物电解质。该网络的引入有利于提高聚合物电解质的机械强度，提高锂金属电池的性能。

3) PMMA 基

聚酯类聚合物凝胶电解质中最典型的是聚甲基丙烯酸甲酯(PMMA)基。聚合物中的羰基氧有很强的亲和性，促使它和增塑剂与电解液有效地溶合，能够容纳更大量的电解液，同时它对锂电极还有良好的界面稳定性，可以增加电池的化学稳定性与安全性。使用增塑剂的一个严重缺点是降低了聚合物电解质的机械强度。为了消除这一问题，与 PMMA 共混被认为是增强机械稳定性的有效方法[81]。总之，PMMA 基电解质具有以下优点：①MMA 结构单元中有一个羧基侧基，与增塑剂中的氧有很强的相互作用，能够容纳大量液体电解质；②对电极有较好的界面稳定性；③与锂电极的界面阻抗低；④和电解液相容性较好；⑤PMMA 原料价格低廉，易于合成。

4) PAN 基

聚丙烯腈(PAN)基聚合物凝胶电解质是一类合成简单的电解质材料，优点有电导率高、热化学稳定性高、电化学窗口宽等，缺点是凝胶质软、机械强度低，并且—CN 具有强拉电子效应，与液体电解液的相溶性不好，与锂电极会产生严重的钝化现象，易造成界面膜的不稳定，使电池容易漏液，引起安全问题。Shah 等[82]研究了一种新型聚合物凝胶电解质的制备方法，该电解质采用高效的聚丙烯腈-共聚-丙烯酸丁酯(PAN-co-PBA)作为固体 DSSC 的载体。所制备的 PAN-co-PBA 具有高吸水性。而且，PAN-co-PBA 凝胶电解质具有高离子电导率。用 7% PAN-co-PBA 制备的 DSSC，总转化效率最高，约 5.23%。DSSC 性能的提高可能与 PAN-co-PBA 凝胶电解质的良好凝胶化和高离子电导率有关。

2. 离子塑性晶体电解质

离子塑性晶体是由有机分子组成的化合物，在保持高扩散性和可塑性的同时表现出无序性[83]。低于熔点的固-固相变赋予有机塑性晶体良好的机械柔韧性和塑性[84]。

因此，在外力作用下，它们很容易变形而不断裂。

Jin 等[85]报道了一种基于有机离子塑性晶体三异丁基（甲基）双（氟磺酰基）酰亚胺（P$_{1444}$FSI）的新型固体电解质。图 5-10 为制备的离子塑性晶体电解质的 DSC 图谱，两个相变温度（从 8℃到 24℃和从 24℃到 36℃）表明它们是典型的塑性晶体。所制备的电解质在 22℃下表现出良好的电导率（0.26×10^{-3} S·cm^{-1}）和高放电容量（160 mAh·g^{-1}）。

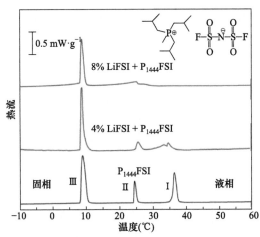

图 5-10　含不同摩尔分数的有机离子塑性晶体的 DSC 图谱（插图为 P$_{1444}$FSI 的化学结构）[85]

Li 等[86]通过用有机离子塑性晶体浸渍基质制备了一类固体聚合物电解质 N-乙基-N-甲基吡咯烷双（氟磺酰基）酰亚胺（P$_{12}$FSI）。所制备的 PILs-P$_{12}$FSI-LiTFSI 电解质显示出灵活的机械特性（见图 5-11），宽的工作温度范围（25～80℃）以及抑制锂枝晶生长的优势。

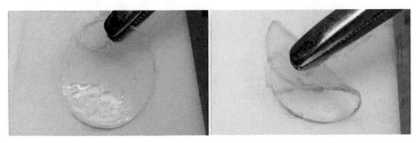

图 5-11　固相 PILs-P$_{12}$FSI-LiTFSI 电解质膜的照片[86]

Al-Masri 等[87]报道了一种含有 90mol%双（氟磺酰基）酰亚胺锂和 10 mol%双（氟磺酰基）吡咯烷亚胺的有机离子塑性晶体电解质。所得的准固态电解质在 30℃下显示出 0.24×10^3 S·cm^{-1} 的电导率，锂离子转移数为 0.68，该结果为设计具有良好电化学和传输性能且更安全的准固态电解质提供了一种新途径。

3. 混合电解质

基于聚离子液体的混合电解质是指其中离子液体部分化学结合到无机颗粒基底上，从而对电解质的物理化学性质产生有益的协同效应[88,89]。根据 Wang 及其同事[90]的报道，基于 PILs 的聚合物电解质的离子传输特性可以通过引入 2D 二氧化硅纳米填料来增强，提供连续互连的离子传输路径。混合电解质显著改善了电池的循环性能和离子电导率（在室温下增加了 1130%）。图 5-12 (a) 为 PDMA(TFSI) 的阴离子交换过程，(b) 为 PILs 功能化纳米板的制备过程。

Ma 及其同事[91]报道了基于 PILs 和 $Li_{1.3}Al_{0.3}Ti_{1.7}(PO_4)_3$ (LATP) 无机颗粒的混合电解质（图 5-13）。聚对苯二甲酸乙二酯(PET)非织造布用作骨架可以提高机械强度，PILs-LiTFSI-LATP 用作离子传输材料。使用 PILs-LiTFSI-LATP（质量分数为 10% 的 LATP）作为固体电解质的磷酸铁锂/锂电池表现出优异的倍率性能和高容量保持率（在 60℃下 250 周循环后接近 97%）。

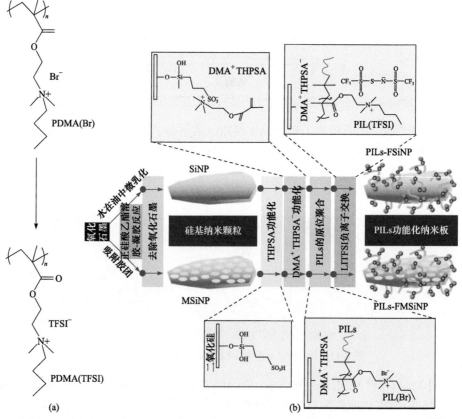

图 5-12　(a) PDMA(TFSI) 的阴离子交换过程；(b) PILs 功能化纳米板的制备工艺[90]

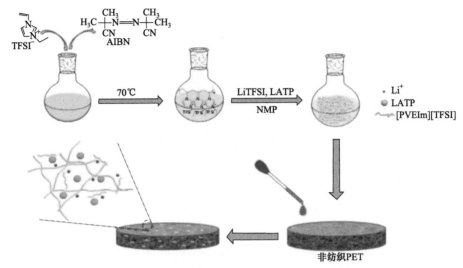

图 5-13　基于 PILs 的混合电解质的制备工艺[91]

此外，PILs 基电解质也可用作锂硫电池的中间层[92]。例如，当通过静电纺丝制备的 PPy@PILs-聚丙烯腈纳米纤维用作锂硫电池的中间层时，PILs 基电解质在 0.1C 下表现出 844 mAh · g^{-1} 的高容量和对多硫化物的超强吸附性。大多数硫化物的化学性质使碳酸盐无法作为锂硫电池的电解质盐，而且醚类溶剂的低沸点使得该体系具有很高的挥发性和易燃性[93,94]，醚的低稳定性和多硫化物的溶解也导致了锂硫电池难以商业化[37]。另外，大尺寸 Li$_2$O$_2$ 脱锂所需的高过电位会不可避免地导致碳酸盐或醚溶剂的不可逆氧化[95]。

4. 单离子导电电解质

当阴离子结合到聚合物主链上时，阳离子成为电解质中唯一可自由移动的离子，从而形成单离子导电电解质。通常，较低的玻璃化转变温度和较高的聚合物链段迁移率可以提高单离子导体的离子电导率[96]。单离子导电电解质的高离子电导率和锂离子迁移数可抑制电极上锂枝晶的生长[97]。

1984 年，Bannister[98]报道了使用阴离子聚合物可获得单离子导电电解质，通过限制阴离子与锂离子结合，从而加速锂离子的转移。Porcarelli 及其同事[99]报道了通过可逆加成断裂链转移（RAFT）聚合制备的新型 PILs 基单离子导电电解质，其制备过程如图 5-14（a）所示。根据图 5-14（b），该单离子导电电解质可用于固态锂离子电池，在 25℃时显示出 2.3×10^{-6} S · cm^{-1} 的良好电导率，并表现出高达 130 mAh · g^{-1} 的比容量。基于 PILs 的单离子导电电解质通过 RAFT 聚合控制分子结构，实现了高离子电导率和高电化学稳定性。

Ma 等[100]提出了一种由 LiPSsTFSI 和聚环氧乙烷组成的单离子导电电解质，

表现出 44.3℃的低玻璃化转变温度和高锂离子迁移数。Porcarelli 等[101]制备了由 PEO 和聚(锂 1-[3-(甲基丙烯酰氧基)丙基磺酰基]-1-(三氟甲基磺酰基)酰亚胺)嵌段组成的单离子导电三嵌段共聚物电解质,获得了低的玻璃化转变温度(–55～7℃)和优良的离子电导率(在 70℃下约为 10^{-4} S·cm^{-1})。

5.2.2　复合固体电解质

1. 聚(二甲基二烯丙基铵)双(三氟甲基磺酰)亚胺

以吡咯烷酮基离子液体聚合物电解质聚(二甲基二烯丙基铵)双(三氟甲基磺酰)亚胺[P(DADMA-TFSI)]的合成为例进行介绍。

离子液体聚合物 P(DADMA-TFSI)电解质膜的制备[102]:首先合成吡咯烷基聚合物离子液体。用 100 mL 去离子水将通过阴离子交换反应合成的聚(二烯丙基二甲基铵)双(三氟甲磺酰基)酰亚胺和 20 g (24.74 mmol 单体单元)聚(二烯丙基

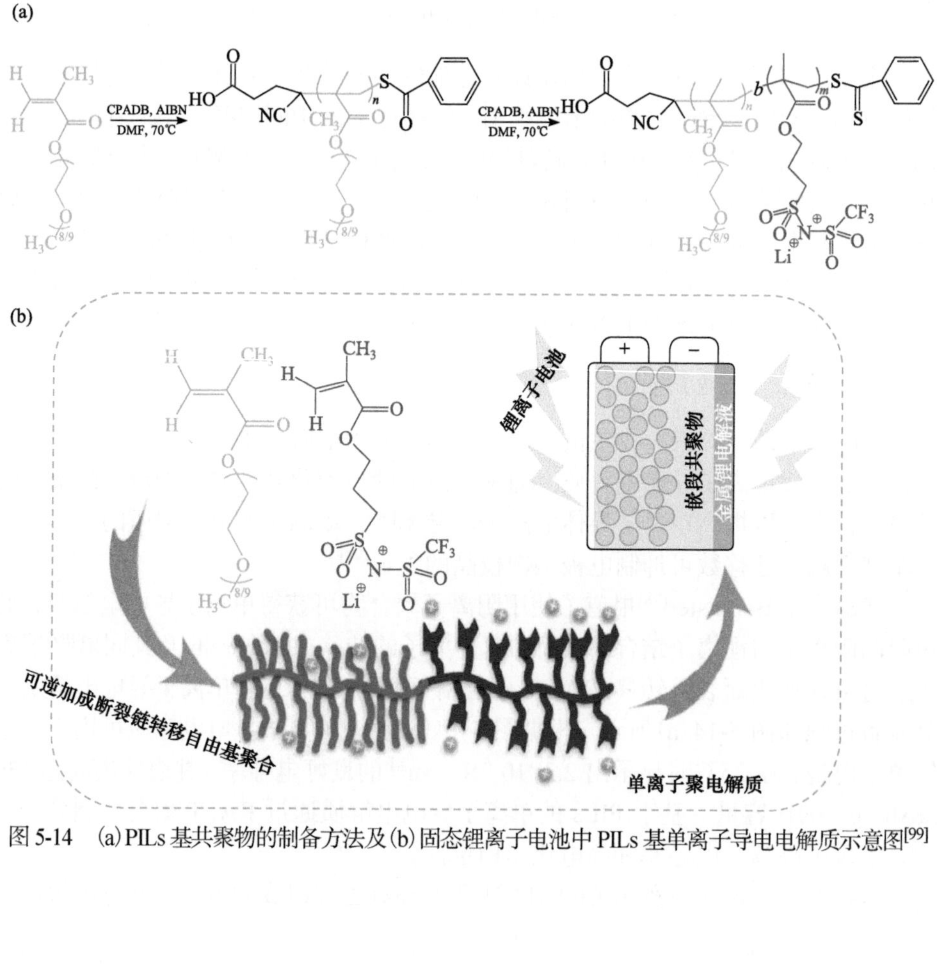

(a)

(b)

图 5-14　(a) PILs 基共聚物的制备方法及(b)固态锂离子电池中 PILs 基单离子导电电解质示意图[99]

二甲基铵)氯化物水溶液(20wt%)进行稀释,然后与 8.52 g (29.68 mmol)的 LiTFSI 在 20 mL 的去离子水中进行混合。在室温下搅拌 2 h 后,从溶液中沉淀出大量白色固体。通过过滤收集白色固体,并用去离子水洗涤五次。固体在 105℃真空干燥 48 h,得到白色的 TFSI。之后,进行硝酸银滴定实验,即向聚(DADMA)TFSI/丙酮溶液中加入硝酸银,以检查氯离子是否残留在聚(DADMA)TFSI。该实验结果证实不存在氯离子,因为没有氯化银沉淀产生。

聚(DADMA)TFSI-SN 复合聚合物电解质的制备过程如下:通过将聚(DADMA)TFSI、丁二腈和 LiTFSI 溶解在丙酮中制备了聚(DADMA)TFSI-SN 的复合聚合物电解质。将混合物浇铸到聚四氟乙烯载玻片上,在氩气气氛下蒸发溶剂 24 h。然后,将电解质膜在 30℃真空干燥 48 h,并移入充氩手套箱(O$_2$ < 0.1 ppm,H$_2$O < 0.1 ppm)中静置 24 h,以除去残留的溶剂,获得的膜厚度约为 250~300 μm。

2. 聚(1-乙基-3-乙烯基咪唑双(三氟甲基磺酰)亚胺)

以咪唑基离子液体聚合物电解质聚(1-乙基-3-乙烯基咪唑双(三氟甲基磺酰)亚胺)[P(EtVIm-TFSI)]的合成为例进行介绍[103]。

采用三步法合成了 P(EtVIm-TFSI)。第一步,以 AIBN 为引发剂,VIm 在甲苯中自由基聚合得到 PVIm 均聚物(单体质量分数为 0.5%),温度为 65℃,反应 8 h。随后,通过将 PVIm(单体单位为 1 当量)和溴乙烷(3 当量)的混合物在甲醇溶液中在 50℃回流 20 h 来合成溴化中间体 P(EtVIm-Br)。最后,通过 P(EtVIm-Br)(相对于单体单元为 1 当量)与 LiTFSI(1.2 当量)的阴离子交换反应合成 P(EtVIm-TFSI)。

表面形貌分析:主要研究循环过程中离子液体聚合物电解质对电极片的影响,即将循环后的极片与未循环极片进行表面形貌观察。其中,循环后的极片在手套箱中进行拆卸,取出的极片用 DMC 将表面残留的离子液体聚合物电解质清洗干净,然后置于手套箱中等有机溶剂充分挥发后装入瓶中密封待用。

傅里叶变换红外光谱分析:分析离子液体聚合物电解质的分子结构及各分子间的相互作用。

电导率测试:将离子液体聚合物凝胶电解质组装成"不锈钢片/电解质膜/不锈钢片"的模拟电池,采用电化学阻抗法测试离子液体聚合物凝胶电解质的电导率,所用仪器为电化学工作站。测试频率范围为 1 Hz～100 kHz,交流振幅为 5 mV。整个测试过程,样品所处环境温度均由恒温水浴锅进行控制,水浴锅达到设定温度后恒温 1 h 再进行测试。整个测试重复三次,取三次电导率的平均值。

锂离子迁移数测试：采用交流阻抗法与计时电流法测试聚合离子液体凝胶电解质膜的锂离子迁移数，所用仪器为电化学工作站。将电池组装成"锂片/电解质膜/锂片"的模拟电池，以交流阻抗、计时电流法、交流阻抗的顺序对模拟电池进行测试。其中，交流阻抗的频率范围为 1 Hz～100 kHz，交流振幅为 5 mV；计时电流法中，极化电压为 10 mV，测试时间 1000 s，测试温度为 60℃。

电化学窗口测试：采用线性扫描伏安法(LSV)测试聚合离子液体凝胶电解质膜的锂离子迁移数，所用仪器为电化学工作站。将电池组装成"不锈钢片/电解质膜/锂片"的模拟电池，其中不锈钢片作为工作电极，锂片作为参比电极与对电极。测试温度为 60℃，扫描速率为 1 mV·s^{-1}，电压范围 2～6 V。

3. 聚碳酸丙烯酯/聚甲基丙烯酸甲酯包覆聚乙烯聚合物电解质

将不同质量比的 PPC 与 MMA(5:5、6:4、7:3、8:2、9:1)溶于含 10%BPO(与 MMA 质量有关)的丙酮中，在 80℃氮气流下剧烈搅拌并持续 6 h。然后，将微孔聚乙烯分离器在上述均相溶液中浸泡 2 h，在 45℃加热固化 12 h。最后，柔性半透明 PPC/PMMA 包覆 Celgard PE 膜的厚度约为 40 μm，将其在溶解于 EC/DMC(体积比 1:1)的 1.0 mol·dm^{-3} LiPF$_6$ 电解质溶液中浸泡 1 h，形成 PPC/PMMA 包覆的 Celgard PE-凝胶。

基于 PPC/PMMA 包覆的 Celgard-PE 膜制备了新型 GPEs。通过在 PPC/PMMA 聚合物中引入 PPC，提高了膜的润湿性、电解质的吸收率、GPE 的离子导电性及其与阳极的相容性。以 PPC:MMA=8:2 的聚合物为基体的 PPC/PMMA 包覆 Celgard-PE-GPE 具有最高的离子电导率(1.71×室温下为 10^{-3} S·cm^{-1})。用这种 PPC/PMMA 修饰的 Celgard-PE-GPE 组装的 Li/LiFePO$_4$ 电池在 2 C 倍率下的比容量为 93 mAh·g^{-1}，循环 100 周后保留了初始容量(154 mAh·g^{-1})的 94.8%，在 0.1 C 倍率下，与使用液体电解质和 PE 隔膜的电池相比，具有更好的倍率性能和循环性能[104]。

4. 新型凝胶聚合物电解质(GPE)

以小麦秸秆、玉米秸秆等含有大量纤维素的廉价植物原料为原料，与丙烯酸(AA)接枝共聚可以合成新型 GPE。

将所得的聚合物膜浸入传统的液体电解质中保持一段时间，如 LiPF$_6$/EC+DMC+DEC 溶液中。然后将膜从电解液中取出，用滤纸将膜表面多余的溶液吸收。在吸收液体电解质之前和之后，记录聚合物膜的质量，使用以下方程式来计算电解质的吸收量。

$$A = \frac{m_a - m_0}{m_0} \tag{5-1}$$

式中：A 为聚合物膜的吸收率，m_0 为聚合物膜吸收液体电解质前的质量，m_a 为聚合物膜吸收液体电解质后的质量。GPE 的离子电导率与液体电解质的吸收成正比。传统的 GPE 对液体电解质的吸收率较低，导致离子电导率较低。为了克服这个问题，将聚乙烯醇作为增塑剂与前体共聚物，因为它具有更高的有机溶剂吸收率。在制备 GPE 的传统工艺中，液体电解质与聚合物主体一起加热形成凝胶，在此过程中，锂盐($LiPF_6$ 或 $LiBF_4$)的热不稳定性和溶剂(DMC、EMC 等)的挥发性可能导致所得 GPE 偏离所需组成甚至降解。为了解决这一问题，将聚合物主体(膜)在室温下浸入液体电解质溶液中并保持较长时间，以尽可能增加电解质的吸收量。所制得 GPE 的离子电导率可达 $6.7×10^{-3}$ $S \cdot cm^{-1}$，接近液体电解质的电导率($\sim10^{-3}$ $S \cdot cm^{-1}$)。因此，含新型 GPE 的锂电池在电流密度较大的情况下仍然具有较好的充放电效率[105]。

5. 杂化硅离子凝胶电解质

离子凝胶是通过各种方法将离子液体附着到稳定的气凝胶结构上而获得的。从另一个角度来看，离子凝胶是一种用离子液体功能化的气凝胶。制备杂化离子凝胶时，除了传统的前体正硅酸乙酯外，还加入了有机改性的硅烷前体甲基三甲氧基硅烷(MTMS)。加入 CTAB 作为阳离子表面活性剂，与 MTMS 混合。然后，在 HCl 催化剂存在下，通过向二氧化硅前体中添加乙醇(EtOH)和去离子水的混合物促进水解反应。将 LiTFSI 盐溶解在[Bmim]TFSI 中，并将总混合物添加到溶胶中以提高离子导电性。以 NH_4OH 为碱催化剂，加速水解反应后的缩合反应。溶胶由 TEOS：MTMS：EtOH：H_2O：CTAB 组成，摩尔比为 0.011：0.026：0.021：0.942：$8×10^{-5}$。[Bmim]TFSI 与总 Si 量的摩尔比保持在 0.167。在离子液体($0.5\sim2$ $mol \cdot L^{-1}$)中改变 LiTFSI 盐的量可以反映离子液体中 Li^+ 浓度对所得到的杂化离子凝胶的物理、形态、热稳定性和电化学特性的影响。这些离子凝胶缩写为 M-IGE-X，其中 X 表示离子液体中锂离子的浓度(X=0.5、1、1.5、1.7 和 2)。

随后，将溶胶转移到聚丙烯模具中进行凝胶化，所得凝胶在环境条件下放置 24 h，然后在 25℃下在乙醇中放置 24 h 老化。然后将老化的湿凝胶浸入体积分数为 10%的 TMCS 和正己烷混合物中进行表面改性。改性在环境条件下进行 24 h。在表面改性步骤之前和之后，孔隙中的溶剂与正己烷交换，以缓解干燥期间溶剂的蒸发。每次溶剂交换在环境条件下进行 24 h。制备的湿离子凝胶采用常压干燥，通过将温度逐渐升高到 20℃来干燥湿样品，每 2 h 一次，以防止溶剂在毛孔中突然膨胀[106]。

用气凝胶质量与体积的比值计算了气凝胶的密度，如下式所示：

$$\% \text{Porosity} = \left(1 - \frac{\rho}{2.2}\right) \times 100$$

$$\% \text{Volume Shrinkage} = \left(1 - \frac{V_a}{V_g}\right) \times 100$$

其中，二氧化硅气凝胶的固体骨架密度为 $2.2\ \text{g} \cdot \text{cm}^{-2}$；$V_a$ 和 V_g 分别表示干燥后和表面改性前材料的体积(cm^3)。

在 $500 \sim 4000\ \text{cm}^{-1}$ 波数范围内，对合成的硅离子凝胶进行了傅里叶变换红外光谱(FTIR)(PerkinElmer，光谱 100，ABD)分析，确定合成的硅离子凝胶的化学组成。在扫描电子显微镜(SEM)(PHILIPS，XL 30S FEG)上对离子凝胶的微观结构进行了分析。在 77 K 下利用 Quanta Chrome Corporation 物理吸附 N_2 测定了二氧化硅离子凝胶的比表面积、平均孔体积和孔径，用 Brunauer-Emmett-Teller(BET)技术计算比表面积，Barrett-Joyner-Halenda(BJH)技术测定样品的平均孔径。在测量之前，硅离子凝胶在 200℃下脱气一夜除去残余水分和吸附气体。热重分析(TA Instruments SDT Q600)以 $5℃ \cdot \text{min}^{-1}$ 的加热速率从室温加热至 600℃在氮气环境下测定合成的二氧化硅离子凝胶的热稳定性。用电化学阻抗谱(EIS)测定了合成的离子凝胶在室温下的电导率，频率范围为 0.1 Hz～10 MHz，振幅为 10 mV。利用循环伏安法(CV)对离子凝胶的电化学稳定性窗口进行了研究。将合成的离子凝胶切成 5 mm 厚的薄片，置于直径为 28 mm 的铝箔和铜箔之间，然后置于支架中进行 EIS 和 CV 测量。使用 Parstat 4000 恒电位/恒电流/EIS 分析仪进行 EIS 和 CV 分析[106]。

6. 基于 1-甲基-1-丙基吡咯烷双(三氟甲磺酰基)酰亚胺的混合聚合物电解质

采用标准溶液铸造工艺制备了 PVDF-HFP/LiTFSI 固体电解质和 PVDF-HFP/ LiTFSI/PMPyrrTFSI-ILGPEs。将预定量的 PVDF-HFP 和 LiTFSI 添加到 THF 中，并在 60℃时进行磁搅拌持续 12 h，得到均匀溶液。搅拌液由涂膜器涂覆在铝箔上，溶剂在室温下缓慢蒸发(25℃)然后进行真空干燥，获得一种独立的固体聚合物电解质膜。PVDF-HFP/LiTFSI=70/30(70PVDF-HFP：30LiTFSI)的组成是最佳的，通过将 PVDF-HFP 和 LiTFSI 以 70：30(质量比)在 60℃时磁性搅拌，将 PVDF-HFP 和 LiTFSI 置于 THF 中，获得均匀混合物。将不同量的 PMPyrrTFSI 加入到制备的 PVDF-HFP/LiTFSI 溶液(70PVDF-HFP/30LiTFSI)中，室温连续搅拌 12 h，得到透明的黏性溶液。将该溶液倒入铝箔上，室温蒸发 THF 溶剂，获得凝胶聚合物电解质膜。所有工艺均在 Ar 填充手套箱($H_2O < 0.5$ ppm，$O_2 < 0.5$ ppm)中进行。PMPyrrTFSI 离子液体结合 ILGPE 的各种组成表示为 70PVDF-HFP/30LiTFSI/xPMPyrrTFSI，其中 x 是与 PVDF-HFP 和 LiTFSI 的质量比。由于 x 大于 60%时，ILGPE 薄膜没有固体的稳定物

理性质，因此 x 在 0～60% 之间变化（x=0、20%、40%、60%）。制备的不同 PMPyrrTFSI 的 ILGPE 厚度控制在 100 μm 以内，70PVDF-HFP/30LiTFSI/x PMPyrrTFSI（x=0%、20%、40%和60%）薄膜透明，且无反复弯曲开裂，表明其 具有良好的柔韧性和足够的机械强度。

采用低成本的刮刀技术制备了基于 PVDF-HFP、LiTFSI 和 PMPyrrTFSI 的锂 离子导电聚合物电解质，并研究了其组成特性。基于 XRD、热稳定性和离子导 电性结果，证实 70PVDF-HFP/30LiTFSI/60PMPyrrTFSI 是一种性能优良的凝胶 聚合物电解质。70PVDF-HFP/30LiTFSI/60PMPyrrTFSI 具有最高的离子电导率 （6.93×10^{-4} S·cm^{-1}），在室温下具有较高的锂离子迁移数（τ_{Li^+}=0.38）和较高的 电化学稳定性（高达 5.6 V $vs.$ Li/Li$^+$），满足固态锂二次电池的基本性能。通过 使用优化的凝胶聚合物电解质（70PVDF-HFP/30LiTFSI/60PMPyrrTFSI），半电 池（Li/ILG PE/LiFePO$_4$）在 100 周循环（C/10）后保持了 97.7% 的初始容量和 99% 的库仑效率[107]。

纯 LiTFSI、不含 LiTFSI 的原始 PVDF-HFP 聚合物膜和含有不同质量比的 LiTFSI 的 PVDF-HFP/LiTFSI 聚合物膜的 XRD 图如图 5-15 所示。

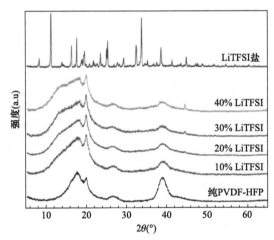

图 5-15　纯 PVDF-HFP、LiTFSI 盐和（100−x）PVDF-HFP/xLiTFSI 的 X 射线衍射图谱[107]

在 30～250℃的温度范围内，利用 DSC 研究了聚合物薄膜[原始 PVDF-HFP 和（100−x）PVDF-HFP/xLiTFSI，其中 x 是聚合物电解质的质量百分比]的热行为。 如图 5-16 所示，原始 PVDF-HFP 在 141.9℃时表现出强烈的吸热峰，这与 PVDF-HFP 的结晶熔化温度（T_m）有关（即 PVDF-HFP 晶相的确认）。另一方面，90PVDF-HFP/10LiTFSI 使 T_m 吸热峰减弱、加宽，并向较低温度（131.8℃）移动，表明 PVDF 不仅晶相程度降低，而且晶型也发生了变化。但 PVDF-HFP 链与离子（Li$^+$、TFSI$^-$） 的相互作用干扰了 PVDF-HFP 结晶区的形成，因此被认为降低了 T_m。当 LiTFSI

盐浓度增加到 30%（70PVDF-HFP/30LiTFSI）时，T_m 吸热峰逐渐向低温移动，峰强度降低（80PVDF-HFP/20LiTFSI 和 70PVDF-HFP/30Li TFSI 分别为 124.7℃和 118.3℃）。

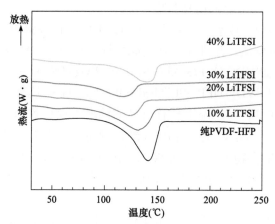

图 5-16　纯 PVDF-HFP 和（100–x）PVDF-HFP/xLiTFSI 的差示扫描量热法热谱图[107]

7. PUA/PMMA 聚合物电解质

PUA/PMMA 聚合物电解质的合成：将聚氨酯丙烯酸酯（PUA）、二乙基醚基甲酰胺双（三氟甲基磺酰）亚胺（DEEYTFSI）离子液体按不同的实验设计，以双（三氟甲基磺酰）亚胺锂（LiTFSI）和 5%乙二醇二甲基丙烯酸酯（EGDMA）为交联剂，以合理的质量比混合在一起，以促进聚合物分子链间形成共价键。然后在 60~70℃温度下加热搅拌 1 h。另外，将 1.6 g 的甲基丙烯酸甲酯（MMA）和 0.6%过氧化苯甲酰（BPO）按一定质量比混合，搅拌 20 min，将两种溶液混合在一起，之后在 N-二甲基甲酰胺（DMF）中搅拌 20 min，使其形成均匀透明的液体。最后，将液体倒入玻璃模板上，经过 6 min 的 SUNON 紫外光（UV）-光照射（Sunonwealth Elec）得到电解质膜。薄膜被冲切为直径为 16 mm 的圆片，并保存在手套箱中。

PUA/PMMA 凝胶聚合物电解质的表征：在 CHI-760E 电化学工作站上，用 SS/gel 电解质/SS（SS 为不锈钢）电池，在 20℃、40℃、60℃和 80℃的温度下，用电化学阻抗谱（EIS）测试了电解质膜的电导率。根据体积电阻（R_b）计算电导率，公式为 $\sigma = d/R_b S$，其中，d 为离子液体聚合物电解质膜的厚度（cm）；R_b 为离子液体聚合物电解质膜的体积电阻（U），S 为钢的电极面积（cm²）。

采用 Li/GPE/Li 对称电池，根据公式 $\tau_{Li^+} = I_{ss}(\Delta V - I_0 R_{ss})/[I_0(\Delta V - I_{ss}R_0)]$ 确定了 DEEYTFSI/LiTFSI/PUA/PMMA 凝胶电解质的迁移数。式中，R_0（初始状态）和 R_{ss}（稳态）为界面电阻，包括极化前后的电荷转移电阻（R_{ct}）和 SEI 膜电阻（R_{film}）；I_0 和 I_{ss} 分别为极化前后的电流；ΔV 为 10 mV 的电位差[108]。

8. [Emim]FSI 离子液体基聚合物电解质

[Emim]FSI 离子液体基聚合物电解质的合成：采用溶液浇铸法制备了 PEO +
20% LiFSI + x% [Emim]FSI（x=0、2.5、5、7.5、10、12.5、15）薄膜。在该技术中，
将适量的 PEO 溶解在甲醇中，在 50℃下以 500 r/min 持续搅拌 2 h，得到清澈的
均匀溶液。然后添加 20%（质量分数）的 LiFSI，并将溶液搅拌 2 h。之后，将不同
质量百分比的[Emim]FSI（即 0、2.5%、5%、7.5%、10%、12.5%和 15%）加入上述
溶液中，并在 50℃下搅拌 4 h，直到获得高黏度且均匀的溶液。然后，将这些黏
性溶液倒入聚丙烯皮氏培养皿中进行干燥，使甲醇在干燥的环境条件下蒸发。经
过几天的溶剂蒸发，得到了厚度为 100～150 μm 的自支撑膜，在 1～3 Torr 压强
下真空干燥 3 天，使溶剂完全蒸发。然后将这些干燥的样品保存在充满氩气的手
套箱中，用于进一步的研究。

[Emim]FSI 离子液体基凝胶聚合物电解质的表征：采用梅特勒-托利多差示扫
描量热仪（DSC-1）在氮气环境中，以 10℃ · min^{-1} 的升温速率在–120～100℃范围
之间进行了差示扫描量热（DSC）研究。采用 Mettler-Toledo-TGA/DSC-1 系统，在
充氮环境中，以 10℃ · min^{-1} 的升温速率，在 30～500℃之间进行热重分析。采用
NOVO 控制阻抗分析仪，采用复阻抗谱技术研究 GPE 的离子电导率。制备的
GPE 夹在两个直径为 20 mm 的镀金阻挡电极之间，并施加频率范围为 1 Hz～
40 mHz 的 10 mV 交流信号。利用公式 $\sigma = l/(R_b \times A)$ 计算离子电导率。其中，l
和 A 分别是样品的厚度和横截面积，R_b 是从复阻抗图或奈奎斯特图中获得的
体电阻。

用直流极化法测定了总离子迁移数。在这项测试中，10 mV 直流电压被施加
在两个不锈钢之间的 GPE 上，将钢制封接电极和相应的电流记录为时间的函数。
GPE 的总离子转移数按下式计算：$t_{ion}=(i_T- i_e)/i_e$。其中，i_T 和 i_e 分别为总电流和剩
余电流。

采用交直流联合技术测定了凝胶电泳的阳离子转移数（τ_{Li^+}）。用 10 mV 的直流
电压对 Li/GPE/Li 电池进行 6 h 的极化，并记录合成电流。用交流阻抗法测量了极化
前后的电池电阻，并根据下式计算了锂离子的迁移数：$\tau_{Li^+} = I_{ss}(V-I_0R_0)/[I_0(V-I_{ss}R_{ss})]$。
其中，I_0、I_{ss} 是初始和稳态电流值，R_0、R_{ss} 分别是电池极化前后的电阻。

用 LSV 技术在三电极体系中测定了 GPEs 的电化学稳定性窗口。采用不锈钢
阻挡电极作为工作电极，金属锂箔作为参比电极和对电极。在室温下，电压扫描在
0.0～5.0 V（vs. Li/Li$^+$）之间进行，扫描速率为 0.1 mV · s^{-1}。在室温下，用 0.1 mV · s^{-1}
的扫描速率在 2.0～4.5 V 电压区间对 Li/GPEs/LiFePO$_4$ 进行 CV 测量。利用 AUTOLAB-
PGSTAT-302N 电化学分析仪，在室温下对电池进行恒流充放电和循环测试[109]。

参 考 文 献

[1] Hagiwara R, Matsumoto K, Hwang J, et al. Sodium ion batteries using ionic liquids as electrolytes. Chem Rec, 2019, 19: 758-770.

[2] Nordness O, Brennecke J F. Ion dissociation in ionic liquids and ionic liquid solutions. Chem Rev, 2020, 120: 12873-12902.

[3] Bencherifi Y, Larhrib B, Sayegh A, et al. Phosphonium ionic liquid-based electrolyte for high voltage Li-ion batteries: Effect of ionic liquid ratio. J Appl Electrochem, 2021, 51: 1651-1664.

[4] Dou H, Zhao X, Wang X, et al. Ionic liquid-mediated mass transport channels for ultrahigh rate lithium-ion batteries. ACS Appl Mater Interfaces, 2021, 13: 46756-46762.

[5] Niu H, Wang L, Guan P, et al. Recent advances in application of ionic liquids in electrolyte of lithium ion batteries. J Energy Storage, 2021, 40: 102659.

[6] Kaushik S, Matsumoto K, Hagiwara R. Stable cycle performance of a phosphorus negative electrode in lithium-ion batteries derived from Ionic liquid electrolytes. ACS Appl Mater Interfaces, 2021, 13: 10891-10901.

[7] Flamme B, Haddad M, Phansavath P, et al. Anodic stability of new sulfone-based electrolytes for lithium-ion batteries. ChemElectroChem, 2018, 5: 2279-2287.

[8] Yavir K, Konieczna K, Marcinkowski Ł, et al. Ionic liquids in the microextraction techniques: The influence of ILs structure and properties. Trends Analyt Chem, 2020, 130: 115994.

[9] Singh S K, Savoy A W. Ionic liquids synthesis and applications: An overview. J Mol Liq, 2020, 297: 112038.

[10] Bonhote P, Dias A-P, Armand M, et al. Hydrophobic, highly conductive ambient-temperature molten salts. Inorg Chem, 1996, 35: 1168-1178.

[11] Dzyuba S V, Bartsch R A. Efficient synthesis of 1-alkyl(aralkyl)-3-methyl(ethyl)imidazolium halides: Precursors for room-temperature ionic liquids. J Heterocycl Chem, 2001, 38: 265-268.

[12] Sakaebe H, Matsumoto H, Tatsumi K. Discharge-charge properties of Li/LiCoO$_2$ cell using room temperature ionic liquids (RTILs) based on quaternary ammonium cation-effect of the structure. J Power Sources, 2005, 146: 693-697.

[13] Matsumoto H, Sakaebe H, Tatsumi K, et al. Fast cycling of Li/LiCoO$_2$ cell with low-viscosity ionic liquids based on bis(fluorosulfonyl)imide [FSI]$^-$. J Power Sources, 2006, 160: 1308-1313.

[14] Aurbach D, Markovsky B, Salitra G, et al. Review on electrode-electrolyte solution interactions, related to cathode materials for Li-ion batteries. J Power Sources, 2007, 165: 491-499.

[15] Nakagawa H, Fujino Y, Kozono S, et al. Application of nonflammable electrolyte with room temperature ionic liquids (RTILs) for lithium-ion cells. J Power Sources, 2007, 174: 102-106.

[16] Fuller J, Carlin R T, Osteryoung R A. The room temperature ionic liquid 1-ethyl-3-methylimidazolium tetrafluoroborate: electrochemical couples and physical properties. J Electrochem Soc, 1997, 114: 3881-3886.

[17] Ers H, Siinor L, Pikma P. The adsorption of 4,4'-bipyridine at a Cd(0001)|ionic liquid interface-The descent into disorder. Electrochem Commun, 2023, 148: 107451.

[18] Yamaguchi S, Yoshizawa-Fujita M, Takeoka Y, et al. Effect of a pyrrolidinium zwitterion on charge/discharge cycle properties of Li/LiCoO$_2$ and graphite/Li cells containing an ionic liquid electrolyte. J Power Sources, 2016, 331: 308-314.

[19] Yin W, Liu J, Liu Q, et al. Double-layer carbon encapsulated Co particles combined with ionic liquid for enhancing electrochemical detection of oxygen. ACS Sustain Chem Eng, 2023, 11: 3023-3035.

[20] Yan G, Li X, Wang Z, et al. Lithium difluoro(oxalato)borate as an additive to suppress the aluminum corrosion in lithium bis(fluorosulfony)imide-based nonaqueous carbonate electrolyte. J Solid State Electrochem, 2016, 20: 507-516.

[21] Moreno J S, Deguchi Y, Panero S, et al. *N*-Alkyl-*N*-ethylpyrrolidinium cation-based ionic liquid electrolytes for safer lithium battery systems. Electrochim Acta, 2016, 191: 624-630.

[22] Deguchi Y, Serra Moreno J, Panero S, et al. An advanced ionic liquid-lithium salt electrolyte mixture based on the bis(fluoromethanesulfony)imide anion. Electrochem Commun, 2014, 43: 5-8.

[23] Ding J, Wu J, Macfarlane D, et al. Induction of titanium reduction using pyrrole and polypyrrole in the ionic liquid ethyl-methyl-imidazolium bis(trifluoromethanesulphonyl)amide. Electrochem Commun, 2008, 10: 217-221.

[24] Liu M, Zhang S, Eck E R H, et al. Improving Li-ion interfacial transport in hybrid solid electrolytes. Nat Nanotechnol, 2022, 17: 959-967.

[25] Han B, Yu S, Wang Z, et al. Imidazole polymerized ionic liquid as a precursor for an iron-nitrogen-doped carbon electrocatalyst used in the oxygen reduction reaction. Int J Hydrog Energy, 2020, 45: 29645-29654.

[26] Dahiya P P, Patra J, Chang J K, et al. Electrochemical characteristics of 0.3Li$_2$MnO$_3$-0.7LiMn$_{1.5}$Ni$_{0.5}$O$_4$ composite cathode in pyrrolidinium-based ionic liquid electrolytes. J Taiwan Inst Chem Eng, 2019, 95: 195-201.

[27] Shin J-H, Henderson W A, Scaccia S, et al. Solid-state Li/LiFePO$_4$ polymer electrolyte batteries incorporating an ionic liquid cycled at 40℃. J Power Sources, 2006, 156: 560-566.

[28] Fox E T, Weaver J E F, Henderson W A. Tuning binary ionic liquid mixtures: Linking alkyl chain length to phase behavior and ionic conductivity. J Phys Chem C, 2012, 116: 5270-5274.

[29] Shukla M, Noothalapati H, Shigeto S, et al. Importance of weak interactions and conformational equilibrium in *N*-butyl-*N*-methylpiperidinium bis(trifluromethanesulfonyl)imide room temperature ionic liquids: Vibrational and theoretical studies. Vib Spectrosc, 2014, 75: 107-117.

[30] Allen J L, Mcowen D W, Delp S A. *N*-Alkyl-*N*-methylpyrrolidinium difluoro(oxalato)borate ionic liquids: Physical/electrochemical properties and Al corrosion. J Power Sources, 2013, 237: 104-111.

[31] Benchakar M, Naéjus R, Damas C, et al. Exploring the use of EMImFSI ionic liquid as additive or co-solvent for room temperature sodium ion battery electrolytes. Electrochim Acta, 2020, 330: 135193.

[32] Pilathottathil S, Thasneema K K, Thayyil M S, et al. Inorganic salt grafted ionic liquid gel electrolytes for efficient solid state supercapacitors: Electrochemical and dielectric studies. J Mol Liq, 2018, 264: 72-79.

[33] Rangasamy V S, Thayumanasundaram S, Locquet J-P. Ionic liquid electrolytes based on sulfonium cation for lithium rechargeable batteries. Electrochim Acta, 2019, 328: 135133.

[34] Arian F, Keshavarz M, Sanaeishoar H, et al. Novel sultone based bronste d acidic ionic liquids with perchlorate counter-anion for one-pot synthesis of 2*H*-indazolo[2,1-*b*]phthalazine-triones. J Mol Struct, 2020, 1229: 129599.

[35] Hu X, Muchakayala R, Song S, et al. Synthesis and optimization of new polymeric ionic liquid poly(diallydimethylammonium) bis(trifluoromethane sulfonyl) imde based gel electrolyte films. Int J Hydrog Energy, 2018, 43: 3741-3749.

[36] Hu Z, Chen J, Guo Y, et al. Fire-resistant, high-performance gel polymer electrolytes derived from poly(ionic liquid)/P(VDF-HFP) composite membranes for lithium ion batteries. J Membr Sci, 2020, 599: 117827.

[37] Kasprzak D, Stępniak I, Galiński M. Acetate-and lactate-based ionic liquids: Synthesis, characteris ation and electrochemical properties. J Mol Liq, 2018, 264: 233-241.

[38] Zhou Y, Wang B, Yang Y, et al. Dicationic tetraalkylammonium-based polymeric ionic liquid with star and four-arm topologies as advanced solid-state electrolyte for lithium metal battery. React Funct Polym, 2019, 145: 104375.

[39] Le Mong A, Kim D. Solid electrolyte membranes prepared from poly(arylene ether ketone)-*g*-polyimidazolium copolymer intergrated with ionic liquid for lithium secondary battery. J Power Sources, 2019, 422: 57-64.

[40] Garcia B, Lavallée S, Perron G, et al. Room temperature molten salts as lithium battery electrolyte. Electrochim Acta, 2004, 49: 4583-4588.

[41] Arai N, Watanabe H, Nozaki E, et al. Speciation analysis and thermodynamic criteria of solvated ionic liquids: Ionic liquids or superconcentrated solutions? J Phys Chem Lett, 2020, 11: 4517-4523.

[42] 康艳, 廖胜, 赵稳, 等. 温控双咪唑离子液体的合成与晶体结构表征. 化学研究与应用, 2019, 31: 2137-2140.

[43] Guo Y, He D, Xie A, et al. Preparation and characterization of a novel poly-geminal dicationic ionic liquid (PGDIL). J Mol Liq, 2019, 296: 111896.

[44] Chen L, Fan L Z. Dendrite-free Li metal deposition in all-solid-state lithium sulfur batteries with polymer-in-salt polysiloxane electrolyte. Energy Stor Mater, 2018, 15: 37-45.

[45] Ma Q, Zeng X-X, Yue J, et al. Viscoelastic and nonflammable interface design-enabled dendrite-free and safe solid lithium metal batteries. Adv Energy Mater, 2019, 9: 1803854.

[46] Wang Y, Li B, Laaksonen A. Coarse-grained simulations of ionic liquid materials: From monomeric ionic liquids to ionic liquid crystals and polymeric ionic liquids. Phys Chem Chem Phys, 2021, 23: 19435-19456.

[47] Mohammad A, Köhler T, Biswas S, et al. A flexible solid-state ionic polymer electrolyte for application in aluminum batteries. ACS Appl Energy Mater, 2023, 6: 2914-2923.

[48] Yuan X, Razzaq A A, Chen Y, et al. Polyacrylonitrile-based gel polymer electrolyte filled with prussian blue forhigh-performance lithium polymer batteries. Chin Chem Lett, 2020, 32: 890-894.

[49] Woo H-S, Son H, Min J-Y, et al. Ionic liquid-based gel polymer electrolyte containing Zwitterion

for lithium-oxygen batteries. Electrochim Acta, 2020, 345: 136248.

[50] Tseng S-K, Wang R-H, Wu J-L, et al. Synthesis of a series of novel imidazolium-containing ionic liquid copolymers for dye-sensitized solar cells. Polymer, 2020, 210: 123074.

[51] Singh S K, Dutta D, Singh R K. Enhanced structural and cycling stability of Li_2CuO_2-coated $LiNi_{0.33}Mn_{0.33}Co_{0.33}O_2$ cathode with flexible ionic liquid-based gel polymer electrolyte for lithium polymer batteries. Electrochim Acta, 2020, 343: 136122.

[52] Rao J, Wang X, Yunis R, et al. A novel proton conducting ionogel electrolyte based on poly (ionic liquids) and protic ionic liquid. Electrochim Acta, 2020, 346: 136224.

[53] Porthault H, Piana G, Duffault J M, et al. Influence of ionic interactions on lithium diffusion properties in ionic liquid-based gel polymer electrolytes. Electrochim Acta, 2020, 354: 136632.

[54] Gupta A, Jain A, Tripathi S K. Structural and electrochemical studies of bromide derived ionic liquid-based gel polymer electrolyte for energy storage application. J Energy Storage, 2020, 32: 101723.

[55] Ortiz-Martínez V M, Ortiz A, Fernández-Stefanuto V, et al. Fuel cell electrolyte membranes based on copolymers of protic ionic liquid [HSO₃-BVIm][TfO] with MMA and hPFSVE. Polymer, 2019, 179: 121583.

[56] Tsao C-H, Su H-M, Huang H-T, et al. Immobilized cation functional gel polymer electrolytes with high lithium transference number for lithium ion batteries. J Membr Sci, 2019, 572: 382-389.

[57] Kim J-K. Influence of ionic liquid structures on polyimide-based gel polymer electrolytes for high-safety lithium batteries. J Ind Eng Chem, 2018, 68: 168-172.

[58] Guo Q, Han Y, Wang H, et al. Thermo and electrochemical-stable composite gel polymer electroly tes derived from core-shell silica nanoparticles and ionic liquid for rechargeable lithium metal batteries. Electrochim Acta, 2018, 288: 101-107.

[59] Liang L, Chen X, Yuan W, et al. Highly conductive, flexible, and nonflammable double-network poly (ionic liquid) -based Ionogel electrolyte for flexible lithium-ion batteries. ACS Appl Mater Interfaces, 2021, 13: 25410-25420.

[60] Wang A, Liu X, Wang S, et al. Polymeric ionic liquid enhanced all-solid-state electrolyte membrane for high-performance lithium-ion batteries. Electrochim Acta, 2018, 276: 184-193.

[61] Kamysbayev V, Srivastava V, Ludwig N B, et al. Nanocrystals in molten salts and ionic liquids: Experimental observation of ionic correlations extending beyond the debye length. ACS Nano, 2019, 13: 5760-5770.

[62] Fdz De Anastro A, Casado N, Wang X, et al. Poly (ionic liquid) iongels for all-solid rechargeable zinc/PEDOT batteries. Electrochim Acta, 2018, 278: 271-278.

[63] Wang D, Xu L, Nai J, et al. Morphology-controllable synthesis of nanocarbons and their application in advanced symmetric supercapacitor in ionic liquid electrolyte. Appl Surf Sci, 2019, 473: 1014-1023.

[64] Armand M, Endres F, MacFarlane D R, et al. Ionic-liquid materials for the electrochemical challenges of the future. Nat Mater, 2009, 8: 621-629.

[65] Durga G, Kalra P, Kumar Verma V, et al. Ionic liquids: From a solvent for polymeric reactions to the monomers for poly (ionic liquids). J Mol Liq, 2021, 335: 116540.

[66] Osada I, Vries H, Scrosati B, et al. Ionic-liquid-based polymer electrolytes for battery applications. Angew Chem Int Ed, 2016, 55: 500-513.

[67] Green O, Grubjesic S, Lee S, et al. The design of polymeric ionic liquids for the preparation of functional materials. Polym Rev, 2009, 49: 339-360.

[68] Zhou Y, Yang Y, Zhou N, et al. Four-armed branching and thermally integrated imidazolium-based polymerized ionic liquid as an all-solid-state polymer electrolyte for lithium metal battery. Electrochim Acta, 2019, 324: 134827.

[69] Chandan A, Hattenberger M, El-kharouf A, et al. High temperature (HT) polymer electrolyte membrane fuel cells (PEMFC): A review. J Power Sources, 2013, 231: 264-278.

[70] Goodenough J B, Kim Y. Challenges for rechargeable Li batteries. Chem Mater, 2010, 22: 587-603.

[71] Sirengo K, Babu A, Brennan B, et al. Ionic liquid electrolytes for sodium-ion batteries to control thermal runaway. J Energy Chem, 2023, 81: 321-338.

[72] Vélez J F, Vázquez-Santos M B, Amarilla J M, et al. Geminal pyrrolidinium and piperidinium dicationic ionic liquid electrolytes. Synthesis, characterization and cell performance in LiMn$_2$O$_4$ rechargeable lithium cells. J Power Sources, 2019, 439: 227098.

[73] Que M, Tong Y, Wei G, et al. Safe and flexible ion gel based composite electrolyte for lithium batteries. J Mater Chem A, 2016, 4: 14132-14140.

[74] Jia H, Onishi H, Aspern N V, et al. A propylene carbonate based gel polymer electrolyte for extended cycle life and improved safety performance of lithium ion batteries. J Power Sources, 2018, 397: 343-351.

[75] Liu Z, Cheng H, He H, et al. Significant enhancement in the thermoelectric properties of ionogels through solid network engineering. Adv Funct Mater, 2022, 32: 2109772.

[76] Chaudoy V, Pierre F, Ghosh A, et al. Rechargeable thin-film lithium microbattery using a quasi-solid-state polymer electrolyte. Batteries Supercaps, 2021, 4: 1351-1362.

[77] Caimi S, Wu H, Morbidelli M. PVdF-HFP and ionic-liquid-based, freestanding thin separator for lithium-ion batteries. ACS Appl Energy Mater, 2018, 1: 5224-5232.

[78] Appetecchi G B, Kim G T, Montanino M, et al. Ternary polymer electrolytes containing pyrrolidinium-based polymeric ionic liquids for lithium batteries. J Power Sources, 2010, 195: 3668-3675.

[79] Lee Y-S, Kim D-W. Cycling performance of lithium polymer cells assembled by *in situ* polymerization of a non-flammable ionic liquid monomer. Electrochim Acta, 2013, 106: 460-464.

[80] Liu L, Wang X, Yang C, et al. PVdF-HFP-based gel polymer electrolyte with semi-interpenetrating networks for dendrite-free lithium metal battery. Acta Metall Sin-engl, 2020, 34: 417-424.

[81] Gohel K, Kanchan D, Machhi H, et al. Gel polymer electrolyte based on PVDF-HFP : PMMA incorporated with propylene carbonate (PC) and diethyl carbonate (DEC) plasticizers : Electrical, morphology, structural and electrochemical properties. Mater Res Express, 2020, 7: 119968.

[82] Shah D K, Son Y-H, Lee H-R, et al. A stable gel electrolyte based on poly butyl acrylate (PBA)-*co*-poly acrylonitrile (PAN) for solid-state dye-sensitized solar cells. Chem Phys Lett, 2020, 754: 137756.

[83] García Y, Porcarelli L, Zhu H, et al. Probing disorder and dynamics in composite electrolytes of an organic ionic plastic crystal and lithium functionalised acrylic polymer nanoparticles. J Magn Reson, 2023, 14: 100095.

[84] Basile A, Hilder M, Makhlooghiazad F, et al. Ionic liquids and organic ionic plastic crystals: Advanced electrolytes for safer high performance sodium energy storage technologies. Adv Energy Mater, 2018, 8: 1703491.

[85] Jin L, Howlett P C, Pringle J M, et al. An organic ionic plastic crystal electrolyte for rate capability and stability of ambient temperature lithium batteries. Energy Environ Sci, 2014, 7: 3352-3361.

[86] Li X, Zhang Z, Li S, et al. Polymeric ionic liquid-ionic plastic crystal all-solid-state electrolytes for wide operating temperature range lithium metal batteries. J Mater Chem A, 2017, 5: 21362-23169.

[87] Al-Masri D, Yunis R, Hollenkamp A F, et al. A symmetrical ionic liquid/Li salt system for rapid ion transport and stable lithium electrochemistry. Chem Commun, 2018, 54: 3660-3663.

[88] Huang Q, Lourenço T C, Costa L T, et al. Solvation structure and dynamics of Li in ternary ionic liquid-lithium salt electrolytes. J Phys Chem B, 2019, 123: 516-527.

[89] Nair J R, Colò F, Kazzazi A, et al. Room temperature ionic liquid（RTIL）-based electrolyte cocktails for safe, high working potential Li-based polymer batteries. J Power Sources, 2019, 412: 398-407.

[90] Wang S, Shi Q X, Ye Y S, et al. Constructing desirable ion-conducting channels within ionic liquid-based composite polymer electrolytes by using polymeric ionic liquid-functionalized 2D mesoporous silica nanoplates. Nano Energy, 2017, 33: 110-123.

[91] Ma F, Zhang Z, Yan W, et al. Solid polymer electrolyte based on polymerized ionic liquid for high performance all-solid-state lithium-ion batteries. ACS Sustain Chem Eng, 2019, 7: 4675-4683.

[92] Zhang D, Ren Y, Hu Y, et al. Ionic liquid/poly（ionic liquid）-based semi-solid state electrolytes for lithium-ion batteries. Chin J Polym Sci, 2020, 38: 506-513.

[93] Guo W, Fu Y. A perspective on energy densities of rechargeable Li-S batteries and alternative sulfur-based cathode materials. Energy Environ Mater, 2018, 1: 20-27.

[94] Liu B, Fang R, Xie D, et al. Revisiting scientific issues for industrial applications of lithium-sulfur batteries. Energy Environ Sci, 2018, 1: 196-208.

[95] Zhang X, Mu X, Yang S, et al. Research progress for the development of Li-air batteries: Addressing parasitic reactions arising from air composition. Energy Environ Mater, 2018, 1: 61-74.

[96] Zhang H, Li C, Piszcz M, et al. Single lithium-ion conducting solid polymer electrolytes: Advances and perspectives. Chem Soc Rev, 2017, 46: 797-815.

[97] Deng K, Han D, Ren S, et al. Single-ion conducting artificial solid electrolyte interphase layer for dendrite-free and highly stable lithium metal anode. J Mater Chem A, 2019, 7: 13113-13119.

[98] Bannister D J, Davies G R, Ward I M, et al. Ionic conductivities for poly（ethylene oxide）complexes with lithium salts of monobasic and dibasic acids and blends of poly（ethylene oxide）with lithium salts of anionic polymers. Polymer, 1984, 25: 1291-1296.

[99] Porcarelli L, Shaplov A S, Salsamendi M, et al. Single-ion block copoly（ionic liquid）s as

electrolytes for all-solid state lithium batteries. ACS Appl Mater Interfaces, 2016, 8: 10350-10359.

[100] Ma Q, Zhang H, Zhou C, et al. Single lithium-ion conducting polymer electrolytes based on a super-delocalized polyanion. Angew Chem, 2015, 128: 2567-2571.

[101] Porcarelli L, Aboudzadeh M A, Rubatat L, et al. Single-ion triblock copolymer electrolytes based on poly(ethylene oxide) and methacrylic sulfonamide blocks for lithium metal batteries. J Power Sources, 2017, 364: 191-199.

[102] Li X, Zhang Z, Li S, et al. Polymeric ionic liquid-plastic crystal composite electrolytes for lithium ion batteries. J Power Sources, 2016, 307: 678-683.

[103] Yin K, Zhang Z, Yang L, et al. An imidazolium-based polymerized ionic liquid via novel synthetic strategy as polymer electrolytes for lithium ion batteries. J Power Sources, 2014, 258: 150-154.

[104] Huang X, Xu D, Chen W, et al. Preparation, characterization and properties of poly(propylene carbonate)/poly(methyl methacrylate)-coated polyethylene gel polymer electrolyte for lithium-ion batteries. J Electroanal Chem, 2017, 804: 133-139.

[105] Wang C G, Yuan W N, Lu N Q. Studies on preparation and properties of novel gel polymer electrolyte. Adv Mat Res, 2010, 123: 226-230.

[106] Koç F, Gizli N. Synergistic effect of ionic liquid and organo-functional silane on the preparation of silica based hybrid ionogels as solid-state electrolyte for Li-ion batteries. Ceram Int, 2021, 47: 262-272.

[107] Ravi M, Kim S, Ran F, et al. Hybrid gel polymer electrolyte based on 1-methyl-1-propylpyrr-olidinium bis(trifluoromethanesulfonyl)imide for flexible and shape-variant lithium secondary batteries. J Membr Sci, 2021, 621: 119018.

[108] Li L, Wang F, Li J, et al. Electrochemical performance of gel polymer electrolyte with ionic liquid and PUA/PMMA prepared by ultraviolet curing technology for lithium-ion battery. Int J Hydrog Energy, 2017, 42: 12087-12093.

[109] Balo L, Gupta H, Singh S K, et al. Performance of EMIMFSI ionic liquid based gel polymer electrolyte in rechargeable lithium metal batteries. J Ind Eng Chem, 2018, 65: 137-145.

第6章

离子液体电解质在锂离子电池中的应用

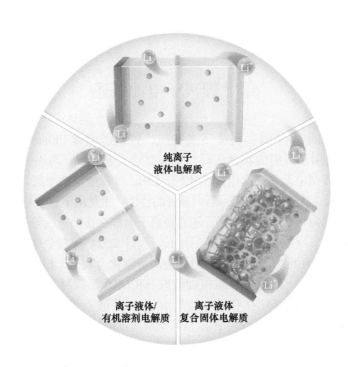

纯离子液体电解质

离子液体/有机溶剂电解质

离子液体复合固体电解质

许多电池系统的开发都是为了满足能源供应的需要，如金属离子电池、金属空气电池等[1,2]。新能源的发展需要具有不间断的能源存储特性的系统支持[3]，以达到解决绿色能源出现的间歇性问题。最适合代替新能源储存系统的设备之一就是电化学储能系统。选择合适的电化学能源代替新能源储存的系统，是解决环境污染问题，减轻生态环境负荷的有效手段之一。

电池将储存的能量转变为电能的过程中并未产生任何污染性气体，这个过程包含先将电能转化为化学能，再将化学能通过高效转换变为电能两个过程。相较于其他储能系统，电池具有很多优势，如：较高能量密度，特别是高电压、高比内能的充电电池具有高安全性、低成本等[4]。随着通信设备、便携式设备、电动汽车以及储能装置越来越得到广泛的应用，作为二次电池中佼佼者，锂离子电池受到越来越多的关注。如何进一步提高锂离子电池的能量密度一直是科研工作者研究的重要课题。

6.1　锂离子电池概述

在过去的二十多年间，科技飞速发展，锂离子电池(lithium-ion batteries，LIBs)[5,6]被广泛用于人们的衣食住行甚至航空航天等领域。与镉镍电池、氢镍电池、二次碱性锌锰电池等二次电池相比较，LIBs 具有能量密度高、使用温度范围宽、电池寿命长、无记忆效应等一系列显著的特性。正是由于这些特性，使得 LIBs 行业能够发展成为一个全球性市场。随着锂离子电池在移动电话等领域中的广泛使用及其在电动汽车行业中需求量的不断增长，预计 2024 年其全球市场价值约 920 亿美元[7]。如今常用的 LIBs 主要以过渡金属嵌锂化合物(如 $LiCoO_2$、$LiMn_2O_4$、$LiFePO_4$ 等)为正极，石墨、中间相炭微球(MCMB)等碳材料为负极，锂盐(如 $LiPF_6$、$LiBF_4$、$LiClO_4$ 等)在有机碳酸酯溶剂[如碳酸乙烯酯(EC)、碳酸二甲酯(DMC)、碳酸二乙酯(DEC)等]中的溶液为电解质。但是，LIBs 的安全问题严重阻碍了其在电动汽车领域的广泛应用[8]。近年来，有很多关于 LIBs 火灾和爆炸的报道，包括三星 Galaxy Note 和特斯拉"模型 S"火灾[9]，这一状况已经引起了相关研究人员的注意。而 ILs 作为电解质具有低可燃性和低挥发性的优点，因此使用 ILs 作为电解质可以在一定程度上提高 LIBs 的循环稳定性，从而改善电池安全性[10]，避免安全事故的发生。

6.1.1　工作原理

LIBs 的工作原理是离子的迁移，即锂离子在正极与负极之间进行可逆地迁移，因而也被称为"摇椅电池"。图 6-1 为以商业化钴酸锂为正极材料，以石墨为负极材料的 LIBs 工作原理示意图。

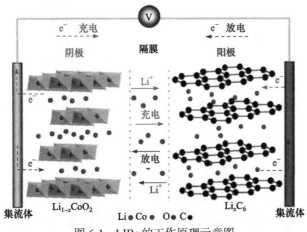

图 6-1　LIBs 的工作原理示意图

以富锂态材料为正极的 LIBs，首先要对其进行充电的操作。在充电时，在外电压的作用下，正极材料中的锂离子脱出，向负极移动，通过电解质及中间的隔膜，嵌入到负极的碳材料中，而在外电路中电子的移动方向则正好相反。充电完成后，锂离子从正极迁移到了负极，正极处于贫锂态而负极则变成了富锂态，正负极间的电压差也达到最大。在接下来的放电过程中，锂离子又会从负极脱出，经过中间的隔膜，重新嵌回到正极材料中去。锂离子在充放电过程中反复在正负极结构中嵌入脱出，可以看作是理想的可逆反应过程[11]。其反应式表示为

$$\text{正极反应：} LiCoO_2 \underset{\text{放电}}{\overset{\text{充电}}{\rightleftharpoons}} Li_{1-x}CoO_2 + xLi^+ + xe^-$$

$$\text{负极反应：} 6C + xLi^+ + xe^- \underset{\text{放电}}{\overset{\text{充电}}{\rightleftharpoons}} Li_xC_6 \tag{6-1}$$

$$\text{总反应：} \quad 6C + LiCoO_2 \underset{\text{放电}}{\overset{\text{充电}}{\rightleftharpoons}} Li_{1-x}CoO_2 + Li_xC_6$$

LIBs 实际上是浓差电池，正负极材料间的电势差对其输出电压起决定作用。因而在选择正负极材料时，正极材料要选择电势高的，而负极材料则反之。充放电过程中同时伴随着氧化还原反应发生。

LIBs 在实际应用时存在老化快、成本高、寿命短等问题，其中最为突出是电池的安全性问题（见图 6-2）。随着电动汽车的逐渐盛行，其安全性成为生产者和消费者首要关注的问题。当前电池的安全问题主要集中在电解液泄漏以及副反应和放热反应导致热失控等方面[12]，亟待解决。尽管热失控通常是由短路引起的，但其中还

有另一大问题也不容忽视，那就是内部的化学串扰会产生很大的热量[13]。电解质作为 LIBs 中不可或缺的一部分也是最危险的一部分，这是因为有机电解液是易燃的，一旦发生泄漏就很容易引起火灾[14,15]。如今 LIBs 中使用的电解质主要是 $LiPF_6$ 锂盐与链状或环状碳酸酯(EC、DEC、EMC 等)溶剂构成的溶液。有机溶剂的存在使电池在使用过程中容易发生泄漏、燃烧、热失控等现象。一般来说，高容量 LIBs 的运行涉及释放大量热量的强烈化学反应，可能引起电池热失控，甚至爆炸。另外，传统 LIBs 最大的局限性是工作电压难以达到 4.5 V，原因在于传统电解质在高工作电压下会发生分解[16,17]。因此，迫切需要设计一种新型安全的电解质体系，来解决 LIBs 安全性问题。

图 6-2　LIBs 常见安全隐患

6.1.2　锂离子电池中常用的电解质

电解质是 LIBs 中至关重要的组成部分，是连接正负极材料的桥梁，在电池正负极之间起着输送锂离子和传导电流的作用。在充放电过程中，电解质的作用就是传递电荷。在使用 LIBs 时，影响其性能的因素很多，例如电解质与电极之间的相容性、电解质传递电荷的速率、电解质与隔膜的匹配性等。在一定程度上，电解质的不同也会影响 LIBs 的充放电机制，由于不同电解质的性质各有不同，制造价格也各有不同，所以选择合适的电解质对于 LIBs 来说也是相当重要的。

在 LIBs 体系中，电解质组分的性能会影响电池的性能[18]，如电导率、黏度、热稳定性、氧化还原性以及极性等，这会对电池的寿命、可逆容量、倍率充放电性能等造成极大的影响。

决定 LIBs 比容量的先决条件是正负极电极材料，但是电解质对电极材料可逆比容量的影响也不容小觑。在 LIBs 的充放电循环过程中，电极材料会经历脱锂、嵌锂的过程，电解质会与其发生相互作用，作用的结果不但会对电解质与电极材料的界面性质造成影响，也会对电极内部结构的稳定性产生一定的作用，比如，电极材料活性物质的表面钝化、电解质在电极表面的氧化还原分解等，这些也会对电极材料的脱嵌锂容量造成一定的影响。有机电解质对 LIBs 电极材料的兼容性也有显著影响，比如，正极材料会被有机电解质溶解，在负极表面形成固体电解质界面(SEI)膜等。

循环寿命是评价 LIBs 好坏的一个重要指标，一般商品化 LIBs 的储存寿命大多为 3 年。LIBs 的使用寿命很大程度上与电解质有关，选取不同的电解质会使其寿命随之变化。LIBs 的正极集流体一般为铝箔，锂盐的种类在很大程度上会对铝箔腐蚀造成影响，但当加入离子液体后，会增加锂盐(尤其是亚胺盐)的稳定性，这就解决了腐蚀的问题，通过提高集流体在电解质中的耐腐蚀性，可以使电池寿命大大提升[19]。

LIBs 中的脱嵌锂反应是在电解质与电极的相界面上进行的，所以锂离子电池的倍率、放电性能与电解质的电导率、电极与电解质相界面的锂离子迁移率有关。而且电解质的不同也会对电池内阻造成一定程度的影响，电池内阻包括欧姆内阻、电荷转移电阻以及电极/电解质间的界面电阻。电池内阻与 Li^+ 穿越界面的阻力成正比，当阻力很大时，就会导致高倍率充放电性能也很差。通过优化电解质体系可以降低界面电阻，从而提升电池的性能。

电池自放电除了取决于电极材料的种类外，不同的电解质的组成、电极/电解质界面性质的不同，也会影响到电池自放电。电解质中的锂离子如果嵌入到正极材料的晶格中就会引起正极材料自放电，如果负极材料的锂离子脱出进入电解质中就会引起负极自放电。电解质在发生氧化分解时会产生杂质，这些杂质产生的负面影响也是不可忽略的，它在正负极表面发生氧化还原反应，在此反应中会消耗活性物质，这也会引起自放电。

目前研究较为广泛的 LIBs 电解质主要有液体电解质和固体电解质两大类，其中液体电解质包括有机液体电解质和室温离子液体电解质，固体电解质可以分为无机固体电解质(SSE)和有机聚合物电解质(SPE)两类[20,21]。不同类型的电解质有其各自的优缺点，如表 6-1 所示。研究 LIBs 电解质体系来满足不同生产实践具有十分重要的意义。

表 6-1 不同电解质体系的性质比较

性质 \ 电解质种类	有机液体电解质	室温离子液体电解质	无机固体电解质	有机聚合物电解质
状态	液态	液态	固态	准固态
基本性质	流动性	流动性	脆性	韧性

续表

性质 ＼ 电解质种类	有机液体电解质	室温离子液体电解质	无机固体电解质	有机聚合物电解质
Li⁺位置	不固定	不固定	不固定	相对固定
Li⁺浓度	较低	较低	高	较低
电导率	高	较高	偏低	较高
安全性	易燃	好	好	较好
价格	较高	高	较低	较高

1. 有机液体电解质

传统有机电解质是目前 LIBs 研究最为成熟且应用最为广泛的电解质，其主要由高纯有机溶剂、电解质锂盐和功能添加剂组成。

有机溶剂是有机液体电解质的主要部分，溶剂的性质会极大地影响电解质的总离子传输能力，特别是其导电性或迁移率（即与黏度成反比），以及电解质在其中的热稳定性。LIBs 中使用的有机溶剂是由高介电常数和较低黏度的溶剂混合而成。作为 LIBs 的有机溶剂，需要满足以下条件：①具有较高的介电常数（ε），当 ε 大于 15 时能够溶解足够浓度的锂盐，同时也可以防止离子配对；②较低的黏度（η），有利于锂离子的迁移；③在电池工作过程中，对阴极表面和阳极表面是惰性的；④溶剂有较高的沸点（T_b）和较低的熔点（T_m），从而在较宽的温度范围内保持液体状态；⑤有较高的闪点（T_f），安全低毒，价格便宜。

酯类和醚类作为有机溶剂，在某些方面具有相似性。它们均有链状和环状两种结构。其中酯类主要包括烷基碳酸酯和羧酸酯类，而羧酸酯稳定性差，因此不常用作锂离子电解质。碳酸酯有环状和链状结构，环状的碳酸酯主要是碳酸乙烯酯（EC）和碳酸丙烯酯（PC），链状的碳酸酯主要包括二甲基碳酸酯（DMC）、二乙基碳酸酯（DEC）和甲乙基碳酸酯（EMC）。醚类溶剂也具有环状和链状结构，包括环状醚和链状醚两类。醚类溶剂具有氧化电位较低的特点，在作为商品化的电解质中一般很少会考虑。

要满足电解质的性能要求，单一溶剂有很大的局限性，例如一般溶剂的沸点与黏度成正比，沸点高导致黏度高。因此，为了满足电解质在实际应用中的性能要求，一般采用混合溶剂作为电解质溶液。以常用的烷基碳酸酯为例，环状酯极性高，相对介电常数大，但是由于分子间作用力强，所以黏度高，如碳酸丙烯酯和碳酸乙烯酯；而直链酯则由于烷基可以自由旋转、极性小且黏度低，从而使相对介电常数小，如碳酸二甲酯和碳酸二乙酯。

电解质锂盐的作用是提供锂离子的运输通道，锂盐的选择会影响化学/电化学稳定性以及离子稳定性和导电性。在最佳盐浓度和合适温度的条件下，LIBs 可以获得优异的离子电导率。从电解质锂盐在有机溶剂中解离和离子迁移的角度来看，阴离子半径越大，锂盐用作电解质时效果更好。根据离子液体的不同组成，可以将电解质锂盐分为两大类：无机阴离子电解质锂盐及有机阴离子电解质锂盐。目前研究较多的无机阴离子电解质锂盐包括六氟磷酸锂($LiPF_6$)、四氟硼酸锂($LiBF_4$)、高氯酸锂($LiClO_4$)和六氟砷酸锂($LiAsF_6$)等。研究者们根据电解质锂盐的电导率、热稳定性、耐氧化性的强弱进行了相应的比较，关系如下：

电导率：$LiAsF_6 > LiPF_6 > LiClO_4 > LiBF_4$

耐氧化性：$LiAsF_6 > LiPF_6 > LiBF_4 > LiClO_4$

热稳定性：$LiAsF_6 > LiBF_4 > LiPF_6$

从上面的强弱关系中可以看出，$LiAsF_6$ 综合性能最佳，但其尚未得到广泛开发利用的原因是其含有有毒的砷元素；$LiClO_4$ 由于具有极强的氧化性，在 LIBs 中无法稳定的存在，故不能应用于 LIBs；$LiPF_6$ 是目前市场上应用最广泛的无机阴离子锂盐，但同时其也存在热稳定性差和易于水解的问题。例如，$LiPF_6$/有机碳酸盐溶剂型电解质在 40℃和 60℃时会发生剧烈的电解质分解和电极/电解质间的副反应，因为碳酸盐溶剂型电解质的阳极稳定性较低，且热稳定性较差。为了更深层次地发展电解质锂盐，寻找廉价且可以替代 $LiPF_6$ 的电解质锂盐便是当务之急。研究者主要把目光集中在两个方面：①络合硼酸的锂化合物；②络合磷酸的锂化合物。其中，由于络合硼酸锂化合物污染小，对环境更加友好，因而在电解质锂盐的研究中受到了研究者们的青睐。

有机阴离子电解质锂盐方面的研究主要集中于解决以下问题：提高锂盐的稳定性、增大阴离子半径、将阴离子的电荷进行离域化，从而降低晶格能，减少离子间的相互作用力，提高电解质的溶解性和电导率。在新型锂盐的研究中，二（三氟甲基磺酰）亚胺锂 $[LiN(SO_2CF_3)_3]$、二（多氟烷氧基磺酰）亚胺锂 $[LiN(R_fOSO_2CF_3)_3]$ 及双草酸硼酸酯锂（LiBOB）等一系列的含氟有机锂盐和有机硼酸酯锂盐也受到重点关注，并且这些锂盐已作为添加剂得到广泛应用。另外，与有机电解液相比，随着温度的降低，电池中的锂盐可能会析出结晶，严重影响电池的性能[22]。

为了改善电池的安全性能、高温性能、循环寿命等方面的性能，研究者们尝试在 LIBs 有机电解质中添加少量的某些物质并取得了相应的效果，这些少量物质被称为添加剂。在 LIBs 技术的开发中，研究者们一直热衷于新型添加剂的研究和开发。在基本不增加电池成本的基础上，若想显著改善电池的某些性能，就可以考虑选择合适的添加剂。添加剂具有"用量小，见效快"的特点，对电池性能有显著的正面影响。添加剂一般应具有以下特点：①与电池内部材料具有较好的相容性；②对电池性能没有明显的副作用；③价格相对较低；④没有毒性或毒性较小。目前，研究者们主要从以下三个方面对 LIBs 电解质添加剂进行研究：①SEI 膜形成添加剂；②过充电保护添加剂；③降低电解质可燃性的阻燃剂。

电解质添加剂最重要的功能之一是在电极表面形成固体电解质界面(SEI)膜，为电极提供保护，提高电池稳定性，延长电池寿命[3]。在过去的十年中，硼基添加剂、磷基添加剂、砜基添加剂、腈基添加剂和离子液体(ILs)已被开发用于高压 LIBs 的电解质，比如：向常规液态电解质中添加阻燃剂或使用不可燃液体作为添加剂可以降低其可燃性，提高其阻燃性，甚至实现不燃性，显著提高 LIBs 的安全性[23]。在这些添加剂中，ILs 作为常见的离子溶剂具有较宽的电化学窗口，有望拓宽 LIBs 的电压。Zhang 等[24]通过 DFT 计算，选择 CPMIMTFSI 作为电解液添加剂，为寻找合适的添加剂提供了一种更有效、更经济的方法。

综上，有机液体电解质的高离子电导率、低黏度的特点使其可作为当前应用最广泛的 LIBs 电解质。LIBs 的标准电解质主要是两种成分的混合物：溶剂混合物(例如，碳酸乙烯酯和碳酸二甲酯)和 LiPF$_6$ 盐。然而，该系统并不是很安全。此外，LiPF$_6$ 还可以水解形成 HF，这是除上述成分外另一种稳定性较差的化学物质。此外，电解液的低热稳定性意味着在高温环境储存将导致电池退化[25]。因此，电解质安全性能的提高是目前急需解决的最大问题，关于有机液体电解质的开发主要集中在新型锂盐开发、电解液组成比例、添加剂开发等方面。

2. 室温离子液体电解质

近年来，离子液体作为"新型溶剂"备受学术界的瞩目和产业界的期待，与传统的有机溶剂相比，它是一类截然不同的新型物质[26]。此外，由于离子液体固有的强静电相互作用，使得其具有极低的蒸气压，这意味着大多数离子液体从根本上来说很难点燃，这使得它们作为储能应用的电解质极具吸引力[27]。到目前为止，离子液体已被应用在有机合成、高分子合成、分离技术以及各种电化学器件(包括锂二次电池、燃料电池、超级电容器等)等众多领域中[28,29]。将其应用于 LIBs 电解质中时，离子液体可以表现出许多优异的物理化学性质[30,31]。

在 LIBs 中，研究较多的室温离子液体电解质主要分为两大类，其中第一类是咪唑类离子液体电解质，也是研究得相对成熟的一类离子液体电解质；另外一类是季铵盐类离子液体电解质。自 1980 年首次应用于 LIBs 以来，咪唑类离子液体电解质就受到了广泛关注，这是由于 1-乙基-3-甲基咪唑阳离子(EMI)具有电导率高、化学稳定性好等优势。但是，此类电解质也存在一定的缺点：比如电化学窗口比较窄(4.2 V 左右)，与电极材料金属锂共存时的稳定性差，同时咪唑环

2 位上的碳原子上连有酸性质子并且其为强还原剂，还原电位约在 1 V($vs.$ Li$^+$/Li)，这些缺点导致负极无法使用金属锂和碳，这不可避免地成为阻碍它在锂离子中应用的最大障碍。目前广泛改性的方法是选用 Li$_4$Ti$_5$O$_{12}$ 作为负极材料或用烷基取代 2 位上碳原子所连的酸性质子。

与咪唑类离子液体电解质相比，季铵类离子液体的稳定性更加优异，其还原电位低于 0 V($vs.$ Li$^+$/Li)，同时氧化电位高于 5 V，这就有利于其自身保持稳定，同时也使其与正极材料共存时避免发生氧化分解。根据季铵盐的结构式可分为环状季铵盐和链状季铵盐，而吡咯(五元环)和哌啶(六元环)类离子液体就是属于环状季铵盐一类。季铵盐类离子液体的熔点较低，这是因为其主要的阴离子 TFSI$^-$的负电荷从氮原子分散到邻位的两个 S 原子上，减弱了与阳离子之间的相互作用。Sun 等[32]研究了多种以 TFSI$^-$为阴离子的季铵盐离子液体，发现链状和环状季铵盐均遵循以下规律：阳离子小且对称性高的离子液体会导致其熔点较高、阳离子大且对称性低的离子液体会导致其熔点相对较低。室温下含碳原子数相同的吡啶烷盐 P$_{14}$ 与季铵盐 N$_{1134}$ 和咪唑盐 BMI 的电导率关系为：σ(N$_{1134}$)（0.8 mS · cm^{-1}）< σ(P$_{14}$)（2 mS · cm^{-1}）<σ(BMI)（38 mS · cm^{-1}），表面拥有平面结构的阳离子对离子液体的电导率有很好的提升。

阳离子的化学性质强烈影响离子液体的还原稳定性，阴离子的氧化稳定性主要决定离子液体的阳极极限[33]。离子液体是在阳离子[如吡咯烷(RYR)、哌啶、咪唑和季铵]与阴离子(如 BF$_4^-$)的基础上进行大量组合得到。TFSI$^-$和 FSI$^-$具有极宽的电化学窗口，研究者们将其作为 LIBs 的电解质进行了系统的实验和理论研究。

在开发任何基于离子液体电解质的锂电池之前，有四个关键问题应该加以考虑。

1)高黏度和缓慢扩散

离子液体的黏度在电化学系统中(包括 LIBs[34])非常重要，因为它与导电性、扩散性和润湿性有关，并且比传统的流体黏度更复杂，因为向离子液体中添加锂盐会增加其黏度并降低电导率。事实上，离子液体的扩散并不像假设的那么慢。活性物质在离子液体中的扩散系数可以在 10^{-7} cm^2 · s^{-1} 的数量级，表现出扩散控制的行为[35]。锂离子在离子液体中扩散缓慢的问题是由于锂电池中使用高浓度的锂盐来增加迁移数。换句话说，减缓扩散的主要因素不是黏度，而是离子液体刚性结构中锂离子的主动吸附作用。

通常，锂离子在电解质中的扩散比在固态电极(阳极或阴极)中的扩散快得多(即使在黏性离子液体中)。离子液体高黏度带来的一个关键问题是电极材料的弱润湿性[36]。因为电解质应该分布在电极材料的多孔结构中，人们可以考虑优化电活性材料的孔隙率大小，以改善材料在特定离子液体中的润湿性。

当固态扩散比锂离子在离子液体中的扩散慢得多时，如磷酸铁锂的情况，使用离子液体离子的电池性能比使用常规有机溶液的电池性能好得多。在阴极材料(如锰酸锂)中快速固态扩散的情况下，离子液体中的缓慢扩散是速率决定步骤。当锂离子在缓慢充电/放电下有足够的时间到达固体活性材料时，离子液体与传统的有机溶液具有相当竞争性[37]。值得关注的是，尽管低黏度有利于额定容量的发挥，但黏度较高的离子液体可以在比容量方面表现出一定优势。

2)在离子液体中的溶剂化

锂插入的关键步骤是在电极/电解质界面释放锂离子[38]。ILs 中的锂溶剂化与极性分子的锂溶剂化显著不同，在电极/电解质界面，锂离子应该从溶剂化陷阱中释放出来。由于离子液体阴离子的不同，锂离子更容易打破溶剂化陷阱，从而获得更好的电池性能。当提到锂扩散时，它不是单个锂阳离子的自由扩散，而是溶剂化的锂离子，这意味着扩散过程强烈依赖于溶剂化锂的大小和电荷，而溶剂化锂则显著依赖于所用的离子液体。

特定离子液体中的锂配位对电池性能起着重要作用。锂在质子离子液体和非质子离子液体中的配位是不同的。一般来说，在质子离子液体中锂配位数较低。质子惰性离子液体可以实现更稳定和更宽的电化学窗口[39]。

3)电极表面的双层势垒

在任何电化学系统中，电极表面能够通过带电物质形成双电层[40]；但这种现象在完全由带电离子组成的离子液体中更为严重和复杂，这导致锂阳离子必须通过这个屏障才能在电极表面实现转移(如图 6-3 所示)。表面分析表明，离子液体不是形成经典的双电层，而是在电极/电解质界面上形成由几层阳离子和阴离子组成的复杂界面层[41]。

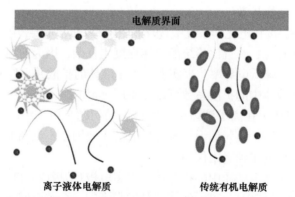

图 6-3　常规电解质中的一维扩散和离子液体中扩散的复杂相互作用示意图[42]

离子液体的结构中显示出一种可能的非对称排列的相互作用基团。此外，离子液体中的离子可以和 Li$^+$ 一样被化学/物理吸附在电极表面

4) 固体电解质界面(SEI)

对于基于离子液体的电池,电极表面(阳极和阴极)上 SEI 的形成都是一个关键问题[43]。固体电解质界面层可能是有益的,也可能是有害的。例如:双(三甲基硅基)-2-氟-2-甲基丙二酸作为还原添加剂时,因为在第一次充电时,氟化氢(HF)被消除,剩余的有机成分可以进入 SEI 中,从而形成更薄的层,保护电池抑制有害的副反应[44]。薄渗透膜的形成在电池工作期间可保护电极,但是 SEI 膜过厚也可能被堵塞。在有机溶液中,SEI 通常由有机化合物在极端电位下分解形成。然而,离子液体中的 SEI 实际上是化学反应的结果[45],因为电极表面也可以无电镀钝化。在这种情况下,离子液体的初始容量通常较低,但由此产生的 SEI 有利于优异的循环性能[46]。离子液体阳离子的电化学还原可导致 SEI 的形成,但这不仅仅与阳离子的电化学稳定性有关。

离子液体的阴离子在锂电池应用中至关重要。离子液体在负电位下的阴极不稳定性是由阳离子还原造成的,但阴离子在电化学稳定性中起着重要作用,因此电位窗口变宽。电池性能通常受阳离子而非阴离子影响,原因(至少在普通情况下)是阳离子对锂-离子二元电解质的黏度有更显著的影响。SEI 的形成是阴离子和阳离子在电极表面发生电化学反应的结果。因此,SEI 的性质与电极表面的界面电荷转移直接相关,从而导致薄膜生长。离子液体能否形成稳定的电化学活性 SEI,这一点还尚无定论,这是因为根据所考虑的电极材料的不同,情况会有很大的不同。

电活性膜会由于充电/放电过程中的固态扩散而变粗糙。虽然表面形态在常规电解质中循环后会发生剧烈变化,但电活性膜在离子液体电解质中循环后仍可保持其致密结构。而在常规电解质中循环后形成的孔隙会导致机械稳定性较差。

电极表面的电化学反应不仅受电极材料的控制,还受其原子结构的控制。在类似碳阳极的电池中,由于副反应的存在,那些具有更多边缘碳原子的阳极显示出更高的不可逆容量。石墨烯平面边缘悬空碳原子,已经被证明改变了电化学系统中的电荷转移路径[47]。

综上,离子液体电解质在 LIBs 中的应用仍然面临较多必须解决的问题。首先,最大的问题是几乎所有的离子液体都具有高黏度,且随着电荷载体(盐)浓度的增加而增加。其次,与离子液体相关的较高成本(主要来自阴离子,例如 TFSI⁻ 和 FSI⁻)是其广泛应用的另一个限制因素[48]。此外,离子液体中 Li⁺ 的迁移数很低,限制了 LIBs 在高倍率下的容量。上述特征不一定适用于所有离子液体[25]。

3. 无机固体电解质

全固态电池被认为是下一代清洁能源存储的替代性候选产品[49]。无机固体电解质(SSEs)的使用使全固态 LIBs(ASSB)消除了液体成分[50]，这增加了使用锂金属负极来提升电池能量密度的可能性[51]。与有机液体电解质相比，SSEs 具有以下主要优点：不易燃、不挥发、不漏液、电池电压窗口更宽、能量密度更高[52-54]。迄今为止，已经报道了各种类型的无机固体电解质：Li_4GeO_4、$Li_{10}GeP_2S_{12}$、Li_7PS_6、Li_6PS_5Cl、$Li_7La_3Zr_2O_{12}$、$LiTi_2(PO_4)_3$、Li_7PN_4、$LiBH_4$、$Li_{0.38}Sr_{0.44}Ta_{0.7}Hf_{0.3}O_{2.95}F_{0.05}$、$Li_3YCl_6$[55-63]。固体电解质的低离子电导率被认为是阻碍全固态 LIBs 发展的主要问题[64,65]。典型的全固态 LIBs 的示意图如图 6-4 所示。电池组件包括阳极、固体电解质、阴极和集流体。在嵌入和脱嵌过程中，锂通过阳极、固体电解质和阳极之间的界面、固体电解质、固体电解质和阴极之间的界面传输。通过元素取代或掺杂[64,66,67]、结构调整[68]以及调控内部和异相界面(例如，阳极-SSE 反应层)[69]，可以极大程度上提高固体电解质的离子电导率。Wang 等发现体心立方状阴离子骨架能够在相邻四面体位点之间提供直接的锂传导路径，因此被认为是获得高离子电导率的最佳晶体结构[68]。

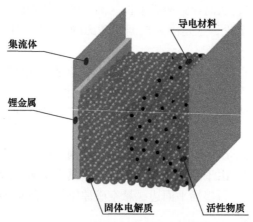

导电材料

集流体

锂金属

固体电解质　　　　　　　活性物质

图 6-4　全固态 LIBs 结构示意图[70]

SSEs 的离子导电性远优于聚合物电解质，因此受到了众多研究者的追捧。近年来，研究最多的无机电解质有钙钛矿型、NASICON 型、石榴石型、LISICON 型和硫化物型材料[71]。石榴石电解质是最具代表性的陶瓷氧化物，具有以下几个显著特点：锂离子电导率高，理想的锂离子迁移数接近 1；电子电导率低；与阴极的相容性好；对极高电压的耐受性强；对锂金属和空气中水分的稳定性好。当然，它们的缺点也是显而易见的：过于坚硬的织构容易导致与电极的界面接触不良；相对脆弱的特性使制造和运输不易；在某些情况下，可能发生锂沿晶界穿透石榴石电解质层的现象[72,73]。

固体电解质的电导率与其化学成分、晶体结构和密度密切相关[74]。在以四面体或八面体晶体结构为主的固体无机电解质中，具有足够活化能的阳离子沿着连续的配位点移动或跳跃，达到离子传导的目的。实际上，有利的配位环境主要是由晶格中的点缺陷产生的。而点缺陷机制主要分为空位、直接填隙和填隙替代三类，即为离子不断进入相邻的空位或替换相邻晶格中的离子[50]。总之，除了关键材料的本身特性，晶体的结构决定了离子的输运类型、活化能甚至离子电导率[75]。

氧化物 SSEs 是最早被广泛探索的无机固体电解质家族之一。钙钛矿型 $Li_{3x}La_{2/3-x}TiO_3$（$0 \leqslant x \leqslant 0.16$）、NASICON 型 $Li_{1.3}Al_{0.3}Ti_{1.7}(PO_4)_3$ 和石榴石型 $Li_7La_3Zr_2O_{12}$ 是具有良好离子导电性的最常见氧化物。另外，硫化物也是研究的重点之一，然而，要在 4 V 级阴极中使用硫化物 SSEs，必须引入保护涂层，这是由于硫化物在高电位下的固有不稳定性使活性材料表面容易氧化[76]。研究发现，许多氧化物可作为潜在涂层材料，如 $LiNbO_3$、$LiNb_{0.5}Ta_{0.5}O_3$、$Li_4Ti_5O_{12}$、Li_3PO_4、Ta_2O_5、Al_2O_3 和 $Li_{3-x}B_{1-x}C_xO_3$[77]。根据 Fajan 规则，预计氯化物的变形性甚至比硫化物更好，该规则预测了氯化物更多的共价性。据报道，Li_3YCl_6 是一种较差的离子导体（110℃时约为 10^{-7} S·cm^{-1}），但对这种材料的再次研究表明，作为一种结晶良好的材料，它可以表现出 $4×10^{-5}$ S·cm^{-1} 的中等室温离子导电性，高达 $5.1×10^{-4}$ S·cm^{-1} 的低结晶形态[78]。Li_3ErCl_6 也表现出类似的离子导电性（球磨：$3.3×10^{-4}$ S·cm^{-1}，随后退火：$5×10^{-5}$ S·cm^{-1}）。Li_3InCl_6 可以达到 $1.49×10^{-3}$ S·cm^{-1} 的离子电导率[79]。

固体电解质的机械性能在抑制锂枝晶的生长[80-83]，增强电极和电解质之间的相容性，即降低界面电阻和增加界面稳定性[52,84]，甚至极大地抑制了裂纹的产生和扩大[85-87]。具体来说，锂枝晶消耗过量的锂离子，并加速了还原氧化反应中的活性锂离子的消耗，如果形成的锂枝晶足够长以穿透整个电池，甚至可能导致电池内部短路[82]。界面阻力可能在限制全固态 LIBs 的性能方面发挥重要作用[88]。大多数报道的固体电解质与锂金属阳极的润湿性较低，因此电极-电解质界面电阻不可忽视，甚至在某些情况下非常大[52]。Han 研究组通过在固体电解质和锂金属之间添加中间层，即 Al_2O_3[89]，以增加润湿性并将界面电阻从 1710 Ω·cm^2 降低到 1 Ω·cm^2，从而改善全固态 LIBs 的循环性能。Kerman 等[53]发现"开裂"现象可能与固体电解质的机械性能有关，如剪切模量、硬度、断裂韧性等。然而，对固体电解质"破裂"的机制了解尚未清楚[70]。

4. 有机聚合物电解质

与 SSEs 相比，有机聚合物电解质[90]具有机械柔性，含有大量锂盐或液态离子，可形成具有适当机械稳定性的离子传导溶液[91]，而且聚合物具有良好的尺寸稳定性、热稳定性和电化学稳定性等特点，成功地解决了无机固体电解质不能与活性材料形成连续接触，即电化学界面不连续的问题。具有延展性的有机聚合物电解质可以填充电极之间的空隙，同时可以适应充电/放电期间发生的体积变化，减轻电解质与电极材料界面间的应变，如图6-5所示。

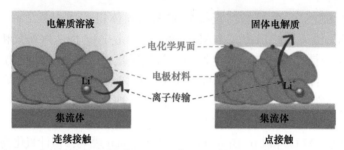

图 6-5　有机聚合物电解质和无机固体电解质与电极材料界面示意图[92]

常见的有机聚合电解质[93]有两类，分别以聚(环氧乙烷)(PEO)[94]和聚碳酸酯作为基体。PEO 是一种半结晶聚合物，在与锂盐络合后被广泛用作有机聚合物电解质。它的玻璃化转变温度(T_g)和熔化温度(T_m)分别为 60℃和 65℃，其醚基显示出对锂离子的高亲和性，允许锂盐在聚合物基质中混合。基于 PEO 的固态电解质与电极有较好的兼容性，减轻了 LIBs 中锂枝晶的生长。作为半结晶聚合物，PEO 在大面积结晶区域的离子电导率显著下降。阴离子沿链的迁移率大于阳离子的迁移率，这导致锂离子迁移数降低，这可以通过适当选择具有较大有机阴离子和巨大电子离域的盐来改善，如 TFSI[95]。Bao 等[96]提出了一种新型的含氧乙基聚离子液体修饰氧化石墨烯纳米颗粒(ox-PIL@GO)，用于制备 PEO 基有机-无机复合电解质膜(CPEs)。实验和 DFT 模拟结果都表明，在 CPEs 中，咪唑阳离子和 TFSI-阴离子之间的静电相互作用显著地增强了 LiTFSI 的解离。在基于 PEO 的有机聚合物电解质中加入增塑剂或共聚物可以降低结晶度和玻璃化转变温度，增加电化学稳定性并抑制锂枝晶的形成[97,98]。例如，PEO/PEI 与氯化锂的共混物在 30℃时电导率为 10^{-4} S·cm^{-1}[99]，而 PEO/AA 共混物通过阻断阴离子和增加锂的迁移数来提高离子电导率[100]，与氯化锂复合的 PEO/PAN 共聚物在 25℃时显示出 $6.79×10^{-4}$ S·cm^{-1} 的离子电导率[101]。到目前为止，已经开发了许多基于 PEO 的有机聚合物电解质的二嵌段和三嵌段共聚物的体系[102,103]。单离子导电嵌段聚(甲基丙烯酸锂-共聚-低聚乙烯聚乙二醇甲基丙烯酸酯)[P(MALi-co-OEGMA)]与聚苯乙烯嵌段的结合使得室温离子电导率达到 $0.2×10^{-4}$ S·cm^{-1}[103]。

有机聚合物电解质由于相对较小的介电常数值，固有的离子导电性非常差（$10^{-7} \sim 10^{-5}$ S·cm^{-1}，基本上不超过 10^{-4} S·cm^{-1}，而液体电解质的离子导电性通常为 10^{-2} S·cm^{-1}）[104]，这使得 LIBs 无法获得优异的倍率性能和高功率密度[105]。基于 PEO 的有机聚合物电解质中锂盐得不到有效解离，会产生大量的离子聚集体。聚碳酸酯中的极性碳酸酯基团（—O—（C＝O）—O）能够抑制主体基质的结晶能力，并且还能够增加锂盐的解离[106]。脂肪族无定形聚碳酸乙烯酯（PEC）与 LiFSI 混合作为电解质明显降低了聚合物链和锂离子的配位键，达到 2.2×10^{-4} S·cm^{-1} 的电导率，当掺入 1%（质量分数）的二氧化钛纳米颗粒时，电导率提高到 4.3×10^{-4} S·cm^{-1}[107]。

PEC-LiTFSI 有机聚合物电解质的锂离子迁移数为 0.4，比基于 PEO 的有机聚合物电解质获得的锂离子迁移数高 4 倍[108]。在引入 0.2 mol·L^{-1} 的 LiTFSI 时，可获得高达 4.5 V（vs. Li$^+$/Li）的良好电化学稳定性和 4.7×10^{-4} S·cm^{-1} 的离子电导率。基于聚碳酸乙烯酯（PVCA）的有机聚合物电解质在温度为 50℃时，电化学窗口为 4.5 V（vs. Li$^+$/Li），离子电导率为 9.82×10^{-5} S·cm^{-1}[109]。自支撑式聚碳酸亚丙酯（PPC）基复合材料，在 20℃时离子电导率为 5.2×10^{-4} S·cm^{-1}，电化学窗口为 4.6 V（vs. Li$^+$/Li），锂离子迁移数为 0.75，可在 $0 \sim 160$℃的温度范围内工作[110]。基于 PCL 和 PPC 的有机聚合物电解质具有良好的电化学稳定性、高离子迁移数、良好的界面相容性、高库仑效率、长循环寿命和 10^{-4} S·cm^{-1} 级别的离子电导率[111,112]。

用于有机聚合物电解质开发的还有其他常见的聚合物，如具有无定形特性和极性官能团，且对锂离子和增塑溶剂表现出高亲和性的聚甲基丙烯酸甲酯（PMMA）。聚甲基丙烯酸甲酯与其他聚合物具有良好的相容性，已经与不同的对应物混合以获得用于 LIBs 的固体电解质。PVDF 具有较高的介电常数，良好的化学和电化学稳定性以及良好的热稳定性和优异的力学性能[113]。此外，还有一些塑性晶体电解质，即在塑性晶体中掺入含锂盐溶液，例如：以聚碳酸酯（PC）为聚合物电解质基体，合成的全固态 LIBs 可在高温下工作[114]。塑性晶体的机械延展性允许它们用作柔性电池的固态聚合物电解质，并且表现出优异的室温离子电导率和热稳定性[115]。

基于之前的单离子导体理论，Chen 等[116]合成了一种新型锂离子导体 P(SSPSILi-alt-MA)，其阴离子体积非常大。他们将 PEO 作为聚合物基质与这种新型锂盐混合，溶解在 DMSO 中，干燥后得到固体聚合物电解质。P(SSPSI Li-alt-MA) 膜在试验中表现出良好的性能，其锂离子迁移数可达 0.97，25℃时锂离子电导率可达 3.08×10^{-4} S·cm^{-1}。Xu 等[117]用 Li$_{3/8}$Sr$_{7/16}$Ta$_{3/4}$Zr$_{1/4}$O$_3$ 填料制备了 PEO-LiTFSI 电解质，即使在 45℃下也保持了良好的稳定性和机械强度。在 LFP

阴极上原位制备高性能固体 PEO-LiTFSI 电解质的典型例子如下：合成 PEO 和四聚甘油的交联聚合物，同时引入四乙二醇二甲基丙烯酸酯齐聚物，使用紫外线照射固化物质[118]。

虽然与无机固体电解质相比，固体聚合物电解质(SPE)具有很多优点，但由于 SPE 的界面阻抗高[119]，限制了其应用。解决这一问题有三种常见策略：一是用液体电解质、增塑剂或离子液体润湿电极；二是在电极与刚性无机电解质之间构成缓冲层；三是将活性材料与固体电解质(包括聚合物电解质和无机电解质)或功能性添加剂(如电介质和烧结添加剂)混合，这大大改善了它们之间的接触方式，促进了锂离子的转移[119]。Li 等[120]以正丙基三甲氧基硅烷(PTMS)、聚乙二醇甲醚(MPEG)和聚乙二醇(PEG)为原料，通过缩聚反应合成了 Si 掺杂柔性自支撑梳状 PEG 基共聚物(Si-PEG)。

6.2　离子液体在锂离子电池中的应用

尽管离子液体电解质在应用中存在诸多问题，但这些问题倘若得到较好的解决，LIBs 将在安全性能和高温环境的应用两个方面前进一大步，因此，仍然有许多研究致力于对离子液体电解质性能进行优化。离子液体在 LIBs 电解质中的应用形式通常有三种，首先是纯的离子液体直接作为锂盐的溶剂应用于 LIBs 中，其次是与有机溶剂按一定比例混合应用于 LIBs 电解质中。此外，离子液体还可作为凝胶聚合物电解质的填料，或者直接将离子液体进行聚合，即以聚离子液体的形式应用于凝胶聚合物电解质中。下述将分别根据这三种应用形式，对离子液体电解质在 LIBs 中的应用进行介绍。

6.2.1　纯离子液体电解质

阳离子(如吡咯烷鎓、哌啶鎓、咪唑鎓和季铵)与阴离子(如 BF$_4$(四氟硼酸盐)、TFSI[双(三氟甲磺酰基)酰亚胺]和 FSI[双(氟磺酰基)酰亚胺])大量组合而成的离子液体可实现非常宽的电化学窗口，并作为 LIBs 的电解质进行了大量实验和理论研究。早在 2007 年，Nakagawa 等[121]报道了[PP$_{13}$][TFSI]被用作添加剂来提高混合电解质的热稳定性，而 Wang 等[122]发现[BMMI][TFSI]、[PP$_{14}$][TFSI]和[TMBA][TFSI]电解质比常规碳酸盐基电解质安全得多。Srour 等[123]测试了基于石墨/磷酸铁锂(C$_{gr}$/LFP)、Li$_4$Ti$_5$O$_{12}$/磷酸铁锂(LTO/LFP)和 Li$_4$Ti$_5$O$_{12}$/LiNi$_{1/3}$Mn$_{1/3}$Co$_{1/3}$O$_2$(LTO/NMC)的 LIBs，分别使用溶解不同锂盐(Li[N(SO$_2$CF$_3$)$_2$](LiNTf$_2$)、Li[N(SO$_2$F)$_2$](LiFSI)和 LiPF$_6$)的[C$_1$C$_n$Im][NTf$_2$]$^-$和[C$_1$C$_1$C$_n$Im][NTf$_2$](n=4 和 6)

基电解质，并与商用碳酸盐基电解质[EC∶DEC][LiPF₆]进行对比。结果表明，C_{gr}/LFP 系统的循环仅在碳酸盐添加剂存在时发生；由于[$C_1C_1C_6$Im]阳离子的还原电位低于[C_1C_6Im]阳离子，因此 C2 位置的甲基取代仅对 C_{gr}/LFP 体系有积极影响。对于 LTO 负极，使用咪唑类离子液体电解质的电池循环稳定。此外，[C_1C_6Im][NTf₂]为 LFP 和 NMC 正极也实现了稳定的高容量，并且显示出比商业电解液更好的性能。

Moreno 等[124]报道了一种基于双(三氟甲磺酰基)酰亚胺锂盐和共享相同阳离子(N-甲基-N-丙基吡咯烷，Pyr_{13})但阴离子不同的两种离子液体的三元混合物($LiTFSI$-$Pyr_{13}TFSI$-$Pyr_{13}FSI$)。研究发现，该混合物可以离子解离，相对于各单一组分表现出更好的离子传输性能(在 20℃时电导率约为 10^{-3} S·cm^{-1})。在碳工作电极中观察发现，$0.1LiTFSI$-$0.3Pyr_{13}TFSI$-$0.6Pyr_{13}FSI$ 离子液体电解质可以达到 5 V 的电化学稳定窗口，初步的电化学性能测试证实了三元电解质的良好性能。如图 6-6 所示，NMC[Li(Ni$_{0.33}$Mn$_{0.33}$Co$_{0.33}$)O₂]和石墨电极的可逆容量分别为 135 mAh·g^{-1} 和 220 mAh·g^{-1}，分别相当于传统烷基碳酸酯溶液中可逆容量的 87%和 60%。

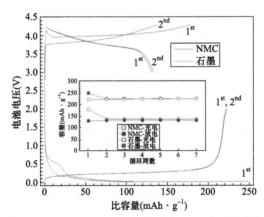

图 6-6　在 0.1C 倍率下，$0.1LiTFSI$-$0.3Pyr_{13}TFSI$-$0.6Pyr_{13}FSI$ 离子液体电解质中 NMC 和石墨电极的电压与容量曲线[124]

插图为初始循环性能图

Oltean 等[125]报道了一种可以在 80℃稳定循环的基于离子液体电解质的全电池。该电池由二氧化钛负极和 LiFePO₄ 正极组成，分别选用 Li$_{0.2}$(Pyr$_{13}$)$_{0.8}$TFSI 和 1 mol·L^{-1} LiTFSI/PC 做电解质进行对比。电化学测试结果表明(图 6-7)，含有离子液体电解质的电池可以在 80℃下循环 100 周而没有明显的容量损失，但是使用常规有机液体电解质会有明显的容量衰减，后者归因于有机电解质的氧化降解，导致低库仑效率。基于离子液体的全电池在高达 2C 的倍率下仍表现出优异的性能。

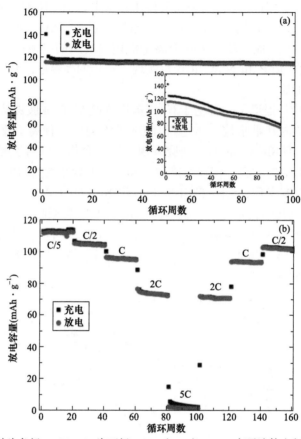

图 6-7　二氧化钛为负极、LiFePO₄ 为正极、Li₀.₂(Pyr₁₃)₀.₈TFSI 离子液体电解质组装的电池的
循环性能(a)和倍率性能(b)[125]
(a)中插图为使用 1 mol·L⁻¹ LiTFSI/PC 有机电解液的电池循环性能图

NaKagawa 和 Aihara 等[126,127]将 1 mol·L⁻¹ 的 LiBF₄/EMIBF₄ 电解质应用于 LiCoO₂/ Li₄Ti₅O₁₂ 电池中，在 0.2 C 倍率下，电池首周放电比容量为 120 mAh·g⁻¹，库仑效率为 71.4%，50 周循环后的容量保持率为 93.8%。Seki 等[128]探究了将 EmimTFSI 和 DMPImTFSI 两种室温离子液体电解质应用于 LiCoO₂ 电极中的电化学性能。如图 6-8 所示，LiTFSI/DMPImTFSI 电解质在 LiCoO₂ 中表现出更加优良的循环性能，首周放电比容量达 130 mAh·g⁻¹，50 周循环后容量保持在 93%，库仑效率在 99.5%以上。因此，修饰咪唑类离子液体的结构可以明显提高其与正极材料的相容性。

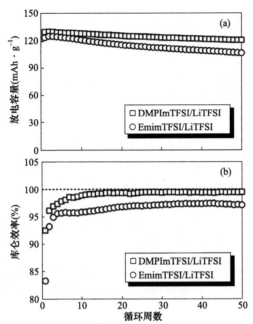

图 6-8　LiCoO₂ 阴极|EmimTFSI-LiTFSI 混合电解质或 DMPImTFSI-LiTFSI 混合电解质|锂金属阳极电池的(a)放电容量和(b)库仑效率[128]

Seki 等[129]将含醚基的季铵盐类离子液体 DEMETFSI 组成的电解质 0.32 mol·kg⁻¹ LiTFSI/DEMETFSI 应用于 LiCoO₂/Li 电池中，发现 1/8 倍率充放电下，首周放电比容量达 145 mAh·g⁻¹，100 周循环后仍然保持 81%的容量。

6.2.2　离子液体/有机溶剂电解质

由于纯离子液体体系电解质存在着锂盐浓度低及与电极材料的润湿性不好的缺点，进而影响电池的循环性能和库仑效率。近些年来，人们在离子液体中加入一定的有机电解质成分对其进行改性。将离子液体与有机碳酸盐混合可以结合双方的一些优势[130]。但这不符合替代现有有机溶液的最终目标，因为它们共存可能会使电池存在安全性问题。然而，如果混合物中离子液体的含量足够高，电解质实际上是不可燃的。向常规电解质中添加 50%的离子液体可以显著降低有机电解质的可燃性，同时电池性能保持不变。但将离子液体和有机碳酸盐混合可以获得较佳的黏度和电导率，所得混合物的离子电导率甚至可以高于有机碳酸盐。

混合电解质并不一定需要两种组分的体积比例相当，其中一种组分可以作为添加剂。如少量有机碳酸盐(如 5%)可显著改善电池的性能[131]。加入 10%～20%的有机碳酸盐可以提高离子液体的黏度和离子电导率[132]，而电解质仍然不可燃。分子动力学模拟表明，有机添加剂是通过降低锂配位来增加离子迁移率。除了添加有机碳酸盐以改善离子液体的电池性能之外，将离子液体作为添加剂加到传统有机电解质中也是一种实用的方法。在这些情况下，离子液体不是作为液体电解质，而是作为有机离子盐来将大离子引入电解质基质，此时离子液体的作用是充当有机电解液的阻燃剂。离子液体阻燃添加剂可以显著降低常规有机碳酸酯电解质的可燃性[133]。

与纯离子液体相比，有机碳酸盐中离子液体的存在降低了电化学稳定性窗口，这在大量相关文献中得到证实[134-136]。同时，电解液与电极的相容性提高了阳极稳定性。例如，$0.5\ mol \cdot L^{-1}$ LiNO3/PyrNO3 电解质表现出良好的导电性和电化学稳定性窗口，该窗口足够大以确保锂在磷酸铁锂中安全地脱出和插入[137]。图 6-9 显示了用于 LIBs 的不同类型电解质的导电性能对比图[138]。在离子液体的电导率图中，原始离子液体的电导率比传统有机液体电解质和凝胶聚合物电解质高三个数量级，这是由于离子液体具有更高的离子迁移率。此外，离子液体在电解质的制备过程中充当共溶剂，可以避免电解质膜中的溶剂效应。

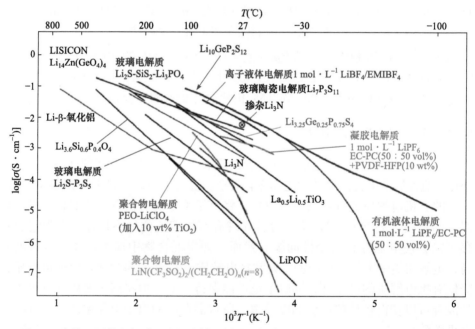

图 6-9　陶瓷、固体电解质、有机液体电解质、聚合物电解质、离子液体凝胶电解质的
离子导电性[138]

含有阴离子 FSI⁻的离子液体电解质具有较高的离子电导率和较低的黏度，这是由于与 TFSI⁻阴离子相比，FSI⁻的尺寸较小[139,140]。在某些情况下，离子液

体与碳酸盐溶剂一起显示出较高的黏度和较低的电导率，这导致了比有机电解质（有机碳酸盐中的 LiPF$_6$）差的循环性能，特别是在高倍率循环下，这是因为在负极电极上形成随机 SEI 膜以及离子迁移缓慢[141]。

为了提高 LIBs 在高温下的安全性能，混合有机电解质（即有机碳酸盐中添加离子液体）的性能（如可燃性和挥发性）可以通过改变有机溶剂含量来改善[130]。在室温下，使用含有 Pyr$_{13}$TFSI：LiTFSI：（EC：DEC，1：1，摩尔分数）（60：10：30）的混合有机电解质，在 Li/Li$_4$Ti$_5$O$_{12}$ 和 Li/磷酸铁锂（LFP）半电池中显示出与市售液体电解质相近的性能。类似地，0.3 mol · L^{-1} LiTFSI 与 Pyr$_{13}$TFSI：VC：（EC：DMC，1：1，质量分数）（65：5：30，体积分数）电解液在 75℃下 Li/磷酸铁锂半电池的最高放电容量为 150 mAh · g^{-1}[130,142]。

Ababtain 等[143]使用 Pip$_{12}$TFSI 基离子液体电解质开发了一种高温应用的新型混合离子液体/有机电解质。他们采用三维纳米硅电极作为工作电极，金属锂作为参比电极和对电极。在 0.41 mA · g^{-1} 和 0.52 mA · g^{-1} 的电流密度下，其比容量分别为 1912 mAh · g^{-1} 和 2230 mAh · g^{-1}。Cao 等[144]发现在高温下，含有 LiTFSI/PyrTFSI 电解质的 LNMO/Li$_4$Ti$_5$O$_{12}$（LTO）电池在容量保持率和库仑效率方面有明显改善。该工作研究了两种具有固有热稳定性的 LiTFSI/吡咯烷双（三氟甲磺酰基）酰亚胺室温离子液体（RTIL）基电解质。与目前最先进的 LiPF$_6$/有机碳酸酯基电解质相比，所研究的 LiTFSI/RTIL 电解质的线性扫描伏安法（LSV）曲线显示出更高的氧化稳定性。采用 LiTFSI/RTIL 电解质的 LNMO/Li$_4$Ti$_5$O$_{12}$（LTO）全电池的循环性能表现出容量保持率和库仑效率方面的显著改善，如图 6-10 所示。对在 0.5 C 下循环 50 周后的 LNMO 颗粒进行了扫描电子显微镜（图 6-11）和 X 射线衍射（XRD）表征，发现使用离子液体电解质的电池中，LNMO 颗粒仍然保持着原始形态和结构。如图 6-10 所示，在高温下 LNMO/LTO 全电池的循环性能方面，所研究的 LiTFSI/RTIL 基电解质优于基于锂六氟化锂/有机碳酸酯的电解质。

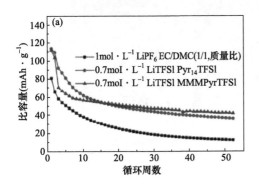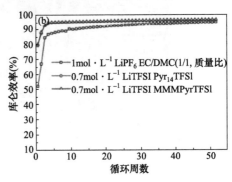

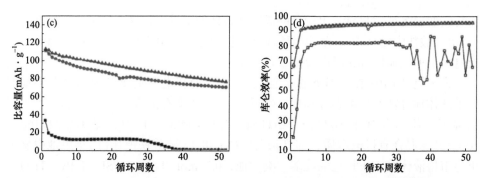

图 6-10　在 (a、b) 40℃和 (c、d) 60℃下，经过 0.2 C 两次化成后，0.5 C 倍率下使用所研究的电解质的 LNMO/LTO 全电池的 (a、c) 放电比容量和 (b、d) 库仑效率。比容量根据 LNMO 阴极材料的活性质量进行计算[144]

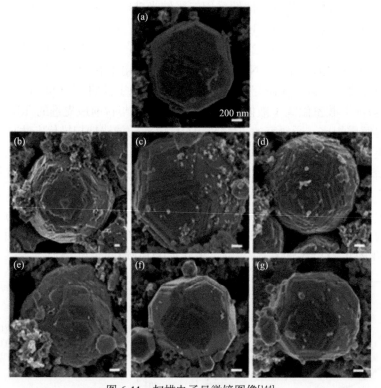

图 6-11　扫描电子显微镜图像[144]

(a) 原始 LNMO 电极和在使用所研究电解质的 LNMO/LTO 全电池中循环后的 LNMO 电极：
(b、e) 1 mol · L⁻¹ LiPF₆ EC/DMC (1/1，质量比)；(c、f) 0.7 mol · L⁻¹ LiTFSI Pyr₁₄TFSI；(d、g) 0.7 mol · L⁻¹ LiTFSi MMMPyrTFSI。测试温度为 (b～d) 40℃和 (e～g) 60℃

6.2.3　离子液体复合固体电解质

　　LIBs 中常用的液体电解质具有离子电导率高、电化学性能稳定的优点，但也存在着泄漏、自燃、爆炸的风险[145]。基于液体电解质的 LIBs 最严重的缺点就是安全问题。全固态电池在这方面有明显的优势，虽然固体电解质的安全性好，但与电极接触性较差导致界面阻抗高，且大多数固体电解质的室温离子电导率较低，不能满足 LIBs 的需要[146]。固体电解质的最大的问题在于电极/电解质界面处形成高电阻层[147]。电极表面和固体电解质之间的接触面积非常有限，自我修复的机会很少，这就是在全固态电池中软化电极/电解质界面至关重要的原因[148]。离子液体在聚合物电解质中的应用通常有两种形式，一种是作为增塑剂，填充在聚合物基体中得到凝胶聚合物电解质。与传统的液体电解质相比，凝胶电解质电池则更加灵活和安全[149]。另一种是离子液体自身阴阳离子基团结合到聚合物主链中，得到聚离子液体，与游离的离子液体共同组合形成离子液体聚合物电解质。

　　凝胶聚合物电解质(GPE)具有较高的离子电导率、浸润性、良好界面接触性、与电极的相容性好、宽电化学窗口、无泄漏、更好的热稳定性和适当的机械稳定性等优点。此外，它们还具有两个主要特点：首先是"固体状"软物质电解质，其物理化学性质优于不含聚合物主体的离子液体电解质；其次，通过使用聚合物作为介质之一实现了锂电池的组件只涉及固体材料[142]。由于离子液体热稳定性和化学稳定性良好和不易燃等优点，在未来实际应用中将离子液体引入凝胶聚合物电解质具有很好的应用前景。聚合物电解质基质溶胀后具有更多的无定向性，在一定范围内通过增加离子液体，可以使聚合物电解质的 T_g 值降低。另外，GPE 可以代替液体电解质和隔膜。隔膜性能对电池安全性、热稳定性等会产生影响，而 GPE 可以避免这些问题。GPE 应满足一定要求：室温下高的锂离子电导率($>10^{-3}$ S·cm^{-1})、高转移数、电解质吸收率、良好的热稳定性、电化学性能以及力学性能来抵抗电池组装过程中的冲击和使用过程中锂枝晶的破坏等。

　　由于离子液体具有不挥发、不易燃和可忽略的蒸气压等独特性质，离子凝胶作为理想的柔性和可拉伸材料已被广泛研究[94]。Li 等[149]报道了一种高性能的硅杂化离子凝胶电解质。电解液促进了均匀的锂沉积，并抑制了锂枝晶的生长和增殖，这使得电池可以在 0.1 mA·cm^{-2} 的电流面密度下稳定循环超过 500 小时。Guo 及其同事[150]报道了用核壳结构二氧化硅纳米粒子作为功能填料制备离子液体基聚合物凝胶电解质，图 6-12 为二氧化硅-聚丙烯酸锂(SiO₂-PAA@Li)的合成反应示意图。SiO₂-PAA@Li 的壳层增加了电解质的锂离子迁移数和离子电导率。硅芯结构提高了热稳定性，增加了电解质和锂电极之间的相容性。这种稳定的固体电解质可以抑制循环过程中锂枝晶的生长。图 6-13 为 ILGPE-SiO₂-PAA@Li 凝胶聚合物电解质的合成示意图。凝胶聚合物电解质在室温下表现出 0.74×10^3 S·cm⁻¹ 的离子电导率。基于此电解质的电池在 0.05 C 时的初始比容量为 138 mAh·g⁻¹，100 周循环后容量损失仅为 13%。

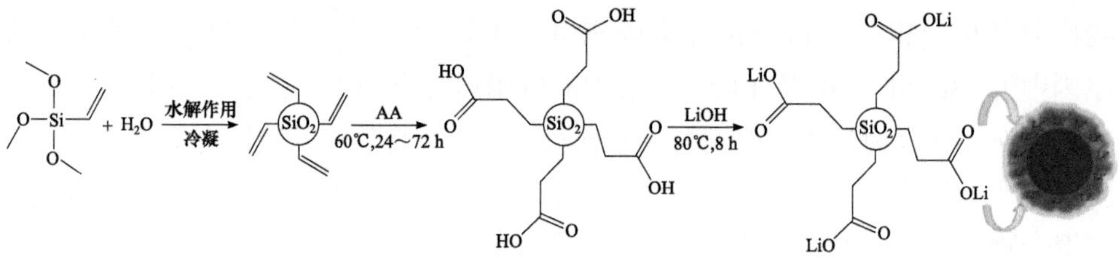

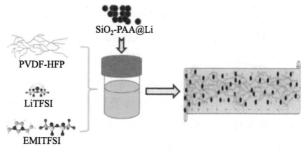

图 6-12　二氧化硅-聚丙烯酸锂的合成示意图[150]

图 6-13　ILGPE-SiO₂-PAA@Li 凝胶聚合物电解质的制备示意图[150]

图 6-14 展示了使用锂离子导电盐、离子液体和聚甲基丙烯酸甲酯聚合物主体形成的 GPE[151]。聚甲基丙烯酸甲酯-ILs-TFSI 基电解质的形成完全遵循聚合物的渗滤阈值机制，在环境温度下，非晶区域的浓度远低于渗滤阈值的，这些区域导致较低的离子电导率，反之，在熔化温度(T_m)附近，表现出较高的离子电导率。在 50℃时，该电解质的离子电导率可达(3.47 ± 10^{-3}) S·cm⁻¹，这归因于聚甲基丙烯酸甲酯纳米粒子表面的离子液体层，颗粒表面上的固定化阴离子离子液体基团能够实现高程度的锂离子解离，这进一步提高了锂离子的迁移率。此外，在特定的纳米粒子浓度范围内，离子电导率随着纳米粒子负载的增加而增加，因为溶液中的锂离子和固定在纳米粒子表面的阴离子之间的相互作用削弱了电解质中的离子对相互作用，这反过来增强了离子迁移率。

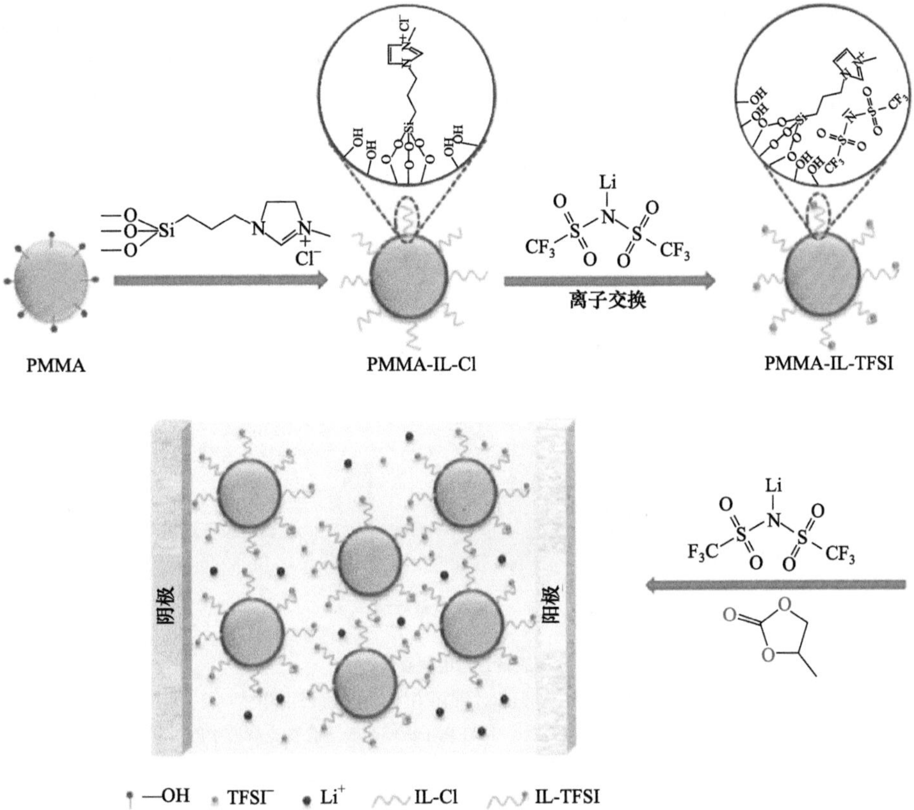

图 6-14　制备 PMMA-ILs-TFSI/LiTFSI 混合物的步骤

　　通过将 Al_2O_3 掺入到聚甲基丙烯酸甲酯主体[称为四元聚合物电解质(QPEs)]中，通过与聚合物主体交联的方式，极大地提高了 GPE 的热稳定性和循环稳定性，进而减少了锂离子(Li[+])的传输距离，从而形成了更多的锂离子传导路径[152]。Li 等[153]使用 $1g_{13}TFSI$ 离子液体、LiTFSI、SiO_2 和 PMMA 为前体制备了一种四元聚合物电解质。由于纳米二氧化硅和 $1g_{13}TFSI$ 的加入，制备的电解质具有热固化性(300℃)、稳定的电化学窗口(4.0 V)、快速离子迁移性能、界面稳定性和优异的充/放电性能。此外，随着二元聚离子液体在聚合物基质中的引入，阳极表面形成了厚重的钝化层。因此，为了提高阳极稳定性，需要尽量减少阳极上钝化层的形成[154]。从图 6-15(a)可以看出，电解质由两个重要的相区组成：富含聚合物的相区和富含液体的相区。图 6-15(a)表示碳酸盐溶剂基凝胶电解质，其提高了锂离子浓度并以不均匀的方式沉积在金属阳极表面上以形成多孔结构。如图 6-15(b)所示，在凝胶基质中引入的离子液体聚二甲硅氧烷占据了聚合物富集介质和液体电解质富集介质的界面，这反过来减小了分散的液体电解质的尺寸并增加了电解质富集相的数量。这种行为可能会提高液体电解质中的锂离子浓度，从而使锂以颗粒状结构均匀地沉积在电极表面上，并调节阳极界面处的自由枝晶。Park 等[155]在 $Pyr_{14}TFSI$ 离子液体电解质和单层石墨烯涂覆的硅阳极（FLG-Si）电极的研究中观察到了类似的行为，如图 6-16 所示。

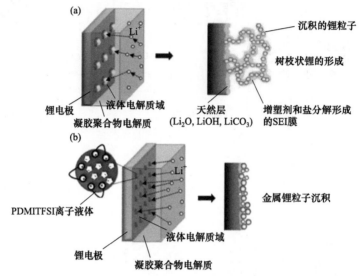

图 6-15　离子液体对锂沉积作用的原理图[154]

(a)在碳酸盐电解质中的沉积；(b)在离子液体凝胶聚合物电解质中的沉积

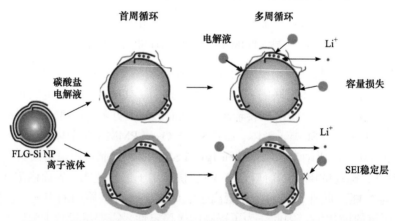

图 6-16　凝胶聚合物电解质与碳酸盐电解质对锂沉积作用的示意图[155]

　　将聚离子液体直接用于凝胶骨架基体，另一种离子液体作为增塑剂进行填充的结构构型保留了离子液体的一些优良特征和大分子的一般特征，并且还能够获得新的性质和功能。与离子液体相比，聚离子液体具有可加工性、防止泄漏、增强的机械稳定性、耐久性和离子部分的空间可控性[156,157]，因此聚离子液体被认为是有前途的固体聚合物电解质。类似于传统的固体聚合物电解质，聚离子液体基电解质的使用表现出生产薄膜和柔性电池的潜力，而不需要额外的隔膜。但不同的是，即使不添加盐，聚离子液体也是离子导电材料。然而，与液体电解质相比，聚离子液体及其与锂/钠盐的混合物的离子电导率仍然较低，因此聚离子液体经常被用作凝胶聚合物电解质的聚合物基质，以限制盐溶解的分子溶剂或离子液体。总的来说，聚离子液体的合成主要涉及两种基本的策略：离子液体单体的直接聚合或现有聚合物的化学改性，可通过不同的聚合技术获得，包括常规自由基聚合、可逆加成断裂链转移(RAFT)聚合、分步生长聚合等。

以 ILs 为单体合成的聚离子液体能够为锂离子的传输提供丰富的富锂通道。例如，1,3-二氯-4,6-二硝基苯和咪唑的直接聚合合成了聚(氯化咪唑-4,6-二硝基苯-1,3-二基)离子液体，其在 500℃ 以下稳定，并且在室温下具有比市售聚苯胺($16.7×10^{-6}$ S · cm^{-1})高得多的离子电导率($2.88×10^{-5}$ S · cm^{-1})。通过 ILs 单体聚合合成的聚酰亚胺除了具有良好的导电性和宽的电化学窗口外，还具有良好的力学性能。将丁二腈(SN)和 LiTFSI 添加到 PILs 中，可以得到由 40% PIL-40% SN-20% LiTFSI 组成的复合聚合物电解质[158]。该电解质显示出 $5.74×10^{-4}$ S · cm^{-1} 的离子电导率、宽的电化学窗口(5.5 V)和良好的机械强度(杨氏模量 4.9 MPa)。此外，添加聚碳酸酯可以进一步提高电导率，使用聚离子液体/30%聚碳酸酯膜电解质的锂/磷酸铁锂半电池显示出初始放电容量为 120.4 mAh · g^{-1}，库仑效率为 89.1%。

Jiang 等[159]设计了两种方法来改善基于 PVDF 的固体电解质的锂离子传输性能。第一，合成了一种草酸镍复合固体电解质，通过改变 PVDF 的表面形貌使电解质表现出优异的阻抗性能和锂离子迁移性能。第二，制备了由 ZIF-8 和 PVDF 组成的复合聚合物固体电解质，所得固体电解质在室温下具有高的锂离子迁移数(0.833)和离子电导率($1.5×10^{-4}$ S·cm^{-1})。研究结果表明，ZIF-8 的十二面体结构为锂离子在 PVDF 基固体电解质材料中的传输提供了稳定的通道。两种改进的复合固体电解质使电池在室温下表现出优异的倍率性能和循环稳定性。

6.2.4 离子液体其他功能

ILs 在锂电池中的应用不仅限于电解质。离子液体的离子力可以在电活性颗粒之间形成连接[160]。离子液体由离子组成，根据化学成分，离子可以吸附在颗粒表面。一个研究实例是功能化碳表面，其中带电离子与碳表面的自由 p 电子相互作用，然后形成凝胶状材料[161]，这项工作为使用离子液体作为电极的黏合剂提供了可能[162]。离子液体黏合剂的应用不仅仅是将电活性材料与黏合剂机械混合。此外，还可以改善碳材料用于提高阴极材料(特别是离子导电性较差的材料，如磷酸铁锂)的导电性。

ILs 通常被用作改善 LIBs 性能的溶剂，在此基础之上，Cai 等[163]提出的一

种新型离子液体 1-(3-氨基-3-氧丙基)-3-乙烯基咪唑双(三氟甲基磺酰基)酰胺
([PIVM][TFSA]),具有乙烯基和酰胺基两个官能团。乙烯基具有不饱和碳-碳双
键,酰胺基为碱性。他们将两种阴离子 PF_6^- 和 $TFSA^-$ 都加入到这种电解质中。
$TFSA^-$ 有助于提高电化学反应稳定性,ILs 添加剂起到了抑制剂的作用,减少了
HF 和水的含量,从而保护 Si 基电极免受损伤。实验结果证实,电解液中含有
0.5%(质量分数)[PIVM][TFSA]的电池的最大容量为 679.7 mAh · g^{-1}。基于 ILs 电
解质的电池容量保持率高于无 ILs 电池,且随着[PIVM][TFSA]含量的增加而增
大。ILs 质量分数为 3%时,电池容量保持率为 94.7%。

　　在 ILs 功能化的单壁碳纳米管中,ILs 的自由侧链可以帮助分离单壁碳纳米
管,这类似于从石墨结构中分离石墨烯的 Scotch Tape 方法。ILs 不仅将分离的碳
层包裹在电活性纳米颗粒当中,而且还充当纳米颗粒和碳涂层之间的黏合剂。因
此,锂离子可以沿着 ILs 层自由移动。这为扩散路径创建了捷径,因为锂离子不
需要在垂直方向上向粒子扩散来缩短固态扩散长度。因这一特点,ILs 被广泛用
作碳糊电极的黏合剂[164],黏合剂的关键作用是保持活性材料和导电剂与集流体
紧密接触,从而保持电极网络的机械完整性[165]。由于 LIBs 使用的有机电解质的
导电性比水系电解质差,因此将电极制作得非常薄,以便获得高电流输出。这就
要求对 LIBs 电极制备中使用的黏合剂标准更高[166]。因此,黏合剂对实际电池容
量、倍率能力和循环寿命有重大贡献。在分子动力学模拟的帮助下,Lee 及其同
事[167]提出黏合剂和活性材料之间界面的机械强度将弱于中间黏合剂或中间活性
材料。在将黏合剂与活性电极组分混合后,溶剂分子将携带黏合剂并将其扩散到
活性电极组分的组织材料中。之后在干燥过程中,黏合剂会通过相互拉动将相邻
的颗粒固定在一起。通过调整电极制造方法,可以增加活性材料和黏合剂之间的
界面接触,确保机械联锁效果。

　　LIBs 低温性能差的主要原因是电解质和石墨表面的固体电解质界面(SEI)的
离子电导率低。目前的解决措施主要集中在研究新型电解质上。然而,LIBs 的
性能也强烈依赖于电极的组成和结构。黏结剂作为 LIBs 电极中的一种重要组
分,不仅将活性物质和导电添加剂吸附在集流体上,而且对电极的加工和电化学
性能有很大的影响[168]。

参 考 文 献

[1] Li M, Liu B, Fan X, et al. Long-shelf-life polymer electrolyte based on tetraethylammonium hydroxide for flexible zinc-air batteries. ACS Appl Mater Interfaces, 2019, 11: 28909-28917.

[2] Yangting S, Liu X, Jiang Y, et al. Recent advances and challenges in divalent and multivalent metal electrodes for metal-air batteries. J Mater Chem A, 2019, 7: 18183-18208.

[3] Sharma G, Jin Y, Lin Y S. Lithium ion batteries with alumina separator for improved safety. J

Electrochem Soc, 2017, 164: A1184-A1191.

[4] Julien C M. Advanced materials for electrochemical energy storage: Lithium-ion, lithium-sulfur, lithium-air and sodium batteries. Int J Mol Sci, 2023, 24: 3026.

[5] Kaushik S, Matsumoto K, Hagiwara R. Stable cycle performance of a phosphorus negative electrode in lithium-ion batteries derived from ionic liquid electrolytes. ACS Appl Mater Interfaces, 2021, 13: 10891-10901.

[6] Bencherifi Y, Larhrib B, Sayegh A, et al. Phosphonium ionic liquid-based electrolyte for high voltage Li-ion batteries: Effect of ionic liquid ratio. J Appl Electrochem, 2021, 51: 1651-1664.

[7] Walton J J, Hiasa T, Kumita H, et al. Fluorocyanoesters as additives for lithium-ion battery electrolytes. ACS Appl Mater Interfaces, 2020, 12: 15893-15902.

[8] Bresser D, Hosoi K, Howell D, et al. Perspectives of automotive battery R&D in China, Germany, Japan, and the USA. J Power Sources, 2018, 382: 176-178.

[9] Neha C, Neelam B, Shailendra S. Recent advances in non-flammable electrolytes for safer lithium-ion batteries. Batteries, 2019, 5: 19.

[10] Liu H, Yu H. Ionic liquids for electrochemical energy storage devices applications. J Mater Sci Technol, 2019, 35: 674-686.

[11] Armand M, Tarascon J M. Building better batteries. Nature, 2008, 451: 652-657.

[12] Liao Z, Zhang S, Li K, et al. A survey of methods for monitoring and detecting thermal runaway of lithium-ion batteries. J Power Sources, 2019, 436: 226879.

[13] Feng X, Zheng S, Ren D, et al. Investigating the thermal runaway mechanisms of lithium-ion batteries based on thermal analysis database. Appl Energy, 2019, 246: 53-64.

[14] Wang Q, Mao B, Stanislav I S, et al. A review of lithium ion battery failure mechanisms and fire prevention strategies. Prog Energy Combust Sci, 2019, 73: 95-131.

[15] Niu H, Wang L, Guan P, et al. Recent advances in application of ionic liquids in electrolyte of lithium ion batteries. J Energy Storage, 2021, 40: 102659.

[16] Chen S, Wen K, Fan J, et al. Progress and future prospects of high-voltage and high-safety electrolytes in advanced lithium batteries: From liquid to solid electrolytes. J Mater Chem A, 2018, 6: 11631-11663.

[17] Pham H Q, Tran Y H T, Han J, et al. Roles of nonflammable organic liquid electrolyte in stabilizing the interface of the $LiNi_{0.8}Co_{0.1}Mn_{0.1}O_2$ cathode at 4.5 V and improving the battery performance. J Phys Chem C, 2019, 124: 175-185.

[18] Liu X, Mariani A, Diemant T, et al. Difluorobenzene-based locally concentrated ionic liquid electrolyte enabling stable cycling of lithium metal batteries with nickel-rich cathode. Adv Energy Mater, 2022, 12: 2200862.

[19] Yang H, Kwon K, Devine T M, et al. Aluminum corrosion in lithium batteries an investigation using the electrochemical quartz crystal microbalance. J Electrochem Soc, 2000, 147: 4399.

[20] Feng Z, Masashi K, Shufeng S, et al. Review on solid electrolytes for all-solid-state lithium-ion batteries. J Power Sources, 2018, 389: 198-213.

[21] Lei F, Shuya W, Siyuan L, et al. Recent progress of the solid-state electrolytes for high-energy

metal-based batteries. Adv Energy Mater, 2018, 8: 1702657.

[22] David R, Kühnel R S, Corsin B. Suppressing crystallization of water-in-salt electrolytes by asymmetric anions enables low-temperature operation of high-voltage aqueous batteries. ACS Appl Energy Mater, 2019, 1: 461-474.

[23] Zeng Z, Vijayakumar M, Han K S, et al. Non-flammable electrolytes with high salt-to-solvent ratios for Li-ion and Li-metal batteries. Nat Energy, 2018, 3: 674-681.

[24] Zhang W, Wang Y, Lan X, et al. Imidazolium-based ionic liquids as electrolyte additives for high-voltage Li-ion batteries. Res Chem Intermed, 2020, 46: 3007-3023.

[25] Erlendur J. Ionic liquids as electrolytes for energy storage applications: A modelling perspective. Energy Stor Mater, 2019, 25: 827-835.

[26] McEldrew M, Goodwin Z A H, Zhao H, et al. Correlated ion transport and the gel phase in room temperature ionic liquids. J Phys Chem B, 2021, 125: 2677-2689.

[27] Jónsson E. Ionic liquids as electrolytes for energy storage applications: A modelling perspective. Energy Stor Mater, 2020, 25: 827-835.

[28] Cai Y, Hou Y, Lu Y, et al. Ionic liquidelectrolyte with weak solvating molecule regulation for stable Li deposition in high-performance Li-O_2 batteries. Angew Chem Int Ed, 2023, 62: e202218014.

[29] Sun L, Zhuo K, Chen Y, et al. Ionic liquid-based redox active electrolytes for supercapacitors. Adv Funct Mater, 2022, 32: 2203611.

[30] Liu X, Mariani A, Adenusi H, et al. Locally concentrated ionic liquid electrolytes for lithium-metal batteries. Angew. Chem Int Ed, 2023, 62: e202219318.

[31] Pal B, Parameswaran A K, Wu B, et al. Insights into the charge storage mechanism of binder-free electrochemical capacitors in ionic liquid electrolytes. Ind Eng Chem Res, 2023, 62: 4388-4398.

[32] Sun J, MacFarlane D R, Forsyth M. A new family of ionic liquids based on the 1-alkyl-2-methyl pyrrolinium cation. Electrochim Acta, 2003, 48: 1707-1711.

[33] Xu B, Li W, Duan H, et al. Li_3PO_4-added garnet-type $Li_{6.5}La_3Zr_{1.5}Ta_{0.5}O_{12}$ for Li-dendrite suppression. J Power Sources, 2017, 354: 68-73.

[34] Usui H, Shimizu M, Sakaguchi H. Applicability of ionic liquid electrolytes to $LaSi_2$/Si composite thick-film anodes in Li-ion battery. J Power Sources, 2013, 235: 29-35.

[35] Lovelock K R J, Cowling F N, Taylor A W, et al. Effect of viscosity on steady-state voltammetry and scanning electrochemical microscopy in room temperature ionic liquids. J Phys Chem B, 2010, 114: 4442-4450.

[36] Guerfi A, Duchesne S, Kobayashi Y, et al. $LiFePO_4$ and graphite electrodes with ionic liquids based on bis(fluorosulfonyl)imide (FSI)$^-$ for Li-ion batteries. J Power Sources, 2008, 175: 866-873.

[37] Egashira M, Kanetomo A, Yoshimoto N, et al. Charge-discharge rate of spinel lithium manganese oxide and olivine lithium iron phosphate in ionic liquid-based electrolytes. J Power Sources, 2011, 196: 6419-6424.

[38] Shimizu M, Usui H, Matsumoto K, et al. Effect of cation structure of ionic liquids on anode

properties of Si electrodes for LIB. J Electrochem Soc, 2014, 161: A1765-A1771.

[39] Armand M, Endres F, MacFarlane D R, et al. Ionic-liquid materials for the electrochemical challenges of the future. Nat Mater, 2009, 8: 621-629.

[40] Cruz C, Ciach A. Phase transitions and electrochemical properties of ionic liquids and ionic liquid-solvent mixtures. Molecules, 2021, 26: 3668.

[41] Endres F, Höfft O, Borisenko N, et al. Do solvation layers of ionic liquids influence electrochemical reactions? Phys Chem Chem Phys, 2010, 12: 1724-1732.

[42] Eftekhari A, Liu Y, Chen P. Different roles of ionic liquids in lithium batteries. J Power Sources, 2016, 334: 221-239.

[43] Verma P, Maire P, Novák P. A review of the features and analyses of the solid electrolyte interphase in Li-ion batteries. Electrochim Acta, 2010, 55: 6332-6341.

[44] Lyu H, Li Y, Charl J J, et al. Bis(trimethylsilyl)2-fluoromalonate derivatives as electrolyte additives for high voltage lithium ion batteries. J Power Sources, 2018, 412: 527-535.

[45] López C, González A, Bosque R, et al. Platinum（Ⅱ）and palladium（Ⅱ）complexes derived from 1-ferrocenylmethyl-3,5-diphenylpyrazole. Coordination, cyclometallation or transannulation? RSC Adv, 2012, 2: 1986-2002.

[46] Choi J A, Kim D W, Bae Y S, et al. Electrochemical and interfacial behavior of a $FeSi_{2.7}$ thin film electrode in an ionic liquid electrolyte. Electrochim Acta, 2011, 56: 9818-9823.

[47] Eftekhari A, Yazdani B. Initiating electropolymerization on graphene sheets in graphite oxide structure. J Polym Sci, Part A: Polym Chem, 2010, 48: 2204-2213.

[48] Zhang J, Yao X, Ravi K M, et al. Progress in electrolytes for beyond-lithium-ion batteries. J Mater Sci Technol, 2020, 44: 237-257.

[49] Xu H, Shi J, Hu G, et al. Hybrid electrolytes incorporated with dandelion-like silane-Al_2O_3 nanoparticles for high-safety high-voltage lithium ion batteries. J Power Sources, 2018, 391: 113-119.

[50] Theodosios F, Pieremanuele C, James A D, et al. Fundamentals of inorganic solid-state electrolytes for batteries. Nat Mater, 2019, 18: 1278-1291.

[51] Zhizhen Z, Yuanjun S, Bettina L, et al. New horizons for inorganic solid state ion conductors. Energy Environ Sci, 2018, 11: 1945-1976.

[52] Gao Z, Sun H, Fu L, et al. Promises, challenges, and recent progress of inorganic solid-state electrolytes for all-solid-state lithium batteries. Adv Mater, 2018, 30: 1705702.

[53] Kerman K, Luntz A, Viswanathan V, et al. Review: Practical challenges hindering the development of solid state Li ion batteries. J Electrochem Soc, 2017, 164: A1731-A1744.

[54] Gao Z, Sun H, Fu L, et al. All-solid-state batteries: Promises, challenges, and recent progress of inorganic solid-state electrolytes for all-solid-state lithium batteries. Adv Mater, 2018, 30: 1870122.

[55] Asano T, Sakai A, Ouchi S, et al. Solid halide electrolytes with high lithium-Ion conductivity for application in 4 V class bulk-type all-solid-state batteries. Adv Mater, 2018, 30: 1803075.

[56] Li Y, Xu H, Chien P-H, et al. A perovskite electrolyte that is stable in moist air for lithium-ion

batteries. Angew Chem Int Ed, 2018, 57: 8587-8591.

[57] Maekawa H, Matsuo M, Takamura H, et al. Halide-stabilized LiBH$_4$, a room-temperature lithium fast-ion conductor. J Am Chem Soc, 2009, 131: 894-895.

[58] Wang G X, Bradhurst D H, Dou S X, et al. LiTi$_2$(PO$_4$)$_3$ with NASICON-type structure as lithium-storage materials. J Power Sources, 2003, 124: 231-236.

[59] Murugan R, Thangadurai V, Weppner W. Fast lithium ion conduction in garnet-type Li$_7$La$_3$Zr$_2$O$_{12}$. Angew Chem Int Ed, 2007, 46: 7778-7781.

[60] Wang S, Zhang Y, Zhang X, et al. High-conductivity argyrodite Li$_6$PS$_5$Cl solid electrolytes prepared via optimized sintering processes for all-solid-state lithium-sulfur batteries. ACS Appl Mater Interfaces, 2018, 10: 42279-42285.

[61] Dietrich C, Weber D A, Sedlmaier S J, et al. Lithium ion conductivity in Li$_2$S-P$_2$S$_5$ glasses-building units and local structure evolution during the crystallization of superionic conductors Li$_3$PS$_4$, Li$_7$P$_3$S$_{11}$ and Li$_4$P$_2$S$_7$. J Mater Chem A, 2017, 5: 18111-18119.

[62] Mo Y, Ong S P, Ceder G. First principles study of the Li$_{10}$GeP$_2$S$_{12}$ lithium super ionic conductor material. Chem Mater, 2012, 24: 15-17.

[63] Ahmad A Q, Holzwarth N A W. Li$_{14}$P$_2$O$_3$N$_6$ and Li$_7$PN$_4$: Computational study of two nitrogen rich crystalline LiPON electrolyte materials. J Power Sources, 2017, 364: 410-419.

[64] Bachman J C, Muy S, Grimaud A, et al. Inorganic solid-state electrolytes for lithium batteries: Mechanisms and properties governing ion conduction. Chem Rev, 2016, 116: 140-162.

[65] Zheng F, Kotobuki M, Song S, et al. Review on solid electrolytes for all-solid-state lithium-ion batteries. J Power Sources, 2018, 389: 198-213.

[66] Minafra N, Culver S P, Krauskopf T, et al. Effect of Si substitution on the structural and transport properties of superionic Li-argyrodites. J Mater Chem A, 2018, 6: 645-651.

[67] Meesala Y, Liao Y, Jena A, et al. An efficient multi-doping strategy to enhance Li-ion conductivity in the garnet-type solid electrolyte Li$_7$La$_3$Zr$_2$O$_{12}$. J Mater Chem A, 2019, 7: 8589-8601.

[68] Culver S P, Koerver R, Krauskopf T, et al. Designing ionic conductors: The interplay between structural phenomena and interfaces in thiophosphate-based solid-state batteries. Chem Mater, 2018, 30: 4179-4192.

[69] Feng X, Fang H, Wu N, et al. Review of modification strategies in emerging inorganic solid-state electrolytes for lithium, sodium, and potassium batteries. Joule, 2022, 6: 543-587.

[70] Ke X, Wang Y, Ren G, et al. Towards rational mechanical design of inorganic solid electrolytes for all-solid-state lithium ion batteries. Energy Stor Mater, 2020, 26: 313-324.

[71] Gao Z, Sun H, Lin F, et al. Promises, challenges, and recent progress of inorganic solid-state electrolytes for all-solid-state lithium batteries. Adv Mater, 2018, 30: 1705702.

[72] Li Y, Chen X, Dolocan A, et al. Garnet electrolyte with an ultralow interfacial resistance for Li-metal batteries. J Am Chem Soc, 2018, 140: 6448-6455.

[73] Zhao N, Khokhar W, Bi Z, et al. Solid garnet batteries. Joule, 2019, 3: 1190-1199.

[74] Yang S, Lei Y, Ai J, et al. Preparation of high density garnet electrolytes by impregnation

sintering for lithium-ion batteries. J Mater Sci: Mater Electron, 2019, 30: 8089-8096.

[75] Chen J, Wu J, Wang X, et al. Research progress and application prospect of solid-state electrolytes in commercial lithium-ion power batteries. Energy Stor Mater, 2020, 35: 70-87.

[76] Banerjee A, Tang H, Wang X, et al. Revealing nanoscale solid-solid interfacial phenomena for long-life and high-energy all-solid-state batteries. ACS Appl Mater Interfaces, 2019, 858: 246-2784.

[77] Sung Hoo J, Kyungbae O, Young Jin N, et al. Li_3BO_3-Li_2CO_3: Rationally designed buffering phase for sulfide all-solid-state Li-ion batteries. Chem Mater, 2018, 30: 8190-8200.

[78] Tetsuya A, Akihiro S, Satoru O, et al. Solid halide electrolytes with high lithium-ion conductivity for application in 4 V class bulk-type all-aolid-state batteries. Adv Mater, 2018, 30: 1803075.

[79] Li X, Liang J, Luo J, et al. Air-stable Li_3InCl_6 electrolyte with high voltage compatibility for all-solid-state batteries. Energy Environ Sci, 2019, 12: 2665-2671.

[80] Tsai C L, Roddatis V, Chandran C V, et al. $Li_7La_3Zr_2O_{12}$ interface modification for Li dendrite prevention. ACS Appl Mater Interfaces, 2016, 8: 10617-10626.

[81] Xu B, Li W, Duan H, et al. Li_3PO_4-added garnet-type $Li_{6.5}La_3Zr_{1.5}Ta_{0.5}O_{12}$ for Li-dendrite suppression. J Power Sources, 2017, 354: 68-73.

[82] Porz L, Swamy T, Sheldon B W, et al. Mechanism of lithium metal penetration through inorganic solid electrolytes. Adv Energy Mater, 2017, 7: 1701003.

[83] Deng Z, Wang Z, Chu I H, et al. Elastic properties of alkali superionic conductor electrolytes from first principles calculations. J Electrochem Soc, 2015, 163: A67-A74.

[84] Du M, Liao K, Lu Q, et al. Recent advances in the interface engineering of solid-state Li-ion batteries with artificial buffer layers: Challenges, materials, construction, and characterization. Energy Environ Sci, 2019, 12: 1780-1804.

[85] Manalastas W, Rikarte J, Chater R J, et al. Mechanical failure of garnet electrolytes during Li electrodeposition observed by in-operando microscopy. J Power Sources, 2019, 412: 287-293.

[86] McGrogan F P, Swamy T, Bishop S R, et al. Compliant yet brittle mechanical behavior of Li_2S-P_2S_5 lithium-ion-conducting solid electrolyte. Adv Energy Mater, 2017, 7: 1602011.

[87] Pandian A S, Chen X C, Chen J, et al. Facile and scalable fabrication of polymer-ceramic composite electrolyte with high ceramic loadings. J Power Sources, 2018, 390: 153-164.

[88] Luo W, Gong Y, Zhu Y, et al. Reducing interfacial resistance between garnet-structured solid-state electrolyte and Li-metal anode by a germanium layer. Adv Mater, 2017, 29: 1606042.

[89] Han X, Gong Y, Fu K, et al. Negating interfacial impedance in garnet-based solid-state Li metal batteries. Nat Mater, 2017, 16: 572-579.

[90] Durga G, Kalra P, Verma V K, et al. Ionic liquids: From a solvent for polymeric reactions to the monomers for poly(ionic liquids). J Mol Liq, 2021, 335: 116540.

[91] Di Noto V, Lavina S, Giffin G A, et al. Polymer electrolytes: Present, past and future. Electrochim Acta, 2011, 57: 4-13.

[92] Varzi A, Raccichini R, Passerini S, et al. Challenges and prospects of the role of solid electrolytes in the revitalization of lithium metal batteries. J Mater Chem A, 2016, 4: 17251-17259.

[93] Watanabe M. Advances in organic ionic materials based on ionic liquids and polymers. Bull Chem Soc Jpn, 2021, 108: 28-37.

[94] Sun J, He C, Li Y, et al. Solid-state nanocomposite ionogel electrolyte with *in-situ* formed ionic channels for uniform ion-flux and suppressing dendrite formation in lithium metal batteries. Energy Storage Mater, 2023, 54: 40-50.

[95] Fergus J W. Ceramic and polymeric solid electrolytes for lithium-ion batteries. J Power Sources, 2010, 195: 4554-4569.

[96] Bao W, Hu Z, Wang Y, et al. Poly(ionic liquid)-functionalized graphene oxide towards ambient temperature operation of all-solid-state PEO-based polymer electrolyte lithium metal batteries. Chem Eng, 2022, 437: 135420.

[97] Huysecom A-S, Glorieux C, Thoen J, et al. Phase behavior of medium-length hydrophobically associating PEO-PPO multiblock copolymers in aqueous media. J Colloid Interface Sci, 2023, 641: 521-538.

[98] Porcarelli L, Gerbaldi C, Bella F, et al. Super soft all-ethylene oxide polymer electrolyte for safe all-solid lithium batteries. Sci Rep, 2016, 6: 19892.

[99] Tanaka R, Sakurai M, Sekiguchi H, et al. Lithium ion conductivity in polyoxyethylene/polyethy lenimine blends. Electrochim Acta, 2001, 46: 1709-1715.

[100] Quartarone E, Mustarelli P. Electrolytes for solid-state lithium rechargeable batteries: Recent advances and perspectives. Chem Soc Rev, 2011, 40: 2525-2540.

[101] Yuan F, Chen H, Yang H, et al. PAN-PEO solid polymer electrolytes with high ionic conductivity. Mater Chem Phys, 2005, 89: 390-394.

[102] Xue Z, He D, Xie X. Poly(ethylene oxide)-based electrolytes for lithium-ion batteries. J Mater Chem A, 2015, 3: 19218-19253.

[103] Rolland J, Poggi E, Vlad A, et al. Single-ion diblock copolymers for solid-state polymer electrolytes. Polymer, 2015, 68: 344-352.

[104] Shen Z, Zhang W, Zhu G, et al. Design principles of the anode-electrolyte interface for all solid-state lithium metal batteries. Small Methods, 2019, 11: 34117-34127.

[105] David G M, Wesley M, Minah L, et al. Crosslinked poly(tetrahydrofuran) as a loosely coordinating polymer electrolyte. Adv Energy Mater, 2018, 8: 1800703.

[106] Costa C M, Lizundia E, Lanceros-Méndez S. Polymers for advanced lithium-ion batteries: State of the art and future needs on polymers for the different battery components. Prog Energy Combust Sci, 2020, 79: 100846.

[107] Tominaga Y, Yamazaki K. Fast Li-ion conduction in poly(ethylene carbonate)-based electrolytes and composites filled with TiO_2 nanoparticles. Chem Commun, 2014, 50: 4448-4450.

[108] Okumura T, Nishimura S. Lithium ion conductive properties of aliphatic polycarbonate. Solid State Ion, 2014, 267: 68-73.

[109] Chai J, Liu Z, Ma J, et al. In situ generation of poly(vinylene carbonate) based solid electrolyte with interfacial stability for $LiCoO_2$ lithium batteries. Adv Sci, 2017, 4: 1600377.

[110] Zhang J, Zang X, Wen H, et al. High-voltage and free-standing poly(propylene carbonate)/

Li$_{6.75}$La$_3$Zr$_{1.75}$Ta$_{0.25}$O$_{12}$ composite solid electrolyte for wide temperature range and flexible solid lithium ion battery. J Mater Chem A, 2017, 5: 4940-4948.

[111] Zhang J, Zhao J, Yue L, et al. Safety-reinforced poly (propylene carbonate) -based all-solid-state polymer electrolyte for ambient-temperature solid polymer lithium batteries. Adv Energy Mater, 2015, 5: 1501082.

[112] Zhang D, Zhang L, Yang K, et al. Superior blends solid polymer electrolyte with integrated hierarchical architectures for all-solid-state lithium-ion batteries. ACS Appl Mater Interfaces, 2017, 9: 36886-36896.

[113] Xue C, Zhang X, Wang S, et al. Organic-organic composite electrolyte enables ultralong cycle life in solid-state lithium metal batteries. ACS Appl Mater Interfaces, 2020, 12: 24837-24844.

[114] Bao J, Shi G, Tao C, et al. Polycarbonate-based polyurethane as a polymer electrolyte matrix for all-solid-state lithium batteries. J Power Sources, 2018, 389: 84-92.

[115] Long S, MacFarlane D R, Forsyth M. Fast ion conduction in molecular plastic crystals. Solid State Ion, 2003, 161: 105-112.

[116] Chen C, Yu L, Yiyu F, et al. A solid-state single-ion polymer electrolyte with ultrahigh ionic conductivity for dendrite-free lithium metal batteries. Energy Stor Mater, 2019, 19: 401-407.

[117] Xu H, Chien P, Shi J, et al. High-performance all-solid-state batteries enabled by salt bonding to perovskite in poly (ethylene oxide). Proc Natl Acad Sci USA, 2019, 116: 18815-18821.

[118] Zhang Y, Lu W, Cong L, et al. Cross-linking network based on poly (ethylene oxide): Solid polymer electrolyte for room temperature lithium battery. J Power Sources, 2019, 420: 63-72.

[119] Zhang S, Wang X, Xia X, et al. Smart construction of intimate interface between solid polymer electrolyte and 3D-array electrode for quasi-solid-state lithium ion batteries. J Power Sources, 2019, 434: 226726.

[120] Li D, Ji X, Gong X, et al. The synergistic effect of poly (ethylene glycol) -borate ester on the electrochemical performance of all solid state Si doped-poly (ethylene glycol) hybrid polymer electrolyte for lithium ion battery. J Power Sources, 2019, 423: 349-357.

[121] Nakagawa H, Fujino Y, Kozono S, et al. Application of nonflammable electrolyte with room temperature ionic liquids (RTILs) for lithium-ion cells. J Power Sources, 2007, 174: 1021-1026.

[122] Wang Y, Zaghib K, Guerfi A, et al. Accelerating rate calorimetry studies of the reactions between ionic liquids and charged lithium ion battery electrode materials. Electrochim Acta, 2007, 52: 6346-6352.

[123] Srour H, Chancelier L, Bolimowska E, et al. Ionic liquid-based electrolytes for lithium-ion batteries: Review of performances of various electrode systems. J Appl Electrochem, 2016, 46: 149-155.

[124] Moreno M, Simonetti E, Appetecchi G B, et al. Ionic liquid electrolytes for safer lithium batteries. J Electrochem Soc, 2016, 164: A6026-A6031.

[125] Oltean G, Plylahan N, Ihrfors C, et al. Towards Li-ion batteries operating at 80℃: Ionic liquid versus conventional liquid electrolytes. Batteries, 2018, 4: 2.

[126] NaKagawa H, Izuchi S, Kuwana K, et al. Liquid and polymer gel electrolytes for lithium batteries composed of room-temperature molten salt doped by lithium salt. Russ Chem Rev, 2003, 150: A695-A700.

[127] Aihara Y, Kuratomi J, Bando T, et al. Investigation on solvent-free solid polymer electrolytes for advanced lithium batteries and their performance. J Power Sources, 2003, 114: 96-104.

[128] Seki S, Kobayashi Y, Miyashiro H, et al. Lithium secondary batteries using modified-imidazolium room-temperature ionic liquid. J Phys Chem B, 2006, 110: 10228-10230.

[129] Seki S, Kobayashi Y, Miyashiro H, et al. Compatibility of N-methyl-N-propylpyrrolidinium cation room-temperature ionic liquid electrolytes and graphite electrodes. J Phys Chem C, 2008, 112: 16708-16713.

[130] Yang B, Li C, Zhou J, et al. Pyrrolidinium-based ionic liquid electrolyte with organic additive and LiTFSI for high-safety lithium-ion batteries. Electrochim Acta, 2014, 148: 39-45.

[131] Xu J, Yang J, NuLi Y. Additive-containing ionic liquid electrolytes for secondary lithium battery. J Power Sources, 2006, 160: 621-626.

[132] Yoshimoto N, Egashira M, Morita M. A mixture of triethylphosphate and ethylene carbonate as a safe additive for ionic liquid-based electrolytes of lithium ion batteries. J Power Sources, 2010, 195: 7426-7431.

[133] Bae S Y, Shim E G, Kim D W. Effect of ionic liquid as a flame-retarding additive on the cycling performance and thermal stability of lithium-ion batteries. J Power Sources, 2013, 244: 266-271.

[134] Ivanov S, Cheng L, Wulfmeier H, et al. Electrochemical behavior of anodically obtained titania nanotubes in organic carbonate and ionic liquid based Li ion containing electrolytes. Electrochim Acta, 2013, 104: 228-235.

[135] Rui X H, Jin Y, Feng X Y, et al. A comparative study on the low-temperature performance of LiFePO$_4$/C and Li$_3$V$_2$(PO$_4$)$_3$/C cathodes for lithium-ion batteries. J Power Sources, 2011, 196: 2109-2114.

[136] Böckenfeld N, Kühnel R S, Passerini S, et al. Composite LiFePO$_4$/AC high rate performance electrodes for Li-ion capacitors. J Power Sources, 2011, 196: 4136-4142.

[137] Böckenfeld N, Willeke M, Pires J, et al. On the use of lithium iron phosphate in combination with protic ionic liquid-based electrolytes. J Electrochem Soc, 2013, 160: A559-A563.

[138] Lin X, Salari M, Arava L M R, et al. High temperature electrical energy storage: Advances, challenges, and frontiers. Chem Soc Rev, 2016, 45: 5848-5887.

[139] Kerner M, Plylahan N, Scheers J, et al. Ionic liquid based lithium battery electrolytes: Fundamental benefits of utilising both TFSI and FSI anions? Phys Chem Chem Phys, 2015, 17: 19569-19581.

[140] Kirchhöfer M, von Zamory J, Paillard E, et al. Separators for Li-ion and Li-metal battery including ionic liquid based electrolytes based on the TFSI⁻ and FSI⁻ anions. Int J Mol Sci, 2014, 15: 14868-14890.

[141] Liao C, Guo B, Sun X, et al. Synergistic effects of mixing sulfone and ionic liquid as safe

electrolytes for lithium sulfur batteries. ChemSusChem, 2015, 8: 353-360.

[142] Karuppasamy K, Theerthagiri J, Vikraman D, et al. Ionic liquid-based electrolytes for energy storage devices: A brief review on their limits and applications. Polymers, 2020, 12: 918.

[143] Ababtain K, Babu G, Lin X, et al. Ionic liquid-organic carbonate electrolyte blends to stabilize silicon electrodes for extending lithium ion battery operability to 100℃. ACS Appl Mater Interfaces, 2016, 8: 15242-15249.

[144] Cao X, He X, Wang J, et al. High voltage $LiNi_{0.5}Mn_{1.5}O_4/Li_4Ti_5O_{12}$ lithium ion cells at elevated temperatures: Carbonate-versus ionic liquid-based electrolytes. ACS Appl Mater Interfaces, 2016, 8: 25971-25978.

[145] Vélez J F, Vázquez S M B, Amarilla J M, et al. Geminal pyrrolidinium and piperidinium dicationic ionic liquid electrolytes. Synthesis, characterization and cell performance in $LiMn_2O_4$ rechargeable lithium cells. J Power Sources, 2019, 439: 227098.

[146] Liu Z, Hu Z, Jiang X, et al. Metal-organic framework confined solvent ionic liquid enables long cycling life quasi-solid-state lithium battery in wide temperature range. Small, 2022, 15: 2203011.

[147] Cong B, Song Y, Ren N, et al. Polyethylene glycol-based waterborne polyurethane as solid polymer electrolyte for all-solid-state lithium ion batteries. Mater Des, 2018, 142: 221-228.

[148] Kitaura H, Hayashi A, Ohtomo T, et al. Fabrication of electrode-electrolyte interfaces in all-solid-state rechargeable lithium batteries by using a supercooled liquid state of the glassy electrolytes. J Mater Chem, 2010, 21: 118-124.

[149] Li X, Li S, Zhang Z, et al. High-performance polymeric ionic liquid-silica hybrid ionogel electrolytes for lithium metal batteries. J Mater Chem A, 2016, 4: 13822-13829.

[150] Guo Q, Han Y, Wang H, et al. Thermo and electrochemical-stable composite gel polymer electrolytes derived from core-shell silica nanoparticles and ionic liquid for rechargeable lithium metal batteries. Electrochim Acta, 2018, 288: 101-107.

[151] Li Y, Wong K W, Dou Q, et al. A single-ion conducting and shear-thinning polymer electrolyte based on ionic liquid-decorated PMMA nanoparticles for lithium-metal batteries. J Mater Chem A, 2016, 4: 18543-18550.

[152] Liao Y, Sun C, Hu S, et al. Anti-thermal shrinkage nanoparticles/polymer and ionic liquid based gel polymer electrolyte for lithium ion battery. Electrochim Acta, 2013, 89: 461-468.

[153] Li M, Yang L, Fang S, et al. Polymer electrolytes containing guanidinium-based polymeric ionic liquids for rechargeable lithium batteries. J Power Sources, 2011, 196: 8662-8668.

[154] Choi N S, Koo B, Yeon J T, et al. Effect of a novel amphipathic ionic liquid on lithium deposition in gel polymer electrolytes. Electrochim Acta, 2011, 56: 7249-7255.

[155] Park J H, Moon J, Han S, et al. Formation of stable solid-electrolyte interphase layer on few-layer graphene-coated silicon nanoparticles for high-capacity Li-ion battery anodes. J Phys Chem C, 2017, 121: 26155-26162.

[156] Nakamura R, Tokuda M, Suzuki T, et al. Preparation of poly (ionic liquid) hollow particles with switchable permeability. Langmuir, 2016, 32: 2331-2337.

[157] Obadia M M, Drockenmuller E. Poly (1,2,3-triazolium) s: A new class of functional polymer electrolytes. Chem Commun, 2016, 52: 2433-2450.

[158] Li X, Zhang Z, Li S, et al. Polymeric ionic liquid-plastic crystal composite electrolytes for lithium ion batteries. J Power Sources, 2016, 307: 678-683.

[159] Jiang Y, Xu C, Xu K, et al. Surface modification and structure constructing for improving the lithium ion transport properties of PVDF based solid electrolytes. Chem Eng, 2022, 442: 136245.

[160] Komaba S, Yabuuchi N, Ozeki T, et al. Functional binders for reversible lithium intercalation into graphite in propylene carbonate and ionic liquid media. J Power Sources, 2010, 195: 6069-6074.

[161] Fukushima T. Molecular ordering of organic molten salts triggered by single-walled carbon nanotubes. Science, 2003, 300: 2072-2074.

[162] Fukushima T, Aida T. Ionic liquids for soft functional materials with carbon nanotubes. Chem Eur J, 2007, 13.

[163] Cai Y, Xu T, Solms N V, et al. Multifunctional imidazolium-based ionic liquid as additive for silicon/carbon lithium ion batteries. Electrochim Acta, 2020, 340: 135990.

[164] Li Y, Zhai X, Liu X, et al. Electrochemical determination of bisphenol A at ordered mesoporous carbon modified nano-carbon ionic liquid paste electrode. Talanta, 2015, 148: 362-369.

[165] Li J, Wu Z, Lu Y, et al. Water soluble binder, an electrochemical performance booster for electrode materials with high energy density. Adv Energy Mater, 2017, 7: 1701185.

[166] Patteth S S, Sumol V G, Athira K, et al. Toward greener and sustainable Li-ion cells: An overview of aqueous-based binder systems. ACS Sustain Chem Eng, 2020, 8: 4003-4025.

[167] Lee S, Park J, Yang J, et al. Molecular dynamics simulations of the traction-separation response at the interface between PVDF binder and graphite in the electrode of Li-ion batteries. J Electrochem Soc, 2014, 161: A1218-A1223.

[168] Eom J, Lei C. Effect of anode binders on low-temperature performance of automotive lithium-ion batteries. J Power Sources, 2019, 441: 227178.

第 7 章

离子液体电解质在钠离子
电池中的应用

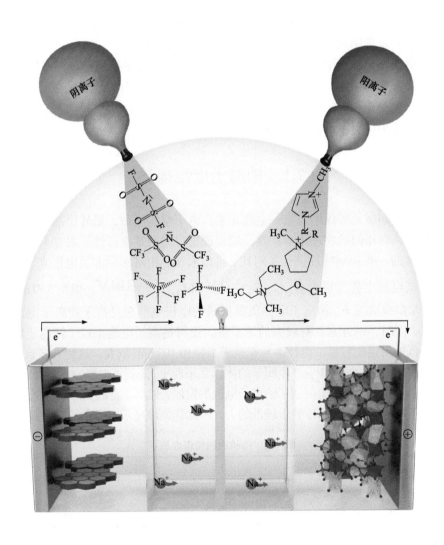

锂在地球上的储量有限且价格不断上涨,随着锂离子电池应用的进一步扩大,必将面临锂资源短缺的困境。可充电钠离子电池作为锂离子电池的最有希望的候选者已受到研究人员的高度关注。钠的储量丰富、价格低廉,大大降低了钠离子电池的成本。另外,廉价的 Al 不会与 Na 发生反应,可以用作钠离子电池阳极和阴极的集流体,这进一步降低了钠离子电池的成本[1]。

钠离子电池几乎与锂离子电池同时起步发展[2],但受限于其相对较低的能量密度与循环寿命,发展水平相对滞后。最初,研究人员只是简单地将成功应用于锂离子电池的电极材料直接套用于钠离子电池,但没有考虑具有较大离子半径的钠离子对电极材料晶格要求的不同,并没有取得理想的效果。之后,研究人员依据钠离子电池的特性来设计电极材料,取得了很多不错的成果。随着对钠离子电池机理的进一步研究,如对钠离子电池电极材料电压、稳定性和扩散势垒等进行计算研究,发现钠离子电池体系是具有较强竞争力的[3]。

电解质是钠离子电池性能的决定性成分之一,它在平衡和转移离子/电荷方面起着至关重要的作用。因此,必须设计适当的电解质组分以改善钠离子电池的电化学性能和安全性。离子液体显示出的高热稳定性、电化学稳定性以及低挥发性,使其具有作为钠离子电池电解质的潜力[4]。

7.1　钠离子电池概述

钠与锂同属元素周期表第一主族元素,电子结构类似,最外层都只有一个电子,二者具有相似的物理化学性质,均表现出很强的反应活性。表 7-1 对两种碱金属元素的一些物理特性进行了对比,可以看出,相对于标准氢电极来说,金属钠与锂的电极电势分别为 $E_{\mathrm{Na^+/Na}} = -2.71\,\mathrm{V}$ 和 $E_{\mathrm{Li^+/Li}} = -3.04\,\mathrm{V}$,相差 330 mV。因此,在大多数情况下,钠离子电池负极材料的电极电势总是高于锂离子电池负极材料[5]。同时,钠元素具有较大的原子量,使得钠离子电池相较于锂离子电池表现出更低的可逆比容量,而且钠元素原子半径(0.102 nm)较大,这使大多数电极材料在钠离子嵌入的过程中会产生明显的体积膨胀现象,降低了电极的循环稳定性。尽管这些问题在一定程度上限制了钠离子电池的发展,但其丰富的资源和较低的成本,使钠离子电池在对能量密度要求较低的大规模储能领域显示出极大的发展潜力[6]。

表 7-1　锂和钠的物理性质[7]

性质	Li	Na
原子质量(g · mol⁻¹)	6.49	22.99
电子结构	[He]2s¹	[Ne]3s¹

续表

性质	Li	Na
离子半径(Å)	0.76	1.02
标准电极电位(V)	−3.04	−2.71
熔点(℃)	180.5	97.7
密度(g·cm⁻³)	0.971	0.534
第一电离能(kJ·mol⁻¹)	520.2	495.8
理论质量比容量(mAh·g⁻¹)	3861	1165
理论体积比容量(mAh·cm⁻³)	2062	1131

7.1.1 工作原理

钠离子电池的优势不仅仅只体现在其丰富储量及低廉成本上，其同样表现出优异的电化学性能[8-10]：

(1)虽然相较于锂离子电池，钠离子电池表现出较低的理论比容量，但相较于钾、镁、铝、锌等金属离子电池，钠离子电池表现出明显的容量优势。

(2)虽然 Na^+/Na 的化学当量是 Li^+/Li 的三倍以上，但是在实际应用中通常选用化合物电极代替金属负极。可脱嵌离子的化合物的质量理论比容量与锂离子电池的差距明显缩小。例如，具有相似晶体结构的层状氧化物 $LiCoO_2$ 和 $NaCoO_2$ 的质量理论比容量分别为 274 mAh·g⁻¹ 和 235 mAh·g⁻¹[8,9]，可逆容量只相差了14%。

(3)由于金属锂(0.0213 nm³)和金属钠(0.0393 nm³)的摩尔体积存在较大差异(ΔV=0.018 nm³)，使得金属钠的体积比容量远低于金属锂，使化合物电极的体积理论比容量的差距明显缩小。例如，$LiCoO_2$(0.0323 nm³)和 $NaCoO_2$(0.0373 nm³)的摩尔体积之差很小(ΔV=0.005 nm³)。

(4)钠离子电池与锂离子电池的差距还体现在电压差上，这一技术难题可通过开发新型电极材料或对已有电极材料进行改性来解决。

虽然，钠离子较大的离子半径在一定程度上限制了钠离子电池在能量密度上的提高，但较大的离子半径在极性溶液中表现出了更低的溶剂化能，这一结论已经通过对 Li^+、Na^+、Mg^{2+} 在不同非质子极性溶剂中的情况进行系统的研究得到证实[11]。溶剂化能会对电解液界面的碱金属离子嵌入电极材料的动力学因素产生很大影响，较低的溶剂化能是设计大功率电化学储能设备的关键。与钠离子相比，离子半径较小的锂离子具有更高的电荷密度，需要从溶剂化的极性分子中接受更多的电子来保持能量稳定。溶液中的锂离子嵌入电极材料的过程中，需要一个去溶剂化过程以脱去锂离子周围的溶剂分子。与钠离子去溶剂化相比，锂离子需要一个相对较大的能量。同时，锂离子较大的溶剂化能也影响着其在电解质中的扩散行为[12]。与锂离子电池电解液相比，钠离子电池电解液可以具有更高的离子电导率 [13]。NaClO₄ 和 LiClO₄ 常常用作电解质盐，在非质子溶剂中的 NaClO₄ 溶液表现出更低的黏度，其电导率比 LiClO₄ 高 10%～20%。

　　钠离子电池与锂离子电池的组成和工作原理类似。在电池的充放电过程中，钠离子在正负极材料的晶格之间反复嵌入/脱出，可以形象地称之为"摇椅式电池"。随着氧化还原反应的进行，电极材料内部发生金属化合价的变化或离子数量变化，外电路的电子在正极与负极之间转移，电池工作过程示意图如图 7-1 所示[14]。在充电过程中，阴极（正极）的过渡金属元素发生氧化反应，向外部电路提供电子，为维持电极的电中性，钠离子从阴极脱出进入电解液，电解液中的钠离子嵌入阳极，阳极（负极）同时接受外电路中的电子发生还原反应。在放电的过程中，该过程在正负极间以相反的方向进行。钠离子电池充放电过程中发生的氧化还原反应都是在一个封闭的系统中进行的，在氧化过程中，每产生一个电子，在另一电极上的还原反应中都会对应消耗一个电子。

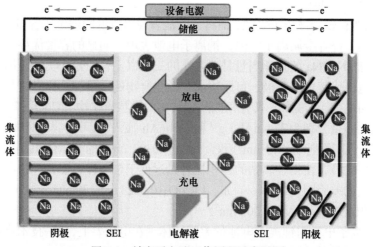

图 7-1　钠离子电池工作原理示意图[14]

　　钠离子电池一般由电极材料、导电添加剂、黏结剂、集流体、隔膜和电解液六部分构成，如图 7-2 所示[15]。电极材料是电池组成中最重要的部分，决定着钠离子电池的电化学性能，如电池的容量、循环性能、倍率性能、工作电压等，开发高性能的电极材料是发展钠离子电池的重要研究方向。目前，研究较成熟的正极材料主要是以过渡金属氧化物、聚阴离子型化合物以及以普鲁士蓝材料为代表的有机化合物。对于负极材料来说，金属钠作为钠离子电池负极表现出了最高的能量密度。然而，在实际应用中，金属钠负极表现出极高的化学活性，且易燃、易爆炸，在电池充放电的过程中，容易在负极形成钠枝晶，甚至扎破隔膜造成电池短路。从安全的角度出发，采用氧化还原电势较低的材料代替金属钠作为钠离子电池负极材料，是发展钠离子电池的理想选择。

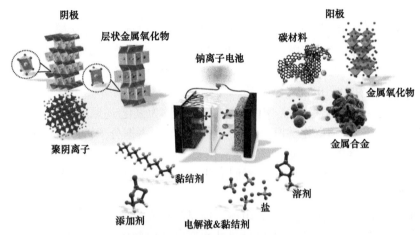

图 7-2　钠离子电池装置示意图[15]

电解质是阴极和阳极之间的接触介质，可促进离子通过多孔隔板的传输，并在电极中参与电极反应。电解质须包含足够的离子用于电荷转移反应，同时保证电子绝缘。离子移动的速度受离子的溶剂化程度和相反离子的数量影响。

电池的隔膜通常采用玻璃纤维。钠离子电池集流体的选择通常和锂离子电池一致，正极一般用铝箔作为集流体，负极则用铜箔。目前的研究表明金属铝与钠不发生合金化反应，所以钠离子电池负极也可以用铝箔作为集流体，以进一步节约成本[16]。

7.1.2　钠离子电池中常用的电解质

钠离子电池中，电解质以离子的形式在两电极之间起着平衡及传输电荷的作用。各组分的前线分子轨道(frontier molecular orbitals)能量可以决定电池的电化学平台，其电子结构性质也影响着电池的热稳定性。电解质材料的稳定性及离子电导率是决定电池性能的关键。电解质与电极表面的相互作用，极大地影响了固体电解质界面(SEI)膜的状态和活性材料的内部结构；电解质与电极之间的兼容性影响着电池的整体电化学性能。目前，钠离子电池所用电解质按照相态可以分为液体电解质(非水系或水系电解质)、固体电解质、离子液体电解质和凝胶态电解质等[17-20]。

1. 非水系电解质

钠离子电池的非水系电解质应满足以下要求[21]：

　　(1)电池工作的宽温度范围。对于电解质来说,在宽温度范围(-30℃至 60℃)内保持液态非常重要[22]。因此,电解液的熔点和沸点应分别远低于和高于工作温度。

　　(2)高离子电导率。为了确保在电池运行过程中 Na^+ 的快速运输,需要高离子电导率。因此,优良的电解质应显示出适宜的黏度和介电常数。另外,在宽温度范围内也需要较高的离子电导率。为了支持常规的电池工作,环境温度下的离子电导率应至少为 $5\sim10$ mS · cm^{-1}[22]。

　　(3)电化学和化学稳定性。电化学稳定性被称为氧化/还原反应极限之间的(电化学窗口)电压范围。电化学窗口与电解质的最低未占据分子轨道(LUMO)和最高占据分子轨道(HOMO)的能隙(E_g)紧密相关。同时,电解质应能够在阳极和阴极上形成具有高 Na^+ 电导率的稳定中间相[23]。此外,化学稳定性要求电解质对其他电池组件保持稳定。

　　(4)为了确保可持续性发展,电解液应是环境友好的[5]。

　　低成本、制备简单和环境友好性是非水系液体电解质被广泛研究的主要原因,其不仅适用于商业锂离子电池,也适用于新兴的钠离子电池[24]。

　　常规有机电解质在钠离子电池中的应用主要集中在酯基和醚基有机溶剂上[25]。通常,酯,尤其是碳酸酯,是具有+C=O+O—基团特性的溶剂[碳酸盐包含 O+C=O+O 基团],包括碳酸亚乙酯(EC)、碳酸亚丙酯(PC)、碳酸二甲酯(DMC)、碳酸二乙酯(DEC)、碳酸甲基乙酯(EMC)。其中,EC 和 PC 溶剂具有电化学窗口宽、介电常数大和化学稳定性高等优点,是目前钠离子电池电解质中极具吸引力的有机溶剂。醚是具有—O—基团特征的溶剂,包括二甲氧基乙烷(DME)、1,3-二氧戊环(DOL)、二甘醇二甲醚(DEGDME)和四甘醇二甲醚(TEGDME)等。相对于酯类溶剂,醚的氧化窗口较低(一般小于 4 V)且具有挥发性,热力学稳定性较差,但其与石墨电极具有好的相容性,这是酯类溶剂所不具备的。

　　Komaba 等[26]分别探究了硬碳‖$NaNi_{0.5}Mn_{0.5}O_2$ 型钠离子电池在以 $NaClO_4$ 作为电解质盐在 EC、PC、碳酸丁酯(BC)以及混合溶剂 EC:DMC(1:1)、EC:EMC(1:1)、EC:DEC(1:1)中的电化学性能。研究发现,室温下以 PC、EC、EC:DEC 作为电解质的溶剂,硬碳‖$NaNi_{0.5}Mn_{0.5}O_2$ 型钠离子电池表现出了稳定的循环性能。在低温下,以 PC 作为电解质溶剂的钠离子电池则表现出更优异的电化学性能。如图 7-3 所示,1 mol · L^{-1} $NaClO_4$/PC 和 1 mol · L^{-1} $NaClO_4$/EC+ DEC 这两类电解液使电池表现出优异的电化学性能。然而,1 mol L^{-1} $NaClO_4$/PC 电解质使硬碳‖$NaNi_{0.5}Mn_{0.5}O_2$ 电池的性能不理想。采用 $NaTFSI$/$NaPF_6$ 代替 $NaClO_4$,可以实现更稳定的循环性能。

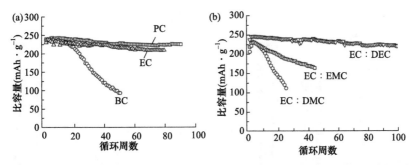

图 7-3　硬碳电极在(a)单一溶剂或(b)含 1 mol·L^{-1} NaClO$_4$ 的二元溶剂的电解质中的性能[26]

Ponrouch 等[27]分别对 Na||硬碳型电池在一系列不同电解质中的电化学表现进行了系统的分析研究，包括 1 mol·L^{-1} 三种不同钠盐 NaClO$_4$、NaTFSI 和 NaPF$_6$ 在不同有机溶剂 PC、EC、DMC、二甲醚(DME)、碳酸二乙酯(DEC)、四氢呋喃(THF)、三乙二醇二甲醚(Triglyme)以及混合溶剂 EC：DMC、EC：DME、EC：PC、EC：Triglyme 中电解质的黏度、离子电导率、热稳定性、电化学稳定性等性质。研究发现，NaPF$_6$ 与 NaClO$_4$ 两种电解质盐分别溶解在不同溶剂中对 Na||硬碳型电池的电化学性能影响不大。NaPF$_6$/(EC：PC) 是 Na||硬碳型电池最合适的电解质，其优势在于能够在硬碳负极形成一层稳定的 SEI 膜，大大地提高了钠离子电池的循环性能，使其可逆容量达到了 200 mAh·g^{-1}，并可稳定循环 180 周。如图 7-4(a)所示，PC 中 1 mol·L^{-1} NaClO$_4$、NaPF$_6$ 和 NaTFSI 的电解质显示出相近的离子电导率和黏度。如图 7-4(b)所示，在单一溶剂或二元溶剂混合物(质量比为 50：50)的 1 mol·L^{-1} NaClO$_4$ 电解质中，可以观察到离子电导率和黏度的较大变化。显然，与单溶剂电解质相比，二元溶剂混合物中的电解质离子电导率更高(1 mol·L^{-1} NaClO$_4$/EC-DME 的最高离子电导率为 12.55 mS·cm^{-1})。电解质溶液的电化学窗口见图 7-4(c)。如图 7-4(d)和(e)所示，在 70 周循环中，基于 EC/PC 溶剂电解质的硬碳||钠型电池表现出最高的容量 185 mAh·g^{-1}，而在 PC 或 EC+X (DMC、DEC 或 DME)型电解液中电池显示出更快的容量衰减。

Kim 等[7]发现在钠离子电池中醚类有机溶剂 DEGDME 与石墨负极匹配时，在 0.5 C 时电池具有很好的循环稳定性，首周放电容量为 125 mAh·g^{-1}，循环 2500 周之后放电容量仍能达到首周放电容量的 80%，这表明在 DEGDME 电解质中，Na$^+$可以在石墨中进行可逆的脱嵌反应。

Li 等[28]还证明了基于 DEGDME 的电解质中将 TiO$_2$ 和其他阳极材料偶联后实现了高库仑效率和可逆容量，这可归因于基于 DEGDME 的电解质形成了比基于 EC/DEC 的电解质更薄且更均匀的 SEI，从而缩短了 Na$^+$扩散距离并作为 Na$^+$的快速转运体，促进了 Na$^+$的快速运输。

以 NaPF$_6$ 或 NaClO$_4$ 为电解质盐的碳酸酯类电解质是目前最常用的钠离子电

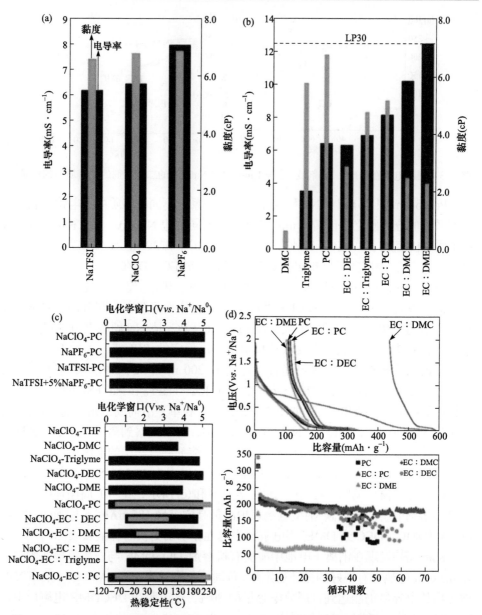

图 7-4　(a) 1 mol·L⁻¹ NaTFSI、NaClO₄ 和 NaPF₆ 在 PC 中的电导率和黏度；(b) 1 mol·L⁻¹ NaClO₄ 在各种溶剂中的电导率和黏度；(c) 各种电解质溶液的电化学窗口和热稳定性；(d) 硬碳‖钠型电池在含 1 mol·L⁻¹ NaClO₄ 的不同电解质中 0.05 C 下的首周放电曲线(上)和循环性能图(下)[27]

池的电解液。它具有电化学窗口宽、介电常数大和化学稳定性高等优点，但其高可燃性却存在很大的安全隐患，在电池滥用的条件下有可能引起电解质燃烧，或者是电解质挥发引起电池内部压力较大,使得电池发生火灾或爆炸等危险。因此,开发安全性高、成膜性好、电化学性质稳定的有机电解质对钠离子电池的发展具有重要意义。

2. 水系电解质

水系电解质具有许多优点,例如低成本、高安全性和环保性。由于丰富的钠资源,水系电解质使钠离子电池比其他电池系统更具吸引力,可用于大规模储能[29,30]。水溶液作为水系钠离子电池(ASIBs)的重要组成部分,通常是 ASIBs 性能提高的关键。与有机溶剂[例如碳酸亚乙酯(EC)]相比,水由于其高介电常数、低黏度、高离子电导率和低蒸气压,特别是其固有的安全性,是用于水系电解质的优良溶剂。

在水系钠离子电池的众多研究中,Na_2SO_4 是使用最广泛的电解质[31-33]。在 2012 年,Whitacre 等[34]就在 $1\ mol \cdot L^{-1}\ Na_2SO_4$ 水溶液(中性 pH)中组装了一个 80 V、2.4 kWh 的电池组,以 λ-MnO_2 为阴极,活性炭为阳极。Zhang 等[35]研究了一种由 $Na_{0.58}MnO_2 \cdot 0.48H_2O$ 作为阴极,$NaTi_2(PO_4)_3$ 作为阳极和 $1\ mol \cdot L^{-1}\ Na_2SO_4/H_2O$ 作为电解质组成的完整水系钠离子电池。该电池在 10 C 时显示出 $39\ mAh \cdot g^{-1}$ 的容量,1000 周循环后具有 94%的容量保持率,表现出优异的循环稳定性。

水系电解质的 pH 会影响阴极的氧气析出电势和阳极的氢气析出电势[36]。通过调节电解质 pH,可以控制某些材料在水中的 Na^+ 嵌入和脱嵌电势。Wang 等[37]报道了一种很有前途的正极材料 $Na_{0.66}[Mn_{0.66}Ti_{0.34}]O_2$,并将其组装在一个完整的电池中。以 $NaTi_2(PO_4)_3/C$ 为阳极,在 $1\ mol \cdot L^{-1}\ Na_2SO_4$ 含水电解质中,该电池表现出优异的倍率性能,在 10 C 下具有约 $54\ mAh \cdot g^{-1}$ 的比容量,在 2 C 下进行 300 周循环后具有优异的循环稳定性和 89%的容量保持率(图 7-5)。

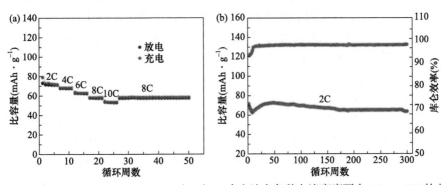

图 7-5　(a) $Na_{0.66}[Mn_{0.66}Ti_{0.34}]O_2|NaTi_2(PO_4)_3/C$ 全电池在各种电流密度下在 0.3~1.7 V 的电压范围内的倍率性能;(b) $Na_{0.66}[Mn_{0.66}Ti_{0.34}]O_2|NaTi_2(PO_4)_3/C$ 全电池在 2 C 倍率下的循环性能(红色)和库仑效率(蓝色)[37]

低温下的容量衰减一直制约着水系钠离子电池的应用。相较于易燃、有毒的有机防冻剂，添加普通廉价的无机惰性添加剂来提高低温性能具有重要的科学意义。Zhu 等[38]将低成本的 $CaCl_2$ 添加到 $1 \ mol \cdot L^{-1}$ 的 $NaClO_4$ 水系电解质中，$CaCl_2$ 与水分子的强相互作用使电解质的冰点降至 $-50℃$，并表现出 $7.13 \ mS \cdot cm^{-1}$ 的离子电导率，钠离子电池在 $-30℃$ 和 10C 的倍率下循环 6000 周后没有明显的容量衰减，表现出极高的循环稳定性。

随着对水系钠离子电池体系研究的不断深入，水系钠离子电池的综合性能将得到不断提升，并凭借其独特的资源和环境优势，推动清洁能源技术快速发展。

3. 固体电解质

传统液体电解质存在漏液、燃烧以及腐蚀性等安全隐患。全固态钠离子电池具有出色的安全性、可靠性和稳定性，是下一代储能电池的有力候选者。固体电解质是使全固态钠离子电池具有高电化学性能的关键组分。固体电解质体积轻、成本低，能有效避免电解质的泄漏而且能够在一定程度上缓解充放电过程中电极材料的体积膨胀，因而日益受到重视。固体电解质分为固体聚合物电解质和玻璃陶瓷电解质。

1) 固体聚合物电解质

固体聚合物电解质（SPE）是目前钠离子电池电解质中研究较多的一种。SPE 具有质量轻、不易漏液、成本低、柔韧性较好等优点。SPE 通常由有机聚合物基体和溶解在聚合物基体中的盐组成，为提高 SPE 的性能，还可能包含无机功能材料等添加剂。目前，钠离子电池 SPE 的研究方法和机理是基于锂离子电池 SPE 的研究方法，常用的聚合物基体有聚乙烯醇（PVA）、聚丙烯腈（PAN）、聚氧化乙烯（PEO）、聚环氧乙烷（PEO）等。

Nimah 等[39]报道了用于钠离子电池的固体聚合物电解质 TiO_2：聚氧化乙烯（PEO）：$NaClO_4$。EO/Na=20（EO 为氧化乙烯单位）的 PEO 基 SPE 在中等温度（60℃）下的最高离子电导率为 $1.34×10^{-5} \ S \cdot cm^{-1}$（图 7-6）。在 EO/Na 比为 30 的情况下，离子导电膜（nCPE）的厚度没有观察到明显的增加。与纯 PEO 和基于 PEO 的 SPE 相比，在 60℃下，EO/Na=20 的 5%（质量分数）TiO_2 混合 nCPE 的离子电导率提高到了 $2.62×10^{-4} \ S \cdot cm^{-1}$。离子电导率增加的原因是在基于聚合物的电解质中形成了更多的非晶态区域，并提高了 PEO 链的迁移性。在 60℃，基于 5%-TiO_2 共混 nCPE 的半电池 $Na_{2/3}Co_{2/3}Mn_{1/3}O_2$//nCPE//Na 在 0.1 C 的电流密度下，首周放电容量只有 $49.2 \ mAh \cdot g^{-1}$。$Na_{2/3}Co_{2/3}Mn_{1/3}O_2$//nCPE//Na 的低放电容量主要归因于 nCPE 电解质膜的厚度过大（~0.18 mm）引起了较大的极化。

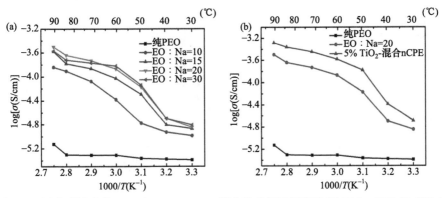

图 7-6　(a)各种浓度的 PEO 和 PEO/NaClO₄ 聚合物电解质膜以及 (b) PEO、PEO-NaClO₄ 和 TiO₂ 混合的 nCPE 电导率随温度变化的趋势图[39]

  Boschin 等[40]首次提出了基于 NaFSI 和聚环氧乙烷(PEO)的 SPE, 采用不同的醚氧与钠 (O : Na) 摩尔比 n 制备了 NaFSI(PEO)$_n$ 材料, 组装的 Na‖Na$_{0.67}$Ni$_{0.33}$Mn$_{0.67}$O$_2$ 与 Na‖Na$_3$V$_2$(PO$_3$)$_4$ 半电池在 80℃的高温下表现出良好的循环性能, 并且表现出对 Na 的高度稳定性。此外, 研究的 Na|SPE|Na 对称电池能够在 0.1 mA · cm^{-2} 的电流密度下稳定循环 1000 h。之后, 进一步分析了不同阴离子种类 (NaFSI 和 NaTFSI) 及 (O : Na) 摩尔比 n 对电导率的影响。当 n 为 9, 温度低于 40℃时, NaTFSI(PEO)$_n$ 表现出更高的电导率。TFSI$^-$阴离子虽然体积较大, 但在电解质内部运动比较灵活, 有效阻止了电解液结晶。与 TFSI$^-$相比, FSI$^-$与 Na$^+$结合更紧密, 这使 NaFSI 基电解质表现出低的电导率。Qi 等[41]采用溶液浇注法制备了一种由 NaFSI 和聚环氧乙烷(PEO)组成的 SPE。PEO-NaFSI (EO/Na 的摩尔比=20) 混合的聚合物电解质表现出较低的玻璃化转变温度(即–37.9℃)、较高的离子电导率(80℃下电导率为 41 mS · m^{-1}), 以及高电化学和热稳定性。最重要的是, NaFSI/PEO 混合聚合物电解质在以金属钠为对电极的半电池中表现出出色的界面稳定性, 在以 Na$_{0.67}$Ni$_{0.33}$Mn$_{0.67}$O$_2$ 为阴极材料的全电池中也表现出良好的循环性能。图 7-7 显示了以 PEO/NaFSI (EO/Na=20) 为电解质的全固态电池在 80℃、0.2 C 下的首周充放电性能以及循环性能。

  2) 玻璃陶瓷电解质

  与聚合物电解质相比, 玻璃和陶瓷电解质具有更高的离子电导率。硫化物基玻璃陶瓷电解质因其高电导率和优异的机械性能而备受关注。它通常具有高于 10^{-4} S · cm^{-1} 的电导率[42-44], 甚至在冷压时也致密, 弹性模量低[45]。

  Hayashi 课题组[42]在 2012 年首次报道了立方 Na$_3$PS$_4$ 晶相作为钠离子电池电解质。含立方晶 Na$_3$PS$_4$ 的玻璃陶瓷是在 270℃的温度下加热而形成的, 室温下其电导率为 2×10^{-4} S · cm^{-1}, 活化能为 27 kJ · mol^{-1}。在相同条件下, Na$_3$PS$_4$

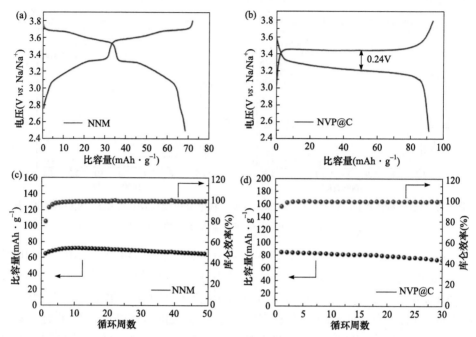

图 7-7　基于 SPE 的电池中 (a) NNM (0.2 C) 的充放电曲线；(b) NVP@C (0.2 C) 的充放电曲线；(c) NNM (0.2 C) 在 80℃下的循环性能；(d) NVP@C (0.2 C) 在 80℃下的循环性能[41]

玻璃颗粒的电导率为 6×10^{-6} S · cm^{-1}，活化能为 47 kJ · mol^{-1}。Na$_3$PS$_4$ 玻璃陶瓷电解质表现出 5 V 的宽电压窗口 (图 7-8)，并且对金属 Na 具有电化学稳定性。

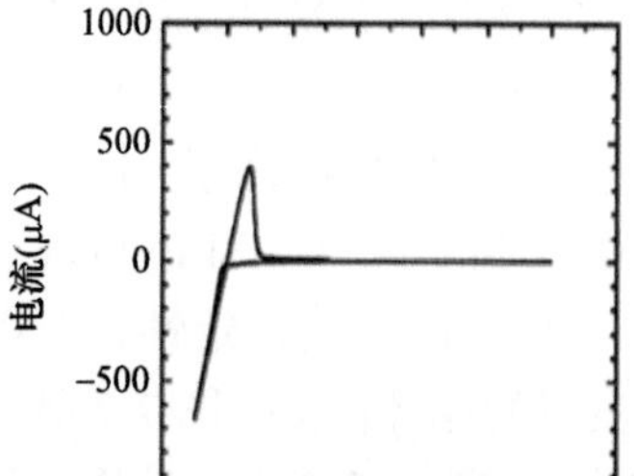

与基于硫化物的玻璃陶瓷电解质相比，基于硒化物的电解质具有两个优点。首先是 Se 原子的半径大于 S 的原子半径，这表明其晶格可以扩展。其次，Se^{2-} 的高极化率可以减少移动离子 (Na$^+$) 与阴离子框架之间的阻碍[46]。2015 年，Zhang 等[46]提出将 Na$_3$PSe$_4$ 用作钠离子电池的固体电解质。该材料在室温下的离子电导率为 1.16×10^{-3} S · cm^{-1}。

图 7-8　Na$_3$PS$_4$ 玻璃陶瓷电解质的循环伏安图[42]

无机固体电解质可望避免有机电解质的安全隐患，是电解质发展的一个重要方向。目前被广为关注的是具有 NASICON 结构的无机固态复合电解质，一般由钠、锆、硅、磷、氧等 5 种元素构成，其分子式为 A$_n$M$_2$(XO$_4$)$_3$ (A=碱金属，M=过渡金属，X=Si^{4+}、P^{5+}、S^{6+}等)。

NASICON 结构的 Na$_{1+x}$Zr$_2$Si$_x$P$_{3-x}$O$_{12}$ (0<x<3) 是最早被提出的钠离子电池固体电解质，其室温离子电导率达到了 27 μS · cm^{-1}[3]。Guin 等[47]研究了不同种类

NASICON 型电解质的离子电导率。在 150 多种电解质中，$Na_3Zr_2Si_2PO_{12}$ 的离子电导率在室温下达到了 0.67 mS · cm^{-1}。

固体电解质和电极之间的高界面电阻限制了基于无机陶瓷固体电解质电池的电化学性能。通过引入具有良好界面性能的材料进行界面改性可以有效地降低电极与 NASICON 电解质之间的界面接触电阻。目前已经报道的复合材料有柔性聚合物电解质、离子液体电解质和硫化物固体电解质。将高分子电解质（柔性）和无机电解质的优点结合起来形成混合固体电解质（HSE）是一种有效的复合方法。通过混合分散工艺可以制备得到基于 PVDF-HFP 基质的 HSE，该基质含有NASICON 陶瓷粉末 ($Na_3Zr_2Si_2PO_{12}$) 和 1 mol · L^{-1} 三氟甲酸钠 ($NaCF_3SO_3$)/TEGDME，其混合制备过程如图 7-9 所示[48]。

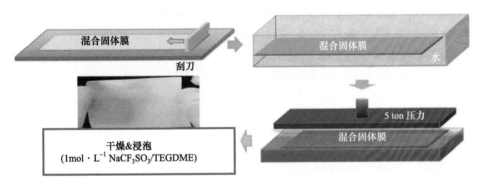

图 7-9　HSE 混合制备过程[48]

在固体电解质中，离子的扩散相对比较困难，导致电导率比较低，限制了其在钠离子电池当中的应用。因此，提高电导率并减小界面接触电阻是固体电解质未来的重要发展方向。

4. 凝胶聚合物电解质

与固体聚合物电解质相比，除了聚合物基体和所加钠盐不同外，添加增塑剂的 GPE 可以看作是固体聚合物电解质和液体电解质的中间态，它将液体的扩散性能与固体的机械性能完美结合，有效地避免了液体电解质易泄漏、不安全等问题[49]。

Yang 等[50]通过简单的相分离法制备了聚偏二氟乙烯-co-六氟丙烯，并将其浸润在 1 mol · L^{-1} 的 NaClO$_4$/（EC∶DEC∶DMC）中，合成了一种钠离子电池凝胶态聚合物电解质。室温条件下，该电解质的电导率达到了 0.6 mS · cm^{-1}，高于商用隔膜 Celgard 2730 的电导率（0.16 mS · cm^{-1}）。同时，这种 GPE 的钠离子迁移数达到了 0.3，并表现出良好的电化学稳定性与力学性能。

Kumer 等[51]在聚甲基丙烯酸甲酯（PMMA）基质中添加分散的 SiO$_2$ 纳米颗粒，制备的 GPE 表现出良好的机械性能、热稳定性与电化学性能。加入适量的 SiO₂ 纳米颗粒(约 4%，质量分数)促进了凝胶聚合物基质中未解离的盐/离子聚集分解为自由离子，使 GPE 表现出约 $3.4×10^{-3}$ S·cm^{-1} 的电导率。Tan 等[52]提出了一种原位合成 PEO 中 SiO₂ 颗粒的方法，原位合成的纳米复合聚合物电解质在 30℃下的离子电导率约为 $1.1×10^{-4}$ S·cm^{-1}。

Gao 等[53]基于低成本本玻璃纤维纸(GF)和聚多巴胺(PDA)涂层制备了一种复合凝胶 PVDF-HFP 聚合物电解质。凝胶-聚合物复合电解质(GF/PVDF-HFP/PDA)表现出良好的机械性能，拉伸强度为 20.9 MPa，在高达 200℃的温度下仍保持热稳定性。根据线性扫描伏安法测得 GF/PVDF-HFP/PDA 复合电解质的电化学窗口为 4.8 V。GF/PVDF-HFP 和 GF/PVDF-HEP/PDA 电解质在 25℃时的离子电导率分别为 4.6 mS·cm^{-1} 和 5.4 mS·cm^{-1}。离子电导率的提高可能归因于聚多巴胺的亲水涂层，该涂层加速了凝胶聚合物电解质中 Na⁺的传输。使用 PVDF-HEP/PDA 作为电解质的钠离子电池 Na₂MnFe(CN)₆/Na 的倍率容量、循环稳定性和库仑效率均得到了显著改善，如图 7-10 所示。

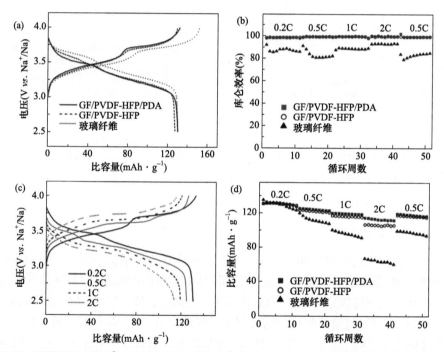

图 7-10　GF/PVDF-HFP 和 GF/PVDF-HFP/PDA 在以 Na₂MnFe(CN)₆ 为阴极的钠离子电池中的电化学性能[53]

(a)在 0.2 C 时的首次充放电曲线；(b)在不同电流密度下的库仑效率；(c)使用 GF/PVDF-HFP/PDA 凝胶-聚合物复合电解质的电池在不同电流密度下的充放电曲线；(d)不同电流密度下电池的放电容量[53]

目前，钠离子电池凝胶态聚合物电解质存在的主要问题是室温电导率相较于有机电解质偏低，机械强度也还不够高。通过一些改性方法，如交联、共聚、添加填料等，有望改善凝胶态聚合物电解质存在的上述问题[54]。

7.2 离子液体在钠离子电池中的应用

7.2.1 离子液体电解质

具有宽电化学窗口、低挥发性和高热稳定性等优势的离子液体(ILs)电解质在锂电池中表现出了巨大的潜力[55-57]，这同样引起了研究人员将其应用于钠离子电池的兴趣。在本节中，我们将讨论钠离子电池中 ILs 的研究与应用，通常研究的 ILs 主要由咪唑鎓、吡咯烷鎓、胺和 TFSI$^-$、FSI$^-$、BF$_4^-$、PF$_6^-$等阴阳离子组成，如图 7-11 所示[58]。

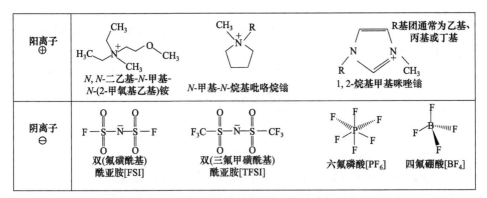

图 7-11 钠离子电池中常用 ILs 的阳离子和阴离子的示意图[58]

理想的电解质需要具有良好的黏度/电导率、高的热稳定性和良好的 SEI 膜形成能力，但这在单一的 ILs 中很难实现。掌握不同离子液体的性能，通过不同离子液体的组合可以克服单一离子液体的缺点[19,59-61]。例如，阳离子中，咪唑鎓类[62,63]离子液体具有优异的离子电导率和良好的化学稳定性；吡咯烷鎓[64-67]类离子液体显示出高达 6 V 的优异电化学稳定性[68]；电解质熔融盐的不对称核心结构和醚取代基可以明显降低 ILs 的黏度并提高其导电性[28,69]；乙基接头的 ILs 要比甲基接头的 ILs 具备更高的热稳定性[70]；烷基取代基的位置[71]与间隔的链长度也严重影响着 ILs 的热稳定性[72]；酯基、腈基、烯丙基等会促进 SEI 膜的形成来改善电池性能。阴离子中 FSI$^-$相较于 TFSI$^-$表现出更低的黏度和更高的 SEI 膜形成能力，TFSI$^-$则表现出更优异的热学和电化学性能、高的稳定性和更低的价格[73]。Na$^+$浓度和工作温度同样会对 ILs 电解液的黏度和电导率以及电极材料的可逆容量、倍率性能产生显著影响[74-78]。

基于咪唑鎓的 ILs，例如 1-乙基-3-甲基咪唑鎓([Emim]⁻)、1-丁基-3-甲基咪唑鎓([Bmim]⁻)，由于其相对较高的离子电导率、低黏度和良好的化学稳定性而受到广泛关注。在 2010 年初，Plashnitsa 等[62]报道了用于 $Na_3V_2(PO_4)_3$||$Na_3V_2(PO_4)_3$ 电池的 0.4 mol · L⁻¹ $NaBF_4$/[Emim]BF_4 电解质，在高达 400℃ 的温度下显示出高的热稳定性。在 2014 年，Monti 等[63]也研究了基于[Emim]TFSI 和基于[Bmim]TFSI 的 ILs 特性。

Wu 等[79]在 2016 年对 $NaBF_4$/[Emim]BF_4 电解质进行了研究，发现该电解质具有良好的热稳定性和较宽的电化学窗口。在 20℃ 下，纯[Emim]BF_4 的离子电导率为 11.1 mS · cm⁻¹，而 0.1 mol · L⁻¹ $NaBF_4$/[Emim]BF_4 电解质的电导率为 9.833 mS · cm⁻¹。Wu 等[80]证明了 Na||$Na_3V_2(PO_4)_3$ 电池的 $NaPF_6$/[Bmim] TFSI 电解质表现出低的可燃性与高的热稳定性。与基于商用碳酸盐电解质的电池相比，0.25mol · L⁻¹ $NaPF_6$/[Bmim]TFSI 电解质使电池在 0.1 C 时具有更高的初始容量和更好的循环稳定性。

2018 年，Hwang 等[55]报道了 Na||$Na_3V_2(PO_4)_3$ 电池使用不同 NaFSI 浓度的 [Emim]FSI 电解质的研究。使用 NaFSI/[Emim]FSI 电解质的电池在宽温度范围 (−30～90℃)下表现出优秀的循环性能与倍率性能，在 1 C 条件下循环 300 周后，容量保持率为 99%，库仑效率接近 100%。即使在 363 K、20 C 倍率的条件下循环 5000 周，电池仍有 89.2% 的容量保持率。

Sun 等[81]报道了一种新型的基于氯铝酸盐的 ILs 电解质，是 NaCl 缓冲的 $AlCl_3$ 与[Emim]Cl 的混合电解质，并用于钠离子电池[图 7-12(a)]。这种 ILs 电解质在 25℃ 时显示出 9.2 mS · cm⁻¹ 的离子电导率，在高达 400℃ 的温度下具有良好的热稳定性[图 7-12(b)、(c)]，以及宽电化学窗口。使用该 ILs 电解质的 Na||$Na_3V_2(PO_4)_3$ 电池表现出稳定的循环性能(在 150 mA · g⁻¹ 时，460 周循环后保持约 96% 的容量)，以及良好的倍率性能(在 500 mA · g⁻¹ 的电流密度下表现出 70 mAh · g⁻¹ 的可逆容量)[图 7-12(d)]。同样，在 Na||$Na_3V_2(PO_4)_2F_3$ 电池中也可以实现出色的电化学性能。

2014 年，Moreno 等[82]研究了一种吡咯类离子液体电解质 N-甲基-N-丁基吡咯烷鎓双(三氟甲磺酰基)酰亚胺(Pyr_{14}TFSI)。NaTFSI 与 Pyr_{14}TFSI 混合的电解质在室温下电导率达到 1 mS · cm⁻¹，具有低可燃性和低挥发性，其凝固点达到 30℃，有望实现在低温下应用。Wang 等[83]采用了 1 mol · L⁻¹ 的 $NaClO_4$/双(三氟甲基磺酰)-1-丁基-1-甲基吡咯(BMPTFSI)离子液体电解液与正极材料 $Na_{0.44}MnO_2$ 匹配。由于电解质在 Na 电极和 $Na_{0.44}MnO_2$ 电极的固液界面阻力和电荷转移阻力很低，所以电池表现出较好的充放电性能。除此之外，该 ILs 电解质还具有很高的热稳

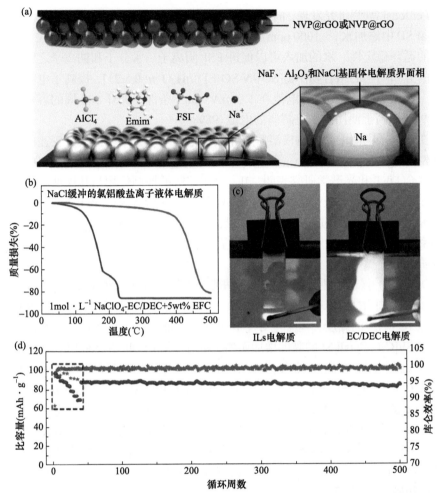

图 7-12　基于 NaCl 缓冲的 AlCl₃ 与[Emim]Cl 的混合电解质的(a)电池配置示意图和(b)TG 测
试；(c)基于氯铝酸盐的 ILs 电解质和 1 mol · L⁻¹ NaClO₄/EC-DEC 电解质的可燃性测试；
(d) 在 ILs 电解质中，Na₃V₂(PO₄)₃‖Na 在不同电流密度下的循环图与库仑效率图[81]

定性，非常适合高温应用。75℃下 0.05 C 时，电池放电容量达到 115 mAh · g⁻¹，
接近于理论容量 121 mAh · g⁻¹，在 1 C 时容量仍能达到其理论容量的 85%。

Manohar 等[84]以离子液体制备的磷酸钒钠与碳的复合材料(NVP@C)表现出
稳定的循环性能，在 10 C 倍率下能够稳定循环 5000 周，保持 99%的库仑效率，
之后将 1 mol · L⁻¹ NaFSI 溶于 N-甲基-N-丙基吡咯烷镎双(氟磺酰基)酰亚胺
(C₃C₁PyrrFSI)中制成电解液，以 NVP@C 为阴极，以硬碳为阳极制成的全电池在
循环 100 周后，能量密度为 368 Wh · kg⁻¹，容量保持率为 75%，明显优于基于有
机电解质的 NVP@C‖硬碳全电池。

Ferdousi 等[85]研究发现，向 $C_3C_1PyrrFSI$ 超浓缩离子液体电解质[50%（摩尔分数）NaFSI）中添加水（～1000 ppm）可促进固体电解质界面（SEI）膜的形成，并提升电池的循环稳定性。水的加入可以促进 FSI⁻阴离子、水分子和钠离子之间形成一种新的分布均匀的络合物[$Na_2[SO_3-N-SO_2F] \cdot nH_2O$（$n=0～2$）]，提高了电池的循环性能。添加 1000 ppm 水的电池在 $1.0 \ mA \cdot cm^{-2}$ 条件下循环 500 周的容量保持率达到 99%，高于使用无水电解质的电池（98%）。

在钠离子电池中，醌电极溶解在非质子电解质中会使电池具有较差的循环寿命和较低的实际能量。Wang 等[86]报道了一种使用 ILs 解决醌电极溶解的简单策略。结合 DFT 和光谱学研究表明，ILs 对醌溶解的抑制作用与其极性、供体数和相互作用能有关。在极性大的 N-甲基-N-丙基吡咯烷鎓双（三氟甲磺酰基）酰亚胺（[C_3C_1Pyrr]TFSI）电解质中，醌阴极表现出高容量（>400 mAh \cdot g⁻¹）和优异的容量保持率（在 130 mA \cdot g⁻¹ 循环 300 周后容量保持率达到了 99.7%），明显优于醚基电解质。

Ding 等[87]报道了用于宽温度范围钠离子电池的 NaFSI/[C_3C_1Pyrr]FSI 电解质，研究了 Na 盐浓度[0～60%（摩尔分数）NaFSI 范围]和工作温度（20～90℃）对 Na||NaCrO₂ 电池的黏度、离子电导率和电化学性能的影响。随着 NaFSI 浓度的增加，NaFSI/[C_3C_1Pyrr]FSI 的黏度增加而离子电导率降低。此外，NaFSI/[C_3C_1Pyrr]FSI 的离子电导率随着温度的升高而增加。对于含 20% NaFSI（1 mol \cdot L⁻¹）的 NaFSI/[C_3C_1Pyrr]FSI，在 25℃和 95℃下的离子电导率分别为 3.6 mS \cdot cm⁻¹ 和 21 mS \cdot cm⁻¹。使用 40% NaFSI 可使电池在 90℃获得最佳倍率性能。

Wang 等[88]将 1 mol \cdot L⁻¹ NaFSI/[C_3C_1Pyrr]FSI 应用于硬碳||Na₀.₄₄MnO₂ 全电池，硬碳、NaFePO₄ 和 Na₀.₄₄MnO₂ 电极的电荷转移电阻显著低于常规有机电解质中的电极，使全电池在 0.1 C（25℃）下的放电容量为 117 mAh \cdot g⁻¹，在 100 周循环后仍保持初始容量的 97%。

Kim 等[89]研究了在 0.6 mol \cdot L⁻¹ [C_3C_1Pyrr]FSI-0.3 mol \cdot L⁻¹[C_3C_1Pyrr] TFSI 混合物中由 5%（质量分数）EC 和 0.1 mol \cdot L⁻¹ NaFSI 组成的 ILs 电解质。该电解质的离子电导率在 20℃下为 5 mS \cdot cm⁻¹，在 60℃下为 15.8 mS \cdot cm⁻¹。在 EC 添加剂的作用下，Na||硬碳电池在 0.1 C（ICE=59.4%）时的初始充电容量为 331 mAh \cdot g⁻¹，经过 100 周循环后仍保持 312 mAh \cdot g⁻¹ 的容量。即使在 5C 倍率下，该电池也显示出 82 mAh \cdot g⁻¹ 的容量。

Brutti 等[75]通过将 Pyr₁₄TFSI 离子液体与 NaTFSI 盐混合来制备用于钠离子电池的更安全的电解质。在室温下，对 Na/NaMnO₂ 电池进行了初步的恒电流循环测试。该研究制备的 NaTFSI-Pyr₁₄TFSI 电解质纯度较高。在 10 C 下，其离子电导率约为 10⁻⁴ S \cdot cm⁻¹，在高达 250℃的温度下仍具有优良的热稳定性，即使在富含碳的工作电极中，也显示出超过 4 V 的电化学稳定窗口。

Yang 等[90]对 Na[FTA]-[C₃C₁Pyrr][FTA]应用于钠二次电池的热稳定性和电化学性质进行了系统的研究。结果发现，不对称的 FTA 结构阻碍了结晶时晶粒的有效填充，产生了周期性结构，使其具有很宽的液体温度范围。如图 7-13(a)所示，在 Na[FTA]的摩尔分数为 0~0.4 的范围内，其玻璃化转变温度在 170~209 K 之间。纯 [C₃C₁Pyrr][FTA]的离子电导率和黏性遵循 Vogel-Tammann-Fulcher 方程，如图 7-13(b)所示，在 298~368 K 的温度范围内，离子电导率在 6.64~30.9 $mS \cdot cm^{-1}$ 之间。以硬碳和金属钠组成半电池，阳极电位极限在 5 V 以上。如图 7-13(c)所示，当 Na[FTA]摩尔分数为 0.3 时，在温度为 363 K、电流密度为 $20\,mA \cdot g^{-1}$ 和 $200\,mA \cdot g^{-1}$ 条件下，硬碳电极的放电容量分别为 $260\,mAh \cdot g^{-1}$ 和 $236\,mAh \cdot g^{-1}$。如图 7-13(d)所示，Na[FTA]摩尔分数为 0.3 时具有最佳的循环性能和令人满意的倍率性能及库仑效率，在电流密度为 $20\,mA \cdot g^{-1}$ 时，循环 400 周后容量保持率为 97%。

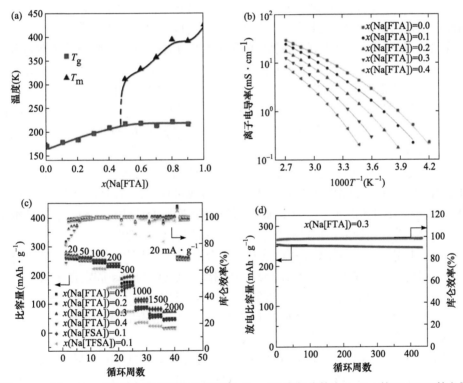

图 7-13　(a)Na[FTA]玻璃化转变温度 T_g 和熔点 T_m；(b)摩尔分数为 0~0.4 的 Na[FTA]的电导率随温度变化曲线；(c)电流密度在 20~$2000\,mA \cdot g^{-1}$ 下的倍率性能；(d)x(Na[FTA])=0.3 时在电流密度为 $20\,mA \cdot g^{-1}$ 下的循环性能[90]

相较于碳酸酯类有机溶剂电解质，离子液体基电解质具有电化学窗口宽、不易燃、不易挥发等优点[91]，用在钠离子电池中可有效解决安全性问题。除了作为电解质材料，离子液体还可以作为电极材料的前驱体对电极材料进行表面改性和诱导[92,93]。但由于其较高的成本，还无法实现大规模应用[68]。

7.2.2　离子液体凝胶电解质

离子凝胶，也称离子液体凝胶，是一类新型混合材料，其中 ILs 被限制并分散在整个连续固相中或渗透到整个固相中[94-98]。无机杂化体通常通过五种方法制备：溶胶-凝胶、溶剂浇铸、基质在离子液体中的溶胀、热压和原位聚合。离子液体既充当增塑剂又充当电荷载体，因此与全固体电解质（$10^{-8}\sim10^{-5}$ S·cm^{-1}）相比，离子凝胶的电导率得到显著提高（在 25℃时达 10^{-2} S·cm^{-1}）。此外，离子凝胶电解质表现出更高的机械柔韧性和更好的电极/电解质界面接触[99-102]。

与传统的含有挥发性有机溶剂（如碳酸烷基酯）的凝胶电解质相比，离子凝胶具有更高的安全性，并且保持了 ILs 的超低蒸气压、不燃性和良好的热稳定性，因此可以在高温下使用。此外，由于 Na 离子可以通过凝胶通道进行扩散，离子凝胶比纯 ILs 电解质受到 ILs 高黏度的影响程度更小，并且它们的柔韧性为电池设计提供了更多可能。相对于研究种类有限的 ILs 电解质[目前成功应用的离子液体电解质，通常由氟基阴离子（如[TFSI]$^-$、[BF$_4$]$^-$和[TfO]$^-$）和咪唑/吡咯烷镓基阳离子组成[53,103,104]]，离子液体凝胶基质的来源十分广泛，包括无机氧化物、线性聚合物、交联聚合物以及无机-有机混合网络。通过控制组分和结构，离子凝胶的电导率可以接近甚至高于 ILs 电解质的电导率。

无机基质通常具有优异的热稳定性、安全性和机械强度。目前，二氧化硅材料是用于限制 ILs 的最常用的无机基质。在合成过程中，可以轻松调整基质的形貌（如孔径、方向和形状），且可以通过原位溶胶-凝胶合成法将气相二氧化硅纳米粒子与 ILs 进行物理混合轻松获得基于二氧化硅的离子凝胶[105]。

近年来报道的大多数离子凝胶均基于聚合物基质[53,103,104]。Parveen 等[106]将包含复合阳离子[Na-甘醇二甲醚(glyme)]$^+$和阴离子 ClO$_4^-$的 ILs 固定在 PVDF-HFP中，制备了凝胶聚合物电解质柔性薄膜，离子电导率达到了 2.54×10^{-3} S·cm^{-1}，钠离子传输数为 0.73。将该 GPE 应用于 V$_2$O$_5$ 为正极的钠离子半电池中，电池在 0.05 C 下的首周容量可达到 111 mAh·g^{-1}。

Harshlata 等[107]以 PVDF-HFP/TiO$_2$ 为多孔膜，在 1-丁基-3-甲基咪唑-三氟甲磺酸钠（[Bmim]CF$_3$SO$_3$）离子液体中固定 NaCF$_3$SO$_3$ 的纳米复合凝胶聚合物电解质，采用相转化法制备了多孔凝胶聚合物电解质膜。PVDF-HFP 的高介电常数为 8.4，保证了电解质中盐的高解离度。研究中使用的离子液体[Bmim]CF$_3$SO$_3$ 是一种非质子中性离子液体，据报道其热稳定性约为 370℃，且不随温度膨胀。添加 TiO$_2$ 纳米粒子可与液体电解质的阴离子（CF$_3$SO$_3^-$）相互作用，增强聚合物网络的无定形状态。0.50%（质量分数）的 TiO$_2$ 纳米颗粒分散 PVDF-HFP 形成的膜具有最大的孔隙率和吸收率，分别高达 72% 和 270%。分散的 TiO_2 纳米粒子使聚合物凝胶电解质膜的阳离子 (T_{Na^+}) 运输数从 0.16 提升到了 0.27，总运输离子数 (T_{ion}) 达到了 0.99，离子电导率达到了 $0.4\ mS \cdot cm^{-1}$，电化学稳定窗口约为 4.3 V。

Vélez 等[108]报道了用于钠离子电池的新型离子液体凝胶聚合物电解质，该电解质含有 $0.2\ mol \cdot L^{-1}$ 的 $NaN(CF_3SO_2)_2$ 溶液和在单/双基咪唑离子液体中固定的 PVDF-HFP 共聚物基体。该膜在室温下的离子电导率可达 $2.2 \times 10^{-4}\ S \cdot cm^{-1}$，热稳定性达到了 150℃，直到 400℃ 左右开始分解，电化学稳定窗口为 1.5～5.0 V，表现出了优异的热学和电化学稳定性。

Song 等[109]通过机械化学方法报道了一种杂化聚合物/氧化物/ILs（PEO_{20}/SiO_2/[Emim][FSI]-$NaClO_4$）固体电解质。PEO_{20}-$NaClO_4$-5%SiO_2-70%[Emim][FSI]在室温下具有 $1.3 \times 10^{-3}\ S \cdot cm^{-1}$ 的离子电导率、良好的机械性能、宽的电化学窗口（4.2 V）和高的 Na^+ 迁移数（0.61）。该电解质用于固体 Na 金属离子电池中，在 100 周循环后的稳定容量为 $62.7\ mAh \cdot g^{-1}$。高陶瓷含量的复合固体电解质（CSE）具有陶瓷电解质和柔性聚合物组分的综合优势，例如优异的热稳定性和机械性能。Shen 等[110]将微量 N-丙基-N-甲基吡咯烷双(三氟甲基磺酰基)酰亚胺（[Py_{13}][NTf_2]）耦合到 CSE 中，制备了聚环氧乙烷中含有 80%（质量分数）$Na_{3.4}Zr_{1.9}Zn_{0.1}Si_{2.2}P_{0.8}O_{12}$ 的 NASICON 型 CSE，实现了 $1.48 \times 10^{-4}\ S \cdot cm^{-1}$ 的离子电导率。组装的 $Na_3V_2(PO_4)_3$//Na 固态钠电池表现出优异的倍率性能和循环稳定性，在 0.5 C 和 60℃ 下循环 150 周后容量保持率为 90.0%。

相较于传统的液态体系电解质系统，凝胶态的离子液体表现出较高的稳定性和安全性。相较于传统全固态电解质体系，离子液体凝胶制备更简单，成本与能耗更低，且材料更容易回收。不同凝胶与多种离子液体的结合为钠离子电池电解质的研究和应用提供了丰富的选择。迄今为止，研究的重点主要集中在突破特定离子液体功能的限制，例如，将酶、金属纳米粒子、分子等均相催化剂或聚合物等活性物质掺入离子液体凝胶。这种可构建的离子液体凝胶体系在催化和制备含能材料领域显现出了巨大潜力。

参 考 文 献

[1] Yuan M, Liu H, Ran F. Fast-charging cathode materials for lithium & sodium ion batteries. Mater Today, 2023, 63: 360-379.

[2] Guo X, Guo S, Wu C, et al. Intelligent monitoring for safety-enhanced lithium-ion/sodium-ion batteries. Adv Energy Mater, 2023, 13: 2203903.

[3] Palomares V, Serras P, Villaluenga I, et al. Na-ion batteries, recent advances and present challenges to become low cost energy storage systems. Energy Environ Sci, 2012, 5: 5884-5901.

[4] Welton T. Ionic liquids: A brief history. Biophys J, 2018, 10: 691-706.

[5] Chayambuka K, Mulder G, Danilov D L D, et al. Sodium-ion battery materials and electrochemical properties reviewed. Adv Energy Mater, 2018, 8: 1800079.

[6] Li F, Zhou Z. Micro/nanostructured materials for sodium ion batteries and capacitors. Small, 2018, 14: 1702961.

[7] Kim H, Hong J, Park Y, et al. Sodium storage behavior in natural graphite using ether-based electrolyte systems. Adv Funct Mater, 2015, 25: 534-541.

[8] Mizushima K, Jones P C, Wiseman P J, et al. Li_xCoO_2 $(0 < x \leqslant 1)$: A new cathode material for batteries of high energy density. Mater Res Bull, 1980, 15: 783-789.

[9] Delmas C, Braconnier J-J, Fouassier C, et al. Electrochemical intercalation of sodium in Na_xCoO_2 bronzes. Solid State Ion, 1981, 3-4: 165-169.

[10] Yabuuchi N, Kubota K, Dahbi M, et al. Research development on sodium-ion batteries. Chem Rev, 2014, 114: 11636-11682.

[11] Okoshi M, Yamada Y, Yamada A, et al. Theoretical analysis on de-solvation of lithium, sodium, and magnesium cations to organic electrolyte solvents. J Electrochem Soc, 2013, 160: A2160-A2165.

[12] Ong S P, Chevrier V, Hautier G, et al. Voltage, stability and diffusion barrier differences between sodium-ion and lithium-ion intercalation materials. Energy Environ Sci, 2011, 4: 3680-3688.

[13] Kuratani K, Uemura N, Senoh H, et al. Conductivity, viscosity and density of $MClO_4$ (M=Li and Na) dissolved in propylene carbonate and γ-butyrolactone at high concentrations. J Power Sources, 2013, 223: 175-182.

[14] Perveen T, Siddiq M, Shahzad N, et al. Prospects in anode materials for sodium ion batteries: A review. Renew Sust Energ Rev, 2020, 119: 109549.

[15] Hwang J Y, Myung S T, Sun Y K. Sodium-ion batteries: Present and future. Chem Soc Rev, 2017, 46: 3529-3614.

[16] Chen S, Wu C, Shen L, et al. Challenges and perspectives for NASICON-type electrode materials for advanced sodium-ion batteries. Adv Mater, 2017, 29: 1700431.

[17] Åvall G, Mindemark J, Brandell D, et al. Sodium-ion battery electrolytes: Modeling and simulations. Adv Energy Mater, 2018, 8: 1703036.

[18] Skundin A M, Kulova T L, Yaroslavtsev A B. Sodium-ion batteries (a review). Russ J Electrochem, 2018, 54: 113-152.

[19] Massaro A, Avila J, Goloviznina K, et al. Sodium diffusion in ionic liquid-based electrolytes for Na-ion batteries: The effect of polarizable force fields. Phys Chem Chem Phys, 2020, 22: 20114-20122.

[20] Chen G, Bai Y, Gao Y, et al. Correction to "inhibition of crystallization of poly (ethylene oxide) by ionic liquid: Insight into plasticizing mechanism and application for solid-state sodium ion batteries". ACS Appl Mater Interfaces, 2020, 12: 21143-21144.

[21] Ponrouch A, Monti D, Boschin A, et al. Non-aqueous electrolytes for sodium-ion batteries. J Mater Chem A, 2015, 3: 22-42.

[22] Xu K. Electrolytes and interphases in Li-ion batteries and beyond. Chem Rev, 2014, 114: 11503.

[23] Goodenough J B, Kim Y. Challenges for rechargeable Li batteries. Chem Mater, 2010, 22: 587-

603.

[24] Che H, Chen S, Xie Y, et al. Electrolyte design strategies and research progress for room-temperature sodium-ion batteries. Energy Environ Sci, 2017, 10: 1075-1101.

[25] Sun Y, Shi P, Chen J, et al. Development and challenge of advanced nonaqueous sodium ion batteries. Energy Chem, 2020, 2: 100031.

[26] Komaba S, Murata W, Ishikawa T, et al. Electrochemical Na insertion and solid electrolyte interphase for hard-carbon electrodes and application to Na-ion batteries. Adv Funct Mater, 2011, 21: 3859-3867.

[27] Ponrouch A, Marchante E, Courty M, et al. In search of an optimized electrolyte for Na-ion batteries. Energy Environ Sci, 2012, 5: 8572-8583.

[28] Li K, Zhang J, Lin D, et al. Evolution of the electrochemical interface in sodium ion batteries with ether electrolytes. Nat Commun, 2019, 10: 725.

[29] Su Z, Guo H, Zhao C. Rational design of electrode-electrolyte interphase and electrolytes for rechargeable proton batteries. Nanomicro Lett, 2023, 15: 96.

[30] Li L, Cheng H, Zhang J, et al. Quantitative chemistry in electrolyte solvation design for aqueous batteries. ACS Energy Lett, 2023, 8: 1076-1095.

[31] Hung T, Lan W, Yeh Y, et al. Hydrothermal synthesis of sodium titanium phosphate nanoparticles as efficient anode materials for aqueous sodium-ion batteries. ACS Sustain Chem Eng, 2016, 4: 7074-7079.

[32] Liu Y, Qiao Y, Lou X, et al. Hollow $K_{0.27}MnO_2$ nanospheres as cathode for high-performance aqueous sodium ion batteries. ACS Appl Mater Interfaces, 2016, 8: 14564-14571.

[33] Wu X, Sun M, Guo S, et al. Vacancy-free prussian blue nanocrystals with high capacity and superior cyclability for aqueous sodium-ion batteries. ChemNanoMat, 2015, 1: 188-193.

[34] Whitacre J, Wiley T, Shanbhag S, et al. An aqueous electrolyte, sodium ion functional, large format energy storage device for stationary applications. J Power Sources, 2012, 213: 255-264.

[35] Zhang X, Hou Z, Li X, et al. Na-birnessite with high capacity and long cycle life for rechargeable aqueous sodium-ion battery cathode electrodes. J Mater Chem, 2016, 4: 856-860.

[36] Li W, Dahn J R, Wainwright D S. Rechargeable lithium batteries with aqueous electrolytes. Science, 1994, 264: 1115-1118.

[37] Wang Y, Mu L, Liu J, et al. A novel high capacity positive electrode material with tunnel-type structure for aqueous sodium-ion batteries. Adv Energy Mater, 2015, 5: 1501005.

[38] Zhu K, Li Z, Sun Z, et al. Inorganic electrolyte for low-temperature aqueous sodium ion batteries. Small, 2022, 18: 2107662.

[39] Nimah Y L, Cheng M, Cheng J H, et al. Solid-state polymer nanocomposite electrolyte of TiO_2/PEO/$NaClO_4$ for sodium ion batteries. J Power Sources, 2015, 278: 37-381.

[40] Boschin A, Johansson P. Characterization of NaX (X: TFSI, FSI)-PEO based solid polymer electrolytes for sodium batteries. Electrochim Acta, 2015, 175: 124-133.

[41] Qi X, Qiang M, Liu L, et al. Sodium bis(fluorosulfonyl)imide/poly(ethylene oxide) polymer electrolytes for sodium-ion batteries. ChemElectroChem, 2016, 3: 1741-1745.

[42] Hayashi A, Noi K, Sakuda A, et al. Superionic glass-ceramic electrolytes for room-temperature

rechargeable sodium batteries. Nat Commun, 2012, 3: 856.

[43] Hayashi A, Noi K, Tanibata N, et al. High sodium ion conductivity of glass-ceramic electrolytes with cubic Na_3PS_4. J Power Sources, 2014, 258: 420-423.

[44] Noi K, Hayashi A, Tatsumisago M. Structure and properties of the Na_2S-P_2S_5 glasses and glass-ceramics prepared by mechanical milling. J Power Sources, 2014, 269: 260-265.

[45] Sakuda A, Hayashi A, Tatsumisago M. Sulfide solid electrolyte with favorable mechanical property for all-solid-state lithium battery. Sci Rep, 2013, 3: 2261.

[46] Zhang L, Yang K, Mi J, et al. Na_3PSe_4: A novel chalcogenide solid electrolyte with high ionic conductivity. Adv Energy Mater, 2015, 5: 1501294.

[47] Guin M, Tietz F. Survey of the transport properties of sodium superionic conductor materials for use in sodium batteries. J Power Sources, 2015, 273: 1056-1064.

[48] Kim J, Lim Y J, Kim H, et al. A hybrid solid electrolyte for flexible solid-state sodium batteries. Energy Environ Sci, 2015, 8: 3589-3596.

[49] Yang M, Feng F, Shi Z, et al. Facile design of asymmetric flame-retardant gel polymer electrolyte with excellent interfacial stability for sodium metal batteries. Energy Stor Mater, 2023, 56: 611-620.

[50] Yang Y, Chang Z, Li M, et al. A sodium ion conducting gel polymer electrolyte. Solid State Ion, 2015, 269: 1-7.

[51] Kumar D, Hashmi S A. Ion transport and ion-filler-polymer interaction in poly (methyl methacrylate)-based, sodium ion conducting, gel polymer electrolytes dispersed with silica nanoparticles. J Power Sources, 2010, 195: 5101-5108.

[52] Tan X, Wu Y, Tang W, et al. Preparation of nanocomposite polymer electrolyte via *in situ* synthesis of SiO_2 nanoparticles in PEO. Nanomaterials, 2020, 10: 157.

[53] Gao H, Guo B, Song J, et al. A composite gel-polymer/glass-fiber electrolyte for sodium-ion batteries. Adv Energy Mater, 2015, 5: 1402235.

[54] Dimri M C, Kumar D, Aziz S B, et al. $ZnFe_2O_4$ nanoparticles assisted ion transport behavior in a sodium ion conducting polymer electrolyte. Ionics, 2021, 27: 1143-1157.

[55] Hwang J, Matsumoto K, Hagiwara R. $Na_3V_2(PO_4)_3$/C positive electrodes with high energy and power densities for sodium secondary batteries with ionic liquid electrolytes that operate across wide temperature ranges. Adv Sustain Syst, 2018, 2: 1700171.

[56] Quan P, Linh L T M, Tuyen H T K, et al. Safe sodium-ion battery using hybrid electrolytes of organic solvent/pyrrolidinium ionic liquid. Vietnam J Chem, 2021, 59: 17-26.

[57] Mruthunjayappa M H, Kotrappanavar N S, Mondal D. New prospects on solvothermal carbonisation assisted by organic solvents, ionic liquids and eutectic mixtures: A critical review. Prog Mater Sci, 2022, 126: 100932.

[58] Wang Y, Zhong W. Development of electrolytes towards achieving safe and high-performance energy-storage devices: A review. ChemElectroChem, 2015, 2: 3.

[59] Mei X, Yue Z, Ma Q, et al. Synthesis and electrochemical properties of new dicationic ionic liquids. J Mol Liq, 2018, 272: 1001-1018.

[60] Bolimowska E, Castiglione F, Devémy J, et al. Investigation of Li^+ cation coordination and

transportation, by molecular modeling and NMR studies, in a LiNTf₂-doped ionic liquid-vinylene carbonate mixture. J Phys Chem B, 2018, 122: 8560-8569.

[61] Guo Y, He D, Xie A, et al. Preparation and characterization of a novel poly-geminal dicationic ionic liquid（PGDIL）. J Mol Liq, 2019, 296: 111896.

[62] Plashnitsa L S, Kobayashi E, Noguchi Y, et al. Performance of NASICON symmetric cell with ionic liquid electrolyte. J Electrochem Soc, 2010, 157: A536-A543.

[63] Monti D, Jonsson E, Palacin M R, et al. Ionic liquid based electrolytes for sodium-ion batteries: Na⁺ solvation and ionic conductivity. J Power Sources, 2014, 245: 630-636.

[64] Arumugam V, Moodley K G, Ogundele O P, et al. Physicochemical and thermodynamic properties of pyrrolidinium-based ionic liquids and their binary mixtures with carboxylic acids. J Mol Liq, 2020, 310: 113183.

[65] Sadanandhan A M, Khatri P K, Jain S L. A novel series of cyclophosphazene derivatives containing imidazolium ionic liquids with variable alkyl groups and their physicochemical properties. J Mol Liq, 2019, 295: 111722.

[66] Manohar C V, Forsyth M, MacFarlane D R, et al. Role of N-propyl-N-methyl pyrrolidinium bis(trifluoromethanesulfonyl)imide as an electrolyte additive in sodium battery electrochemistry. Energy Technol, 2018, 6: 2232-2237.

[67] Boumediene M, Haddad B, Paolone A, et al. Synthesis, thermal stability, vibrational spectra and conformational studies of novel dicationic meta-xylyl linked bis-1-methylimidazolium ionic liquids. J Mol Struct, 2019, 1186: 68-79.

[68] Vélez J F, Vázquez-Santos M B, Amarilla J M, et al. Geminal pyrrolidinium and piperidinium dicationic ionic liquid electrolytes. Synthesis, characterization and cell performance in LiMn₂O₄ rechargeable lithium cells. J Power Sources, 2019, 439: 227098.

[69] Zhang D, Li B, Hong M, et al. Synthesis and characterization of physicochemical properties of new ether-functionalized amino acid ionic liquids. J Mol Liq, 2020, 304: 112718.

[70] Keshapolla D, Srinivasarao K, Gardas R L. Influence of temperature and alkyl chain length on physicochemical properties of trihexyl- and trioctylammonium based protic ionic liquids. J Chem Thermodyn, 2019, 133: 170-180.

[71] Vraneš M, Papović S, Idrissi A, et al. New methylpyridinium ionic liquids-influence of the position of —CH₃ group on physicochemical and structural properties. J Mol Liq, 2019, 283: 208-220.

[72] Talebi M, Patil R A, Armstrong D W. Physicochemical properties of branched-chain dicationic ionic liquids. J Mol Liq, 2018, 256: 247-255.

[73] Hagiwara R, Matsumoto K, Hwang J, et al. Sodium ion batteries using ionic liquids as electrolytes. Chem Rec, 2019, 19: 758-770.

[74] Zhou Y, Yang Y, Zhou N, et al. Four-armed branching and thermally integrated imidazolium-based polymerized ionic liquid as an all-solid-state polymer electrolyte for lithium metal battery. Electrochim Acta, 2019, 324: 134827.

[75] Brutti S, Navarra M A, Maresca G, et al. Ionic liquid electrolytes for room temperature sodium battery systems. Electrochim Acta, 2019, 306: 317-326.

[76] Yamamoto T, Mitsuhashi K, Matsumoto K, et al. Probing the mechanism of improved performance

for sodium-ion batteries by utilizing three-electrode cells: Effects of sodium-ion concentration in ionic liquid electrolytes. Electrochemistry, 2019, 87: 175-181.

[77] Stettner T, Huang P, Goktas M, et al. Mixtures of glyme and aprotic-protic ionic liquids as electrolytes for energy storage devices. J Chem Phys, 2018, 148: 193825.

[78] Hwang J, Matsumoto K, Hagiwara R. Symmetric cell electrochemical impedance spectroscopy of $Na_2FeP_2O_7$ positive electrode material in ionic liquid electrolytes. J Phys Chem C, 2018, 122: 26857-26864.

[79] Wu F, Zhu N, Bai Y, et al. Highly safe ionic liquid electrolytes for sodium-ion battery: Wide electrochemical window and good thermal stability. ACS Appl Mater Interfaces, 2016, 8: 21381-21386.

[80] Wu F, Zhu N, Bai Y, et al. Unveil the mechanism of solid electrolyte interphase on $Na_3V_2(PO_4)_3$ formed by a novel NaPF_6/BMITFSI ionic liquid electrolyte. Nano Energy, 2018, 51: 524-532.

[81] Sun H, Zhu G, Xu X, et al. A safe and non-flammable sodium metal battery based on an ionic liquid electrolyte. Nat Commun, 2019, 10: 3302.

[82] Moreno J S, Maresca G, Panero S, et al. Sodium-conducting ionic liquid-based electrolytes. Electrochem Commun, 2014, 43: 1-4.

[83] Wang C, Yeh Y, Wongittharom N, et al. Rechargeable $Na/Na_{0.44}MnO_2$ cells with ionic liquid electrolytes containing various sodium solutes. J Power Sources, 2015, 274: 1016-1023.

[84] Manohar C V, Mendes T C, Kar M, et al. Ionic liquid electrolytes supporting high energy density in sodium-ion batteries based on sodium vanadium phosphate composites. Chem Commun, 2018, 54: 3500-3503.

[85] Ferdousi S A, O'Dell L A, Hilder M, et al. SEI formation on sodium metal electrodes in superconcentrated ionic liquid electrolytes and the effect of additive water. ACS Appl Mater Interfaces, 2021, 13: 5706-5720.

[86] Wang X, Shang Z, Yang A, et al. Combining quinone cathode and ionic liquid electrolyte for organic sodium-ion batteries. Chem, 2019, 5: 364-375.

[87] Ding C, Nohira T, Hagiwara R, et al. Na[FSA]-[C_3C_1Pyrr][FSA] ionic liquids as electrolytes for sodium secondary batteries: Effects of Na ion concentration and operation temperature. J Power Sources, 2014, 269: 124-128.

[88] Wang C, Yang C, Chang J. Suitability of ionic liquid electrolytes for room-temperature sodium-ion battery applications. Chem Commun, 2016, 52: 10890-10893.

[89] Kim Y, Kim G, Jeong S, et al. Large-scale stationary energy storage: Seawater batteries with high rate and reversible performance. Energy Stor Mater, 2019, 16: 56-64.

[90] Yang H, Luo X F, Matsumoto K, et al. Physicochemical and electrochemical properties of the (fluorosulfonyl)(trifluoromethylsulfonyl)amide ionic liquid for Na secondary batteries. J Power Sources, 2020, 470: 228406.

[91] My L L T, Duy V T, Nguyen Q D, et al. High performance electrolyte using mixture of ionic liquid-solvent for sodium batteries. ECS Trans, 2018, 85: 215-226.

[92] Yu Y, Ren Z, Li L, et al. Ionic liquid-induced graphitization of biochar: N/P dual-doped

carbon nanosheets for high-performance lithium/sodium storage. J Mater Sci, 2021, 56: 8186-8201.

[93] Jianren W, Fan H, Shen Y-M, et al. Large-scale template-free synthesis of nitrogen-doped 3D carbon frameworks as low-cost ultra-long-life anodes for lithium-ion batteries. Chem Eng J, 2019, 357: 376-383.

[94] Bideau J L, Viau L, Vioux A. Ionogels, ionic liquid based hybrid materials. Chem Soc Rev, 2011, 40: 907-925.

[95] Neouze M, Bideau J L, Gaveau P, et al. Ionogels, new materials arising from the confinement of ionic liquids within silica-derived networks. Chem Mater, 2006, 18: 3931-3936.

[96] Tong X, Thangadurai V. Hybrid gel electrolytes derived from keggin-type polyoxometalates and imidazolium-based ionic liquid with enhanced electrochemical stability and fast ionic conductivity. J Phys Chem C, 2015, 119: 7621-7630.

[97] Wang M, Zhang P, Shamsi M, et al. Tough and stretchable ionogels by in situ phase separation. Nat Mater, 2022, 21: 359-365.

[98] Osada I, De Vries H, Scrosati B, et al. Ionic-liquid-based polymer electrolytes for battery applications. Angew Chem, 2016, 55: 500-513.

[99] Thomas C M, Hyun W J, Huang H C, et al. Blade-coatable hexagonal boron nitride ionogel electrolytes for scalable production of lithium metal batteries. ACS Energy Lett, 2022, 7: 1558-1565.

[100] Tripathi A K. Ionic liquid-based solid electrolytes (ionogels) for application in rechargeable. lithium battery. Mater Today Energy, 2021, 20: 100643.

[101] Zhai Y, Hou W, Tao M, et al. Enabling high-voltage "superconcentrated ionogel-in-ceramic" hybrid electrolyte with ultrahigh ionic conductivity and single Li^+-ion transference number. Adv Mater, 2022, 34: 2205560.

[102] Kim J I, Choi Y G, Ahn Y, et al. Optimized ion-conductive pathway in UV-cured solid polymer electrolytes for all-solid lithium/sodium ion batteries. J Membr Sci, 2021, 619: 118771.

[103] Karuppasamy K, Reddy P A, Srinivas G, et al. Electrochemical and cycling performances of novel nonafluorobutanesulfonate (nonaflate) ionic liquid based ternary gel polymer electrolyte membranes for rechargeable lithium ion batteries. J Membr Sci, 2016, 514: 350-357.

[104] Balo L, Shalu, Gupta H, et al. Flexible gel polymer electrolyte based on ionic liquid EMIMTFSI for rechargeable battery application. Electrochim Acta, 2017, 230: 123-131.

[105] Yang Q, Zhang Z, Sun X-G, et al. Ionic liquids and derived materials for lithium and sodium batteries. Chem Soc Rev, 2018, 47: 2020-2064.

[106] Parveen S, Sehrawat P, Hashmi S A. Triglyme-based solvate ionic liquid gelled in a polymer: A novel electrolyte composition for sodium ion battery. Mater Today Commun, 2022, 31: 103392.

[107] Harshlata, Mishra K, Rai D K. Studies on ionic liquid based nanocomposite gel polymer electrolyte and its application in sodium battery. Mater Sci Eng B, 2021, 267: 115098.

[108] Vélez J F, Álvarez L V, Del Río C, et al. Imidazolium-based mono and dicationic ionic liquid sodium polymer gel electrolytes. Electrochim Acta, 2017, 241: 517-525.

[109] Song S, Kotobuki M, Zheng F, et al. A hybrid polymer/oxide/ionic-liquid solid electrolyte for Na-

metal batteries. J Mater Chem, 2017, 5: 6424-6431.

[110] Shen L, Deng S, Jiang R, et al. Flexible composite solid electrolyte with 80 wt% $Na_{3.4}Zr_{1.9}Zn_{0.1}Si_{2.2}P_{0.8}O_{12}$ for solid-state sodium batteries. Energy Stor Mater, 2022, 46: 175-181.

第8章

离子液体电解质在双离子电池中的应用

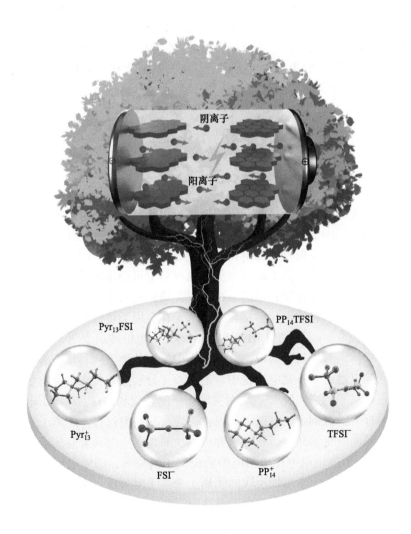

　　传统商用锂离子电池的安全性差、材料供应短缺和能量密度低等问题推动了下一代储能装置的发展[1-3]。双离子电池（DIBs）作为一种具有高能量密度、环保、低成本且新颖的储能装置，近年来受到研究者的广泛关注[4-6]。与传统的"摇椅式"锂离子电池不同，双离子电池在充放电时，电解质中的阳离子和阴离子能够同时参与正负极的电化学反应。在充电过程中，阳离子在金属负极材料的表面形成合金或者嵌入石墨负极材料中；同时，阴离子通过与自由基类正极材料进行电化学结合或者嵌入到石墨正极材料中。放电过程则是相反的[7-10]。这种新型的储能机理不仅能够大幅地降低电池的质量、体积以及制造成本，还可以显著地提高电池的工作电压，从而提高电池的能量密度。此外，双离子电池阴极用的是碳质材料，更加环保、更具成本效益，而不需要昂贵的、复杂和有毒的金属化合物基阴极[11]。这种双离子电池技术为设计具有高工作电压（>4.5 V）和长循环稳定性的绿色小型化储能装置提供了新的机遇，使得双离子电池有望成为一种替代锂离子电池的新型储能装置[12,13]。目前，碳酸酯类有机溶剂和常规锂盐组成的电解质仍是双离子电池的主要研究方向，但这类电解质在一定程度上限制了双离子电池的电化学稳定性，而且其在应用于电池时存在一定的安全隐患。

8.1　双离子电池概述

8.1.1　工作原理

　　双离子电池主要由正极材料、电解液和负极材料三大部分组成，另外还包括隔膜和集流体等辅助部分。双离子电池具有不同的体系，在工作时所发生的电化学反应多样。其中，正极发生的电化学反应过程主要包括：阴离子与自由基类正极材料的电化学结合或阴离子在石墨类正极材料上可逆地脱出/嵌入；而负极发生的电化学反应过程主要包括：阳离子在石墨类负极材料上发生可逆地脱出/嵌入、阳离子和有机负极材料的电化学结合或阳离子在金属类负极材料表面发生可逆的电化学沉积等。图 8-1 是传统 LIBs 和 DIBs 的充放电机理示意图[14]。假设在 DIBs 中阳极和阴极都由石墨材料构成，放电过程中，正负离子同时从石墨电极材料上脱出，返回到电解液中；充电过程中，正负离子分别嵌入到正负极石墨材料中。通过这种正负离子的来回脱/嵌，从而实现能量的转化和储存。双离子电池和锂离子电池在原理上的区别主要有以下几点：首先，在充电过程中阴离子嵌入阴极，这导致了不同的电化学储能机制。这种机制使双离子电池具有高放电电压和高能量密度[6,10,15]。但高放电电压也对电解质提出了高要求，需要电解质能承受高压而不会分解。其次，由于参加反应的阴离子来源于电解质，电解质也被认为是双离子电池的活性物质，所以在双离子电池中需要高效和高浓度的电解质[16]。大量的活性阴离子有利于减轻电池的质量，并提高能量密度。此外，双离子电池需要更高的孔隙率和更厚的隔膜[17]。目前双离子电池的研究仍处于初级阶段。

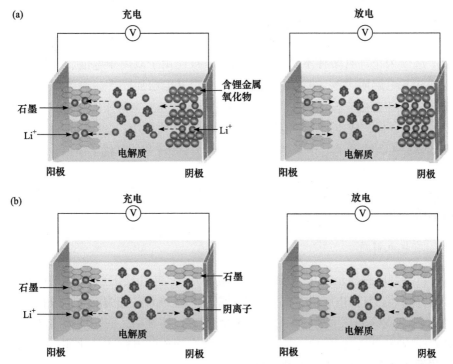

图 8-1　(a)传统 LIBs 和(b)DIBs 的充放电机理示意图(假设在 DIBs 中阳极和阴极都由石墨材料组成)[14]

在双离子电池中，正极材料的阴离子插层机制是最重要的反应。石墨材料因其特殊的层状结构，可以容纳阴离子。同时，石墨的插层之间具有相对较大的层间距，导致层间相互作用较弱。所以，阴离子之间复杂的静电和弹性相互作用会影响后续阴离子的插层动力学。目前，关于阴离子在石墨阴极中的插层机制已有很多研究。这些研究涉及不同的阴离子，如：四氯铝酸盐($AlCl_4^-$)[18]、六氟磷酸盐(PF_6^-)[19]、双(三氟甲基磺酰基)酰亚胺(TFSI$^-$)[20]、二氟(草酸)硼酸盐(DFOB$^-$)[21]、四氟铝酸盐(AlF_4^-)[22]，氟磺酰基-(三氟甲基磺酰)酰亚胺(FTFSI$^-$)[23]以及超卤素($LiCl_2^-$)[24]等。其中，前三种是最常见的插层阴离子。双离子电池的负极材料也已被广泛研究，其反应动力学对双离子电池的电化学性能同样具有重要意义[25-27]。DIBs 负极材料的反应机理与锂离子电池负极的反应机理相似，包括脱嵌、合金化、转化和剥离/电镀。目前，研究较多的是脱嵌与合金化这两种反应机制[28]。

8.1.2　双离子电池中常用的电解质

电解液是双离子电池的关键组成部分之一，电解质中的阴阳离子不仅作为电化学活性物质参与正负极的氧化还原反应，同时还起到传输电荷的作用，从而实现能量的转化和存储，所以电解质对于双离子电池的电化学性能起着非常重要的作用。迄今为止，有多种不同类型的电解质被应用于双离子电池，例如：传统的碳酸盐基电解质[29-32]、醚基电解质[33,34]、砜基电解质[35,36]、凝胶聚合物基电解质[37-39]和离子液体基电解质[40,41]。双离子电池的理想电解质应具备以下几点特性：①安全环保，成本低；②能够在宽的温度范围内使用；③稳定性好，不易燃烧和分解；④高的离子电导率(>1.0 mS·cm^{-1})；⑤较宽的电化学窗口，使电池能够在较高的工作电压下工作。

目前，已报道的双离子电池电解质主要是水系电解质、有机电解质和离子液体电解质三大类。

1. 有机电解质

有机溶剂电解质是 LIBs 中最广泛使用的类型，并且其在 DIBs 中的潜在应用也被研究[34,42]。有机电解质主要是指以钠盐、锂盐或钾盐作为溶质溶解在如碳酸乙烯酯(BC)或碳酸二甲酯(DMC)等碳酸酯类有机溶剂中，同时加入碳酸亚乙烯酯(VC)或亚硫酸乙烯酯(ES)等作为添加剂混合而成的电解液。此外，还有以醚类、腈类或砜类作为溶剂的有机电解质体系。

Santhanam 和 Noel[43]以聚丙烯-石墨为电极，研究了不同有机溶剂对阴离子和阳离子在石墨电极中的插层/脱层效率的影响。此研究采用的溶剂包括 N,N-二甲基乙酰胺(DMF)、乙腈(AN)、碳酸丙烯酯(PC)、二甲基亚砜(DMSO)和甲醇(MeOH)，阳离子包括锂离子、钠离子、钾离子和四丁基铵(TBA$^+$)，阴离子包括四氧化氯(ClO$_4^-$)和四氟化硼(BF$_4^-$)。通过分析聚丙烯-石墨中阳离子和阴离子嵌入/脱嵌过程的循环伏安(CV)数据(表 8-1 和表 8-2)表明，高供体数的溶剂(如DMSO)是一价阳离子的良好溶剂，而高受体数的溶剂(如 PC)有利于 ClO$_4^-$ 和 BF$_4^-$ 阴离子的脱嵌。

表 8-1　使用不同溶剂在聚丙烯-石墨电极上进行阳离子嵌入/脱嵌过程的 CV 数据[43]

阳离子	溶剂	DPP (V)	E_{th} (V)	Q_{di} (mC·cm^{-2})	Q_{in} (mC·cm^{-2})	Q_{di}/Q_{in}
	DMSO	−1.14	−1.70	169.68	102.52	0.60
Li$^+$	PC	−1.54	−1.92	57.46	24.68	0.43
	DMF	−1.70	−1.04	99.05	37.07	0.38

阳离子	溶剂	DPP (V)	E_{th} (V)	Q_{di} (mC · cm^{-2})	Q_{in} (mC · cm^{-2})	Q_{di}/Q_{in}
	DMSO	−0.96	−1.72	337.25	236.85	0.7
Na$^+$	PC					
	DMF					
	DMSO	−1.08	−1.72	431.27	234.23	0.54
K$^+$	PC					
	DMF					
	DMSO	−1.26	−1.62	99.41	73.32	0.74
TBA$^+$	PC	−1.40	−1.72	112.80	68.40	0.61
	DMF	−1.30	−1.82	80.95	40.13	0.50

注：DPP、E_{th}、Q_{di}、Q_{in} 和 Q_{di}/Q_{in} 分别是脱嵌峰电位、嵌入电位、脱嵌电荷量、嵌入电荷和嵌入/脱嵌效率；电解质的浓度为 0.25 mol · L^{-1}，扫描速率为 40 mV · s^{-1}

表 8-2　使用不同溶剂在聚丙烯-石墨电极上进行阴离子嵌入/脱嵌过程的 CV 数据[43]

阴离子	溶剂	DPP (V)	E_{th} (V)	Q_{di} (mC · cm^{-2})	Q_{in} (mC · cm^{-2})	Q_{di}/Q_{in}
	PC	1.19	1.90	194.43	143.88	0.74
ClO$_4^-$ a	AN	1.28	1.94	373.70	261.59	0.70
	MeOH	1.25	1.86	856.80	505.51	0.59
	PC	1.20	1.70	262.60	91.91	0.35
ClO$_4^-$	AN	1.26	1.80	684.20	212.10	0.31
	MeOH	1.50	1.82	909.00	63.63	0.07
	PC	1.21	1.92	315.80	236.85	0.75
BF$_4^-$	AN	1.60	1.95	576.03	391.70	0.68
	MeOH	1.50	1.90	169.80	21.25	0.13

a. 对于锂盐而言，电解质的浓度为 0.25 mol · L^{-1}，扫描速率为 40 mV · s^{-1}

　　Seel 等[44]研究了以不同浓度的有机溶剂[如乙基甲基砜(EMS)和碳酸亚乙酯/碳酸二乙酯(EC/DEC)]为电解质的 PF$_6^-$嵌入石墨的电化学现象(图 8-2)。结果表明，具有差分容量的峰[图 8-2(a)、(b)]与 PF$_6^-$嵌入石墨过程中两个阶段相的共存有关(与充放电曲线中的电压平稳期相对应)。在 5.13 V 处的峰对应于从第 3 阶段到第 2 阶段的过渡，并且峰之间的谷表明形成了各种纯层状(PF$_6$)$_x$C 相。此外，在图 8-2(a)、(b)中，峰和谷的位置出现在相同的电压下，这表明即使在高截止电压下，EMS 在阴离子嵌入过程中也相当稳定。但是，图 8-2(c)中的 dq/dV 值与图 8-2(d)中的值不一致，这表明 EC 和 DEC 可能发生分解，或者在 PF$_6^-$ 嵌入期间石墨结构被破坏。锂/石墨电池以 C/7 的倍率放电获得了 95 mAh · g^{-1}的比容量。

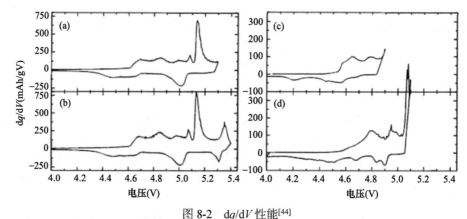

图 8-2 dq/dV 性能[44]

石墨在 2 mol·L⁻¹ LiPF₆/EMS 中循环至 5.3 V (早期循环) (a) 和 5.4 V (后期循环) (b)；石墨在 1 mol·L⁻¹ LiPF₆/EC 和 DEC 中循环至 4.9 V (早期循环) (c) 和 5.1 V (早期循环) (d)

氟化溶剂和添加剂通常可以使 DIBs 表现出更好的氧化稳定性。Read 等[45]报道了一种 DIBs，它可在高达 5.2 V 的高截止电压下稳定高效地工作。通过使用 LiPF₆ 的碳酸甲乙酯-氟代碳酸乙烯酯(EMC：FEC=6：4)溶液为电解质，三(六氟异丙基)磷酸酯(HFIP)作为添加剂有利于 PF₆⁻ 阴离子嵌入石墨阴极，使电池表现出良好的循环稳定性。图 8-3(a)分别显示了 FEC 和 EC-EMC 这两类不同电解质在锂/石墨电池中的循环性能。在非氟化碳酸盐中，锂/石墨电池的循环稳定性非常差，电池仅循环 10 周容量便迅速下降，而基于 FEC 的电解质则可以使该电池稳定运行 200 周。电解质中氟化成分的较高氧化电位有助于提高稳定性。图 8-3(b)中显示了双石墨全电池在 C/7 倍率时的循环性能，其初始容量约为 60 mAh·g⁻¹，在随后的循环中逐渐降低(每个循环 0.75%)，比在半电池中差[图 8-3(a)]。

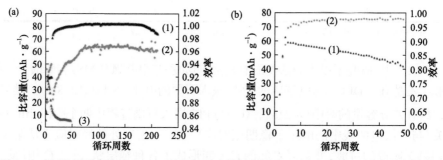

图 8-3 (a)锂/石墨半电池在 FEC 基电解质中的循环行为：(1)比容量，(2)充放电效率和 (3)在 1.2 mol·L⁻¹ LiPF₆ EC-EMC(3：7)电解质中的比容量；(b)双石墨电池的循环性能：(1)比容量和(2)充放电效率[45]

有机电解质虽然受到广泛应用，但是它们在石墨正极的高氧化电位下不能一直稳定存在，循环过程中电解液会不断降解，而且有机溶剂通常会发生分解，导致电池系统的循环寿命变短和库仑效率降低等问题[46]。在大规模储能装置的应用中，有机电解质的易燃性存在安全隐患。因此，抑制有机电解质的可燃性至关重要[47]。另一方面，当有机溶剂在石墨的层状结构中发生共嵌入反应时，在石墨中间层中的溶剂分子会分解产生气体，使石墨结构膨胀，导致电极结构破坏从而导致石墨脱落[48]。

2. 水系电解质

考虑到成本和安全性，用含水电解质代替有机溶剂电解质是非常有必要的。水性溶剂在 DIBs 系统中具有可行性，因为它们允许在相对较低的电压下插入阴离子，并且具有电导率高、可持续性和成本低等优势。然而，水系电解质的致命缺点之一是其较窄的电化学稳定窗口[49]。目前关于双离子电池采用水系电解质的研究报道相对较少。德国 Beck 团队[50]于 20 世纪 90 年代在这方面开展了一系列研究。他们所报道的主要是 HBF_4、HF 等酸性水溶液。充放电过程中 H^+ 会在铅、聚吡咯、炭黑、蒽醌及其衍生物等负极材料中发生氧化还原反应。近些年来，也有基于 $MgCl_2$ 水溶液[51]、$Mg(TFSI)_2$ 水溶液[52]、KFSI 盐包水电解质[53]、LiFSI 和 LiTFSI 的新型高浓度双盐包水电解质的双离子电池报道[20]。采用水系电解质的双离子电池工作电压相较于有机溶剂的较低，这主要是因为水的分解电压较低。Sun 等[54]开发了一种具有瞬态降解优势的环保型 PVA-明胶水凝胶基盐包水电解质，用于高性能双离子电池。PVA 和明胶共同限制了聚合物网络中与 $ZnCl_2$ 配位的水，由于 Zn 水合离子的半径减小，进而增强了电池的反应动力学。基于该电解质的 DIBs 具有 2.0 V 的工作电压和优异的循环稳定性（循环 8000 周后容量保持率为 96.2%）。

在 DIBs 中，石墨替代正极材料[例如金属有机骨架（MOF）材料[55]、多环芳烃化合物（PAH）[56]、聚二苯胺（PDPA）[57]、二氢吩嗪共聚物[58]、p 型有机材料和石墨改性材料[59-61]]均显示出比石墨更低的工作电位。此外，新型阴离子载体材料[即 BiF_3[37]、$Fe(C_2H_5)_2$[62]、Mn_3O_4[63]、1,4 双（二苯甲酰氨基）苯（BDB）[64]和聚（2,2,6,6-四甲基哌啶-4-甲基丙烯酸酯-1-氮氧自由基）（PTMA）[65]]具有足够低的工作电位可以允许水系电解质安全工作。例如，氧化锰（Ⅱ，Ⅲ）（Mn_3O_4）[参见图 8-4(a)]可以在 $1 \ mol \cdot L^{-1} \ NH_4NO_3$ 水系电解质中可逆地嵌入/脱嵌 NO_3^-。当阳离子（即 K^+、Na^+）的尺寸足够小到嵌入 Mn_3O_4 结构时，它会取代阴离子而嵌入 Mn_3O_4 中。当以 $1 \ A \cdot g^{-1}$ 的电流密度在 0~1 V 电压（相对于 Ag/AgCl）之间循环时，电池可达到 $150 \ mAh \cdot g^{-1}$ 的放电容量。尽管容量随后迅速衰减，但可以稳定在 $50 \ mAh \cdot g^{-1}$ 左右，库仑效率为 99%，这表明反应是高度可逆的[图 8-4(b)][63]。二茂铁[$Fe(C_2H_5)_2$]

中，Fe^{II}离子夹在两个环戊二烯基环之间可以形成单斜晶结构[图 8-4(c)]，该电极材料可在低压下用于阴离子可逆地嵌入/脱出[66]。为了抑制其在水系电解质中的溶解，二茂铁可以通过熔体扩散法渗透到纳米孔活性炭中。二茂铁基半电池在 0.4～1.2 V 之间循环时，在含有 30 mol·L^{-1} ZnCl$_2$ 的电解液中，100℃循环 100 周后，可逆容量为 106 mAh·g^{-1}，容量保持率为 80%，电池前 3 周的充放电曲线如图 8-4(d)所示[63]。

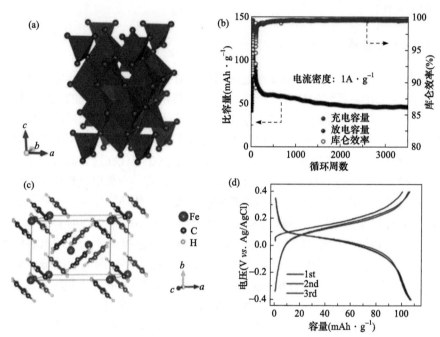

图 8-4　(a)Mn$_3$O$_4$ 的结构；(b)在 1 A·g^{-1} 的电流密度下的充放电测试；(c)二茂铁[Fe(C$_2$H$_5$)$_2$]的单斜结构示意图；(d)在包含 30 mol·L^{-1} ZnCl$_2$ 水溶液的电解质中，二茂铁基半电池在 1 C 倍率下的第 1～3 周循环的恒电流充放电曲线[63]

　　Zhu 等[67]提出了一种以有缺陷的普鲁士蓝(PB)为阴极、Ti$_3$C$_2$T$_x$ 型 MXene 为阳极、混合的低浓度 KNO$_3$ 和 HNO$_3$ 溶液为水系电解质组成的水系双离子电池。PB 阴极和 MXene 阳极都含有丰富的结构水分子，可以促进 K$^+$ 插层，为 H$^+$ 共插层提供了连续的氢键网络。电解质和电极的协同作用使这种非常规水系双离子电池表现出显著改善的能量密度(41.5 Wh·kg^{-1})、倍率性能和循环稳定性，3000 周循环后可以达到 74%的容量保持率。

　　Wrogemann 等[68]设计了一种基于水系/非水系电解液的新型 DIBs，通过在负极(非水溶剂)上形成保护层获得较高的阴极稳定性，并通过使用石墨基正极材料提高了其可持续性。研究人员采用非原位 X 射线衍射证实了该双离子电池能够在水系电解液中形成由 TFSI⁻阴离子构成的二级受体型石墨插层化合物（GIC）。研究还发现负极材料的选取对于双离子电池的电化学性能有着重要的影响：使用石墨负极能够在 $200\ mA \cdot g^{-1}$ 的电流密度下释放出高达 $40\ mAh \cdot g^{-1}$ 的比容量。不过，选取 $LiTi_2(PO_4)_3$ 作为负极材料也能表现出一些优势，如在 $200\ mA \cdot g^{-1}$ 电流密度下电池的初始放电比容量约为 $42\ mAh \cdot g^{-1}$，500 周循环后的容量保持率为 71%。

8.2　离子液体在双离子电池中的应用

三氟甲磺酸类、六氟磷酸类、四氟硼酸类和氯铝酸类离子液体等[69-73]都可以作为双离子电池中的电解质。

DIBs 中的离子液体研究可以追溯到 1994 年。当时，Carlin 等[74]报道了各种室温离子液体可以在双石墨电池中用作电解质的成功应用。通过更改阳离子的种类[例如 1,2-二甲基-3-丙基咪唑（$DMPI^+$）和 1-乙基-3-甲基咪唑（EMI^+）]和阴离子种类（例如 $AlCl_4^-$、BF_4^-、PF_6^-、$CF_3SO_3^-$ 和 $C_6H_5CO_2^-$），构建了基于双离子嵌入/脱嵌的不同电池。通过使用[DMPI][AlCl₄]作为电解质，该电池实现了 3.5 V 的开路电压和 85%的循环效率。

Sutto 等[75]以离子液体为电解质，通过电化学表征和 X 射线衍射光谱相结合的方法研究了各种阳离子和阴离子种类在石墨中的嵌入和脱嵌反应。他们研究了两种不同类型的咪唑类阳离子，特别是二取代和三取代的咪唑：EMI^+、1,2-二甲基-3-正丙基咪唑（$MMPI^+$）和 1-丁基-3-甲基咪唑（BMI^+）。这些阳离子可与下列阴离子配对：BF_4^-、PF_6^-、TFSI⁻、双（全氟乙烷磺酰基）酰亚胺（$PFESI^-$）、NO_3^- 和 HSO_4^-。表 8-3 列出了不同离子液体的充放电效率。结果表明，三取代的咪唑具有更强的插层化学性质，而大多数阴离子则表现出较差的充放电效率，说明这些阴离子难以嵌入石墨中。只有基于酰亚胺基的阴离子既显示出高的充放电效率，又可以形成明确的石墨嵌入阶段。

表 8-3　不同离子液体中阳离子和阴离子的充放电效率[75]

离子液体	阳离子效率(%)	阴离子效率(%)
EMIBF₄	21	19
BMIBF₄	55	25
MMPIBF₄	91	21
MMPIPF₄	89	55

离子液体	阳离子效率(%)	阴离子效率(%)
MMPITFSI	90	64
MMPIPFESI	91	71
BMINO$_3$	51	7
BMIFSO$_4$	49	23
1.0 mol · L^{-1} Li/BMIBF$_4$	33	14
1.0 mol · L^{-1} Li/MMPIPF$_6$	63	51
1.0 mol · L^{-1} Li/MMPITFSI	71	67

Rothermel 等[76]使用 *N*-丁基-*N*-甲基吡咯烷双(三氟甲磺酰基)酰亚胺和双(三氟甲磺酰基)酰亚胺锂的混合物(Pyr$_{1,4}$TFSI-LiTFSI)作为双石墨电池电解质,溶液中还添加了促进固体电解质界面(SEI)形成的添加剂亚硫酸乙烯酯(ES)。图 8-5(a)、(b)显示了使用新型离子液体电解质和 ES 添加剂的双石墨电池在前50 周循环的放电容量和库仑效率。在最初的几周循环中,库仑效率相对较低,这可以归因于"形成反应"。图 8-5(c)显示了双石墨电池在不同周数(1、2、49 和50 周循环)下的电池电压、阳极和阴极电位与充放电时间的关系。与随后的循环相比,第一周循环具有相对较高的阳极电势,即观察到阶段 2 (LiC$_{12}$),这表示石墨阳极没有被锂离子完全嵌入[77]。根据阳极电势的行为,阴极电势在第一周循环上升至5.21 V(*vs.* Li/Li$^+$)。在倍率增加时,阴极电位下降至 5.14 V(*vs.* Li/Li$^+$),这很可能是由电池的电阻增加所致。总之,在含有 LiTFSI 盐和 ES 添加剂的 Pyr$_{1,4}$TFSI 中,锂离子和 TFSI$^-$阴离子的嵌入/脱嵌都是可逆的。该小组随后研究了在含钠盐的电解液中 TFSI$^-$在石墨中的电化学嵌入/脱嵌性能,结果表明与含锂离子的离子液体相比,其容量较差[78]。

由于大多数阴离子的半径大于石墨的层距,因此一些研究人员提出半径较小的阴离子更容易可逆地嵌入石墨中。Meister 等[79]研究了不对称氟磺酰基(三氟甲磺酰基)酰亚胺(FTFSI$^-$)在用于 DIBs 的石墨阴极中的电化学嵌入过程。FTFSI$^-$阴离子的半径(0.65 nm)小于 TFSI$^-$(0.8 nm),在相同的充电电位下,与基于 TFSI$^-$的电解质相比,基于 FTFSI$^-$的电池放电容量更高。该研究通过原位 XRD 表征,详细研究了 FTFSI$^-$在石墨中的嵌入/脱嵌行为[23]。研究表明,电解质的参数(如离子对的形成和自聚集,而不是阴离子的大小)是影响阴离子吸收能力的主要原因 [80]。在这项工作中,还研究了基于酰亚胺的离子液体在石墨阴极的嵌入行为[图 8-6(a)],包括双(五氟乙烷磺酰基)酰亚胺(BETI$^-$)、FSI$^-$、FTFSI$^-$、TFSI$^-$、FSI/

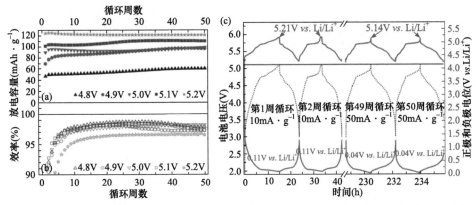

图 8-5　(a)不同电压下锂/石墨半电池在前 50 周循环期间的放电容量；(b)库仑效率(截止电压分别为 3.0 V 和 5.0 V(vs. Li/Li⁺)，电流为 50 mA·g⁻¹)；(c)在充放电循环过程中，双石墨电池的电压曲线(黑色，虚线)和阳极、阴极电位曲线(红线)与时间的关系[76]

TFSI⁻(摩尔比=11∶1)和 TFSI⁻/FSI⁻(摩尔比=10∶1)。如图 8-6(b)所示，除了 BETI⁻以外，在所有基于酰亚胺的离子液体中均观察到与阴离子嵌入和从石墨脱嵌对应的几个电流峰。第二大阴离子 TFSI⁻表现出最低的初始电位，而第三大阴离子 FTFSI⁻表现出 4.48 V 的更高初始电位。但是，最小的 FSI⁻阴离子显示出最高的嵌入阴离子电位(4.53 V)。两种不同阴离子的混合物也可以影响嵌入/脱嵌行为[图 8-6(c)]。此外，不同的电解质体系也会引起阴离子嵌入和脱嵌电流峰的明显变化[图 8-6(b)]，表明不同阴离子在其嵌入和脱嵌行为上的作用。

Lv 等[81]使用 1,2-二甲基-3-丙基咪唑鎓氯铝酸盐(DMPI⁺)(AlCl₄⁻)作为离子液体电解质，并使用石墨棒作为电极，以制备具有优异电化学性能的 DIBs。所开发出的 DIBs 具有 4.2~4.0 V 和 3.6~3.1 V 的高放电电压平稳性，在 300 mA·g⁻¹ 的电流密度下可逆比容量约为 80 mAh·g⁻¹，循环 300 周后的库仑效率为 97%。而且，所用电解质的不燃性和电化学稳定性对电池安全性和电化学性能有一定的改善，从而使所制造的 DIBs 可应用于各种临界条件，例如高倍率充放电、连续弯曲甚至燃烧条件。图 8-7 是基于含(DMPI⁺)(AlCl₄⁻)的 ILs 电解质的 DIBs 工作原理。

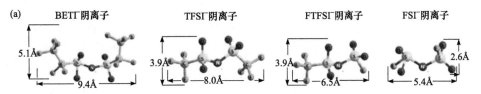

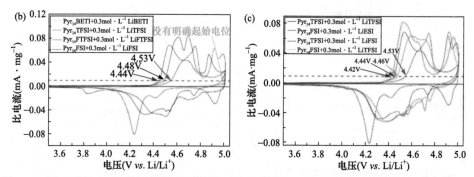

图 8-6 (a)一系列基于酰亚胺的离子液体的尺寸示意图；(b)DIBs 使用不同的基于酰亚胺的离子液体电解质(BETI⁻、TFSI⁻、FTFSI⁻和 FSI⁻阴离子)的 CV 曲线；(c)DIBs 使用一系列三元(TFSI⁻和 FSI⁻)和四元(TFSI⁻/FSI⁻和 FSI⁻/TFSI⁻)酰亚胺基离子液体电解质的 CV 曲线[80]

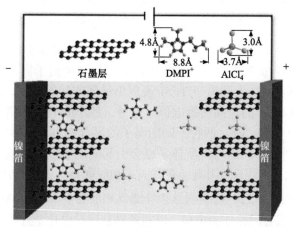

图 8-7　基于含(DMPI⁺)(AlCl₄⁻) 的 ILs 电解质的 DIBs 工作原理[81]

　　Zhu 等[82]设计了一种以纯 Pyr₁₄TFSI 离子液体为电解质的无金属离子石墨|NTCDA(1,4,5,8-萘四羧酸二氢化物)电池。有机材料的引入改变了阳离子在阳极上的储存机制，减弱了自放电。该电池的工作电压范围很宽，自放电率为6.12%·h⁻¹，在 100 mA·g⁻¹ 电流密度下的放电容量为 114 mAh·g⁻¹。由于 Pyr₁₄⁺ 与 NTCDA 的—CO—基团发生强烈的氧化还原反应，静置 15 h 后电池电压仅下降了 0.14 V。同时，采用孔隙率小的双层滤纸系统，提高了电池的循环性能。图 8-8 显示了天然石墨双离子电池(NGB)的工作原理。在充电过程中，Pyr₁₄⁺ 与 NTCDA 结合，TFSI⁻插入石墨层。在放电过程中，负离子和阳离子都能返回电解质。实验结果表明，有机电极的氧化还原反应可以有效降低以纯离子液体为电解质的双离子电池的自放电效应，为设计更好、更环保、自放电率更低的新型电池提供了可行的思路。

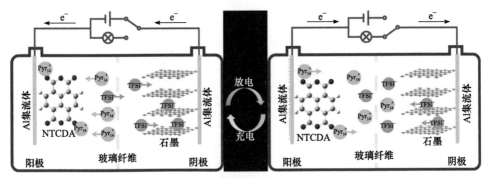

图 8-8　NGB 的工作原理图[82]

Beltrop 等[21]将不同的导电盐添加剂(包括 LiPF$_6$、LiBF$_4$ 和 LiDFOB)以及氟化溶剂添加剂二氟乙酸甲酯(MDFA)添加到基于双(氟磺酰基)酰亚胺(FSI)的离子液体中[即 ILs 电解质(Pyr$_{14}$FSI/LiFSI)],以保护 Al 集流体(ACC)免受阳极溶解,从而在高性能双离子电池中实现可逆的充放电循环。结果证明,在基于 FSI 的 ILs 电解质中添加少量 LiPF$_6$、LiBF$_4$ 和 MDFA (0.5%,质量分数)会显著提高电池性能,而添加 LiDFOB 则会恶化双离子电池性能。此外,在具有 5% LiPF$_6$ 的 Pyr$_{14}$FSI 电解质中双离子电池具有出色的循环性能,表现出 40 mAh · g^{-1} 的平均可逆容量,98% 以上的库仑效率和 91%的容量保持率。图 8-9 显示了在基于不同 ILs 的电解质中进行计时库仑法(CC)测量后,获得的 Al 集流体的表面 SEM 图。

Xiong 等[83]开发了一种使用 N 掺杂微孔碳(N-MPC)作为电极,LiCl 混合室温离子液体作为电解质的双离子电池-超级电容器混合器件(DIB-SCHD)。该对称型储能器件的两个电极均具有电池型和电容型电荷存储机理。结合非原位表征和理论计算,DIB-SCHD 同时涉及离子嵌入/脱嵌和吸附/脱附过程的协同储能机制,通过促进反应动力学实现了优异的电化学性能。

有机电极材料具有高理论容量和灵活的结构,被认为是可再充电电池领域中有前途的选择[84]。Wu 等[85]结合 DIBs 和钠离子电池的优点,设计了一种基于3,4,9,10-四羧酸二酐(PTCDA)有机阳极、KS6(一种合成石墨)阴极和 ILs 电解质的钠基双离子电池。图 8-10 为钠基双离子电池的工作原理图。由于使用了 ILs,PTCDA 在有机溶剂中可以溶解,结合 PTCDA 稳定的晶体结构,钠基双离子电池在 0.5 C 倍率下的放电比容量仍可以达到 177 mAh · g^{-1},即使在 20 C 倍率下也有60 mAh · g^{-1}的放电比容量,表现出优异的循环稳定性和倍率性能。另外,钠基双离子电池还具有极低的自放电率(在 0.5 C 倍率下为 0.18% · h^{-1})和优异的快速充电-慢速放电性能。

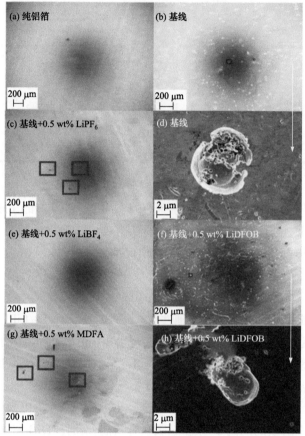

图 8-9　在基于不同 ILs 的电解质中进行计时库仑法 (CC) 测量后，获得的 Al 集流体的表面 SEM 图[21]

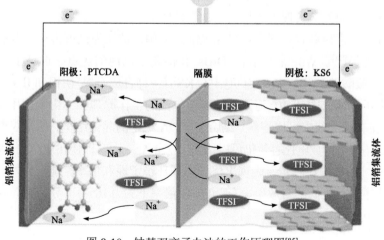

图 8-10　钠基双离子电池的工作原理图[85]

参 考 文 献

[1] Fu J, Liang R, Liu G, et al. Recent progress in electrically rechargeable zinc-air batteries. Adv Mater, 2019, 31: 1805230.

[2] Deng Y P, Wu Z G, Liang R, et al. Layer-based heterostructured cathodes for lithium-ion and sodium-ion batteries. Adv Funct Mater, 2019, 29: 1808522.

[3] Zhang S L, Guan B Y, Lu X F, et al. Metal atom-doped Co_3O_4 hierarchical nanoplates for electrocatalytic oxygen evolution. Adv Mater, 2020, 32: 2002235.

[4] Placke T, Heckmann A, Schmuch R, et al. Perspective on performance, cost, and technical challenges for practical dual-ion batteries. Joule, 2018, 2: 2528-2550.

[5] Yang X, Luo J, Sun X. Towards high-performance solid-state Li-S batteries: From fundamental understanding to engineering design. Chem Soc Rev, 2020, 49: 2140-2195.

[6] Rodríguez-Pérez I A, Ji X. Anion hosting cathodes in dual-ion batteries. ACS Energy Lett, 2017, 2: 1762-1770.

[7] Wrogemann J M, Haneke L, Ramireddy T, et al. Advanced dual-ion batteries with high-capacity negative electrodes incorporating black phosphorus. Adv Sci, 2022, 9: 2201116.

[8] Zhang M, Song X, Ou X, et al. Rechargeable batteries based on anion intercalation graphite cathodes. Energy Storage Mater, 2019, 16: 65-84.

[9] Liu Q, Chen S, Yu X, et al. Low cost and superior safety industrial grade lithium dual-ion batteries with a second life. Energy Technol, 2018, 6: 1994-2000.

[10] Wang B, Huang Y, Wang Y, et al. Synergistic solvation of anion: An effective strategy toward economical high-performance dual-ion battery. Adv Funct Mater, 2023, 33: 2212287.

[11] Chan C Y, Lee P-K, Xu Z, et al. Designing high-power graphite-based dual-ion batteries. Electrochim Acta, 2018, 263: 34-39.

[12] Li Z, Liu J, Li J, et al. A novel graphite-based dual ion battery using $PP_{14}NTF_2$ ionic liquid for preparing graphene structure. Carbon, 2018, 138: 52-60.

[13] Ma R, Fan L, Chen S, et al. Offset initial sodium loss to improve coulombic efficiency and stability of sodium dual-ion batteries. ACS Appl Mater Interfaces, 2018, 10: 15751-15759.

[14] Wang M, Tang Y. A review on the features and progress of dual-ion batteries. Adv Energy Mater, 2018, 8: 1703320.

[15] Salunkhe T T, Kadam A N, Hur J, et al. Green and sustainably designed intercalation-type anodes for emerging lithium dual-ion batteries with high energy density. J Energy Chem, 2023, 80: 466-478.

[16] Heckmann A, Thienenkamp J, Beltrop K, et al. Towards high-performance dual-graphite batteries using highly concentrated organic electrolytes. Electrochim Acta, 2018, 260: 514-525.

[17] Schmuch R, Wagner R, Hörpel G, et al. Performance and cost of materials for lithium-based rechargeable automotive batteries. Nat Energy, 2018, 3: 267-278.

[18] Wang D-Y, Wei C-Y, Lin M-C, et al. Advanced rechargeable aluminium ion battery with a high-quality natural graphite cathode. Nat Commun, 2017, 8: 14283.

[19] Sharma L, Adiga S P, Alshareef H N, et al. Fluorophosphates: Next generation cathode materials for rechargeable batteries. Adv Energy Mater, 2020, 10: 2001449.

[20] Li H, Kurihara T, Yang D, et al. A novel aqueous dual-ion battery using concentrated bisalt electrolyte. Energy Storage Mater, 2021, 38: 454-461.

[21] Beltrop K, Qi X, Hering T, et al. Enabling bis(fluorosulfonyl) imide-based ionic liquid electrolytes for application in dual-ion batteries. J Power Sources, 2018, 373: 193-202.

[22] Wang S, Jiao S, Tian D, et al. A novel ultrafast rechargeable multi-ions battery. Adv Mater, 2017, 29: 1606349.

[23] Meister P, Schmuelling G, Winter M, et al. New insights into the uptake/release of FTFSI⁻ anions into graphite by means of *in situ* powder X-ray diffraction. Electrochem Commun, 2016, 71: 52-55.

[24] Kim K-i, Tang L, Mirabedini P, et al. [LiCl₂]-superhalide: A new charge carrier for graphite cathode of dual-ion batteries. Adv Funct Mater, 2022, 32: 2112709.

[25] Fan J, Xiao Q, Fang Y, et al. A rechargeable Zn/graphite dual-ion battery with an ionic liquid-based electrolyte. Ionics, 2018, 25: 1303-1313.

[26] Zhang E, Cao W, Wang B, et al. A novel aluminum dual-ion battery. Energy Storage Mater, 2018, 11: 91-99.

[27] Zhu H, Zhang F, Li J, et al. Penne-like MoS₂/carbon nanocomposite as anode for sodium-ion-based dual-ion battery. Small, 2018, 14: 1703951.

[28] Zhou X, Liu Q, Jiang C, et al. Strategies towards low-cost dual-ion batteries with high performance. Angew Chem Int Ed, 2020, 59: 3802-3832.

[29] Chen C, Lee C-S, Tang Y. Fundamental understanding and optimization strategies for dual-ion batteries: A Review. Nanomicro Lett, 2023, 15: 121.

[30] Buyuker I S, Pei B, Zhou H, et al. Voltage and temperature limits of advanced electrolytes for lithium-metal batteries. ACS Energy Lett, 2023, 8: 1735-1743.

[31] Wang G, Wang F, Zhang P, et al. Polarity-switchable symmetric graphite batteries with high energy and high power densities. Adv Mater, 2018, 30: 1802949.

[32] Küpers V, Dohmann J F, Bieker P, et al. Opportunities and limitations of ionic-liquid- and organic carbonate solvent-based electrolytes for Mg-ion-based dual-ion batteries. ChemSusChem, 2021, 14: 4480-4498.

[33] Qiao Y, Jiang K, Li X, et al. A hybrid electrolytes design for capacity-equivalent dual-graphite battery with superior long-term cycle life. Adv Energy Mater, 2018, 8: 1801120.

[34] Fan H, Qi L, Wang H. Hexafluorophosphate anion intercalation into graphite electrode from methyl propionate. Solid State Ion, 2017, 300: 169-174.

[35] Jiang B, Su Y, Liu R, et al. Calcium based all-organic dual-ion batteries with stable low temperature operability. Small, 2022, 18: 2200049.

[36] Xue S, Zhou Y, Liu X, et al. A new fluorine-containing sulfone-based electrolyte for advanced performance lithium metal batteries. J Energy Storage, 2023, 64: 107137.

[37] Zhang Z, Hu X, Zhou Y, et al. Aqueous rechargeable dual-ion battery based on fluoride ion and sodium ion electrochemistry. J Mater Chem A, 2018, 6: 8244-8250.

[38] Wang S, Xiao X, Fu C, et al. Room temperature solid state dual-ion batteries based on gel electrolytes. J Mater Chem A, 2018, 6: 4313-4323.

[39] Chen G, Zhang F, Zhou Z, et al. A flexible dual-ion battery based on PVDF-HFP-modified gel polymer electrolyte with excellent cycling performance and superior rate capability. Adv Energy Mater, 2018, 8: 1801219.

[40] Foelske-Schmitz A, Weingarth D, Kaiser H, et al. Quasi *in situ* XPS study of anion intercalation into HOPG from the ionic liquid [EMIM][BF$_4$]. Electrochem Commun, 2010, 12: 1453-1456.

[41] Lv Z, Sun J, Zhou S, et al. Electrochemical and physical properties of imidazolium chloride ionic liquids with pyrrolidinium or piperidinium cation addition and their application in dual-ion batteries. Energy Technol, 2020, 8: 2000432.

[42] Gao J, Yoshio M, Qi L, et al. Solvation effect on intercalation behaviour of tetrafluoroborate into graphite electrode. J Power Sources, 2015, 278: 452-457.

[43] Santhanam R, Noel M. Effect of solvents on the intercalation/de-intercalation behaviour of monovalent ionic species from non-aqueous solvents on polypropylene-graphite composite electrode. J Power Sources, 1997, 66: 47-54.

[44] Seel J A, Dahn J R. Electrochemical intercalation of PF$_6$ into graphite. J Electrochem Soc, 2000, 147: 892-898.

[45] Read J A, Cresce A V, Ervin M H, et al. Dual-graphite chemistry enabled by a high voltage electrolyte. Energy Environ Sci, 2014, 7: 617-620.

[46] Wang Y, Zhang Y, Dong S, et al. An all-fluorinated electrolyte toward high voltage and long cycle performance dual-ion batteries. Adv Energy Mater, 2022, 12: 2103360.

[47] Zhang L, Huang Y, Fan H, et al. Flame-retardant electrolyte solution for dual-ion batteries. ACS Appl Energy Mater, 2019, 2: 1363-1370.

[48] Placke T, Rothermel S, Fromm O, et al. Influence of graphite characteristics on the electrochemical intercalation of bis(trifluoromethanesulfonyl) imide anions into a graphite-based cathode. J Electrochem Soc, 2013, 160: A1979-A1991.

[49] Sui Y, Liu C, Masse R C, et al. Dual-ion batteries: The emerging alternative rechargeable batteries. Energy Storage Mater, 2020, 25: 1-32.

[50] Beck F, Krohn H, Kruger F, et al. Development of an all-carbon accumulator with aqueous electrolyte-HBF$_4$-evaluation for the GIC-positive. Mol Cryst Liq Cryst, 1998, 310: 377-382.

[51] Kim K-i, Tang L, Muratli J M, et al. A graphite // PTCDI aqueous dual-ion battery. ChemSusChem, 2022, 15: e202102394.

[52] Ikhe A B, Seo J Y, Park W B, et al. 3-V class Mg-based dual-ion battery with astonishingly high energy/power densities in common electrolytes. J Power Sources, 2021, 506: 230261.

[53] Ge J, Yi X, Fan L, et al. An all-organic aqueous potassium dual-ion battery. J Energy Chem, 2021, 57: 28-33.

[54] Sun L, Yao Y, Dai L, et al. Sustainable and high-performance Zn dual-ion batteries with a hydrogel-based water-in-salt electrolyte. Energy Storage Mater, 2022, 47: 187-194.

[55] Dühnen S, Nölle R, Wrogemann J, et al. Reversible anion storage in a metal-organic framework for dual-ion battery systems. J Electrochem Soc, 2019, 166: A5474-A5482.

[56] Rodríguez-Pérez I A, Jian Z, Waldenmaier P K, et al. A hydrocarbon cathode for dual-ion batteries. ACS Energy Lett, 2016, 1: 719-723.

[57] Obrezkov F A, Shestakov A F, Vasil'ev S G, et al. Polydiphenylamine as a promising high-energy cathode material for dual-ion batteries. J Mater Chem A, 2021, 9: 2864-2871.

[58] Obrezkov F A, Somova A I, Fedina E S, et al. Dihydrophenazine-based copolymers as promising cathode materials for dual-ion batteries. Energy Technol, 2021, 9: 2000772.

[59] Zhang G, Ou X, Cui C, et al. High-performance cathode based on self-templated 3D porous microcrystalline carbon with improved anion adsorption and intercalation. Adv Funct Mater, 2019, 29: 1806722.

[60] Zhang M, Pei Y, Liu W, et al. Rational design of interlayer binding towards highly reversible anion intercalation cathode for dual ion batteries. Nano Energy, 2021, 81: 105643.

[61] Nowak C, Froboese L, Winter M, et al. Designing graphite-based positive electrodes and their properties in dual-ion batteries using particle size-adjusted active materials. Energy Technol, 2019, 7: 1900528.

[62] Wu X, Xu Y, Zhang C, et al. Reverse dual-ion battery via a $ZnCl_2$ water-in-salt electrolyte. J Am Chem Soc, 2019, 141: 6338-6344.

[63] Jiang H, Wei Z, Ma L, et al. An aqueous dual-ion battery cathode of Mn_3O_4 via reversible insertion of nitrate. Angew Chem, 2019, 58: 5286-5291.

[64] Glatz H, Lizundia E, Pacifico F, et al. An organic cathode based dual-ion aqueous zinc battery enabled by a cellulose membrane. ACS Appl Energy Mater, 2019, 2: 1288-1294.

[65] Zhang Y, An Y, Yin B, et al. A novel aqueous ammonium dual-ion battery based on organic polymers. J Mater Chem A, 2019, 7: 11314-11320.

[66] Cosimbescu L, Wei X, Vijayakumar M, et al. Anion-tunable properties and electrochemical performance of functionalized ferrocene compounds. Sci Rep, 2015, 5: 14117.

[67] Zhu Y, Lei Y, Liu Z, et al. An unconventional full dual-cation battery. Nano Energy, 2021, 81: 105539.

[68] Wrogemann J M, Künne S, Heckmann A, et al. Development of safe and sustainable dual-ion batteries through hybrid aqueous/nonaqueous electrolytes. Adv Energy Mater, 2020, 10: 1902709.

[69] Fang Y, Chen C, Fan J, et al. Reversible interaction of 1-butyl-1-methylpyrrolidinium cations with 5,7,12,14-pentacenetetrone from a pure ionic liquid electrolyte for dual-ion batteries. Chem Commun, 2019, 55: 8333-8336.

[70] Huang Y, Xiao R, Ma Z, et al. Developing dual-graphite batteries with pure 1-ethyl-3-methylim idazolium trifluoromethanesulfonate ionic liquid as the electrolyte. ChemElectroChem, 2019, 6: 4681-4688.

[71] Fan J, Xiao Q, Fang Y, et al. Reversible intercalation of 1-ethyl-3-methylimidazolium cations into MoS_2 from a pure ionic liquid electrolyte for dual-ion cells. ChemElectroChem, 2018, 6: 676-683.

[72] Wang A, Yuan W, Fan J, et al. A dual-graphite battery with pure 1-butyl-1-methylpyrrolidinium bis(trifluoromethylsulfonyl) imide as the electrolyte. Energy Technol, 2018, 6: 2172-2178.

[73] Kravchyk K V, Seno C, Kovalenko M V. Limitations of chloroaluminate ionic liquid anolytes for aluminum-graphite dual-ion batteries. ACS Energy Lett, 2020, 5: 545-549.

[74] Carlin R T, De Long H C, Fuller J, et al. Dual intercalating molten electrolyte batteries. J Electrochem Soc, 1994, 141: L73-L76.

[75] Sutto T E, Duncan T T, Wong T C. X-ray diffraction studies of electrochemical graphite intercalation compounds of ionic liquids. Electrochim Acta, 2009, 54: 5648-5655.

[76] Rothermel S, Meister P, Schmuelling G, et al. Dual-graphite cells based on the reversible intercalation of bis(trifluoromethanesulfonyl)imide anions from an ionic liquid electrolyte. Energy Environ Sci, 2014, 7: 3412-3423.

[77] Winter M, Besenhard J O, Spahr M E, et al. Insertion electrode materials for rechargeable lithium batteries. Adv Mater, 1998, 10: 725-763.

[78] Meister P, Fromm O, Rothermel S, et al. Sodium-based vs. lithium-based dual-ion cells: Electrochemical study of anion intercalation/de-intercalation into/from graphite and metal plating/dissolution behavior. Electrochim Acta, 2017, 228: 18-27.

[79] Meister P, Siozios V, Reiter J, et al. Dual-ion cells based on the electrochemical intercalation of asymmetric fluorosulfonyl-(trifluoromethanesulfonyl)imide anions into graphite. Electrochim Acta, 2014, 130: 625-633.

[80] Beltrop K, Meister P, Klein S, et al. Does size really matter? New insights into the intercalation behavior of anions into a graphite-based positive electrode for dual-ion batteries. Electrochim Acta, 2016, 209: 44-55.

[81] Lv Z, Han M, Sun J, et al. A high discharge voltage dual-ion rechargeable battery using pure (DMPI$^+$)(AlCl$_4^-$) ionic liquid electrolyte. J Power Sources, 2019, 418: 233-240.

[82] Zhu W, Huang Y, Jiang B, et al. A metal-free ionic liquid dual-ion battery based on the reversible interaction of 1-butyl-1-methylpyrrolidinium cations with 1,4,5,8-naphthalenetetracarboxylic dianhydride. J Mol Liq, 2021, 339: 116789.

[83] Xiong Z, Guo P, Yang Y, et al. A high-performance dual-ion battery-supercapacitor hybrid device based on LiCl in ion liquid dual-salt electrolyte. Adv Energy Mater, 2022, 12: 2103226.

[84] Fang Y-B, Zheng W, Li L, et al. An ultrahigh rate ionic liquid dual-ion battery based on a poly(anthraquinonyl sulfide) anode. ACS Appl Energy Mater, 2020, 3: 12276-12283.

[85] Wu H, Hu T, Chang S, et al. Sodium-based dual-ion battery based on the organic anode and ionic liquid electrolyte. ACS Appl Mater Interfaces, 2021, 13: 44254-44265.

第9章

离子液体电解质在锂硫电池中的应用

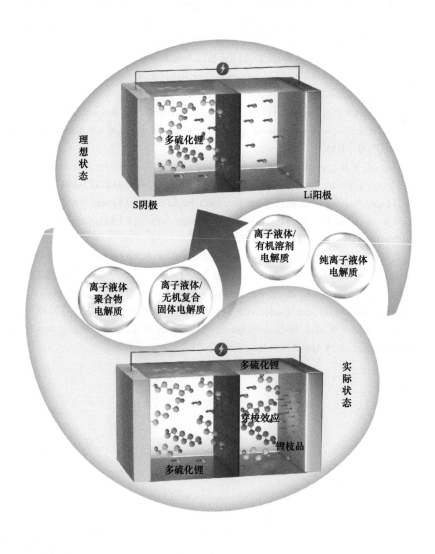

9.1 锂硫电池概述

　　锂硫二次电池(简称 Li-S 电池)以金属锂为负极,单质硫为正极活性物质,电池电压相对适中(约 2.15 V),理论上可以提供 2600 Wh · kg^{-1} 的质量比能量和 2800 Wh · L^{-1} 的体积比能量[1],实际可实现的质量能量密度为 500 Wh · kg^{-1},且单质硫成本低、对环境友好,符合电动汽车、空间技术和国防装备等领域对动力电池的需求。

　　Li-S 电池以其超高理论能量密度和阴极材料的优势,被认为是当前锂离子电池技术之外的首选储能介质[2]。但 Li-S 电池未量产的主要原因有三方面。第一,由于 Li-S 电池自身特殊的失效机制问题,穿梭效应使 Li-S 电池的衰减过程并不像锂离子电池那样是渐进的,这会导致电池会突然出现不可预见的故障。第二,锂金属阳极的快速失效性,而且锂金属在当今的储能行业被认为是危险性材料。第三,硫的导电性差,需要导电基质,导致电极上的硫含量较低。为了解决上述问题,研究者们已进行多方面研究,包括硫阴极[3]、功能性夹层[4,5]、混合电解质[6]、隔膜改进[7,8]、电池配置工程[9]以及人造固体电解质界面[10,11]等优化设计。其中,对新型电解质的研究为 Li-S 电池的发展提供了挑战和机遇[12-14]。如今,使用质量比能量可以达到 350 Wh · kg^{-1} 的 Li-S 电池的原型车已经上市[15]。到目前为止,Li-S 电池的能量密度已经超过了锂离子电池,且价格可能更低[16]。

9.1.1　工作原理

　　Li-S 电池是以含硫的复合材料或者以硫化锂等其他硫化物作为正极活性物质,金属锂或者锂化的硅、锂合金、碳等作为负极,锂盐溶解在醚类或酯类等有机溶剂的混合溶液(也有固体和半固体电解质等)中作为电解质,有机高分子材料作为隔膜的二次电化学体系[17]。以硫为正极反应物质,以锂为负极的 Li-S 电池的工作原理如图 9-1 所示。在放电过程中,负极的金属锂发生氧化反应失去电子形成锂离子和电子,正极的硫与锂离子及电子发生还原反应生成硫化物。正极和负极氧化还原反应的电势差就是 Li-S 电池能够提供的放电电压。充电过程中在外加电压作用下,Li-S 电池的负极和正极的氧化还原反应逆向进行。电池电化学反应可表述为

$$负极反应: Li \rightleftharpoons Li^+ + e^-$$

$$正极反应: S_8 + 16\,e^- \rightleftharpoons 8\,S^{2-}$$

$$总反应: S_8 + 16\,Li \rightleftharpoons 8\,Li_2S$$

基于该反应机理，可以计算出单质硫的理论质量比容量高达 1675 mAh · g^{-1}，但其工作时具体的电极反应过程则包含了非常复杂的多步反应[18]。

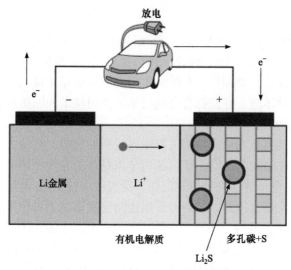

图 9-1　Li-S 电池工作原理图[19]

　　硫电极在充放电过程中发生的电化学反应相当复杂，涉及众多的中间产物多硫化锂，且有一些产物(如 Li$_2$S$_2$ 和 Li$_2$S)是不可溶的物质，具有极低的电子电导率，这大大降低了活性硫材料的利用率。此外，循环过程中中间长链产物多硫化锂能溶解于常用的醚类电解液中，它们会从阴极扩散到电解质中，从而降低阴极硫的总量。溶解的多硫化锂会进一步扩散到锂阳极，在阳极被还原成不导电的 Li$_2$S，沉积在阳极或电解质中。Li$_2$S 可能会继续与长链多硫化物反应，导致更多的副反应发生[20]。在不考虑多硫化锂溶解的情况下，理想状态下锂硫电池在循环过程中发生的电化学反应如图 9-2(a)所示。在放电过程中，锂金属原子在负极发生氧化反应，生成电子和锂离子，其中锂离子从负极的锂金属表面通过 SEI 膜迁移到电解液中，电子通过外电路从负极传输到正极；单质硫接受到从电解液中迁移过来的锂离子和通过外电路传输过来的电子后一起在正极发生还原反应，开环的 S$_8$ 分子被逐步还原生成多硫化锂，最后生成硫化锂。理想情况下，充电过程是放电过程的逆反应过程，正极界面上的硫化锂失去锂离子和电子，被逐步氧化生成多硫离子，最后形成单质硫，锂离子扩散迁移到电解液中，电子通过外电路从正极传输至负极。负极上，电解液中的锂离子通过 SEI 膜扩散迁移至锂金属负极表面，同时接受外电路的电子在负极发生还原反应，生成的金属锂沉积在锂金属表面[21]。

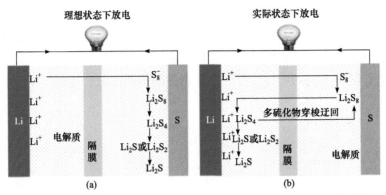

图 9-2　(a)理想情况和(b)实际情况下 Li-S 电池的放电工作原理图[22]

但实际情况下，上述分析的充放电过程可能只代表使用固体电解质的 Li-S 电池(全固态设计)，这是由于一系列中间的氧化还原产物多硫化锂(Li₂Sₙ，8>n>2)在常用的醚类电解液中溶解度较大，如图 9-2(b)所示。一开始，多硫化锂会在硫正极的多孔体内部的不同区域内发生扩散，由高电极极化界面扩散至低电极极化界面，或者从高浓度的电极表面扩散到低浓度的电极表面，参与后续的电极反应过程；然后，多硫化锂会通过扩散迁移到电解液中，与电解液中的添加剂、锂盐或溶剂等发生副反应，生成不可逆的副产物并消耗大量电解液，导致活性物质减少；最后，多硫化锂会穿透隔膜迁移到达金属锂负极表面，与 SEI 膜或金属锂直接发生反应，生成硫化锂等物质，导致锂负极腐蚀和破坏 SEI 膜稳定性等问题，这一效应称为穿梭效应。另外，在充电过程中，锂负极的锂离子获得电子发生还原反应可能产生树枝状金属锂(锂枝晶)。根据 Bai 等[23]对液体电解质中金属锂枝晶的产生和生成机理的深入研究，发现金属锂枝晶的生成存在三种模式(如图 9-3所示)。当施加的电流密度低于最大限制电流密度(20 mA·cm⁻²)的 30%时，早期阶段电解质能够在锂金属阳极表面上形成完全覆盖的稳固 SEI 膜，锂阳离子可以稳定地扩散并沉积在 SEI 膜下方，导致 SEI 膜承受的压力增大，当压力在某一点达到临界压力后，SEI 膜发生破裂使新裸露的金属锂表面没有 SEI 膜覆盖，锂离子更倾向于在此处沉积，所以金属锂呈现出树枝状生长。由于这种金属锂的生长模式是由根部推动的，并且锂晶须比隔膜的纳米通道宽，生长中的锂晶须被迫扭结、伸长并扩散到阳极氧化层之下，直到生长的沉积物施加的机械应力足以穿透隔膜。当施加的电流密度高于最大限制电流密度时，为了满足所需的恒定电流密度，尖端生长的树枝状锂会爆炸式地生长出来，此时的金属锂呈现出了一种完全不同的生长模式。在这种情况下，穿透纳米通路就变得很容易，可能只需要几分钟。当施加的电流密度介于两者之间时，锂沉积速率和 SEI 膜形成速率相当。在这样的速率下，稳定的 SEI 膜的形成很容易被在电极表面最有利位置快速形成的锂沉积物中断。在没有被 SEI 膜完全覆盖的区域，锂阳离子的进一步沉积有利于表面各向同性的生长。然而在其他区域，稳固的 SEI 膜仍然可以通过前面所述的机制触发锂晶须的生长。这些生长模式之间的相互作用导致了苔藓状结构的形成。虽然晶须可能仍然被阻挡，但其表面生长可以穿透纳米通道。随着电流密度的增加，将有利于更多的表面生长，这促进了锂枝晶穿透隔膜。

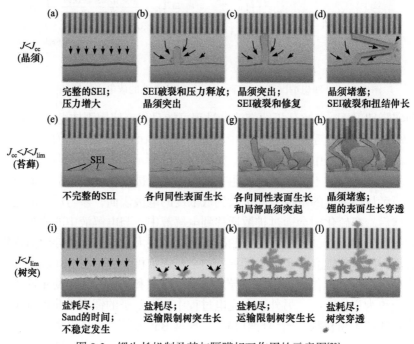

图 9-3　锂生长机制及其与隔膜相互作用的示意图[23]

　　由上述关于 Li-S 电池工作原理的分析可以发现，Li-S 电池的高容量和可充放电性能来源于 S_8 分子中 S—S 键的电化学断裂和重新键合，其中 Li-S 电池在电化学反应过程中产生的中间产物长链多硫化锂 $Li_2S_n (4 \leqslant n \leqslant 8)$ 易溶于醚类有机电解液，而最终产物 Li_2S_2/Li_2S 不溶于有机电解液，并且在锂阳极表面沉积，影响电极反应，造成 Li-S 电池出现循环性能差、库仑效率低、自放电率高等问题。Li-S 电池同时受到两个电极中分别出现的两个严重问题的阻碍，即多硫化锂的穿梭效应和锂枝晶的不可控生长[24,25]，延缓了其实用化的步伐。虽然很多有效的策略被提出，例如：隔膜改性和功能化、电解质功能添加剂等[26-29]，但 Li-S 电池离商用还有一定距离。因此，Li-S 电池电解质的研究对 Li-S 电池的发展具有重要意义。

9.1.2　锂硫电池中常用的电解质

1. 液体电解质

理想的 Li-S 电池电解质应具有优异的锂离子导电性、较低的多硫化锂中间体渗透性，并与硫阴极和锂阳极保持稳定。研究人员已经对各种电解质系统进行了优化。凝胶聚合物电解质[30]、全固态聚合物电解质，甚至无机固体电解质也已经被研究用于抑制可溶性多硫化物的扩散和提高电池的安全性，但是这些电解质也伴随着低电导率、差的界面相容性、高成本和复杂的制备过程等严重的缺点。因此，到目前为止，由溶剂、盐和添加剂组成的液体电解质仍是 Li-S 电池和 Na-S 电池等金属硫电池实际应用的良好选择[31]。

液体电解质是最早进行研究的 Li-S 电池常用电解质类型，其成分一般含有溶剂、溶质、溶解盐以及增强其性能的添加剂等。由于单一的有机溶剂并不能满足 Li-S 电池对电解质的要求，所以这些有机溶剂通常是经过混合后再使用。Li-S 电池有机溶剂电解液除了对溶剂有要求外，对锂盐溶解度、离子电导率和浓度等方面也有要求，如电解质锂盐的浓度通常要求接近于 $1~mol \cdot L^{-1}$。电解质锂盐的选择取决于阴离子的化学和电化学稳定性以及盐在特定溶剂中的解离度。$LiCF_3SO_3$、$LiN(CF_3SO_2)_2$（LITFSI）和 $LiClO_4$ 是添加到有机溶剂中制备 Li-S 电池电解质的常见锂盐。其他常规的盐如 $LiPF_6$ 和 $LiBF_4$ 会与多硫化锂反应并引发二氧戊环（DOL）溶剂的开环聚合，因此不适用[32]。$LiNO_3$ 是一种有前途的电解质锂盐。在电解质中加入 $LiNO_3$ 可以钝化锂阳极从而避免反应性多硫化物的攻击[33,34]。然而，由于 $LiClO_4$ 或 $LiNO_3$ 具有高度氧化性，它们的使用仍然是一个令人关切的问题，需要更进一步的研究。

添加剂是"功能电解质"的一个重要组成部分。在醚基电解质中引入少量添加剂被认为是改善 Li-S 电池电化学性能的一种简单有效的方法。Li-S 电池中理想的 SEI 膜要求均匀和致密的形态，以抑制锂金属和溶解的多硫化物之间的副反应以及锂枝晶的生长。$LiNO_3$ 作为醚类电解质中的添加剂或盐，可以通过在表面形成稳定的 SEI 膜来保护锂金属[35]。Aurbach 等[34]研究了在添加 $LiNO_3$ 添加剂的情况下锂阳极的表面化学，发现 $LiNO_3$ 可以转化为不溶性 Li_xNO_y，多硫化物可以转化为 Li_xSO_y，这两者反过来钝化了锂阳极并防止了副反应。各种多硫化物也被用作醚基电解质中的添加剂，目的是为了在多硫化物存在的情况下在锂阳极上形成稳定且均匀的 SEI 膜，从而改善循环性能。总地来说，这些电解质添加剂的引入可以在一定程度上改善 Li-S 电池的电化学性能，其作用可以概括为：①通过在表面形成 SEI 膜来稳定锂阳极，防止副反应；②在阴极表面形成 SEI 膜，阻止多硫化物从阴极扩散到电解质中；③促进 Li_2S 的氧化，从而提高反应材料的利用率；④与多硫化物相互作用以改善锂硫电池的性能。添加剂的使用还应考虑以下四个因素：阴极和阳极表面的化学性质、锂金属和多硫化物中间体的化学稳定性、电极上 SEI 膜的机械性能以及经济成本因素[36]。

目前，液体电解质因具有易燃性、毒性和易形成锂枝晶的特点，存在一定的安全问题。其中，锂枝晶的形成及其后期穿透隔膜是最大的安全隐患[37]。液体电解质的优势在于其低的表面张力和黏度，这些性质使得电解质能够穿透多孔阴极结构并润湿阳极表面，有利于实现电解质和电极材料之间的良好接触和对流。由于离子易于传输，且制备均相溶液简单，液体电解质在 Li-S 电池中应用较广。然而，液体的传输特性也可能是一个缺点，这归因于 Li-S 电池中间反应产物的溶解和传输问题以及稳定锂阳极表面的问题。有研究发现，高浓度锂盐可降低 Li_2S_n 的扩散，从而抑制穿梭效应，如在 Suo 等[38]的报道中，通过将大量的 LITFSI 盐溶解到 DOL/DME 共溶剂中并提出了溶剂-盐概念。如图 9-4 所示，这种饱和电解质可以在循环过程中阻碍多硫化物的溶解，实现稳定的容量输出和较高的库仑效率。考虑到硫的电化学性能高度依赖于固-液-固多相转化，电解液的用量对 Li-S 电池的实际性能起着主要作用。因此，低电解质/硫（E/S）比的贫电解质体积对于实用性 Li-S 电池来说是必不可少的。根据研究发现，低密度电解质对高性能 Li-S 电池的多硫化物穿梭有明显的抑制作用[39]。高能量密度和低成本的实用性 Li-S 电池必须将 E/S 比控制在 3 $\mu L \cdot mg^{-1}$ 以下。但是如此低的 E/S 比，要求具有高导电骨架、丰富的反应界面积、稳定的电极结构、有效的离子传输通道、电解液的有效渗透等优势作为保障。从电极设计到电解质优化设计都为解决上述挑战提供了诸多机会[40]。

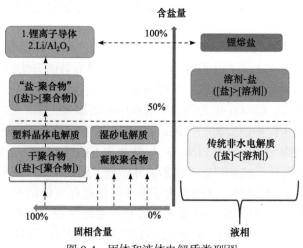

图 9-4　固体和液体电解质类型[38]

溶剂-盐属于液相，但盐含量>50%

2. 离子液体电解质

在 Li-S 电池的有机电解质体系中，具有高给体数[①]的溶剂可以更有效地与路易斯酸性阳离子配位，导致锂从多硫化物中解离，并因此促进多硫化物的溶解，最终导致开路电压(OCV)和放电容量的降低[41]。离子液体独特的结构和性质对多硫化物有很好的抑制作用，其抑制机理主要基于软硬酸碱(HSAB)理论[②]，其中软Lewis 碱性阴离子和 Lewis 酸性阳离子之间的弱相互作用对抑制多硫化物的溶解和扩散是有效的[42]。降低多硫化物的溶解度已被证明可提高 Li-S 电池在基于离子液体的电解质中的容量和循环能力。此外，与使用传统的有机电解液相比，离子液体电解质在避免泄漏/析气以及所有其他与热性能相关的安全行为方面的应用具有广阔的前景[43]。离子液体的双电层结构与有机电解质有很大的不同，而且离子液体中的自组装纳米结构有助于带电界面上的电荷存储[44]。但是离子液体的黏度比传统的有机液体高得多，导致电导率/离子迁移率降低，影响了对电极和隔膜的润湿性。同时，离子液体比所用的任何有机溶剂的成本高得多。不过，在更大的生产量或有机/离子液体混合电解质的开发中，所得的电池性能仍然具有很大的吸引力。离子液体在 Li-S 电池电解质中的应用形式通常有纯离子液体电解质、混合型离子液体电解质、聚离子液体凝胶电解质等。

3. 固体电解质

固体电解质由于具有阻止多硫化物溶解和锂枝晶生长的能力，有望取代传统的有机液体电解质，这可以满足 Li-S 电池高安全性的要求。基于固体电解质的全固态 Li-S 电池的主要结构如图 9-5 所示。在电池充放电过程中，锂离子可以通过固体电解质在正负极间传输转移，同时固体电解质还可以起到隔膜的作用，防止正负极之间的短路。到目前为止，开发固态电池的最大障碍是固态离子导体固有的相对较差的离子电导率以及由于对电极材料和固体电解质的较大界面电阻而导致的缓慢界面电荷转移[45]。

对于 Li-S 电池体系，固体电解质与液体电解质相比具有三个明显的优点。第一，使用固体电解质可以避免充放电过程中产生的中间产物多硫化物溶解在电解液中，从而避免产生穿梭效应，如图 9-6 所示；第二，只有 Li[+]可以从固体电解质中迁移，即迁移数为 1，有利于在锂负极表面发生金属锂均匀沉积的还原反应，抑制锂枝晶生长；第三，使用固体电解质有利于电荷在电极材料/固体电解质界面处的快速传输，这是由于 Li[+]在界面上的转移和传递不涉及去溶剂化的过程，相

---

① 给体和受体两个参数是考虑离子溶剂化的重要指标。

② 软硬酸碱理论指硬酸优先与硬碱结合，软酸优先与软碱结合。

应的活化势垒较低。

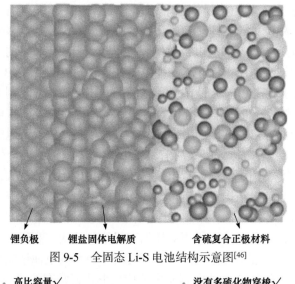

锂负极　　　锂盐固体电解质　　　含硫复合正极材料

图 9-5　全固态 Li-S 电池结构示意图[46]

高比容量√　　　　　　　　没有多硫化物穿梭√

多硫化物穿梭×　　　　　　高电阻×

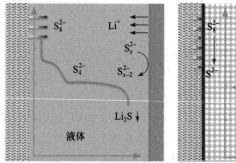
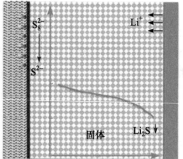

图 9-6　Li-S 电池在液体电解质和固体电解质中的反应示意图[47]

　　常见的固体电解质有凝胶聚合物电解质、固体聚合物电解质和无机固体电解质三种。

　　凝胶聚合物电解质可以通过将一定量的液体电解质捕获在聚合物基质中来实现。尽管锂盐与聚合物基质之间存在复杂的相互作用，但凝胶聚合物电解质中 Li$^+$ 的主要传导途径仍然是通过液体电解质分子实现的[48]。因此，凝胶聚合物电解质的高离子电导率主要是通过液体电解质的吸收来保证的，锂盐与聚合物基质之间的相互作用对聚合物性能的影响却很小[49]。PVDF 具有出色的机械强度和电化学稳定性，因此已作为凝胶聚合物电解质的主体材料被研究了数十年。PVDF 的强吸电子官能团（—C—F）和高介电常数（$\varepsilon=8.4$）有助于锂盐的电离，从而导致更高浓度的电荷载流子[50]。PEO 是凝胶聚合物电解质中另一种广泛使用的聚合物主体。但是，由于 PEO 的机械性能较差，基于 PEO 的凝胶聚合物电解质一般需要大量的无机填料来增强其机械性能 [51,52]。通常，凝胶聚合物电解质在室温下的离子电导率为 $10^{-3} \sim 10^{-2}$ S·cm^{-1}，与传统的液体电解质相当[48]。对于 Li-S 电池，若能通过吸收有限的液体电解质并精确控制聚合物基体的孔径和分布，可能会使凝胶聚合物电解质中多硫化物的扩散最小化[52,53]。就目前的研究来看，使用凝胶聚合物电解质可以改善电池循环稳定性，但是仍然难以完全抑制多硫化物的扩散并且不能从根本上解决 Li-S 电池循环稳定性差的问题。界面不稳定性和不理想的循环寿命仍是凝胶聚合物电解质在Li-S 电池中应用所面临的两大挑战。在基于凝胶聚合物电解质的 Li-S 电池中的界面不稳定性包括电极/电解质和固体/液体电解质的不良界面接触。基于目前的研究进展，尽管凝胶聚合物电解质对电池的循环寿命有所提高，但仍落后于液体电解质[54]。

固体聚合物电解质通常是通过将锂盐溶解到高分子聚合物基质中来制备的。固体聚合物电解质是凝胶聚合物电解质的一种替代方法，可以基本上消除使用液体电解质带来的安全问题。没有液体分子的增塑作用，固体聚合物电解质仍然具有很高的机械完整性，可以有效减少锂枝晶的形成。更重要的是，在Li-S 电池中使用固体聚合物电解质可以从根本上解决多硫化物溶解和穿梭效应的问题。但是，固体聚合物电解质在室温下电导率很低，必须在高温下工作，因此不能有效抑制高温下多硫化锂的穿梭效应，这是因为高温下多硫化锂在固体聚合物电解质中具有高溶解率。开发室温下性能良好的固体聚合物电解质是实现 Li-S 电池实际应用的战略发展方向[55]。为了解决这个问题，有学者在电化学电池中使用低浓度的可溶性 Al(OTf)$_3$ 盐引发液体电解质的聚合，电解质中的[OTf]$^-$使 Li$^+$交换速率更快且 Li$^+$溶剂化结构解离更容易[56]，这为得到具有室温高离子电导率和低界面阻抗的固体聚合物电解质提供了一种强有力的方法。这种方法合成的固体聚合物电解质不会受到固体电解质共有的低体积和界面离子传输相关的限制[57]。Cai 等 [58]在构造富含酯的共聚物的基础上引入离子液体，并在富含酯的共聚物/离子液体准固态电解质(SPE-ILs)中建立双 Li$^+$迁移通道。与羰基的"缔合-解缔合"和与离子液体的快速离子交换是协同增加SPE-ILs 室温离子电导率的两种迁移模式。此外，丰富的酯基团对多硫化锂产生了强大的化学吸附能力，并成功抑制了硫的穿梭。然而，对于大多数固体聚合物电解质而言，离子电导率太低($10^{-69} \sim 10^{-6}$ S·cm^{-1})，使其不能实际用于Li-S 电池中。通常，固体聚合物电解质中锂离子的传导是通过聚合物链的连续运动来实现的，而这些分段运动仅发生在聚合物的非晶域中。因此，就离子传导性而言，需优选具有低结晶度和低玻璃化转变温度(T_g)的聚合物主体[59]。目前研究较多的固体聚合物电解质主要是 PEO 及其衍生物，但当前研究中的硫负载量较低，通常为 20%～60%（质量分数）。为了满足 Li-S 电池实际应用的需求，未来仍需要在 Li^+ 电导率、硫的利用率和硫的负载量等方面进行巨大的改进[59]。

相对于有机聚合物固体电解质，无机固体电解质可以在较宽的温度范围内保持良好的热学和电化学稳定性，允许 Li^+ 选择性地传输，实现高离子电导率和迁移数。同时，无机固体电解质良好的机械性能可以抑制锂枝晶的生长，从而减少短路引起的安全问题。另外，用无机固体电解质可以有效地抑制 Li-S 电池中多硫化物的溶解和扩散。无机固体电解质还能通过形成物理隔层阻止 S_n^{2-} ($4 \leqslant n \leqslant 8$) 向金属锂电极的扩散，从而达到保护锂负极的作用。此外，无机固体电解质由于电化学窗口相对较宽（>5 V），可进一步提高 Li-S 电池的能量密度，非常适用于匹配高电压正极材料。目前无机固体电解质主要包括氧化物基和硫化物基无机固体电解质，其中氧化物基无机固体电解质的电化学和化学性质较稳定，但室温下离子电导率一般相对较低，界面电阻较大。硫化物基无机固体电解质活性高，但是稳定性较差，而且大多数硫化物固体电解质与锂阳极的相容性较差，但其室温下离子电导率相对较高，可达 10^{-3} S · cm^{-1} 甚至 10^{-2} S · cm^{-1}，可与液体电解质的离子电导率相比拟，这是因为材料中以非桥接形式存在的 S 与 Li 的结合力相对较弱，有利于锂离子在传输过程中不断地络合解离，明显提高材料的离子电导率。此外，硫化物基固体电解质的机械性能良好，能够在相对较宽的温度范围内使用，具有良好的实际应用价值。

9.2　离子液体在锂硫电池中的应用

9.2.1　纯离子液体电解质

离子液体应用于 Li-S 电池的主要优势是有可以采用不同的模式来调整多硫化物的溶解性，同时调整总的电导率[60]。应用于 Li-S 电池电解质的离子液体的阴离子往往与传统的锂盐阴离子相同，研究的阳离子范围相当有限（就整个阳离子家族而言）。直到近几年，才有一些更普适的离子液体电解质被用于 Li-S 电池电解质的研究[61,62]。离子液体的电荷分布、极性、受体和供体数、黏度、介电常数等多个方面决定了锂盐在离子液体中的溶解度，这些性质对溶解度的影响与其他溶剂几乎相同，但有两个方面是离子液体电解质特有的性质。首先，离子液体电解质的介电常数变化程度非常小；然后，阳离子和阴离子类型的变化将影响分子水平的相互作用、类型和强度。

Yuan 等[63]在 Li-S 电池中，使用的电解质为 1 mol · L^{-1} LiTFSI 和 N-甲基-N-丁

基-哌啶鎓(C₄mpip)TFSI 的混合物，负极为 S-C 复合材料。他们指出，选择离子液体的目的是抑制多硫化物的溶解，从而最大限度地减少容量损失。根据硫含量进行计算，复合硫电极的初始放电容量约为 1055 mAh·g⁻¹，相当于 63% 的硫利用率。这个值比基于传统的有机电解液或凝胶电解质的 Li-S 电池要高得多。图 9-7 显示了使用室温离子液体电解质的 Li-S 电池在 50 mA·g⁻¹ 的恒定电流下循环性能。从图中可以看出，在最初的 5 周循环中，复合材料 S-C 阴极的可逆容量从初始的 1055 mAh·g⁻¹ 下降至 770 mAh·g⁻¹，然后稳定地保持在约 750 mAh·g⁻¹。这些数据表明使用室温离子液体电解质不仅可以提高容量利用率，而且可以提高硫阴极的循环稳定性。

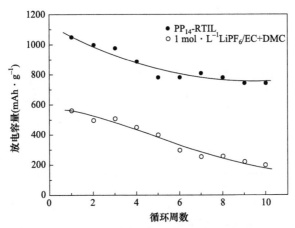

图 9-7　PP₁₄-RTIL 电解质和 1 mol·L⁻¹ LiPF₆/EC+DMC 电解液应用于 Li-S 电池中在 50 mAh·g⁻¹ 的恒定充电和放电电流下的循环容量，该容量表示为硫的放电容量[63]

Yan 等[64]报道了使用离子液体电解质和锂化 Si-C 复合负极（取代金属锂）的 Li-S 电池的电化学性能。离子液体选用了吡咯烷鎓(N-甲基-N-烯丙基-吡咯烷鎓)TFSI 的某种变体，并与 LiTFSI(0.5 mol·L⁻¹)混合形成电解质溶液。得到的电池均显示出较高的初始放电容量(1450 mAh·g⁻¹)，然后容量迅速衰减，在 50 周循环后降到 800 mAh·g⁻¹ 以下。放电期间的电池电压也低于标准 Li-S 电池。尽管这在很大程度上归因于 Si 基负极，但放电过程中 V-t 曲线的形状明显不同于标准曲线，这表明电极和/或电解质的变化改变了多硫化物物种的稳定性。

Park 及其同事[65]研究了全离子液体电解质中 Li-S 电池的特性，该电解质由 0.64 mol·L⁻¹ LiTFSA 溶于 N, N-二甲基-N-甲基-N-甲氧基乙基铵(DEME)TFSA 得到，可实现良好的锂离子传输。当将 0.64 mol·L⁻¹ LiTFSA 与该离子液体混合时，与在四乙二醇二甲醚(TEGDME)中的 0.98 mol·L⁻¹ LiTFSA 电解质溶液相比，所有多硫化锂在[DEME][TFSA]中的溶解度均显著降低，而对于更高的多硫化物，溶解度甚至进一步降低，如图 9-8 所示。将得到的电解质应用于 Li-S 电池中时，电池具有最佳的循环性能，初始容量为 800 mAh·g⁻¹，在 100 周循环后降至 600 mAh·g⁻¹ 左右，充放电库仑效率超过 98%，表明该研究成功地限制了多硫化锂的溶解。

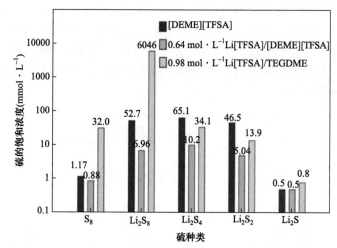

图 9-8　不同种类多硫化物在[DEME][TFSA]、0.64 mol·L⁻¹ Li[TFSA]/[DEME][TFSA] 和 0.98 mol·L⁻¹ Li[TFSA]/TEGDME 中的溶解度[65]

　　Josef 等[66]比较了两种离子液体作为 Li-S 电池的电解质基质，其中 TFSI 为阴离子，阳离子为 N-丁基-N-甲基吡咯烷鎓([Pyr₁₄])和[Pyr₁,₂₀₁](图 9-9)。醚官能化离子液体中高度灵活的烷氧基链为相邻分子的运输提供了便利，并阻碍了结晶，可以提高离子液体基电解质的电导率和 Li₂Sₙ 的溶解度，并且用紫外可见光谱分析监测到了多硫化物的扩散和溶解。离子液体阳离子中的烷氧基链取代烷基链，对电解质黏度有显著影响(表 9-1)。从表中可以发现离子液体电解质的黏度要明显高于原离子液体的黏度，这是因为锂离子具有强 Lewis 酸度，锂离子与两种 TFSI 阴离子的局部配位和低聚物质的形成导致了黏度 η_2 的增加，从而降低了离子液体电解质的离子电导率[65]。

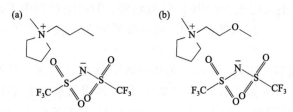

图 9-9　离子液体(a)[Pyr₁₄][TFSI]和(b)[Pyr₁,₂₀₁][TFSI]的化学式[66]

表 9-1　在 25℃下测量的[Pyr₁₄][TFSI]和[Pyr₁,₂₀₁][TFSI]的密度ρ、电导率σ和黏度η₁、η₂

（阴离子：阳离子为 1：9 时得到的离子液体电解的黏度）[66]

离子液体	ρ(g · cm⁻³)	η_1 (mPa · s)	σ(mS · cm⁻¹)	η_2 (mPa · s)
[Pyr₁₄][TFSI]	1.40	84.3	2.7	137
[Pyr₁,₂₀₁][TFSI]	1.46	53.0	3.8	64

为了实现高能量密度 Li-S 电池，了解多硫化锂(Li-PS)的形成和穿梭现象至关重要。作为一种在液体电解质中的功能添加剂，离子液体不仅限制了 Li-PS 穿梭现象，而且通过在锂金属表面形成钝化层保护了锂负极。然而，离子液体对 Li-PS 穿梭效应的抑制作用仅仅是通过提高电池的循环稳定性和库仑效率而得到的结论，尚未得到实验证明。基于以上问题，Seo 等[67]通过一种原位石墨烯液体电池电子显微镜(GLC-EM)技术，实时可视化了液体电解质中硫纳米颗粒的锂化动力学，并证明了锂化过程中 ILs 对 Li-PS 形成和扩散的影响。基于传统无 ILs 电解液，在硫纳米颗粒的锂化过程中，由于 Li-PS 的形成和溶解，硫纳米颗粒的形态从球形变为不规则形状。相反，在含 ILs 电解液中硫纳米粒子可以在锂化过程中保持其原始形态，因为 Li-PS 的低溶解度和含 ILs 电解液的高黏度阻止了 Li-PS 的形成和扩散。同时，计时穿梭电流测试也证实了 ILs 的加入使 Li-PS 的扩散系数相对于无 ILs 电解质降低了约两个数量级。因此，与无 ILs 电解质电池相比，采用含 ILs 电解质的 Li-S 电池在 100 周循环中表现出更好的循环性能和库仑效率。

9.2.2　离子液体/有机溶剂电解质

尽管具有安全性好、电化学窗口宽等诸多优势，但大多数离子液体基电解质显示出比常规有机溶剂基电解质更低的电导率，这主要是由于它们具有更高的黏度。为了平衡电池性能、安全性和成本，研究者们已经进行了将基于离子液体的电解质与有机助溶剂结合使用的广泛研究，以优化 Li-S 电池系统的电解质[68-70]。例如，基于醚的溶剂在 Li-S 电池中表现出优异电化学性能和多硫化物溶解度，可以用作二元或三元电解质混合物的一部分[71]。离子液体和醚基溶剂作为离子液体电解质基质的组合可以产生协同作用。氟化醚作为离子液体的助溶剂，有助于促进电解质中的离子传导，修饰和稳定锂金属上的 SEI 膜，降低电荷转移阻抗，以及限制多硫化物的溶解和穿梭[72]。由离子液体和以醚为基础的溶剂，例如 DME 和四(乙二醇)二甲基醚(TEGDME)组成的电解质已显示出良好的电池性能[73,74]。通过研究各种溶剂比例、锂盐浓度和使用添加剂，得出以下结论：电解质的溶剂化能力是实现优异电化学性能的关键因素[73]。多硫化锂在离子液体中的溶解度在很大程度上取决于阴离子结构[61]。离子液体的供体能力越强，多硫化锂的溶解度越高。与 TEGDME 相比，在 Li-S 电池中作为电解质溶剂的 *N,N*-二乙基-*N*-甲基-*N*-(2-乙氧基乙基)铵双(三氟甲基磺酰基)酰亚胺([DEME][TFSI])显示出优异的循环稳定性和效率[65]。[DEME][TFSI]的供体能力低，由于阴离子的 Lewis 碱性弱，可以显著抑制多硫化锂的溶解[61]。离子液体 N-甲氧基乙基-N-甲基吡咯烷镓双(三氟甲磺酰基)酰亚胺([Pyr$_{1,201}$][TFSI])与烷氧基具有相似的结构，研究者将它与 TEGDME 的混合物进行了测试[75,76]，结果显示通过阳离子官能化可以改善离子液体的性能[64]。

在离子液体/有机溶剂混合物电解质的早期研究中，离子液体通常是作为电解质的次要组分，或者说是作为添加剂存在，目的是促进并提高有机电解质的离子电导率，稳定锂金属阳极。Kim 等[77]将咪唑镓盐分别添加到 0.5 mol · L^{-1} LiTf 和 0.5 mol · L^{-1} LiPF$_6$ DIOX：DME(体积比为 1：4)电解质中以改善 Li-S 电池的性能。在存在 5%或 10% EMIBeti 的情况下，第 100 周的放电容量>600 mAh · g^{-1}。该性能优于没有 EMIBeti 的传统 Li-S 电池的性能，但是该电池在第 40 周的放电容量急剧下降，约为 550 mAh · g^{-1}。充放电特性的改善可能与咪唑镓阳离子可以增强多硫化物的电化学反应以及改善锂负极表面形态的稳定性有关。添加 EMIBeti 盐会显著提高放电容量和平均放电电压，含有 10% EMIBeti 盐的电池显示出最佳的放电容量。含 10% EMIBeti 的电池的低温性能(在–10℃和–20℃条件下)测试结果显示，使用不同离子液体加入量的电解质的电池放电容量相比室温都相应得到提高。表 9-2 列出了该研究中使用不同电解质的 Li-S 电池在低温和常温下放电比容量的比率。

表 9-2　使用不同电解质的 Li-S 电池分别在–10℃和–20℃下的放电容量与室温下测得的放电容量的比率[77]

温度(℃)	比率(%)			
	0.5 mol · L^{-1} LiCFSO$_3$	0.5 mol · L^{-1} LiCF$_3$SO$_3$ +5% EMIBeti	0.5 mol · L^{-1} LiCF$_3$SO$_3$ +10% EMIBeti	0.5 mol · L^{-1} LiCF$_3$SO$_3$ +20% EMIBeti
–10	74	80	83	81
–20	58	67	70	43

Shin 等[78]使用[Pyr$_{14}$][TFSI]和聚乙二醇二甲基醚(PEGDME)与 0.5 mol · L^{-1} LiTFSI 的混合物作为 Li-S 电池电解质，以降低离子液体基电解质的黏度，研究结果显示在含有较高 PEGDME 含量的混合电解质中，可以实现更好的充放电循环性能。Zheng 等[79]研究了由[Py$_{14}$][TFSI]和 DOL/DME 组成的混合电解质中的离子液体对 Li-S 电池性能的影响。该研究将离子液体[Py$_{14}$][TFSI]作为助溶剂掺入常规电解质中以修饰 Li 金属表面上的 SEI 膜。当 Li-S 电池系统中使用含 75%离子体的电解质时，Li-S 电池的电化学性能得到了显著改善，表现出高的库仑效率和非常稳定的循环性能，在 120 周循环后容量保持率为 94.3%。为探究 Li-S 电池性

能得到改善的原因，该研究进行了 EIS、SEM 和 XPS 的综合研究，结果表明，离子液体有助于在锂金属表面上形成质量更高且更稳定的 SEI 膜，而且在[TFSI]⁻阴离子和溶剂的还原产物中发现了一些 Py_{14}^+阳离子。这种致密的 SEI 膜有效地防止了可溶性多硫化物连续渗透到块状金属锂中，减缓了金属锂的腐蚀并增加了电池阻抗，多硫化物与锂金属之间的强烈副反应大大减少，阳极侧活性硫的损失也减少，从而使电池表现出出色的循环稳定性。

Zhang 等[80]认为混合电解质中离子液体的有机阳离子可以稳定电解质中的多硫化物。基于硬酸、软酸和碱的理论，较长链的多硫化物(S_m^{2-})与咪唑镓或吡咯烷镓等软阳离子结合时，在电解质溶液中更稳定，因此认为软阳离子的存在可阻碍歧化反应以形成较低价的不溶的 Li_2S_m 沉淀物，从而引起容量衰减。因此，如果将电解质设计在阴极，则可适当地将离子液体或有机盐引入有机电解质(图 9-10)。由于基于[TFSI]⁻的离子液体电解质抑制了 Li_2S_m 的溶解，因此，离子液体中加入具有高供体能力的阴离子对此更为有效。研究表明，非质子惰性离子液体和有机溶剂的混合物不仅有效降低了电解质黏度，而且通过 SEI 形成了稳定的锂金属阳极，并通过与有机阳离子的相互作用降低了低价多硫化物的溶解[81]。

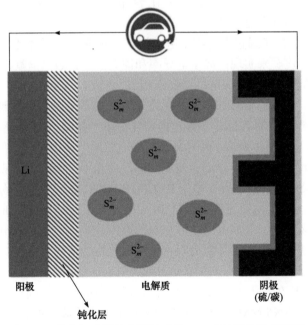

图 9-10　将电解质设计在阴极时的 Li-S 电池结构示意图[81]

9.2.3　离子液体聚合物电解质

固体电解质是研究特定现象或制造性能改善/变化的 Li-S 电池的有效途径。

从液体电解质转向固体电解质的概念，最常用方法是制备凝胶聚合物电解质(GPE)[82-85]。在 GPE 中，所含的液体电解质与所用的聚合物形成凝胶，其目的是提高机械性能，并且阻碍多硫化物的溶解[59]。然而，尽管 GPE 在物理上能够阻止多硫化物的转移，但是由于使用了液体电解质，多硫化物的溶解仍然存在。若将液体电解质替换为离子液体，离子液体和 GPE 的组合可以有效地控制多硫化物的扩散，并保护锂金属不与溶解的多硫化物和电解质溶剂发生反应。许多研究发现，这种混合电解质不仅具有高离子电导率、电化学稳定性和与锂电极的良好相容性，还可以降低聚合物的结晶度，提高电解质的热/化学稳定性[86]。有研究通过静电纺丝法制备了具有分散二氧化硅纳米粒子的杂化纳米纤维 PVDF-HFP 聚合物基质，并将 1 mol · L^{-1} 锂双(三氟甲磺酰基)酰亚胺(LiTFSI)/1-丙基-3-甲基咪唑双(三氟甲磺酰基)酰亚胺([Pmim]TFSI)引入该杂化聚合物基质中，以制备用于 Li-S 电池的 GPE。[Pmim]TFSI 基杂化凝胶聚合物电解质(ILGPE)降低了锂配位的 TFSI 的浓度，[Pmim]TFSI 的引入增加了 PVDF-HFP 的 α 相含量，降低了聚合物的结晶度。此外，离子液体凝胶电泳显示出高离子电导率、高氧化电位(>5.0 V *vs.* Li$^+$/Li)以及低可燃性。基于此电解质的 Li-S 电池在 0.1 C 下具有 1029 mAh · g^{-1} 的初始放电比容量，并且在 30 周循环后仍具有 885 mAh · g^{-1} 的放电比容量[87]。

Zhou 等[88]提出了通过聚合物主链中的 Lewis 酸链段从根本上改变盐在凝胶电解质中的溶解度，来实现高离子电导率和锂离子迁移数。全氟化烷基链(F-ILs)部分的存在降低了 Li$^+$ 对二醇链的结合亲和力，使得 Li$^+$ 能够在 GPE 的凝胶网络内快速转移。基于该电解质的 Li-S 全电池在循环 250 周后依然可达到 86.7% 的容量保持率。Jin 等[89]用聚偏氟乙烯-四氟乙烯聚合物和 *N*-甲基-*N*-丁基吡咯烷双(三氟甲磺酰基)酰亚胺离子液体合成了一种新型凝胶电解质。所得 GPE 在室温下表现出 2.54×10^{-4} S · cm^{-1} 的离子电导率，使用非挥发性和不可燃的离子液体作为增塑剂大大提高了 Li-S 电池的安全性。基于 PVDF-HFP/P$_{14}$TSI 凝胶聚合物电解质的 Li-S 电池在 0.5 mA · g^{-1} 的电流密度下经过 20 周循环后保持了 818 mAh · g^{-1} 的稳定容量。在第 2 周循环后，电池可以获得 97% 的高库仑效率，这表明由于离子液体基凝胶聚合物电解质中的弱供体能力阻止了多硫化物的溶解，所以对多硫化物的扩散控制得非常好。

PAN 基 GPE 在室温下可以显示出优良的机械性能和离子电导率[90,91]。Rao 等[92]通过电纺 PAN/PMMA(质量比为 4∶1)纳米纤维膜研究了锂基电池中 PAN 基 GPE 的性能。通过调节液体电解质和离子液体(PPR$_{14}$TFSI)的组成，得到合适的黏度，GPE 在 PPR$_{14}$TFSI∶PEGDME =1∶1(质量比)的情况下表现出最高的离子电导率。此外，该离子液体应用于 Li-S 电池时表现出优异的循环性能。以 0.1 C 倍率循环 50 周后，电池的剩余容量为 760 mAh · g^{-1}，这可能归因于其良好的润湿性和 PAN/PMMA GPE 和锂金属阳极的相容性。

　　Safa 等[93]介绍了一种使用碳纳米管阴极的 Li-S 电池中的聚离子液体基 GPE。该研究中的吡咯烷鎓阳离子是基于聚[二烯丙基二甲基铵双(三氟甲磺酰基)酰亚胺](PDADMATFSI)聚离子液体，选用 LiTFSI 为锂盐，咪唑鎓基离子液体 [Emim][TFSI]为填充离子液体。组装得到的 Li-S 电池显示出较高的热稳定性 (405℃)和较宽的稳定性窗口(5.2 V vs. Li+/Li)，如图 9-11 所示。

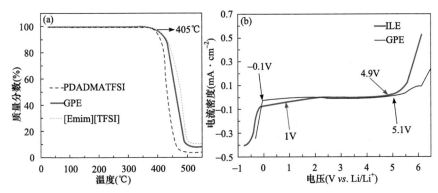

图 9-11　(a)在氮气气氛下(流速为 50 mL · min⁻¹)，升温速率为 10℃ · min⁻¹ 条件下，从 22℃升温到 600℃，PDADMATFSI、[Emim][TFSI]和凝胶聚合物电解质的热重分析(TGA)；(b)在室温(22℃)下，离子液体电解质和凝胶聚合物电解质对锂的线性扫描伏安图(LSV)，扫描速率为 1 mV · s⁻¹[93]

　　由上可知，GPE 在室温下具有较高的离子电导率、良好的界面接触，并能显著抑制多硫化物的穿梭，从而显著提高 Li-S 电池的循环寿命。然而 GPE 阻抗大、制备工艺复杂、成本较高等问题，仍然影响着其在 Li-S 电池中的大范围应用。未来有必要进一步研究前驱体的聚合机理和原位合成方法，充分发挥 GPE 界面阻抗和高离子电导率的优势并降低成本。

9.2.4　离子液体/无机复合固体电解质

　　相比于前面提到的各种电解质，全固态电解质在完全非挥发和安全性两个方面的优势是不可替代的。在室温下，由于高结晶度和高玻璃化转变温度，像 PEO 这样的固体电解质中常用的聚合物通常具有较差的离子导电性。为了降低结晶度和玻璃化转变温度以获得具有高离子电导率的电解质，研究人员发现在聚合物电解质中加入离子液体可以有效地提高离子电导率[86]。将离子液体与硫化物和其他无机材料复合通常可以用作全固态 Li-S 电池中聚合物电解质的填料，即构造一种纳米复合聚合物电解质(NCPE)。

　　Hassoun 等[94]通过热压 PEO-LiCF₃SO₃ 复合物制备了纳米复合聚合物电解质，添加纳米二氧化锆和 Li₂S 可以稳定锂金属阳极/电解质界面，同时提高离子电导率和锂离子迁移数。以金属锂为阳极、碳硫复合物为阴极、纳米复合聚合物为电解质的 Li-S 电池表现出优异的电化学性能，尤其是高温性能。图 9-12 所示曲线的趋势揭示了工作温度的作用：虽然在 70℃时可以获得相对较低的额定容量，但在 90℃时的容量接近理论值，充放电库仑效率接近 100%。

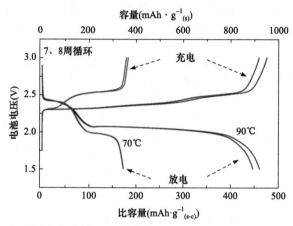

图 9-12 锂/NCPE/硫-碳固态电池在 C/20 倍率下（1 C=836 mA·g^{-1}），1.5～3 V 电压范围内，两种不同温度下的典型充放电电压-比容量曲线[94]

Sheng 等[95]成功地制备了基于聚环氧乙烷(PEO)的固体聚合物电解质，其中包含离子液体接枝氧化物纳米粒子(IL@NPs)。图 9-13 为得到的固态 Li-S 电池结构示意图，阴极由硫、掺氮碳纳米片(N-CNs)基体和 PEO 黏合剂组成，黏合剂中还添加了 LiTFSI 和 IL@NPs。N-CNs 是一种多级孔结构，提供了足够的空间来缓冲体积膨胀和限制硫及多硫化物的穿梭。而且，N-CNs 可以提高硫阴极的电导率。电解质由 PEO-LiTFSI 和离子液体@纳米粒子添加剂组成，其中离子液体@纳米粒子的加入能有效降低 PEO 的结晶度，促进更多锂离子的迁移。因此，离子液体@纳米粒子可以提高固体电解质的离子电导率。此外，PEO-LiTFSI-纳米粒子电解质直接浇铸在复合阴极上，阴极和电解质成分非常接近，这些都有利于降低固体电解质和阴极之间的界面电阻。该研究还比较了添加基于 SiO$_2$、TiO$_2$、ZrO$_2$ 和不接枝纳米粒子的 IL@NPs 的电解质在不同温度下的离子电导率(表 9-3)。制备的改性电解质在低温下显示出高离子电导率，特别是接枝 ZrO$_2$ 的电解质，在 37℃ 和 50℃ 下，离子电导率分别为 2.315×10^{-4} S·cm^{-1} 和 4.95×10^{-4} S·cm^{-1}。由于阴极和电解质的先进创新设计，固态 Li-S 电池的电化学性能得到了改善。使用基于 ZrO$_2$ 的固体电解质的电池在 323 K 和 310 K 下分别具有 986 mAh·g^{-1} 和 600 mAh·g^{-1} 的高比容量。

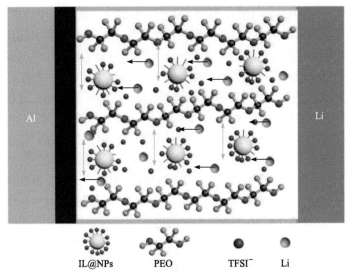

图 9-13　基于 PEO 固体聚合物电解质的 Li-S 电池结构示意图[95]

表 9-3　基于 PEO 的固体聚合物电解质的离子电导率和电化学窗口[95]

样品	离子电导率(10^{-4} S · cm^{-1})		电化学窗口（V $vs.$ Li$^+$/Li）
	310 K	323 K	
PEO-Li	0.413	1.07	4.3
PEO-Li-Si	0.715	1.84	4.8
PEO-Li-Ti	1.298	3.14	4.9
PEO-Li-Zr	2.315	4.95	4.9

9.2.5　离子液体其他应用

离子液体由于其自身的特殊性质及其在 Li-S 电池中表现出的抑制多硫化物溶解的特点，指引着研究者将离子液体或聚离子液体应用于 Li-S 电池电解质以外的其他组成成分中，如有研究利用聚离子液体自身的高稳定性将其应用于 Li-S 电池的阴极黏结剂中，或者利用多硫化物在离子液体中低溶解性的特点，将离子液体作为钝化层包覆在锂金属负极表层。此外，也有研究把含 ILs 的电解质用作硫阴极凝胶涂料的增塑剂[96]。

1. 聚离子液体黏结剂

Li-S 电池的阴极黏结剂将阴极组分(活性材料和导电添加剂)黏合在一起，构成电池总质量的一部分(5%～10%，质量分数)[97]。聚偏二氟乙烯(PVDF)作为电池领域中研究相当成熟的黏结剂，自然而然被广泛应用于 Li-S 电池中，因此黏结剂在电池工作中的作用关注较少[98-100]。PVDF 由于其电化学稳定性、较强的机械性能和电解液吸收率是目前锂离子电池体系应用最为广泛的一种黏结剂。但是，PVDF 不支持 Li-S 电池在充放电期间发生特别大的体积膨胀，因此开发能适应这种体积膨胀同时又有助于电池性能的活性黏结剂将会加速 Li-S 电池的开发。具有高电化学稳定性、高离子电导率和良好加工性能的聚离子液体非常适合电化学应用[101]，尤其它们具有的高稳定性有利于其用作电解质或用作锂离子电池中的黏结剂[102,103]。有研究发现均聚物聚离子液体能够包裹粉末组分，同时仍允许锂离子流动，即在循环期间，这些纳米粒子将在允许电解质流动的同时保持导电组分之间的接触，从而提高电池的循环稳定性[103]。聚离子液体在各种不同的电化学装置中作为电解质的研究相对较多，但将聚离子液体应用于 Li-S 电池黏结剂的研究并不常见[104,105]。Li 等[105]将 PVDF 和聚离子液体分别应用于 Li-S 电池中，对电池的电化学性能进行了比较。聚离子液体选用 Pyr 为主链，TFSI$^-$作为抗衡离子。该研究表明阳离子聚离子液体的骨架可以与具有疏水性且和电解质可溶的多硫化物发生相互作用，从而阻止其从阴极扩散，进而改善电池的循环稳定性。另外，研究还发现采用流动阴离子 TFSI$^-$可增强 S/Li$_2$S 相互转化的反应动力学[106]。

　　Vizintin 团队研究了 5 种不同的聚离子液体(图 9-14)在 Li-S 电池中作为阴极黏合剂的性能[107]。该团队通过对拆卸后的电池阴极做 SEM 测试研究了聚离子液体黏结剂对阴极形态的影响。图 9-15 显示了分别使用 PVDF、PIL2 和 PIL4 作黏结剂，新制备阴极、放电至 1.5 V 状态下和充电至 3 V 状态下的阴极 SEM 图。新制备的阴极看上去都相似，具有多孔结构和相互连接的硫浸渍碳颗粒。但是通过观察放电的阴极可以发现聚离子液体和 PVDF 黏结剂之间存在明显的差异。由于 Li$_2$S 会在阴极表面上结晶，使用 PVDF 的放电阴极具有堵塞的孔。充电后，由于 Li$_2$S 的消耗和 S$_8$ 的重新形成，电极开孔率发生变化。然而，基于 PIL2 和 PIL4 的放电阴极的 SEM 图相似，具有"溶胀的颗粒"结构。这与使用 PVDF 黏结剂的放电阴极形成鲜明对比，后者似乎具有填充的孔并且没有"溶胀"。这表明在存在聚离子液体黏结剂的情况下 Li$_2$S 的生长可能会有所不同，并且改善的循环性能源自这种相互作用，这可以通过 Lui 等[108]的研究得到进一步印证。离子溶质在离子液体中的溶解是通过复分解反应发生的，因此导致两种离子成分的紧密混合。放电的 PVDF 和聚离子液体样品在 SEM 中观察到的差异可以通过硫化物与聚离子液体黏结剂的均匀混合(以离子交换反应的形式)来解释，这会影响 Li$_2$S 的生长和电池循环性能。PVDF 的亲氟特性不适宜发生这些过程中的任何一种，因此导致电池具有较差的循环稳定性。

PIL1　PIL2　PIL3　PIL4　PIL5

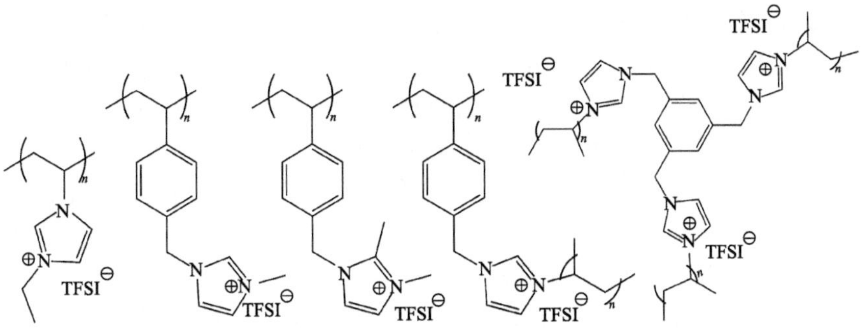

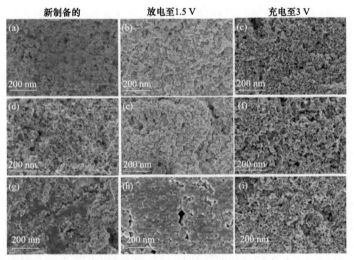

图 9-14　用于 Li-S 电池中的五种 PIL 黏结剂[107]

图 9-15　新制备的、放电至 1.5 V 和充电至 3 V 的状态下分别使用(a～c) PVDF、(d～f) PIL2 和(g～i) PIL4 作黏结剂的阴极 SEM 图[107]

Li 等[109]开发了一种低成本的基于聚离子液体的新型 Li-S 电池黏结剂(D-PAA/C-EA)。该黏结剂的制备非常简单，只需将聚丙烯酸(PAA)和小分子乙醇胺(EA)直接混合进行中和即可。所制备得到的 D-PAA/C-EA 不仅具有水溶性，还表现出很强的黏附性。与 PAA、PVDF 对比，基于 D-PAA/C-EA 的 Li-S 电池表现出较高的初始容量和容量保持率。此外，当硫负载量较高时，基于 D-PAA/C-EA 的 Li-S 电池也表现出良好的循环稳定性。相比于其他黏结剂，D-PAA/C-EA 对多硫化物的穿梭效应具有更好的抑制作用。该研究通过简单的混合即可制备高性能的 Li-S 电池黏结剂，并且价格低廉、环保、容易量产，对新型电池黏结剂的设计和开发具有重要意义。

2. 使用聚离子液体进行锂表面钝化

除了在阴极黏结剂中的应用，离子液体电解质也可以作为助溶剂掺入常规电解质中以修饰锂金属表面上的 SEI 膜。锂金属阳极由于其质量轻（密度 0.534 g·cm⁻³），标准氧化还原电势低（E_0= −3.04 V $vs.$ NHE）和较高的理论比容量（3860 mAh·g⁻¹）而被重新考虑作为电极材料用于可充电锂金属电池（LMB），尤其是 Li-S 电池[110-113]。尽管锂金属阳极已经成功地应用到一次电池中，但其在使用有机溶剂的可充电电池中的应用却受到诸多问题的限制，阳极表面与电解质之间的副反应就是其中之一。由于锂金属与大多数有机溶剂具有高反应活性，因此会形成 SEI 膜[114,115]，且 SEI 膜在循环过程中会不断增长并发生变化[116]。对于碳质负极材料，SEI 膜可以防止石墨阳极与有机电解质之间的进一步物理接触。对于锂金属阳极，此过程会在整个循环过程中持续消耗电解液，从而导致严重的电极腐蚀和循环效率降低。解决方案之一便是制备人造 SEI 膜来稳定并保护电极表面。通过原位方法制备的保护层可以在微观尺度上与锂金属阳极表面共接触[117]。锂金属阳极的表面粗糙度对于锂沉积物的析出和锂枝晶的扩散至关重要[66]。

Li 等[118]的研究表明，由离子液体 N-丙基-N-甲基吡咯烷鎓双（三氟甲磺酰基）酰亚胺（Py₁₃TFSI）钝化的锂金属阳极与优化的混合电解质一起显著提高了 Li-S 电池的界面稳定性以及库仑效率。使用离子液体对锂金属表面进行钝化可以改善锂金属阳极的循环性能，其原因是它抑制了树枝状锂枝晶的形成[119]。

Josef 等[66]将锂金属阳极在纯液态 M3TFSI 和 M3FSI 单体（图 9-16）中存储一定时间，通过将 ILs 单体中的亚乙烯基进行聚合，将 PIL 附着在锂金属阳极表面。

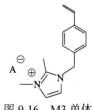

图 9-16　M3 单体的化学结构式[66]
A=TFSI⁻或 FSI⁻

原始锂金属阳极的表面形态与 M3TFSI 和 M3FSI 中存储的锂金属阳极的表面形态的 SEM 图如图 9-17 所示。在这些电极的表面可以明显地看到一层有机膜的存在，但是膜层的厚度和覆盖范围不均匀。用 M3TFSI 处理的锂金属阳极的表面 [图 9-17(b)]似乎比用 M3FSI 处理的[图 9-17(c)]更粗糙。然而，两种经过 M3 处理的锂金属阳极均比原始锂金属阳极 [图 9-17(a)]的表面具有更粗糙的表面形态，这表明 M3TFSI 和 M3FSI 单体可与锂金属阳极发生表面反应，并且分解反应产物会黏附并积聚在电极的表面上。

图 9-17　原始锂金属阳极(a)和在 M3TFSI(b)、M3FSI(c)中处理过的锂金属阳极表面的 SEM 图[66]

使阳极材料表面的电解质添加剂发生电化学还原是解决有机电解质连续分解失活的可行方案之一[120]。该方案的机理在于该电化学还原过程涉及一个或多个碳-碳双键的分子，接枝到可聚合主链上的离子液体会通过聚合作用而形成聚离子液体[121]。此类 ILs 一般具有较负的标准电位，容易在锂金属阳极表面发生聚合。此外，由于离子液体阳离子和阴离子都参与这种不溶性钝化膜的形成，因此可以通过选择离子液体的阳离子和阴离子种类来控制分解产物中有机和无机成分的含量。

参 考 文 献

[1] Watanabe H, Sugiura Y, Seki S, et al. Discharge behavior within lithium-sulfur batteries using Li-glyme solvate ionic liquids. J Phys Chem C, 2023, 127: 6645-6654.

[2] Ely T O, Kamzabek D, Chakraborty D, et al. Lithium-sulfur batteries: State of the art and future directions. ACS Appl Energy Mater, 2018, 1: 1783-1814.

[3] Chen W-J, Li B-Q, Zhao C-X, et al. Electrolyte regulation towards stable lithium-metal anodes in lithium-sulfur batteries with sulfurized polyacrylonitrile cathodes. Angew Chem Int Ed, 2020, 59: 10732-10745.

[4] Hu Y, Pan J, Li Q, et al. Poly (ionic liquid) -based conductive interlayer as an efficient polysulfide adsorbent for a highly stable lithium-sulfur battery. ACS Sustainable Chem Eng, 2020, 8: 11396-11403.

[5] Yu X, Zhou G, Cui Y. Mitigation of shuttle effect in Li-S battery using a self-assembled ultrathin molybdenum disulfide interlayer. ACS Appl Mater Interfaces, 2019, 11: 3080-3086.

[6] Zhang N, Li B, Li S, et al. Mesoporous hybrid electrolyte for simultaneously inhibiting lithium dendrites and polysulfide shuttle in Li-S batteries. Adv Energy Mater, 2018, 8: 1703124.

[7] Luo X, Lu X, Zhou G, et al. Ion-selective polyamide acid nanofiber separators for high-rate and stable lithium-sulfur batteries. ACS Appl Mater Interfaces, 2018, 10: 42198-42206.

[8] Qu H, Ju J, Chen B, et al. Inorganic separators enable significantly suppressed polysulfide shuttling in high-performance lithium-sulfur batteries. J Mater Chem A, 2018, 6: 23720-23729.

[9] Xu H, Wang S, Manthiram A. Hybrid lithium-sulfur batteries with an advanced gel cathode and stabilized lithium-metal anode. Adv Energy Mater, 2018, 8: 1800813.

[10] Yan C, Cheng X-B, Yao Y-X, et al. An armored mixed conductor interphase on a dendrite-free lithium-metal anode. Adv Mater, 2018, 30: 1804461.

[11] Xu R, Xiao Y, Zhang R, et al. Dual-phase single-ion pathway interfaces for robust lithium metal in working batteries. Adv Mater, 2019, 31: 1808392.

[12] Zhao M, Li B Q, Zhang X Q, et al. A perspective toward practical lithium-sulfur batteries. ACS Cent Sci, 2020, 6: 1095-1104.

[13] Liu Y, He P, Zhou H. Rechargeable solid-state Li-air and Li-S batteries: Materials, construction, and challenges. Adv Energy Mater, 2018, 8: 1701602.

[14] Li T, Bai X, Gulzar U, et al. A comprehensive understanding of lithium-sulfur battery technology. Adv Funct Mater, 2019, 29: 1901730.

[15] Yen Y-J, Chung S-H. Lithium-sulfur cells with a sulfide solid electrolyte/polysulfide cathode

interface. J Phys Chem A, 2023, 11: 4519-4526.

[16] Li C-C, Wang W-P, Feng X-X, et al. High-performance quasi-solid-state lithium-sulfur battery with a controllably solidified cathode-electrolyte interface. ACS Appl Mater Interfaces, 2023, 15: 19066-19074.

[17] Wild M, O'neill L, Zhang T, et al. Lithium sulfur batteries, a mechanistic review. Energy Environ Sci, 2015, 8: 3477-3494.

[18] Touidjine A. Lithium sulfur batteries: Mechanisms, modelling and materials conference. Johnson Matthey Technol Rev, 2017, 61: 308-310.

[19] Bruce P G, Freunberger S A, Hardwick L J, et al. Li-O_2 and Li-S batteries with high energy storage. Nat Mater, 2011, 11: 19-29.

[20] Hu S, Huang X, Zhang L, et al. Vacancy-defect topological insulators Bi_2Te_{3-x} embedded in N and B Co-doped 1D carbon nanorods using ionic liquid dopants for kinetics-enhanced Li-S batteries. Adv Funct Mater, 2023, 1: 2214161.

[21] Ryu H S, Guo Z, Ahn H J, et al. Investigation of discharge reaction mechanism of lithium|liquid electrolyte|sulfur battery. J Power Sources, 2009, 189: 1179-1183.

[22] Rana M, Ahad S A, Li M, et al. Review on areal capacities and long-term cycling performances of lithium sulfur battery at high sulfur loading. Energy Storage Mater, 2019, 18: 289-310.

[23] Bai P, Guo J, Wang M, et al. Interactions between lithium growths and nanoporous ceramic separators. Joule, 2018, 2: 2434-2449.

[24] Wang J, Yi S, Liu J, et al. Suppressing the shuttle effect and dendrite growth in lithium-sulfur batteries. ACS Nano, 2020, 14: 9819-9831.

[25] Angulakshmi N, Dhanalakshmi R B, Sathya S, et al. Understanding the electrolytes of lithium-sulfur batteries. Batteries Supercaps, 2021, 4: 1064-1095.

[26] Yin W, Wu Z, Tian W, et al. Enhanced constraint and catalysed conversion of lithium polysulfides via composite oxides from spent layered cathodes. J Mater Chem A, 2019, 7: 17867-17875.

[27] Shao H, Wang W, Zhang H, et al. Nano-TiO_2 decorated carbon coating on the separator to physically and chemically suppress the shuttle effect for lithium-sulfur battery. J Power Sources, 2018, 378: 537-545.

[28] Li J, Zhang L, Qin F, et al. $ZrO(NO_3)_2$ as a functional additive to suppress the diffusion of polysulfides in lithium-sulfur batteries. J Power Sources, 2019, 442: 227232.

[29] Chen S, Ding B, Lin Q, et al. Construction of stable solid electrolyte interphase on lithium anode for long-cycling solid-state lithium-sulfur batteries. J Electroanal Chem, 2021, 880: 114874.

[30] Yang D, He L, Liu Y, et al. An acetylene black modified gel polymer electrolyte for high-performance lithium-sulfur batteries. J Mater Chem A, 2019, 7: 13679-13686.

[31] Lin Y, Huang S, Zhong L, et al. Organic liquid electrolytes in Li-S batteries: Actualities and perspectives. Energy Storage Mater, 2021, 34: 128-147.

[32] Zhang S S. Liquid electrolyte lithium/sulfur battery: Fundamental chemistry, problems, and solutions. J Power Sources, 2013, 231: 153-162.

[33] Zhang S S. Role of $LiNO_3$ in rechargeable lithium/sulfur battery. Electrochim Acta, 2012, 70: 344-348.

[34] Aurbach D, Pollak E, Elazari R, et al. On the surface chemical aspects of very high energy density, rechargeable Li-sulfur batteries. J Electrochem Soc, 2009, 156: A694-A702.

[35] Duangdangchote S, Krittayavathananon A, Phattharasupakun N, et al. Insight into the effect of additives widely used in lithium-sulfur batteries. Chem Commun, 2019, 55: 13951-13954.

[36] Wang L, Ye Y, Chen N, et al. Development and challenges of functional electrolytes for high-performance lithium-sulfur batteries. Adv Funct Mater, 2018, 28: 1800919.

[37] Chen W, Lei T, Wu C, et al. Designing safe electrolyte systems for a high-stability lithium-sulfur battery. Adv Energy Mater, 2018, 8: 1702348.

[38] Suo L, Hu Y-S, Li H, et al. A new class of solvent-in-salt electrolyte for high-energy rechargeable metallic lithium batteries. Nat Commun, 2013, 4: 1481.

[39] Weller C, Pampel J, Dörfler S, et al. Polysulfide shuttle suppression by electrolytes with low-density for high-energy lithium-sulfur batteries. Energy Technol, 2019, 7: 1900625.

[40] Zhao M, Li B-Q, Peng H-J, et al. Lithium-sulfur batteries under lean electrolyte conditions: Challenges and opportunities. Angew Chem Int Ed, 2020, 59: 12636-12652.

[41] Zhang S, Ikoma A, Li Z, et al. Optimization of pore structure of cathodic carbon supports for solvate ionic liquid electrolytes based lithium-sulfur batteries. ACS Appl Mater Interfaces, 2016, 8: 27803-27813.

[42] Fan L, Deng N, Yan J, et al. The recent research status quo and the prospect of electrolytes for lithium sulfur batteries. Chem Eng J, 2019, 369: 874-897.

[43] Sun B, Liu K, Lang J, et al. Ionic liquid enabling stable interface in solid state lithium sulfur batteries working at room temperature. Electrochim Acta, 2018, 284: 662-668.

[44] Mao X, Brown P, Cervinka C, et al. Self-assembled nanostructures in ionic liquids facilitate charge storage at electrified interfaces. Nat Mater, 2019, 18: 1350-1357.

[45] Chen S, Xie D, Liu G, et al. Sulfide solid electrolytes for all-solid-state lithium batteries: Structure, conductivity, stability and application. Energy Storage Mater, 2018, 14: 58-74.

[46] Manthiram A, Yu X, Wang S. Lithium battery chemistries enabled by solid-state electrolytes. Nat Rev Mater, 2017, 2: 16103.

[47] Barghamadi M, Best A S, Bhatt A I, et al. Lithium-sulfur batteries: The solution is in the electrolyte, but is the electrolyte a solution? Energy Environ Sci, 2014, 7: 3902-3920.

[48] Cheng X, Pan J, Zhao Y, et al. Gel polymer electrolytes for electrochemical energy storage. Adv Energy Mater, 2018, 8: 1702184.

[49] Zhao Y, Zhang Y, Gosselink D, et al. Polymer electrolytes for lithium/sulfur batteries. Membranes, 2012, 2: 553-564.

[50] Stephan A M, Nahm K S, Kulandainathan M A, et al. Poly(vinylidene fluoride-hexafluoropropylene) (PVDF-HFP) based composite electrolytes for lithium batteries. Eur Polym J, 2006, 42: 1728-1734.

[51] Fergus J W. Ceramic and polymeric solid electrolytes for lithium-ion batteries. J Power Sources, 2010, 195: 4554-4569.

[52] Zhang S, Liu X, Wang J, et al. Accurate range-free localization for anisotropic wireless sensor networks. ACM Trans Sens Netw, 2015, 11: 51.

[53] Zhang T, Zhang J, Yang S, et al. Facile *in situ* chemical cross-linking gel polymer electrolyte, which confines the shuttle effect with high ionic conductivity and Li-ion transference number for quasi-solid-state lithium-sulfur battery. ACS Appl Mater Interfaces, 2021, 13: 44497-44508.

[54] Qian J, Jin B, Li Y, et al. Research progress on gel polymer electrolytes for lithium-sulfur batteries. J Energy Chem, 2021, 56: 420-437.

[55] Lei D, Shi K, Ye H, et al. Progress and perspective of solid-state lithium-sulfur batteries. Adv Funct Mater, 2018, 28: 1707570.

[56] Hu T, Wang Y, Huo F, et al. Understanding structural and transport properties of dissolved Li_2S_8 in ionic liquid electrolytes through molecular dynamics simulations. ChemPhysChem, 2021, 22: 419-429.

[57] Zhao Q, Liu X, Stalin S, et al. Solid-state polymer electrolytes with in-built fast interfacial transport for secondary lithium batteries. Nat Energy, 2019, 4: 365-373.

[58] Cai X, Ye B, Ding J, et al. Dual Li-ion migration channels in an ester-rich copolymer/ionic liquid quasi-solid-state electrolyte for high-performance Li-S batteries. J Mater Chem A, 2021, 9: 2459-2469.

[59] Zhu J, Zhu P, Yan C, et al. Recent progress in polymer materials for advanced lithium-sulfur batteries. Prog Polym Sci, 2019, 90: 118-163.

[60] Scheers J, Fantini S, Johansson P. A review of electrolytes for lithium-sulphur batteries. J Power Sources, 2014, 255: 204-218.

[61] Park J-W, Ueno K, Tachikawa N, et al. Ionic liquid electrolytes for lithium-sulfur batteries. J Phys Chem C, 2013, 117: 20531-20541.

[62] Zhang Z, Zhang P, Liu Z, et al. A novel zwitterionic ionic liquid-based electrolyte for more efficient and safer lithium-sulfur batteries. ACS Appl Mater Interfaces, 2020, 12: 11635-11642.

[63] Yuan L X, Feng J K, Ai X P, et al. Improved dischargeability and reversibility of sulfur cathode in a novel ionic liquid electrolyte. Electrochem Commun, 2006, 8: 610-614.

[64] Yan Y, Yin Y-X, Xin S, et al. High-safety lithium-sulfur battery with prelithiated Si/C anode and ionic liquid electrolyte. Electrochim Acta, 2013, 91: 58-61.

[65] Park J-W, Yamauchi K, Takashima E, et al. Solvent effect of room temperature ionic liquids on electrochemical reactions in lithium-sulfur batteries. J Phys Chem C, 2013, 117: 4431-4440.

[66] Josef E, Yan Y, Stan M C, et al. Ionic liquids and their polymers in lithium-sulfur batteries. Isr J Chem, 2019, 59: 832-842.

[67] Seo H K, Hwa Y, Chang J H, et al. Direct visualization of lithium polysulfides and their suppression in liquid electrolyte. Nano Lett, 2020, 20: 2080-2086.

[68] Wang L, Byon H R. *N*-methyl-*N*-propylpiperidinium bis(trifluoromethanesulfonyl)imide-based organic electrolyte for high performance lithium-sulfur batteries. J Power Sources, 2013, 236: 207-214.

[69] Dokko K, Tachikawa N, Yamauchi K, et al. Solvate ionic liquid electrolyte for Li-S batteries. J Electrochem Soc, 2013, 160: A1304-A1310.

[70] Lu H, Zhu Y, Zheng B, et al. A hybrid ionic liquid-based electrolyte for high-performance lithium-sulfur batteries. New J Chem, 2020, 44: 361-368.

[71] Wu F, Chen J, Li L, et al. Improvement of rate and cycle performence by rapid polyaniline coating of a MWCNT/sulfur cathode. J Phys Chem C, 2011, 115: 24411-24417.

[72] Lu H, Chen Z, Du H, et al. The enhanced performance of lithium sulfur battery with ionic liquid-based electrolyte mixed with fluorinated ether. Ionics, 2018, 25: 2685-2691.

[73] Liang X, Wen Z, Liu Y, et al. A composite of sulfur and polypyrrole-multi walled carbon combinatorial nanotube as cathode for Li/S battery. J Power Sources, 2012, 206: 409-413.

[74] Barchasz C, Leprêtre J-C, Patoux S, et al. Revisiting TEGDME/DIOX binary electrolytes for lithium/sulfur batteries: Importance of solvation ability and additives. J Electrochem Soc, 2013, 160: A430-A436.

[75] Wu F, Zhu Q, Chen R, et al. Ionic liquid-based electrolyte with binary lithium salts for high performance lithium-sulfur batteries. J Power Sources, 2015, 296: 10-17.

[76] Wu F, Zhu Q, Chen R, et al. A safe electrolyte with counterbalance between the ionic liquid and tris(ethylene glycol)dimethyl ether for high performance lithium-sulfur batteries. Electrochim Acta, 2015, 184: 356-363.

[77] Kim S, Jung Y, Park S-J. Effects of imidazolium salts on discharge performance of rechargeable lithium-sulfur cells containing organic solvent electrolytes. J Power Sources, 2005, 152: 272-277.

[78] Shin J H, Cairns E J. N-methyl-(n-butyl)pyrrolidinium bis(trifluoromethanesulfonyl) imide-LiTFSI-poly(ethylene glycol) dimethyl ether mixture as a Li/S cell electrolyte. J Power Sources, 2008, 177: 537-545.

[79] Zheng J, Gu M, Chen H, et al. Ionic liquid-enhanced solid state electrolyte interface (SEI) for lithium-sulfur batteries. J Mater Chem A, 2013, 1: 8464-8470.

[80] Zhang S S. New insight into liquid electrolyte of rechargeable lithium/sulfur battery. Electrochim Acta, 2013, 97: 226-230.

[81] Zhang S, Ueno K, Dokko K, et al. Recent advances in electrolytes for lithium-sulfur batteries. Adv Energy Mater, 2015, 5: 1500117.

[82] Du H, Li S, Qu H, et al. Stable cycling of lithium-sulfur battery enabled by a reliable gel polymer electrolyte rich in ester groups. J Membr Sci, 2018, 550: 399-406.

[83] Lei B, Yang J, Xu Z, et al. A fumed alumina induced gel-like electrolyte for great performance improvement of lithium-sulfur batteries. Chem Commun, 2018, 54: 13567-13570.

[84] Song A, Huang Y, Zhong X, et al. Novel lignocellulose based gel polymer electrolyte with higher comprehensive performances for rechargeable lithium-sulfur battery. J Membr Sci, 2018, 556: 203-213.

[85] Yuan Y, Zheng D, Fang Z, et al. Fabrication of gel polymer electrolyte with polysulfide immobilization effect for lithium sulfur battery. Ionics, 2018, 25: 17-24.

[86] Guo Q, Han Y, Wang H, et al. Preparation and characterization of nanocomposite ionic liquid-based gel polymer electrolyte for safe applications in solid-state lithium battery. Solid State Ion, 2018, 321: 48-54.

[87] Shanthi P M, Hanumantha P J, Albuquerque T, et al. Novel composite polymer electrolytes of PVDF-HFP derived by electrospinning with enhanced Li-ion conductivities for rechargeable

lithium-sulfur batteries. ACS Appl Energy Mater, 2018, 1: 483-494.

[88] Zhou T, Zhao Y, Choi J W, et al. Ionic liquid functionalized gel polymer electrolytes for stable lithium metal batteries. Angew Chem Int Ed, 2021, 60: 22791-22796.

[89] Jin J, Wen Z, Liang X, et al. Gel polymer electrolyte with ionic liquid for high performance lithium sulfur battery. Solid State Ion, 2012, 225: 604-607.

[90] Bhattacharyya A J, Patel M, Das S K. Soft matter lithium salt electrolytes: Ion conduction and application to rechargeable batteries. Monatsh Chem, 2009, 140: 1001-1010.

[91] Perera K S, Dissanayake M A K L, Skaarup S, et al. Application of polyacrylonitrile-based polymer electrolytes in rechargeable lithium batteries. J Solid State Electrochem, 2008, 12: 873-877.

[92] Rao M, Geng X, Li X, et al. Lithium-sulfur cell with combining carbon nanofibers-sulfur cathode and gel polymer electrolyte. J Power Sources, 2012, 212: 179-185.

[93] Safa M, Hao Y, Chamaani A, et al. Capacity fading mechanism in lithium-sulfur battery using poly (ionic liquid) gel electrolyte. Electrochim Acta, 2017, 258: 1284-1292.

[94] Hassoun J, Scrosati B. Moving to a solid-state configuration: A valid approach to making lithium-sulfur batteries viable for Practical applications. Adv Mater, 2010, 22: 5198-5201.

[95] Sheng O, Jin C, Luo J, et al. Ionic conductivity promotion of polymer electrolyte with ionic liquid grafted oxides for all-solid-state lithium-sulfur batteries. J Mater Chem A, 2017, 5: 12934-12942.

[96] Yuan Y, Li Z, Peng X, et al. Advanced sulfur cathode with polymer gel coating absorbing ionic liquid-containing electrolyte. J Solid State Electrochem, 2021, 25: 1393-1399.

[97] Sara D T, Marija B-R, Robert D. The physicochemical properties of a [DEME][TFSI] ionic liquid-based electrolyte and their influence on the performance of lithium-sulfur batteries. Electrochim Acta, 2017, 252: 147-153.

[98] Amanchukwu C V, Harding J R, Yang S-H, et al. Understanding the chemical stability of polymers for lithium-air batteries. Chem Mater, 2015, 27: 550-561.

[99] Kovalenko I, Zdyrko B, Magasinski A, et al. A major constituent of brown algae for use in high-capacity Li-ion batteries. Science, 2011, 334: 75-79.

[100] Park S-J, Zhao H, Ai G, et al. Side-chain conducting and phase-separated polymeric binders for high-performance silicon anodes in lithium-ion batteries. J Am Chem Soc, 2015, 137: 2565-2571.

[101] Appetecchi G B, Kim G T, Montanino M, et al. Ternary polymer electrolytes containing pyrrolidinium-based polymeric ionic liquids for lithium batteries. J Power Sources, 2010, 195: 3668-3675.

[102] Yuan J, Prescher S, Sakaushi K, et al. Novel polyvinylimidazolium nanoparticles as high-performance binders for lithium-ion batteries. J Mater Chem A, 2015, 3: 7229-7234.

[103] Lee J-S, Sakaushi K, Antonietti M, et al. Poly (ionic liquid) binders as Li+ conducting mediators for enhanced electrochemical performance. RSC Adv, 2015, 5: 85517-85522.

[104] Su H, Fu C, Zhao Y, et al. Polycation binders: An effective approach toward lithium polysulfide sequestration in Li-S batteries. ACS Energy Lett, 2017, 2: 2591-2597.

[105] Li L, Pascal T A, Connell J G, et al. Molecular understanding of polyelectrolyte binders that

actively regulate ion transport in sulfur cathodes. Nat Commun, 2017, 8: 2277.

[106] Pont A-L, Marcilla R, Meatza I D, et al. Pyrrolidinium-based polymeric ionic liquids as mechanically and electrochemically stable polymer electrolytes. J Power Sources, 2009, 188: 558-563.

[107] Vizintin A, Guterman R, Schmidt J, et al. Linear and cross-linked ionic liquid polymers as binders in lithium-sulfur batteries. Chem Mater, 2018, 30: 5444-5450.

[108] Lui M Y, Crowhurst L, Hallett J P, et al. Salts dissolved in salts: Ionic liquid mixtures. Chem Sci, 2011, 2: 1491-1496.

[109] Li M, Zhang J, Gao Y, et al. A water-soluble, adhesive and 3D cross-linked polyelectrolyte binder for high-performance lithium-sulfur batteries. J Mater Chem A, 2021, 9: 2375-2384.

[110] Cheng X-B, Zhang R, Zhao C-Z, et al. Toward safe lithium metal anode in rechargeable batteries: A review. Chem Rev, 2017, 117: 10403-10473.

[111] Jang J, Shin J-S, Ko S, et al. Self-assembled protective layer by symmetric ionic liquid for long-cycling lithium-metal batteries. Adv Energy Mater, 2022, 12: 2103955.

[112] Xu W, Wang J, Ding F, et al. Lithium metal anodes for rechargeable batteries. Energy Environ Sci, 2014, 7: 513-537.

[113] Fan Y, Chen X, Legut D, et al. Modeling and theoretical design of next-generation lithium metal batteries. Energy Storage Mater, 2019, 16: 169-193.

[114] Martin W. The solid electrolyte interphase: The most important and the least understood solid electrolyte in rechargeable Li batteries. Z Phys Chem, 2009, 223: 1395-1406.

[115] Schranzhofer H, Bugajski J, Santner H J, et al. Electrochemical impedance spectroscopy study of the SEI formation on graphite and metal electrodes. J Power Sources, 2006, 153: 391-395.

[116] Zhang Z, Li Y, Xu R, et al. Capturing the swelling of solid-electrolyte interphase in lithium metal batteries. Science, 2022, 375: 66-70.

[117] Liu K, Pei A, Lee H R, et al. Lithium metal anodes with an adaptive "solid-liquid" interfacial protective layer. J Am Chem Soc, 2017, 139: 4815-4820.

[118] Li N-W, Yin Y-X, Li J-Y, et al. Passivation of lithium metal anode via hybrid ionic liquid electrolyte toward stable Li plating/stripping. Adv Sci, 2017, 4: 1600400.

[119] Lu Y, Korf K, Kambe Y, et al. Ionic-liquid-nanoparticle hybrid electrolytes: Applications in lithium metal batteries. Angew Chem Int Ed, 2014, 53: 488-492.

[120] Liu F, Zong C, He L, et al. Improving the electrochemical performance of lithium-sulfur batteries by interface modification with a bifunctional electrolyte additive. Chem Eng J, 2022, 443: 136489.

[121] Pang Y, Liu Z, Shang C. The construction of quasi-solid state electrolyte with introduction of $Li_{6.4}La_3Zr_{1.4}Ta_{0.6}O_{12}$ to suppress lithium polysulfides' shuttle effect in Li-S batteries. Mater Lett, 2023, 336: 133874.

第 10 章

离子液体电解质在锂空气
电池中的应用

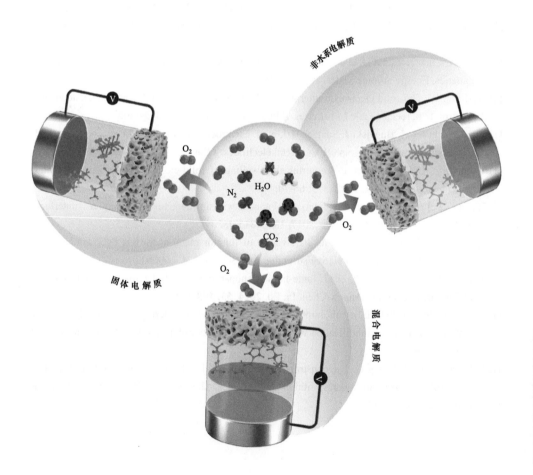

为了提高电池的能量密度，人们对金属-空气电池给予了极大的关注[1]，特别是锂空气电池、锌空气电池和铝空气电池。在这些电池中，提供氧源的是空气而不是内置的供氧装置。电极是内置的纯金属而不是传统的插层材料。金属电极在金属-空气电池中可以明显提高其能量密度[2-4]。锂空气电池在金属-空气电池中广受欢迎，这是因为锂是最轻的金属，它的理论容量为 3862 Ah·kg⁻¹，对应于约 3.0 V 的电势，对应的能量密度为 11680 Wh·kg⁻¹。即使从整个电池系统考虑，1000 Wh·kg⁻¹的能量密度仍比锂离子电池高 8 倍[5]，这使锂空气电池显示出巨大潜力。

10.1　锂空气电池概述

10.1.1　工作原理

锂空气电池的基本电化学反应涉及锂在锂电极(或阳极)上的溶解和沉积，以及氧在空气电极(或阴极)上的析氧反应(OER)和还原反应(ORR)。根据电解质的不同类型，研究人员提出并开发了四类锂空气电池，包括非水系、水系、非水系/水系混合和固态锂空气电池[6]，其原理如图 10-1 所示。

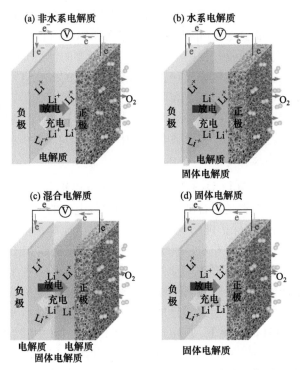

图 10-1　基于四种不同类型电解质的锂空气电池工作原理图[7]

典型的非水系锂空气电池由锂电极和空气电极组成。空气电极中充满的非水系电解质是由锂盐溶解在非水溶剂中组成[图 10-1(a)][8]。电解质中的典型工作途径是通过单电子转移将氧还原为超氧化锂（LiO_2），具体反应为

$$O_2 + Li^+ + e^- \longrightarrow LiO_2 \tag{10-1}$$

然后是歧化反应：

$$2LiO_2 \longrightarrow Li_2O_2 + O_2 \tag{10-2}$$

和/或另一种单电子转移电化学过程：

$$LiO_2 + Li^+ + e^- \longrightarrow Li_2O_2 \tag{10-3}$$

在放电过程中形成的主要放电产物是过氧化锂（Li_2O_2），不溶于非水系电解质，填充于空隙或覆盖在多孔阴极的表面区域。为了使电池可充电，需要将固态 Li_2O_2 电化学分解为锂和氧[9]。充电过程中的反应是

$$Li_2O_2 \longrightarrow 2Li^+ + 2e^- + O_2 \tag{10-4}$$

和/或

$$Li_2O_2 \longrightarrow Li^+ + e^- + LiO_2 \tag{10-5}$$

在非水系锂空气电池中，氧气被还原并在多孔阴极中形成固态 Li_2O_2[10]，因此，该电池系统的容量主要受到固体产物的堵塞和/或多孔阴极上活性表面钝化的限制[11,12]。为了解决这个问题，Li 等[13]提出了一种新型的锂空气电池。如图 10-1(b)所示，锂空气电池基本上由锂阳极和含有水系电解质的多孔空气电极组成。为了保护锂阳极不受溶剂（水）的影响，在阳极上放置了固态锂离子导电膜。为了避免锂和固体电解质膜之间的直接接触并增加锂离子的传导性，还提出了一种非水/水混合体系，在两者之间填充着非水系电解质[图 10-1(c)]。与非水系锂空气电池不同，其溶液中的基本反应是

$$4Li + O_2 + 2H_2O \Longleftrightarrow 4Li^+ + 4OH^- \tag{10-6}$$

耐水固体电解质材料是混合动力和水系锂空气电池的关键组件[14]，它们充当锂离子传导膜（LICM）来保护锂阳极[15-19]。混合动力电池和水系锂空气电池在阴极处的电化学反应明显不同于非水系系统。放电产物不是固体 Li_2O_2，而是可溶的氢氧化锂（LiOH）。与使用非水系电解质的电池相比，混合动力和水系锂空气电池具有更高的电池电压，并且可以在周围环境中保持稳定的电池配置。混合动力电池和水系锂空气电池的放电产物大部分是可溶的，可以避免孔堵塞并降低阴极的极化。但是，在较高 pH 的情况下，放电产物 LiOH 在水溶液中的溶解度会受到限制（在室温下，LiOH 的溶解度最高为 $5.25 \ mol \cdot L^{-1}$。否则，$LiOH \cdot H_2O$ 的沉淀物开始形成），这会导致堵塞现象[20]。使用乙酸锂盐可以有效提高 LiOH 的溶解度[21-23]。

但是当考虑全部反应物时，放电产物的量受限于可用溶剂的量，因为电解质成分参与反应，这导致水系锂空气电池的理论能量密度低于非水系锂空气电池的能量密度[7,20,24,25]。在充电过程中，氧气在空气电极处析出，锂借助电催化剂沉积在锂电极上[26]。

基于液体电解质的锂空气电池可能会引起泄漏和安全问题。而一种补救措施是开发固态锂空气电池，而不使用任何液体电解质，如图 10-1(d)所示。但目前关于固态锂空气电池的运行机制仍存在争议。一些研究人员认为固态锂空气电池的机制与非水液体系统类似，即 Li_2O_2 的形成和分解。然而，由于缺乏合适的固体电解质和配位阴极，这种机理尚未得到广泛的研究[27]。有研究人员在设计的固态 Li-O_2 电池中观察到了与非水液体系统相似的表面介导机制。放电过程包括 LiO_2 的形成，然后发生歧化反应，产生 O_2 并将这些分子捕获在 Li_2O_2 颗粒内部，使颗粒膨胀形成中空结构。

目前，许多固态锂离子导电材料已开发出来并在锂空气电池中进行了测试，如聚合物、玻璃陶瓷和单晶硅[28]。其中，研究最多的是 NASICON 型玻璃陶瓷，包括磷酸钛铝锂[LATP, $Li_{1+x}Al_xTi_{2x}(PO_4)_3$]和磷酸锗铝锂[LAGP, $Li_{1+x}Al_xGe_{2-x}(PO_4)_3$]。LAGP 具有吸收氧分子的固有特性，可以将氧还原为超氧化物和过氧化物分子，如下所示[29]：

$$2LAGP - Li^+ \longrightarrow 2LAGP + Li^+ : O \tag{10-7}$$

$$2LAGP - Li^+ : O + 2e^- \longrightarrow 2LAGP - Li^+ + 2O^- \tag{10-8}$$

$$2Li^+ + 2O^- \longrightarrow Li_2O_2 \tag{10-9}$$

类似于非水系锂空气电池，固态锂空气电池中的放电产物为固体 Li_2O_2，充电过程为 Li_2O_2 的电化学分解。不同类型的锂空气电池涉及不同的反应机理和材料。例如，非水系和固态锂空气电池的反应是固态产物 Li_2O_2 的形成和分解；而在水系和混合系统中，产物是可以溶解的 LiOH。

10.1.2　锂空气电池中常用的电解质

锂空气电池研究尚处于起步阶段，存在容量衰减严重、倍率性能差等诸多问题。锂空气电池中的电解质通过影响电池的放电容量、倍率性能等因素对电池性能起着决定性的作用，因此，有必要开发与整个电池系统相协调的适当电解质。如果选择合适的电解质，有利于氧分子的溶解及其扩散，这对于锂空气电池来说是一个非常重要的改进。

在锂空气电池中，电解液用于输送锂离子、溶解氧气并将其输送到反应位点，并保护锂阳极(水、混合和固态锂空气电池)。对于水系电解质，溶剂(H_2O)也充当反应物并参与电化学反应过程。本节将重点介绍锂空气电池中使用的电解质：

非水系电解质、水系电解质和固体电解质。

1. 非水系电解质

理想的非水系电解质应具有电化学稳定性、良好的化学稳定性和高离子电导率、高氧溶解度和高沸点(或低蒸气压)[30-32]。同时,为了有效地输送氧气,还需要高的氧气溶解度和扩散性。但非水系电解质仍然存在溶剂和锂盐的稳定性问题以及电解质改性的需求。

1)稳定性问题

室温离子液体(RTILs)在传统的非水溶剂中具有多种优势,特别是其电化学窗口宽。例如,Elia 等[33]报道了在 RTILs 电解质中实现高度可逆的循环行为和稳定的电极-电解质界面,从而将往返效率提高到 82%。Adams 等[34]合成了一种新的锂醚衍生的螯合离子液体,它不仅对金属锂稳定,而且对超氧化物引发的氢脱出比在 DME 中更稳定。虽然具有这种优异的性能,但大多数 RTILs 的高黏度会导致较大的运输阻力,仍然是一个较大的问题[35-37]。此外,许多 RTILs 的锂盐溶解度和电导率低[38],限制了放电电流密度。

为了寻找适用于非水系锂空气电池的溶剂,研究者们研究了其他几种类型的溶剂,例如乙腈[39]、N-甲基吡咯烷酮[40]、甲氧基苯[41]、酰胺基[42]和砜基溶剂[43]。此外,还研究了混合溶剂中的反应机理及其在电池中的性能[44]。为了获得具有良好可逆性和长循环寿命的非水系锂空气电池,仍然需要不断探索分解机理和寻找新的非水系溶剂。

除溶剂外,锂盐在电解质体系中也起着重要作用。理想的锂盐不仅应在溶剂中具有高溶解度和出色的离子传输能力,而且还应对溶剂和其他电池组件呈惰性,特别是对氧还原中间体保持惰性[45]。非水系锂空气电池中最常用的盐包括 $LiCF_3SO_3$、$LiClO_4$、$LiPF_6$ 和 LiTFSI。Du 等[46]报道了在三(乙二醇)取代的三甲基硅烷基电解质中,$LiPF_6$ 的分解触发了溶剂的分解,当使用 $LiCF_3SO_3$ 和 LiTFSI 作为锂盐时,未观察到相同的反应。Sun 等[47]在 DMSO 电解质中使用相同的锂盐,其结果表明,电荷超电势低于使用 $LiClO_4$/DMSO 电解质的电势。

开发功能稳定的新型电解质是锂空气电池研究的另一个主要目标[48]。新型有机电解质的设计一般需要考虑三个方面:溶解高摩尔浓度锂盐、氧和氧自由基的能力;极性原子与锂离子(例如氧)配位的可用性;有高蒸气压和高迁移数(DN)。锂离子和溶解氧是阴极表面发生反应所必需的。极性基团配位允许高盐含量和高 DN,促进"溶液机制",通过溶解中间产物和生成三维环形 Li_2O_2 沉积物来提高放电容量,而高蒸气压有利于实现更高的能量密度。

此外,电解质添加剂可用于改变阴极表面的化学性质[49]。硝酸锂添加剂可促进氧还原的"溶液机制",增加电解液的溶解性,从而在电解液中形成环形结构,促进 LiTFSI 的 Li_2O_2 膜生长，提高循环寿命。卤化锂盐还可以产生氧化还原介导效应，其中 I^-/Br^- 可以使远离阴极表面的 Li_2O_2 发生电化学氧化，从而降低充电过电位。然而，碘化物在微量水存在下会形成碘酸盐，大大降低其作为可靠添加剂的有效性和可行性。

2）功能性添加剂

由于电解质在非水系锂空气电池中发挥着重要作用，选择适当的电解质是电池成功运行的必要前提。

电解质的不稳定性主要是由于在 ORR 过程中不可避免地产生了超氧化物。为了解决这个问题，Kim 等[50]在人类眼球结构的启发下开发了一种通过在醚基电解质中添加聚多巴胺作为自由基清除剂的方法，如图 10-2(a)所示。添加和不添加聚多巴胺的电池都显示出相近的放电电压，但是添加聚多巴胺的电池在放电过程中会产生更多的可逆的 Li_2O_2 作为主要产物和较低的平衡电势，从而表现出明显较低的充电电压。

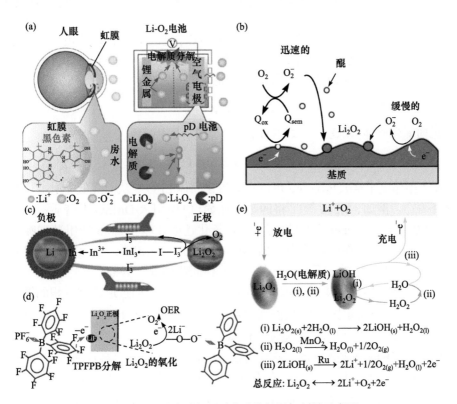

图 10-2　非水系电解质中功能性添加剂的示意图

(a)聚多巴胺作为超氧化物自由基清除剂[50]；(b)醌衍生物促进 Li_2O_2 的形成[51]；(c)自卫氧化还原介体[52]；(d)TPFPB 在充电过程中将 Li_2O_2 氧化为 O_2 的过程[53]；(e)充电过程中的 H_2O[54]

在固体非金属 Li_2O_2 的形成过程中，使电极表面上的传统催化剂逐渐被覆盖。为了加速 ORR 过程并提高放电性能，需要开发能够在 Li_2O_2 生长时重复吸附的扩散催化剂。Matsuda 等[51]研究了在 ORR 非水系电解质中添加醌衍生物对碳材料的影响。如图 10-2(b)所示，Q_{sem} 物种通常将分子氧催化还原为超氧阴离子自由基，具体如下：

$$Q_{sem} + Q_2 \longrightarrow Q_{ox}^+ + Q_2^- \tag{10-10}$$

其中，Q_{sem} 和 Q_{ox} 表示醌的半醌和氧化形式。在 Li^+ 的存在下，$Q_{sem}Li$ 是通过锂偶联的一个电子还原反应在电极上形成的，然后分子氧(O_2)转化为 $Q_{sem}Li$ 介导的超氧阴离子自由基(O_2^-)：

$$Q_{sem}Li + O_2 \longrightarrow Q_{ox} + O_2^- + Li^+ \tag{10-11}$$

阴极表面上形成的超氧阴离子自由基进一步与 Li^+ 反应，导致 Li_2O_2 连续沉积。他们还表明，苯醌对 Li_2O_2 的形成具有低于 100 mV 的超电势，表现出优异的催化性能[51]。

由于在固体 Li_2O_2 和固体电极表面之间难以传输电荷，因此充电时严重的电压极化是非水系锂空气电池中的重要问题。氧化还原介体(RM)可能有助于促进充电过程。充电时，RM 会在空气电极表面被氧化为 RM^+

$$RM \longrightarrow RM^+ + e^- \tag{10-12}$$

进而氧化固体 Li_2O_2 并导致 RM 再生：

$$Li_2O_2 + 2RM^+ \rightarrow 2Li^+ + O_2 + 2RM \tag{10-13}$$

RM 用作电子空穴传输剂，可以有效氧化固体 Li_2O_2，从而降低充电电位和延长循环寿命。例如，Chen 等[55]将四硫富瓦烯(TTF)引入 DMSO 电解质，成功降低了充电电压。Bergner 等[56]报道了一种氧化还原介体 2,2,6,6-四甲基哌啶基氧基(TEMPO)。通过在电解液中添加 10 mmol · L^{-1} TEMPO，电池充电电位明显降低了 500 mV，电池的循环寿命从 25 周增加到 50 周。Zhang 等[52]提出了一种自卫氧化还原介体三碘化铟(InI_3)，如图 10-2(c)所示。通过形成预沉积的铟层，可以抵抗可溶 I_3^- 的同步侵蚀，从而抑制穿梭效应。含 InI_3 的 $Li-O_2$ 电池可实现 80% 的容量保持率，并在相当长的循环中保持稳定。

固体 Li_2O_2 的形成会导致一系列问题，因此需要考虑如何溶解固体产物。Choi 等[53]和 Zheng 等[57]对在三(五氟苯基)硼烷(TPFPB)作为电解质中增加固体 Li_2O_2 溶解度的添加剂进行了研究。通过在电解液中添加 TPFPB 可以实现固体 Li_2O_2 的部分溶解。此外，他们还证实了 Li_2O_2 可以被电化学氧化为锂和氧。如图 10-2(d)所示[53]。

虽然电解质中的水会影响放电产物的形貌并增加放电容量[58]，但会导致 LiOH 的形成，使电池循环寿命变短[59]。Li 等[54]研究发现，LiOH 的分解与所用的催化剂密切相关。在电解质和电解锰氧化物（MnO_2）中使用微量的水可以促进放电产物由 Li_2O_2 转变为 LiOH，从而大大降低电荷超电势，如图 10-2(e)所示。Wang 等[60]研究发现，PtAu 纳米粒子可显著促进锂空气电池中的 ORR 和 OER 反应过程。PtAu/C 作为电池中的双功能电催化剂，能够使锂空气电池表现出较高的充放电效率。

2. 水系电解质

水系和混合型锂空气电池的电化学机理类似于锌空气电池。通过形成可溶的 LiOH，消除非水和固态锂空气电池中放电产物对多孔空气电极的阻塞。然而，水系电解质仍面临着能量密度有限和固体膜稳定性差这两方面的问题。

1)有限的能量密度

在非水系锂空气电池中，电解质的作用之一是将锂离子和氧传输到反应部位。由于可以从环境空气中获得氧气，因此实际容量和能量密度取决于锂阳极或多孔空气电极的利用率。然而，在水系和混合系型锂空气电池中，水溶剂也作为反应物参与反应，如反应式(10-6)所示。电解质的添加量不可避免地会降低电池的比能量密度。此外，当 Li^+ 和 OH^- 的浓度达到溶解度值(12.5 g 的 LiOH/100 g 的 H_2O)时，LiOH 会沉淀并填充到多孔空气电极中的空隙，这与非水系锂空气电池的情况相同。为了防止这种沉积，需要大量的水，导致电池理论能量密度进一步降低至仅约 477 Wh·kg^{-1}[20]。因此，为了增加水系和混合型锂空气电池的能量密度，应使用其他含水电解质而不是水。

表 10-1 列出了基于不同水溶液的锂空气电池的理论比容量和能量密度[20]。不同的电解质可能会导致不同的能量密度。由于放电产物的高溶解度，使用强酸溶液(例如 HCl 和 $HClO_3$)的电池可以实现最高的能量密度。然而，当使用这些电解质时，也会带来一些其他问题，例如固体电解质和空气电极的不稳定性。此外，随着电解液中锂盐含量的增加，氧的溶解度和转移系数会降低，工作电压也会降低，这可能会降低电池实际的能量密度[61]。因此，当使用具有高能量密度的水系电解质时，需要考虑上述这些问题。

表 10-1　基于某些水系电解质的锂空气电池的比容量和能量密度[20]

水溶液	1 mol 产物的最小含水量 (mol)	比容量 (mAh·g^{-1})	OCV=3.69 V 下的能量密度 (Wh·kg^{-1})
LiOH	11.14	129.19	476.70
CH_3COOH	8.15	130.97	483.28

水溶液	1 mol 产物的最小含水量 (mol)	比容量 (mAh · g^{-1})	OCV=3.69 V 下的能量密度 (Wh · kg^{-1})
HClO$_3$	1.09	262.51	968.68
HClO$_4$	10.07	95.83	353.63
HCOOH	7.35	152.10	561.24
HNO$_3$	3.76	208.49	769.33
H$_2$SO$_4$	17.86	72.73	268.37
HBr	2.67	211.31	779.74
HCl	2.79	316.88	1169.29

2)固体膜在水系电解质的稳定性

迄今为止，LATP 和 LAGP 是水系和混合型锂空气电池中应用较广泛的固体膜[62]。Shimonishi 等[63]测试了 LATP 在不同水系电解质中的稳定性，发现 LATP 在 LiNO$_3$ 和 LiCl 水溶液中稳定，但在 0.1 mol · L^{-1} HCl 和 1.0 mol · L^{-1} LiOH 水溶液中不稳定[64]。此外，锂离子饱和溶液可以提高 LATP 在水系电解质中的稳定性，例如 CH$_3$COOLi 饱和 CH$_3$COOH-H$_2$O 溶液[21,65]和 LiCl 饱和 LiOH 溶液[63]。He 等[66]测试了 LAGP 在各种酸性和碱性水系电解质中的稳定性。LAGP 浸入 LiOH 碱性水溶液后，会分解成 Li$_3$PO$_4$ 杂质相。但是，它在饱和的 LiCl-CH$_3$COOH-H$_2$O 和 LiCl-LiOH-H$_2$O 溶液中具有极好的稳定性。

由于高浓度和强酸(例如 HCl)可以提高理论能量密度，因此要解决 NASICON 型玻璃陶瓷的不稳定性，一种方法是在电解质中使用缓冲添加剂[67]。例如，磷酸是中等强度的酸，可能腐蚀 LATP 膜。但是，在室温下应用由 0.1 mol · L^{-1} 磷酸和 1 mol · L^{-1} LiH$_2$PO$_4$ 的混合物组成的磷酸盐缓冲溶液(其 pH 值为 3.14)，可以避免 LATP 膜的腐蚀[68]。Li 等[69]提出了一种通过在酸溶液中添加等量的咪唑来将质子存储在咪唑酸复合物中的方法。实验结果表明，在 6 mol · L^{-1} HCl 中添加 6.06 mol · L^{-1} 的咪唑后，溶液的 pH 值为 5.0，有效缓解了固体膜的腐蚀。

3. 固体电解质

当前锂空气电池技术仍面临许多挑战，阻碍了其作为开放系统的运行，尤其是易燃非质子电解质的蒸发以及锂阳极上锂枝晶的生长[70]。因此，开发具有高安全性和高能量密度的电池以满足工业需求有重要的意义[71]。固体电解质比液体电解质更适合在开放系统中使用，引起了人们的极大关注[72]。与非水系液体电解质相比，它们不易挥发或泄漏。固体电解质的固有固体特性(高杨氏模量)还可以抑制锂枝晶的生长和内部短路[73]，由 CO_2 和反应性 O_2 产生的锂金属腐蚀问题也可以得到抑制。

理想的固体电解质应具有高离子电导率、对其他物质(例如 O_2 和 H_2O)的低扩散系数、在水系/非水系电解质中的高稳定性以及与锂金属反应的高电阻[70]。随着锂离子电池的快速发展，研究人员已经开发了许多固态锂离子导电材料[28]。本节我们主要介绍有希望应用于锂空气电池的固体电解质。

1) NASICON 型氧化物

在 NASICON 型氧化物中，玻璃陶瓷 LATP 和 LAGP 已经在锂空气电池中得到广泛研究[74]。典型的 LATP 板厚度为 260 μm，在 25℃时的离子电导率为 3.5×10^{-4} S·cm^{-1}[64]。尽管 LATP 可以实现高的锂离子电导率和可被忽略的 H^+ 电导率[75]，但它与锂金属直接接触时不稳定，必须在锂金属和 LATP 板之间施加缓冲层，如图 10-3 (a) 所示[76]。因此，缓冲层还充当电解质的一种成分，应具有高的锂离子传导性并与锂金属接触稳定。该缓冲层可通过在 LATP 上溅射一层薄薄的固态氮化磷铝(LiPON)制成[77]。此外，还可应用聚环氧乙烷$(PEO)_{18}LiTFSI$ 作为缓冲层[76]，同时作为有效的保护性中间层来抑制 LATP 与锂金属之间的反应[78]。为了进一步降低锂阳极与缓冲层之间的界面电阻，向聚合物中添加了纳米尺寸的 $BaTiO_3$ 陶瓷填料，并通过添加 10%(质量分数)的纳米 $BaTiO_3$ 将 $PEO_{18}LiTFSI$ 和锂之间的界面电阻从 240 Ω·cm^{-2} 成功降低至 125 Ω·cm^{-2}。

由于在 LATP 上引入了缓冲层，总的锂离子电导率将不可避免地降低，从而导致锂空气电池的电阻较大，容量和可逆效率低。LAGP 是另一种 NASICON 型氧化物[79,80]，它对锂金属具有良好的化学稳定性并且具有宽的电化学窗口，可作为固态隔板[2,81]，如图 10-3 (b) 所示[82]。LAGP 的锂离子电导率在 25℃时可超过 10^{-4} S·cm^{-1}。然而，锂金属和 LAGP 板之间的高界面电阻仍然是一个亟待解决的问题[83]。

2) 单晶硅膜

除了 NASICON 型氧化物外，单晶硅膜也被研究作为锂空气电池中的固态锂离子传导材料[84]。结果表明，单晶硅膜的厚度在 2~20 μm 之间，锂离子电导率为 10^{-6} S·cm^{-1}，而氧在室温下的扩散系数极低(即 4×10^{-44} cm^2·s^{-1})[85]。因此，硅膜可以有效地保护锂阳极免受氧分子的穿越，同时在充电和放电期间传输锂离子。使用基于碳酸盐的电解质时，电阻的增加归因于电解质和硅膜之间的反应以及电解质在氧气气氛下的分解而形成额外的固体电解质界面(SEI)膜[86]。因此，在稳定的非水系电解质或水系电解质中，应该重新评估这种硅膜的性能。另外，硅的锂离子传导率仍然很低，导致电池输出功率很低。

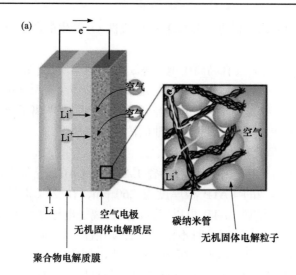

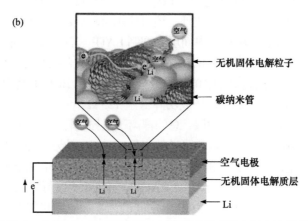

图 10-3　含有 (a) LATP[76] 和 (b) LAGP[82] 的固态锂空气电池示意图

3) 聚合物电解质

除了固体玻璃陶瓷和硅膜外，聚合物电解质由于无毒、蒸气压低和不易燃的特殊性能受到了越来越多的关注[73,87]。根据所应用的材料，聚合物电解质可分为三种类型[73]：①凝胶聚合物，它由含有液体电解质的聚合物网络制成；②固体聚合物，其中聚合物主体与锂盐一起充当固体溶剂；③通过将陶瓷填料整合到有机聚合物主体中而开发的复合聚合物。

通常，无机固体电解质（例如，NASICON 型氧化物）具有高离子电导率和不燃性，但是却显示出脆性和与空气电极的高界面电阻。凝胶/固体聚合物电解质显示出高柔韧性和低制造成本。由乙氧基化三羟甲基丙烷三丙烯酸酯、2-羟基-2-甲基-1-苯基-1-丙烷、Al_2O_3 纳米粒子以及溶解于 TEGDME 中的 $1\ mol\cdot L^{-1}\ LiCF_3SO_3$ 可以制备得到复合凝胶聚合物电解质[88]。这种电解质具有高离子电导率和低活化能，电池在 0.4 mA · cm^{-2} 电流密度下经过 140 周循环后的电压仍高于 2.2 V。此外，Yi 等[89]设计了一种结合了聚甲基丙烯酸甲酯-苯乙烯和无定形 LiNbO$_3$ 的复合固体聚合物电解质，其照片见图 10-4(a)。由于高离子导电性非晶态 LiNbO$_3$ 粉末的引入，其离子电导率范围为 0.26～0.59 mS · cm^{-1}[图 10-4(b)]，证实了溶胀膜的低结晶度和复合电解质的高离子电导率。使用这种电解质，固态锂氧电池可实现改善的循环寿命和安全性。

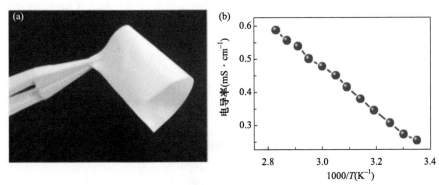

图 10-4   (a)复合固体聚合物电解质膜的照片；(b)离子电导率与温度的阿伦尼乌斯曲线[89]

与玻璃陶瓷相比，聚合物复合材料作为固体电解质的优势包括高锂离子传导性、良好的柔韧性、更高的接触界面以及易于制造。随着对下一代可穿戴柔性电子设备电源的研究兴趣越来越大[90,91]，迫切需要对聚合物复合材料进行进一步的研究。

10.2   离子液体在锂空气电池中的应用

10.2.1   纯离子液体电解质

日本 Kuboki 等[92]在 2005 年，首次提出将离子液体应用于锂空气电池。他们制备了五种具有高电导率的疏水性离子液体，并考虑了温度、湿度对电池放电过程的影响。结果显示，采用 EMITFSI[1-乙基-3-甲基咪唑双(三氟甲基磺酰)亚胺盐]的锂空气电池运行了 56 天，在非常小的电流密度(0.01 mA · cm^{-2})下放电时，比容量达到了 5360 mAh · g^{-1}。这项研究表明 EMITFSI 有希望应用于锂空气电池中。

Allen 等[93]采用 EMITFSI 离子液体，研究了金(Au)、玻璃碳(glassy carbon，GC)和锂盐(LiTFSI)对 OER、ORR 的影响。结果发现，锂空气电池中加入 EMITFSI 可使电解液中锂离子氧化还原反应速率加快。其中，溶质 LiTFSI 可使放电产物 LiO$_2$ 转化为 Li$_2$O$_2$，能显著改善锂离子的传导路径。在只有纯离子液体的情况下，

Au 表现出更优异的催化性能，在加入 0.025 mol · L^{-1} LiTFSI 后，两个工作电极的氧化峰电势数值相近，可还原峰数值相差甚远。研究人员推测是 GC 表面发生了吸附(比如 ORR 反应产物的化学分解)所致。在添加 LiTFSI 时，在 Au 电极上对应氧化反应的氧化峰电流只有纯 EMITFSI 的 1/10，根据皮尔逊(Pearson)的软硬酸碱(Hard soft acid base，HSAB)理论，可能是锂盐削弱了 EMI$^+$···O$_2$$^{·-}$ 键的稳定性，Au 电极的充放电数据显示出较强的可充电特性，对锂离子传导产生较大促进作用，循环产生的 LiO$_2$ 和 Li$_2$O$_2$ 可有效抑制电极钝化过程。加入 EMITFSI 的电解液反应过程及机理如图 10-5 所示。

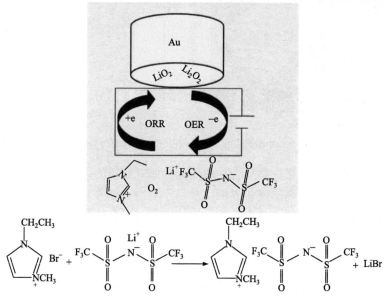

图 10-5　加入 EMITFSI 的电解液反应过程及机理[93]

Ivanov 等[94]采用纳米多孔硅材料，在 1 mol · L^{-1} LiPF$_6$ 碳酸亚乙酯/碳酸二甲酯(EC/DMC)和 1 mol · L^{-1} LIFTSI/[BMP]中通过循环伏安和恒电流测试了锂离子与电解质的反应。纳米多孔硅材料在 1 mol · L^{-1} LiPF$_6$ EC/DMC 电解液中显示出较优的活性。

Kazemiabnavi 等[95]研究了 N-丁基-N-甲基吡咯双（三氟甲基磺酰）亚胺(Pyr$_{14}$TFSI)的锂脱嵌性能和化学稳定性。通过对电解质进行恒电流充放电测试，发现电池循环效率高达 96.5%，能有效提高锂离子的传导率，这是因为离子液体 TFSI 基电解液在循环期间产生的降解产物较少，延迟了电极堵塞。在充放电过程中生成的 SEI 膜，会随着外界环境温度升高而变得更加稳定，所以电解质中锂离子传输速率也加快。由于离子液体特殊的化学性质，使电解液具有极低挥发性，将为这种新

型电化学电源开拓更加广阔的市场。
图 10-6 为基于 0.9 mol · L^{-1} Pyr$_{14}$TFSI
复合 0.1 mol · L^{-1} LiTFSI 电解液的电
池放电电压平台随时间变化曲线。
该结构生成的 SEI 膜不影响离子传
导，且电解质可沿膜界面渗透到锂
极片内部。在 40℃和 60℃时，离子
扩散系数较稳定，说明 SEI 膜可起
到保护极片的作用。

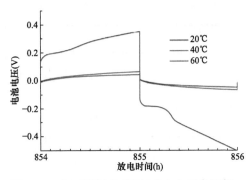

图 10-6　在不同温度下恒流放电电压曲线[95]

Zhang 等[96]报道了含有 1,2-二
甲基-3-(4-(2,2,6,6-四甲基-1-氧基-
4-哌啶基)-戊基)咪唑鎓双(三氟代甲烷)磺酰胺 (IL-TEMPO)的电池具有优异
的循环性能。IL-TEMPO 在 3.0 V 和 3.75 V 处显示出高度可逆的氧化还原反
应。在 0.1 mA · cm^{-2}电流密度下，电池第 1 周循环的能量效率为 70%，在 50
周循环时降低到 60%。该电池显示出优异的倍率性能，在 0.5 mA · cm^{-2}时第 1
周循环的能量效率为 60%。

10.2.2　混合电解质

在锂空气电池中，RTILs 通常与其他 RTILs 或非质子溶剂混合使用，以弥补
其缺点。例如，与纯 RTILs 相比，在锂空气电池中使用混合 RTILs(BMITFSI：
Pyr$_{14}$TFSI=4：1)时显示出更低的电阻和更低的过电势[97,98]。此外，将质子惰性溶
剂与 RTILs 混合，可最大限度地结合每种溶剂的最佳功能[99,100]。将不同的基于咪
唑类的 RTILs(例如 BMITFSI、BMIPF$_6$ 和 BMIBF$_4$)与 DMSO 结合使用，可以研
究在有或没有 O$_2$ 的情况下其 ORR/OER 性能[101]。与单独的 DMSO 或 RTILs 相
比，混合电解质表现出增强的 ORR/OER 循环能力和更高的 ORR 电流密度，
这是由于混合电解质提高了 O$_2$ 溶解度和扩散系数。同时，与纯 TEGDME 电
解质相比，Pyr$_{14}$TFSI/TEGDME 混合电解质表现出增强的动力学特性和较低
的超电势[102]。在充电过程中，Pyr$_{14}$TFSI 和 DME 的混合物中可以观察到单电子
机理[103]。Pyr$_{14}$TFSI 稳定了 O$_2^-$ 物种并促进了单电子反应，从而将过电势降低至
0.19 V。

Elia 等[104]提出了一种通过在长链甘醇二甲醚中溶解双(三氟甲磺酰基)酰亚
胺锂(LiTFSI)盐而形成的新电解质，即聚乙二醇 500-二甲醚(PEG500DME)与甲
基丁基吡咯烷鎓-双(三氟甲磺酰基)酰亚胺(Pyr$_{14}$TFSI)离子液体。该电解质展现
了极低的挥发性和良好的性能[105]。所选溶液可有效用作锂氧半电池和使用 Li-Sn-C

纳米结构复合阳极的完整锂氧电池中的电解质，这表明混合离子液体的聚乙烯醇二甲醚适用于高能存储系统。图 10-7 为所研究的三种电解质溶液的热稳定性。PEG0 电解质的热重曲线[图 10-7(a)，红色曲线]显示，由于溶剂蒸发，在约 320℃时出现了第一次失重，在约 420℃时出现了第二次失重。添加 10% 和 30% 的离子液体会使 PEG10(蓝色曲线)和 PEG30(绿色曲线)的蒸发温度分别提高到 360℃和390℃。蒸发温度的升高反映出热稳定性得到了改善，从而证明电解质可以在较宽的温度范围内使用。图 10-7(b)中电解质的 DSC 曲线显示了与 PEG500DME 结晶相关的主要吸热跃迁，从而导致电解质冻结。如图 10-7(c)显示，向电解液中添加离子液体会同时降低冷冻温度和相应的吸热峰幅度。添加 10% 的离子液体会将凝固点降低至 0℃，而离子液体含量进一步增加至 30% 会将凝固点降低至 –14℃。通过添加 IL 使结晶焓(ΔH_m)从 65 J·g^{-1} 降低到 25 J·g^{-1}，这可能是由于溶液性质的改变而导致冷冻时结晶度的降低[106]。

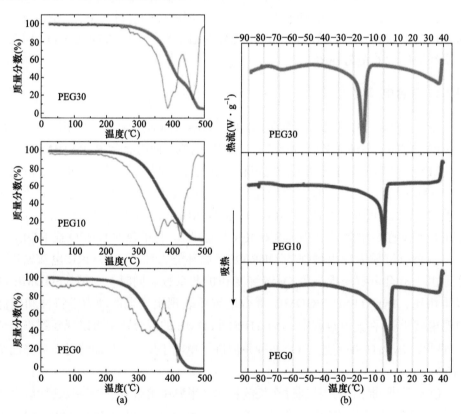

(a)　　　　　　　　　　　　　　(b)

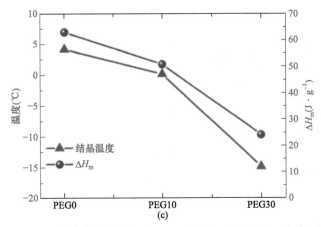

图 10-7　(a)在 25~500℃温度范围内以 10℃·min⁻¹ 的扫描速率在氮气气氛下获得的 PEG0、PEG10 和 PEG30 电解质的 TGA 曲线；(b)在 40~90℃的温度范围内以 5℃·min⁻¹ 的扫描速率获得的 PEG0、PEG10 和 PEG30 电解质的 DSC 曲线；(c)PEG0、PEG10 和 PEG30 电解质的结晶温度和ΔH_m[104]

10.2.3　凝胶电解质

Leng 等[107]将醋酸纤维素(CA)与 P(VDF-HFP)混合，制得一种新型的 GPE，它具有高离子电导率和出色的电化学稳定性。此外，使用 P(VDF-HFP)、离子液体 Pyr₁₄TFSI 和 LiTFSI 可以制备得到 GPE 并应用于准固态 Li-O₂ 电池，在 0.25 mA·cm⁻² 的电流密度下显示出 72 mAh 的放电容量。通过 SEM、XRD 和拉曼光谱进一步证实了放电产物的成分(Li₂O₂)(图 10-8)。与传统的液体电解质相比，准固态 IL-GPE 可以在锂金属阳极上形成更稳定、更导电的固体电解质界面(SEI)

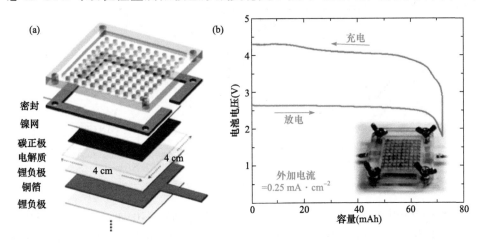

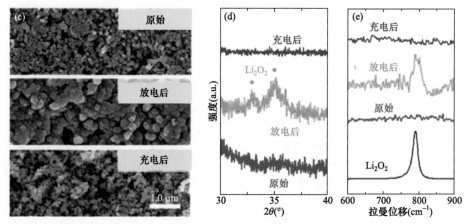

图 10-8　（a）使用 IL-GPE 的 Li-O₂ 电池示意图和（b）放电/充电曲线；不同充放电状态下阴极的（c）SEM 图、（d）XRD 图和（e）拉曼光谱[108]

膜，形成有效的阻挡层，减少水向锂阳极的渗透[108,109]。

Kim 等[110]报道了基于聚丙烯腈（PAN）的 GPE 与四氯-1,4-苯醌（tCl-pBQ）作为锂空气电池（LAB）中的电解质。与不含 tCl-pBQ 的 PAN GPE 相比，含 LiTFSI/四甘醇二甲醚（TEGDME）的 PAN/tCl-pBQ GPE 作为电解质时 LAB 充电电压从约 4.2 V 降低至 3.6 V，能量循环效率约提高了 10%。充电电压的降低将可循环性从 8 周提高到 98 周。结构分析表明，添加 tCl-pBQ 可以加快 PAN 基凝胶聚合物电解质基质中非晶相的形成，从而在室温下将离子电导率从 $7.64 \text{ mS} \cdot \text{cm}^{-1}$ 提升至 $12.5 \text{ mS} \cdot \text{cm}^{-1}$。图 10-9 是合成的纯 PAN GPE 和 PAN/tCl-pBQ GPE 的 XRD 图谱和 FTIR 光谱。

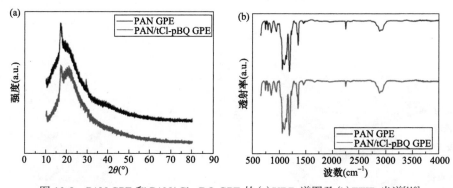

图 10-9　PAN GPE 和 PAN/tCl-pBQ GPE 的（a）XRD 谱图及（b）FTIR 光谱[110]

Cheng 等[111]通过流延法制备了 $Li_{1.4}Al_{0.4}Ge_{0.2}Ti_{1.4}(PO_4)_3$-10 wt% TiO_2（LAGTP）固体电解质膜（约 90 mm 厚）。在 25℃时，该环氧树脂防水膜的锂离子电导率为 $4.45 \times 10^{-4} \text{ S} \cdot \text{cm}^{-1}$，三点弯曲强度约为 $200 \text{ N} \cdot \text{mm}^{-2}$。

10.2.4　固体电解质

近年来，由于固体电解质可以通过抑制锂枝晶生长和延缓燃烧来解决安全性问题，在电池领域受到了广泛关注[112]。尽管全固态锂空气电池具有较好发展前景，但其发展应用仍然存在瓶颈。一方面，锂空气电池的工作原理要求阴极多孔，以提供足够的气-固-界面，允许发生电化学反应。另一方面，固体电解质应紧密接触阴极以确保离子导电性，而这是困难的，因为固体-固体接触和 Li_2O_2 的形成和分解导致阴极体积变化。此外，固体电解质与锂阳极之间的界面应优化，否则会产生较大的电阻，甚至导致电池故障。

适用于锂空气电池的高性能固体电解质应符合以下标准[14]：①化学稳定性高，与锂正极或负极材料的相容性好；②宽电化学窗口，防止不可逆反应；③充放电过程中的热稳定性和机械稳定性高；④在室温下，低离子面积比电阻、高电子面积比电阻和高 Li^+ 电导率（$\sigma > 10^{-3}\ S\cdot cm^{-1}$）；⑤与 O_2^- 和锂的氧化物（如 LiO_2 和 Li_2O_2）相容；⑥制造工艺简单，成本低，易于设备集成，而且对环境友好。

Zhang 等[113]合成了疏水性离子液体-二氧化硅-聚偏二氟乙烯-六氟丙烯聚合物复合电解质，并将其用于锂空气电池。在环境空气中测试电池时，紧凑的结构和稳定的界面电阻有利于电池长期耐用。

Chi 等[114]开发了一种集成的固态锂空气电池，它使用一个超薄且高离子导电的锂离子交换 X 沸石（LiX）膜作为唯一的固体电解质。沸石固有的化学稳定性有效地抑制了锂或空气影响下电解质的退化。沸石基锂空气电池优异的电化学性能、柔韧性和稳定性赋予了其实际的适用性，可推广到其他储能系统，如锂离子电池、钠空气电池和钠离子电池。

固体电解质在锂空气电池中有很大的应用潜力，可以实现安全性好、能量密度高的开放储能系统[115,116]。PVDF-HFP、聚氧乙烯（PEO）和聚甲基丙烯酸甲酯（PMMA）等 SPE 被认为是有前途的锂空气电池固体电解质，但其离子导电性和稳定性仍有待提高。

参 考 文 献

[1] Fiates J, Doubek G. Theoretical insights into impact of electrode and electrolyte over Li-air battery. J Electrochem Soc, 2022, 169: 030521.

[2] Wu F, Yu Y. Toward true lithium-air batteries. Joule, 2018, 2: 815-817.

[3] Saito M, Fujinami T, Sohmiya M, et al. Comparison of lithium salt effect on negative electrodes and lithium-air cell performance. J Electrochem Soc, 2021, 168: 10520-10530.

[4] Liu F, Cui Y. Zeolite-based electrolyte accelerating the realization of solid-state Li-air battery. Chem Res Chin Univ, 2021, 37: 801-802.

[5] Kim H S, Kim B, Park H, et al. Auto-oxygenated porphyrin-derived redox mediators for high-

performance lithium air-breathing batteries. Adv Energy Mater, 2022: 12, 2103527.

[6] Cao R, Chen K, Liu J, et al. Li-air batteries: air stability of lithium metal anodes. Sci China Chem, 2023, 2: 638-658.

[7] Tan P, Jiang H R, Zhu X B, et al. Advances and challenges in lithium-air batteries. Appl Energy, 2017, 204: 780-806.

[8] Athika M, Devi V S, Elumalai P. Cauliflower-like hierarchical porous nickel/nickel ferrite/carbon composite as superior bifunctional catalyst for lithium-air battery. ChemistrySelect, 2020, 5: 3529-3538.

[9] Azuma S, Sano M, Moro I, et al. Redox mediator-coated air-electrodes for high-capacity cycle operation of lithium-air batteries. J Phys Chem C, 2023, 127: 7087-7094.

[10] Aurbach D, McCloskey B D, Nazar L F, et al. Advances in understanding mechanisms underpinning lithium-air batteries. Nat Energy, 2016, 1: 16128-16139.

[11] McNulty R C, Jones K D, Holc C, et al. Hydroperoxide-mediated degradation of acetonitrile in the lithium-air battery. Adv Energy Mater, 2023, 1: 2300579.

[12] Kozmenkova A Y, Kataev E Y, Belova A I, et al. Tuning surface chemistry of TiC electrodes for lithium-air batteries. Chem Mater, 2016, 28: 8248-8255.

[13] Li F, Chen J. Mechanistic evolution of aprotic lithium-oxygen batteries. Adv Energy Mater, 2017, 7: 1602934-1602946.

[14] Lai J, Xing Y, Chen N, et al. Electrolytes for rechargeable lithium-air batteries. Angew Chem Int Ed, 2020, 59: 2974-2997.

[15] Arumugam M, Li L. Hybrid and aqueous lithium-air batteries. Adv Energy Mater, 2015, 5: 1401302-1401318.

[16] Yui Y, Sakamoto S, Nohara M, et al. Electrochemical properties of lithium air batteries with $Pt_{100-x}Ru_x (0 \leqslant x \leqslant 100)$ electrocatalysts for air electrodes. J Power Sources, 2017, 340: 121-125.

[17] Zhan X, Zhang J, Liu M, et al. Advanced polymer electrolyte with enhanced electrochemical performance for lithium-ion batteries: Effect of nitrile-functionalized ionic liquid. ACS Appl Energy Mater, 2019, 2: 1685-1694.

[18] Li J, Wang Z, Yang L, et al. A flexible Li-air battery workable under harsh conditions based on an integrated structure: A composite lithium anode encased in a gel electrolyte. ACS Appl Mater Interfaces, 2021, 13: 18627-18637.

[19] Li J, Hou L, Yu M, et al. Review and recent advances of oxygen transfer in Li-air batteries. ChemElectroChem, 2021, 8: 3588-3603.

[20] Lou P, Li L, Wu Y, et al. Fabrication of composite solid electrolyte based on MOF with functional ionic liquid for integrated lithium–air batteries. Ionics, 2023, 29: 1803-1812.

[21] Xu Z, Liu Z, Gu Z, et al. Polyimide-based solid-state gel polymer electrolyte for lithium-oxygen batteries with a long-cycling life. ACS Appl Mater Interfaces, 2023, 15: 7014-7022.

[22] Shimonishi Y, Zhang T, Johnson P C, et al. A study on lithium/air secondary batteries-stability of NASICON-type glass ceramics in acid solutions. J Power Sources, 2010, 195: 6187-6191.

[23] Jaradat A, Zhang C, Singh S K, et al. High performance air breathing flexible lithium-air battery.

Small, 2021, 17: 2102072-2102079.

[24] Zheng J P, Liang R, Hendrickson M A, et al. Theoretical energy density of Li-air batteries. J Electrochem Soc, 2008, 155: A432-A437.

[25] Jiang Z, Rappe A M. Mechanistic study of the Li-air battery with a Co₃O₄ cathode and dimethyl sulfoxide electrolyte. J Phys Chem C, 2021, 125: 21873-21881.

[26] Christensen J, Albertus P, Sanchezcarrera R S, et al. A critical review of Li/Air batteries. J Electrochem Soc, 2011, 159: R1-R30.

[27] Kitaura H, Zhou H. Reaction and degradation mechanism in all-solid-state lithium-air batteries. Chem Commun, 2015, 51: 17560-17563.

[28] Sun Y. Lithium ion conducting membranes for lithium-air batteries. Nano Energy, 2013, 2: 801-816.

[29] Kumar B, Kumar J. Cathodes for solid-state lithium-oxygen cells: Roles of nasicon glass-ceramics. J Electrochem Soc, 2010, 157: A611-A616.

[30] Wang C, Guo Z, Zhang S, et al. Constructing *in-situ* polymerized electrolyte on lithiophilic anode for high-performance lithium-air batteries operating in ambient conditions. Energy Stor Mater, 2021, 43: 221-228.

[31] Gwak G, Ju H. Three-dimensional transient modeling of a non-aqueous electrolyte lithium-air battery. Electrochim Acta, 2016, 201: 395-409.

[32] Haas R, Murat M, Weiss M, et al. Understanding the transport of atmospheric gases in liquid electrolytes for lithium-air batteries. J Electrochem Soc, 2021, 168: 70504-705011.

[33] Elia G A, Hassoun J, Kwak W, et al. An advanced lithium-air battery exploiting an ionic liquid-based electrolyte. Nano Lett, 2014, 14: 6572-6577.

[34] Adams B D, Black R, Williams Z, et al. Towards a stable organic electrolyte for the lithium oxygen battery. Adv Energy Mater, 2015, 5: 1400867-1400877.

[35] Katayama Y, Sekiguchi K, Yamagata M, et al. Electrochemical behavior of oxygen/superoxide ion couple in 1-butyl-1-methylpyrrolidinium bis(trifluoromethylsulfonyl)imide room-temperature molten salt. J Electrochem Soc, 2005, 152: E247-E250.

[36] Mizuno F, Takechi K, Higashi S, et al. Cathode reaction mechanism of non-aqueous Li-O₂ batteries with highly oxygen radical stable electrolyte solvent. J Power Sources, 2013, 228: 47-56.

[37] Zygadlomonikowska E, Florjanczyk Z, Kubisa P, et al. Lithium electrolytes based on modified imidazolium ionic liquids. Int J Hydrogen Energy, 2014, 39: 2943-2952.

[38] Soavi F, Monaco S, Mastragostino M. Catalyst-free porous carbon cathode and ionic liquid for high efficiency, rechargeable Li/O₂ battery. J Power Sources, 2013, 224: 115-119.

[39] Laoire C O, Mukerjee S, Abraham K M, et al. Influence of nonaqueous solvents on the electroche mistry of oxygen in the rechargeable lithium-air battery. J Phys Chem C, 2010, 114: 9178-9186.

[40] Wang H, Xie K, Wang L, et al. *N*-methyl-2-pyrrolidone as a solvent for the non-aqueous electrolyte of rechargeable Li-air batteries. J Power Sources, 2012, 219: 263-271.

[41] Crowther O, Meyer B, Salomon M. Methoxybenzene as an electrolyte solvent for the primary lithium metal air battery. Electrochem Solid State Lett, 2011, 14: A113-A115.

[42] Sharon D, Hirsberg D, Afri M, et al. Reactivity of amide based solutions in lithium-oxygen cells. J Phys Chem C, 2014, 118: 15207-15213.

[43] Barde F, Chen Y, Johnson L, et al. Sulfone-based electrolytes for nonaqueous Li-O$_2$ batteries. J Phys Chem C, 2014, 118: 18892-18898.

[44] Ferrari S, Quartarone E, Tomasi C, et al. Investigation of ether-based ionic liquid electrolytes for lithium-O$_2$ batteries. J Electrochem Soc, 2015, 162: A3001-A3006.

[45] Lu J, Li L, Park J, et al. Aprotic and aqueous Li-O$_2$ batteries. Chem Rev, 2014, 114: 5611-5640.

[46] Du P, Lu J, Lau K C, et al. Compatibility of lithium salts with solvent of the non-aqueous electrolyte in Li-O$_2$ batteries. Phys Chem Chem Phys, 2013, 15: 5572-5581.

[47] Sun B, Huang X, Chen S, et al. An optimized LiNO$_3$/DMSO electrolyte for high-performance rechargeable Li-O$_2$ batteries. RSC Adv, 2014, 4: 11115-11120.

[48] Dornbusch D A, Viggiano R P, Lvovich V F. Integrated impedance-NMR identification of electrolyte stability in lithium-air batteries. Electrochim Acta, 2020, 349: 136169-136192.

[49] Tan P, Shyy W, Zhao T S, et al. Effects of moist air on the cycling performance of non-aqueous lithium-air batteries. Appl Energy, 2016, 182: 569-575.

[50] Kim B G, Kim S, Lee H, et al. Wisdom from the human eye: A synthetic melanin radical scavenger for improved cycle life of Li-O$_2$ battery. Chem Mater, 2014, 26: 4757-4764.

[51] Matsuda S, Hashimoto K, Nakanishi S. Efficient Li$_2$O$_2$ formation via aprotic oxygen reduction reaction mediated by quinone derivatives. J Phys Chem C, 2014, 118: 18397-18400.

[52] Zhang T, Liao K, He P, et al. A self-defense redox mediator for efficient lithium-O$_2$ batteries. Energy Environ Sci, 2016, 9: 1024-1030.

[53] Choi N-S, Jeong G, Koo B, et al. Tris(pentafluorophenyl) borane-containing electrolytes for electrochemical reversibility of lithium peroxide-based electrodes in lithium-oxygen batteries. J Power Sources, 2013, 225: 95-100.

[54] Li F, Wu S, Li D, et al. The water catalysis at oxygen cathodes of lithium-oxygen cells. Nat Commun, 2015, 6: 7843.

[55] Chen Y, Freunberger S A, Peng Z, et al. Charging a Li-O$_2$ battery using a redox mediator. Nat Chem, 2013, 5: 489-494.

[56] Bergner B J, Schurmann A, Peppler K, et al. TEMPO: A mobile catalyst for rechargeable Li-O$_2$ batteries. J Am Chem Soc, 2014, 136: 15054-15064.

[57] Zheng D, Lee H, Yang X, et al. Electrochemical oxidation of solid Li$_2$O$_2$ in non-aqueous electrolyte using peroxide complexing additives for lithium-air batteries. Electrochem Commun, 2013, 28: 17-19.

[58] Meini S, Piana M, Tsiouvaras N, et al. The effect of water on the discharge capacity of a non-catalyzed carbon cathode for Li-O$_2$ batteries. Electrochem Solid State Lett, 2012, 15: A45-A48.

[59] Meini S, Tsiouvaras N, Schwenke K U, et al. Rechargeability of Li-air cathodes pre-filled with discharge products using an ether-based electrolyte solution: implications for cycle-life of Li-air cells. Phys Chem Chem Phys, 2013, 15: 11478-11493.

[60] Wang L, Wang Y, Qiao Y, et al. Superior efficient rechargeable lithium-air batteries using a

bifunctional biological enzyme catalyst. Energy Environ Sci, 2020, 13: 144-151.

[61] He P, Wang Y, Zhou H. The effect of alkalinity and temperature on the performance of lithium-air fuel cell with hybrid electrolytes. J Power Sources, 2011, 196: 5611-5616.

[62] Bai S, Sun Y, Yi J, et al. High-power Li-metal anode enabled by metal-organic framework modified electrolyte. Joule, 2018, 2: 2117-2132.

[63] Shimonishi Y, Zhang T, Imanishi N, et al. A study on lithium/air secondary batteries-stability of the NASICON-type lithium ion conducting solid electrolyte in alkaline aqueous solutions. J Power Sources, 2011, 196: 5128-5132.

[64] Zhang T, Imanishi N, Takeda Y, et al. Aqueous lithium/air rechargeable batteries. Chem Lett, 2011, 40: 668-673.

[65] Zhang T, Imanishi N, Shimonishi Y, et al. Stability of a water-stable lithium metal anode for a lithium-air battery with acetic acid-water solutions. J Electrochem Soc, 2010, 157: A214-A218.

[66] He K, Zu C, Wang Y, et al. Stability of lithium ion conductor NASICON structure glass ceramic in acid and alkaline aqueous solution. Solid State Ion, 2014, 254: 78-81.

[67] Huang F, Ma G, Wen Z, et al. Enhancing metallic lithium battery performance by tuning the electrolyte solution structure. J Mater Chem A, 2018, 6: 1612-1620.

[68] Li L, Zhao X, Manthiram A. A dual-electrolyte rechargeable Li-air battery with phosphate buffer catholyte. Electrochem Commun, 2012, 14: 78-81.

[69] Li L, Fu Y, Manthiram A. Imidazole-buffered acidic catholytes for hybrid Li-air batteries with high practical energy density. Electrochem Commun, 2014, 47: 67-70.

[70] Song H, Wang S, Song X, et al. Solar-driven all-solid-state lithium-air batteries operating at extreme low temperatures. Energy Environ Sci, 2020, 13: 1205-1211.

[71] Jónsson E. Ionic liquids as electrolytes for energy storage applications: A modelling perspective. Energy Stor Mater, 2020, 25: 827-835.

[72] Mourad E, Petit Y K, Spezia R, et al. Singlet oxygen from cation driven superoxide disproportionation and consequences for aprotic metal-O_2 batteries. Energy Environ Sci, 2019, 12: 2559-2568.

[73] Manthiram A, Yu X, Wang S. Lithium battery chemistries enabled by solid-state electrolytes. Nat Rev Mater, 2017, 2: 16103-16118.

[74] Jian Z, Hu Y, Ji X, et al. NASICON-structured materials for energy storage. Adv Mater, 2017, 29: 1601925-1601940.

[75] Ding F, Xu W, Shao Y, et al. H^+ diffusion and electrochemical stability of $Li_{1+x+y}Al_xTi_{2-x}Si_yP_{3-y}O_{12}$ glass in aqueous Li/air battery electrolytes. J Power Sources, 2012, 214: 292-297.

[76] Kitaura H, Zhou H. Electrochemical performance of polid-state lithium-air batteries using carbon nanotube catalyst in the air electrode. Adv Energy Mater, 2012, 2: 889-894.

[77] Imanishi N, Hasegawa S, Zhang T, et al. Lithium anode for lithium-air secondary batteries. J Power Sources, 2008, 185: 1392-1397.

[78] Zhang T, Liu S, Imanishi N, et al. Water-stable lithium electrode and its application in aqueous lithium/air secondary batteries. Electrochemistry, 2010, 78: 360-362.

[79] Aono H, Sugimoto E, Sadaoka Y, et al. Electrical properties and sinterability for lithium germanium phosphate $Li_{1+x}M_xGe_{2-x}(PO_4)_3$, M=Al, Cr, Ga, Fe, Sc, and in systems. Bull Chem Soc Jpn, 1992, 65: 2200-2204.

[80] Xu X, Wen Z, Wu X, et al. Lithium ion-conducting glass-ceramics of $Li_{1.5}Al_{0.5}Ge_{1.5}(PO_4)_{3-x}Li_2O$ (x=0.0~0.20) with good electrical and electrochemical properties. J Am Ceram Soc, 2007, 90: 2802-2806.

[81] Sanchez-Ramirez N, Assresahegn B D, Torresi R M, et al. Producing high-performing silicon anodes by tailoring ionic liquids as electrolytes. Energy Stor Mater, 2019, 25: 35-75.

[82] Kitaura H, Zhou H. Electrochemical performance and reaction mechanism of all-solid-state lithium-air batteries composed of lithium, $Li_{1+x}Al_yGe_{2-y}(PO_4)_3$ solid electrolyte and carbon nanotube air electrode. Energy Environ Sci, 2012, 5: 9077-9084.

[83] Kumar J, Kumar B. Development of membranes and a study of their interfaces for rechargeable lithium-air battery. J Power Sources, 2009, 194: 1113-1119.

[84] Truong T T, Qin Y, Ren Y, et al. Single-crystal silicon membranes with high lithium conductivity and application in lithium-air batteries. Adv Mater, 2011, 23: 4947-4952.

[85] Wang J, Huang G, Chen K, et al. An adjustable-porosity plastic crystal electrolyte enables high-performance all-solid-state lithium-oxygen batteries. Angew Chem Int Ed, 2020, 59: 9382-9387.

[86] Wang J, Yin Y, Liu T, et al. Hybrid electrolyte with robust garnet-ceramic electrolyte for lithium anode protection in lithium-oxygen batteries. J Nano Res, 2018, 11: 3434-3441.

[87] Wang K. Solutions for dendrite growth of electrodeposited zinc. ACS Omega, 2020, 5: 10225-10227.

[88] Luo W, Chou S, Wang J, et al. A hybrid gel-solid-state polymer electrolyte for long-life lithium oxygen batteries. Chem Commun, 2015, 51: 8269-8272.

[89] Yi J, Zhou H. A unique hybrid quasi-solid-state electrolyte for $Li-O_2$ batteries with improved cycle life and safety. ChemSusChem, 2016, 9: 2391-2396.

[90] Liu Q, Xu J, Xu D, et al. Flexible lithium-oxygen battery based on a recoverable cathode. Nat Commun, 2015, 6: 7892.

[91] Yang X-Y, Xu J-J, Chang Z-W, et al. Blood-capillary-inspired, free-standing, flexible, and low-cost super-hydrophobic N-CNTs@SS cathodes for high-capacity, high-rate, and stable Li-air batteries. Adv Energy Mater, 2018, 8: 1702242-1702248.

[92] Kuboki T, Okuyama T, Ohsaki T, et al. Lithium-air batteries using hydrophobic room temperature ionic liquid electrolyte. J Power Sources, 2005, 146: 766-769.

[93] Allen C J, Mukerjee S, Plichta E J, et al. Oxygen electrode rechargeability in an ionic liquid for the Li-air battery. J Phys Chem Lett, 2011, 2: 2420-2424.

[94] Ivanov S, Vlaic C A, Du S, et al. Electrochemical performance of nanoporous Si as anode for lithium ion batteries in alkyl carbonate and ionic liquid-based electrolytes. J Appl Electrochem, 2014, 44: 159-168.

[95] Kazemiabnavi S, Dutta P, Banerjee S. Density functional theory based study of the electron transfer reaction at the lithium metal anode in a lithium-air battery with ionic liquid electrolytes. J Phys

Chem C, 2014, 118: 27183-27192.

[96] Zhang J, Sun B, Zhao Y, et al. A versatile functionalized ionic liquid to boost the solution-mediated performances of lithium-oxygen batteries. Nat Commun, 2019, 10: 1-10.

[97] Ara M, Meng T, Nazri G-A, et al. Ternary imidazolium-pyrrolidinium-based ionic liquid electrolytes for rechargeable Li-O$_2$ batteries. J Electrochem Soc, 2014, 161: A1969-A1975.

[98] Zhang X-P, Sun Y-Y, Sun Z, et al. Anode interfacial layer formation via reductive ethyl detaching of organic iodide in lithium-oxygen batteries. Nat Commun, 2019, 10: 3543-3554.

[99] Neale A R, Goodrich P, Hughes T-L, et al. Physical and electrochemical investigations into blended electrolytes containing a glyme solvent and two bis{(trifluoromethyl)sulfonyl}imide-based ionic liquids. J Electrochem Soc, 2017, 164: H5124-H5134.

[100] Quinzeni I, Ferrari S, Quartarone E, et al. Li-doped mixtures of alkoxy-N-methylpyrrolidinium bis(trifluoromethanesulfonyl)-imide and organic carbonates as safe liquid electrolytes for lithium batteries. J Power Sources, 2013, 237: 204-209.

[101] Khan A, Zhao C. Oxygen reduction reactions in aprotic ionic liquids based mixed electrolytes for high performance of Li-O$_2$ batteries. ACS Sustain Chem Eng, 2016, 4: 506-513.

[102] Cecchetto L, Salomon M, Scrosati B, et al. Study of a Li-air battery having an electrolyte solution formed by a mixture of an ether-based aprotic solvent and an ionic liquid. J Power Sources, 2012, 213: 233-238.

[103] Xie J, Dong Q, Madden I, et al. Achieving low overpotential Li-O$_2$ battery operations by Li$_2$O$_2$ decomposition through one-electron processes. Nano Lett, 2015, 15: 8371-8376.

[104] Elia G A, Bernhard R, Hassoun J. A lithium-ion oxygen battery using a polyethylene glyme electrolyte mixed with an ionic liquid. RSC Adv, 2015, 5: 21360-21365.

[105] Huang C, Li J, Li M, et al. Experimental investigation on current modes of ionic liquid electrospray from a coned porous emitter. Acta Astronaut, 2021, 183: 286-299.

[106] Sun H, Zhu G, Xu X, et al. A safe and non-flammable sodium metal battery based on an ionic liquid electrolyte. Nat Commun, 2019, 19: 3302-3312.

[107] Leng L, Zeng X, Chen P, et al. A novel stability-enhanced lithium-oxygen battery with cellulose-based composite polymer gel as the electrolyte. Electrochim Acta, 2015, 176: 1108-1115.

[108] Jung K-N, Lee J-I, Jung J-H, et al. A quasi-solid-state rechargeable lithium-oxygen battery based on a gel polymer electrolyte with an ionic liquid. Chem Commun, 2014, 50: 5458-5461.

[109] Guo Y, He D, Xie A, et al. Preparation and characterization of a novel poly-geminal dicationic ionic liquid (PGDIL). J Mol Liq, 2019, 296: 111896-111916.

[110] Kim Y B, Kim I T, Song M J, et al. Synthesis of a polyacrylonitrile/tetrachloro-1,4-benzoquinone gel polymer electrolyte for high-performance Li-air batteries. J Membr Sci, 2018, 563: 835-842.

[111] Cheng J, Zhang M, Jiang Y, et al. Perovskite La$_{0.6}$Sr$_{0.4}$Co$_{0.2}$Fe$_{0.8}$O$_3$ as an effective electrocatalyst for non-aqueous lithium air batteries. Electrochim Acta, 2016, 191: 106-115.

[112] Das S, Sarkar A, Berry K. Experimental performance evaluation of a hyper-branched polymer electrolyte for rechargeable Li-air batteries. Front Energy, 2020, 8: 75-86.

[113] Zhang D, Li R, Huang T, et al. Novel composite polymer electrolyte for lithium air batteries. J

Power Sources, 2010, 195: 1202-1206.

[114] Chi X, Li M, Di J, et al. A highly stable and flexible zeolite electrolyte solid-state Li-air battery. Nature, 2021, 592: 551-557.

[115] Chen K, Yang D Y, Huang G, et al. Lithium-air batteries: Air-electrochemistry and anode stabilization. Acc Chem Res, 2021, 54: 632-641.

[116] Liu M, Gou S, Wu Q, et al. Ionic liquids as an effective additive for improving the solubility and rheological properties of hydrophobic associating polymers. J Mol Liq, 2019, 296: 111833-111861.

第 11 章
离子液体电解质在燃料
电池中的应用

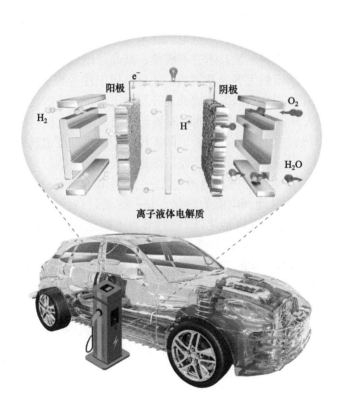

离子液体电解质

近年来，以氢取代石油为燃料的燃料电池汽车已经被研发出来，并凭借其清洁性与高能量转化率等优势越来越受到人们的重视。燃料电池以氢气作为燃料，可高效率地实现化学能向电能、热能的转换[1,2]，具有高效、清洁、安全、可靠等诸多优势[3]，是一种具有强大潜力的发电技术，可应用于汽车、发电站、电子器件等领域。

11.1　燃料电池概述

19 世纪中期，开始出现燃料电池的概念，但直到 19 世纪末期，真正意义上的燃料电池才被蒙德(Mond)和兰格(Langer)成功制出。不幸的是，受第二次工业革命内燃机技术的冲击，燃料电池的发展陷入了停滞阶段。到了 20 世纪 60 年代，人类探索的脚步开始迈向太空，燃料电池技术又进入科研人员的视野，并重新被重视。然而，当时的燃料电池技术并不成熟，其高昂的成本限制了商业化发展，应用范围只局限于航空航天等高新领域。经过科研工作者数十年不断的努力探索与研发，美国杜邦公司在 1972 年成功地开发出了一种新型的全氟磺酸型质子交换膜(Nafion)，大大促进了燃料电池的发展与应用。随着人们对清洁能源需求的日益迫切，对以燃料电池为核心的新型储能技术的重视程度也越来越高，各种使用燃料电池为能源供应装置的产品已经渐渐走入人们的生活。

不同于传统的蓄电池，燃料电池是在一个封闭的环境下通过正负极间的氧化还原反应来实现化学能到电能的转化，是一种通过持续燃烧燃料转化成电能的电化学装置。燃料储存在电池之外，通过外界不断地提供燃料与氧化剂就能不断产生电流[4,5]。严格上来说，燃料电池只是一个单纯的发电装置，而非储能设备。根据工作温度和电解质的不同，可将燃料电池分类为：碱性燃料电池(AFC)、质子交换膜燃料电池(PEMFC)、磷酸燃料电池(PAFC)、熔融碳酸盐燃料电池(MCFC)和固体氧化物燃料电池(SOFC)。PEMFC 或 DMFC 的燃料一般为氢或甲醇，具有噪声小、功率大、污染小、易于拆卸安装等优点，仅排放水且可实现高能量转换效率，常常被用于便携式设备与运输设备能源。

11.1.1　工作原理

燃料电池虽然与传统储能设备的结构有很大差别，但工作原理却类似，都是将化学能转化为电能以供给设备使用。这个过程涉及燃料和助燃剂中旧化学键的断裂与水中新化学键的形成，将新旧键之间的能量差以电能的形式从燃料电池装置中输出。

11.1.2　质子交换膜燃料电池

相较于其他类型燃料电池，PEMFC[6-8]具备以下几点优势：①以氢为主要燃料，通过氢气与氧气反应，化学反应产物为水，清洁无污染；②具有极高的电池能量转换效率，达到了 60%以上；③化学反应主要是氢气的燃烧，噪声小，热辐射低；④燃料来源广泛，能量密度高，1 kg 氢气燃烧所释放的能量相当于3.8 L 汽油所释放的能量；⑤可在室温条件下运行，不会产生电解质流失，电池寿命长。

PEMFC 的基本构成包括：双极板、扩散层、电极（阳极和阴极）和电解质。PEMFC 的工作原理示意图如图 11-1 所示。PEMFC 的核心是膜电极组件（MEA），由位于两个电极之间的质子交换膜（PEM）组成。质子交换膜具有多种功能，例如分离气态反应物，将质子从阳极传导到阴极，使电子绝缘并负载催化剂[9]。根据工作温度可将 PEMFC 分为两类：低温 PEMFC 和高温 PEMFC。低温 PEMFC（LT-PEMFC）的工作温度范围为 60～80℃，而高温 PEMFC（HT-PEMFC）工作温度超过100℃[10]。工作温度影响 PEMFC 的效率和应用[11]。LT-PEMFC 中使用的 Nafion 膜具有较高的热稳定性和化学稳定性，高质子传导性和电绝缘性。与低温燃料电池（LT-PEMFC）相比，HT-PEMFC 的催化剂对一氧化碳的耐受性更高[12]。

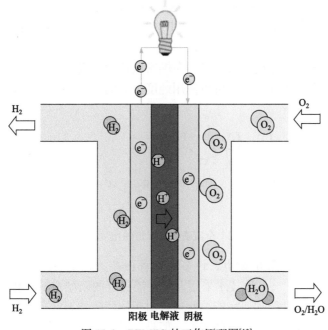

图 11-1　PEMFC 的工作原理图[13]

　　用于 PEMFC 的膜应满足以下要求[14]：①在干燥和潮湿状态下均具有高质子传导性；②出色的机械强度和尺寸稳定性；③工作条件下优良的化学、电化学和热稳定性；④低气体渗透率；⑤易于构造以形成膜电极组件；⑥成本低。

　　在过去的几年中，燃料电池在成本、耐用性和性能方面均进行了改进，已被应用于新能源汽车、便携式电源、分布式发电厂等领域，并在交通、运输、通信等领域具有广阔的应用前景[15]。为了提高燃料电池的安全性和耐久性，开发不挥发且不易燃的电解质具有重要意义[16-18]。

11.2　常规质子交换膜

　　质子交换膜燃料电池[19]是一种工作在 50～100℃范围内的低温装置[20]。质子交换膜燃料电池通过氢氧反应直接发电[10]。在燃料电池系统中，氢的氧化反应（HOR）发生在阳极，而氧的还原反应（ORR）[21]同时发生在阴极。两个电极反应之间的吉布斯能量之差作为电能输出。为了获得高的能量转化效率，应该降低两个电极反应之间的过电势，可以通过在两个电极上使用 Pt 催化剂来实现。对于用于分离电极的质子传导膜，除了高 H^+ 电导率之外，还需要良好的热稳定性和化学稳定性、高机械强度和阻气性[22]。

　　全氟磺酸离聚物（PFSI）是 Nafion 这一类中最具代表性的离聚物[23]，具有优异的化学稳定性和良好的机械强度，是 PEMFC 装置中使用最广泛的膜[24]，其化学结构如图 11-2 所示。但是，由于水的蒸发（对于质子传导至关重要），Nafion 的电导率在高于 100℃的温度时会下降。在燃料电池中，较高的温度可使催化剂对污染物的耐受性得到提高，并且可以使用纯度较低的氢气。而且，温度升高会提高电极反应速率[25]。

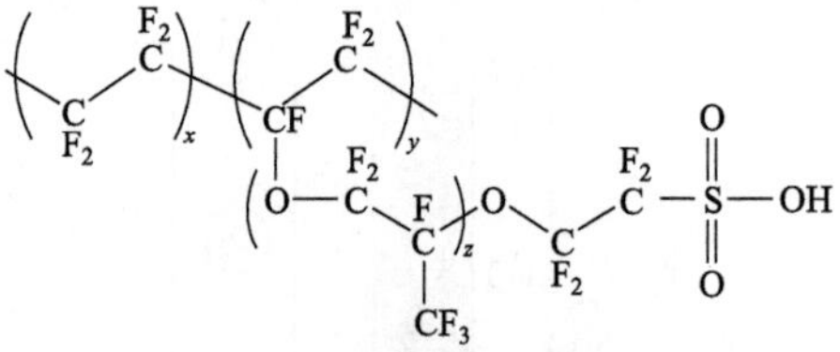

图 11-2　全氟磺酸离聚物的化学结构[9]

　　为了克服全氟化膜的缺点，许多研究者正在研究使用部分氟化膜的对其进行替代的方法[13,24,26-32]。该技术采用设计性能更好的新型材料，相对于单个聚合物，能改善其机械性能和热性能。此外，由于利用较便宜的聚合物需要更少的氟化聚合物，因此降低了这些膜的成本。但是，质子传导性可能受到影响。

　　非氟化膜能够代替具有高燃料交换性和有限工作温度的昂贵氟化膜。然而，与氟化膜类似，这些聚合物需要质子导体才能用于燃料电池装置中。聚亚芳基醚材料具有在燃料电池环境中的适用性、可加工性、不同的化学组成和高稳定性，而受到许多研究人员的关注[33-39]。然而，聚亚芳基醚膜存在寿命短和溶胀过度问题。磺化聚酰亚胺(SPIs)具有出色的机械性能和热性能，以及良好的化学稳定性[40-43]，也是比较有前景的非氟化膜材料。

　　将碱性聚合物与强酸混合可以使电解质膜即使在非湿润条件下也具有高质子传导性。H_3PO_4 和 H_2SO_4 具有优异的质子传导特性，即使在无水形式下也显示出有效的质子传导性。这种机制利用了自电离和自脱水[36]。在碱性聚合物中，聚苯并咪唑(PBI)(图 11-3)由于其出色的热稳定性和化学稳定性而受到了广泛关注[44-51]。虽然高酸含量会导致高电导率，但是同时会降低机械稳定性。此外，在操作过程中酸成分的损失限制了这些膜的应用。

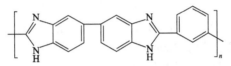

图 11-3　PBI 的化学结构[13]

　　常规的质子交换膜已经广泛地用作燃料电池的电解质。然而，这些膜需要改进以实现该技术的真正突破。有多项研究工作涉及 Nafion 膜的改性，以改善其在高温下的保水性和质子传导。为此，有许多研究者研究了掺入 Nafion 基质中的双功能化合物。这些双功能化合物包括功能化的二氧化硅、多壁碳纳米管(MWCNT)和沸石等[16,52-56]。

11.3　阴离子交换膜

　　在过去的十年里，阴离子交换膜燃料电池(AEMFC)的研究取得了实质性进展[57]。作为 AEMFC 的重要构成部分，阴离子交换膜(AEM)必须在特定工作条件下表现出良好的离子电导率，在高碱性环境下具有足够的吸水率以促进离子传导和保持良好的化学稳定性[58]。AEM 性能的好坏与其相匹配的阳离子基团的结构关系密切。

11.3.1　季铵型阴离子交换膜

　　季铵型 AEM 的传递机理如图 11-4 所示。电解液中的 OH^- 与阴离子交换膜接触，并与季铵基团的—N^+结合发生络合反应，随着季铵分子链的热运动，实现 OH^- 的传导[59]。

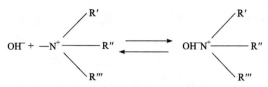

图 11-4　季铵型 AEM 的传递机理

　　氯甲基苯乙烯(VBC)是制备季铵型 AEM 的常用单体之一。VBC 本身具备氯甲基基团，其制备季铵型 AEM 时不需要进一步氯甲基氯化过程。需要说明的是，氯甲基化试剂本身具有毒性，存在致癌风险，而利用 VBC 制备季铵型 AEM 可以避开这一问题。同时，VBC 本身含有双键，可直接参与聚合，通过铵化反应制备阴离子交换膜。Vengatesan 等[60]以芳香烃为单体，通过无氯甲基化路线成功合成了苯乙烯：VBC 的聚(ST-co-VBC)阴离子交换膜。通过表征发现，在室温条件下，当苯乙烯：VBC 比例为 1：0.33 时，ST-co-VBC 膜表现出最高的—OH⁻传导率，达到了 $6.8×10^{-3}$ S·cm⁻¹，吸水率达到了 127%，采用阴离子交换膜和泡沫镍催化剂进行膜电极组装的电流密度达到了 40 mA·cm⁻²。

　　季铵型 AEM 表现出不错的离子传导率与离子交换容量，但其容易发生亲核取代和霍夫曼消除反应(Hofmann elimination)。在高温、高 pH 条件下，侧链上的烷基季铵基团易降解，因此季铵型 AEM 的耐碱性往往不高。如何提高 AEM 的耐用性一直是该能量转换系统的关键难题[57]。

11.3.2　咪唑型阴离子交换膜

　　目前，AEM 的—OH⁻的传导率不高、耐碱性较差一直是制约其发展的主要问题。通过研究发现，咪唑、吡啶、胍类等稳定的阳离子能有效提高 AEM 的耐碱性。咪唑因具备独特的五元杂环大 π 键结构和空间位阻，能够在碱性环境下稳定存在。另外，在咪唑环的 C2 进行甲基化，能有效提高咪唑的稳定性，进而提高咪唑 AEM 的耐碱性[61-63]。

　　咪唑阳离子凭借其稳定的结构特点受到了许多科研工作者的青睐，被用于制备多种性能优良的 AEM。Guo 等[64]制备了以聚乙烯醇(PVA)为基体、掺杂聚乙烯基咪唑(PVIm)和聚对氯甲基苯乙烯(PVBC)的 AEM。其中，PVA 具有不错的成膜性能，PVIm 既能提供咪唑阳离子，又能充当大分子交联剂，在膜中能够形成交联网络，因而所制备的膜具有优良的尺寸稳定性，即使在强碱(4 mol·L⁻¹ KOH 溶液)条件下浸泡 1320 h 后，各方面性能也只是出现了小幅度下降。同时，在室温下该咪唑 AEM 的—OH⁻的传导率达到了 21.9 mS·cm⁻¹。

　　Yu 等[65]设计并制备了聚乙二醇(PEG)接枝的含咪唑鎓的柔性侧链型 AEM。PEG 与 H₂O 分子间通过氢键结合，提高了 AEMs 的亲水性，从而降低了 OH⁻运输对相对湿度(RH)的依赖性。同时，静电相互作用降低了咪唑鎓对氢氧化物的亲电性，改善了 PEG 接枝的 AEM 在碱性环境下的稳定性。

11.4　离子液体在燃料电池中的应用

离子液体通常存在两种常规类型：非质子和质子。非质子传递系统的特点是熔点低，这与用小阴离子填充大的不规则阳离子的难度有关。这些材料具有高迁移率和离子浓度，很适合用于锂离子电池的电解质。质子离子液体具有位于阳离子上的移动质子，适合用于燃料电池的电解质[66-69]。此外，离子液体也是极具潜力的催化剂层添加剂，可以促进聚合物电解质燃料电池中的氧化还原反应[70]。

11.4.1　离子液体电解质

质子离子液体(PILs)是在其化学结构中具有活性质子(可交换和反应性)的离子液体。PILs 质子传导性高，不依赖水，并且具有出色的电化学和热稳定性，是理想的电解质候选之一[71]。典型的 PILs 是通过 Brønsted 酸和 Brønsted 碱之间的中和反应(质子转移反应)合成的，其酸碱平衡如图 11-5 所示。

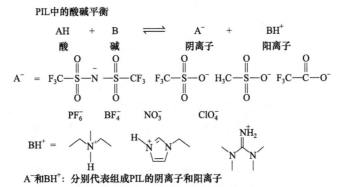

图 11-5　质子离子液体中的酸碱平衡[22]

质子从酸转移到碱会形成质子供体和受体位点，可用于建立氢键网络[72]。此外，在大多数质子离子液体中，质子迁移是通过一种载体机制发生的[73]。使用质子离子液体的优势在于，质子的运输与水含量无关，可以在无水条件下高于 100℃的温度下操作电池。

Nakamoto 及其同事[74]以不同的摩尔比混合双(三氟甲磺酰基)酰亚胺(TFSI)和苯并咪唑(Bim)制备了质子离子液体。由当量摩尔比的混合物形成的质子中性盐可以在电极反应(H_2 氧化和 O_2 还原)过程中保持疏水性且稳定，在 350℃以上具有热稳定性。当使用 Bim-Tf_2N 熔体作为电解质时，可以在 150℃的干燥条件下运行。尽管 Bim-Tf_2N 电池在较低的工作电压下可获得更高的电流密度，但是其开路电压低于在相同条件下使用 H_3PO_4 作为电解质的燃料电池。

Noda 等[75]通过混合不同摩尔比的固体咪唑(Im)和固体 TFSI 制备了 Brønsted 酸碱离子液体。具有相等摩尔比的混合物形成质子中性盐，该质子中性盐在 (300±1)℃以上是热稳定的。Im 分子不仅起质子载体的作用，而且还改善了 O_2 的还原和 H_2 的氧化反应，发挥了 H^+ 供体和受体的作用。

离子液体可以与有机或无机化合物混合以改善其物理和化学性质[76-79]。Li 等[78]开发了基于三氟甲磺酸二乙基甲基铵([DEMA][TfO])和 SiO_2 材料的混合质子交换膜，在 120～220℃时的离子电导率超过 $1.0×10^{-2}$ S·cm^{-1}。

Li 等[80]通过静电相互作用将多金属氧酸盐(POM)和离子液体(IL)限制在稳定的金属有机骨架(MOF)中。获得的 SO_3H-IL-PMo_{12}@MIL-101 可以实现快速质子转移，在环境条件下(30℃，70%的相对湿度)的质子电导率可达 $1.33×10^{-2}$ S·cm^{-1}。基于该复合膜的 PEMFC 在 30℃和 98%的相对湿度下可实现 0.93 mW·cm^{-2} 的功率密度。

Bardeau 等[81]基于单取代的胍盐阳离子，尤其是 N-丁基胍盐四氟硼酸盐(BG-BF_4)，合成了一种新型的室温质子离子液体。该离子液体在 297℃甚至更高温度下具有热稳定性，并且在室温下具有 $2.1×10^{-2}$ S·cm^{-1} 的离子电导率，在 180℃下具有 $1.8×10^{-1}$ S·cm^{-1} 的离子电导率。

Danyliv 等[82]研究了使用质子离子液体 N-乙基咪唑三氟甲基磺酸盐[Eim][TfO] 和 N-乙基咪唑双(三氟甲磺酰基)酰亚胺[Eim][TFSI]作为改性 Nafion 膜中的电荷载体。与水系电解质相比，离子液体具有出色的热稳定性，即使在低湿度条件下，也可实现较宽的燃料电池运行温度范围以及改善的电化学性能。尽管 Nafion 亲水域中存在离子液体，会抑制聚合物的热机械性能，但在 90～150℃的范围内仍可获得令人满意的电导率。

质子离子液体和超强酸都是质子的丰富来源，也是其良好的载体。Nair 等[83]通过制备 PILs 的复合材料开发了非水质子传导纳米复合电解质(PCNE)。将 $HClO_4$ 固定在纳米二氧化硅粉末上，然后将[DEMA][TfO]和 $HClO_4$·SiO_2 都掺入聚偏二氟乙烯-六氟丙烯(PVDF-HFP)基体中。添加[DEMA][TfO]后，复合膜的整体结晶度降低。膜表面的微结构(如球晶结构和微孔)随[DEMA][TfO]浓度的变化而变化。当[DEMA][TfO]质量分数为 80%时，膜表面出现的孔隙密度最大。直流离子电导率也随着[DEMA][TfO]浓度的增加而增加。对于 80%的[DEMA][TfO]，在室温(30℃)和 100℃下分别获得 0.02 mS·cm^{-1} 和 0.6 mS·cm^{-1} 的电导率。这种离子电导率的变化与 PCNE 膜孔密度的增加和结晶度的降低密切相关。

除此之外，离子液体也可应用于其他类型的燃料电池中。阴离子交换膜燃料电池(AEMFC)是酸性质子交换膜燃料电池的一种有吸引力的替代方案。由于电解质的高 pH，AEMFC 可以使用非铂族金属催化剂和较便宜的金属组分。近年来，通过开发新材料以及优化系统设计和操作条件，在改善 AEMFC 的性能和耐用性方面取得了实质性进展[61]。Souza 等[84]提出了用一种新型的离子液体取代碱性燃料电池(AFC)中常用的 KOH 碱液电解质。该离子液体是由具有亲水性的 1-丁基-3-甲基-咪唑四氟硼酸盐([Bmim]BF$_4$)和具有疏水性的 1-丁基-3-甲基-咪唑六氟磷酸盐([Bmim]PF$_6$)混合而成。实验表明，使用该离子液体可以使电池获得 1.0 V 的开路电压和 67%的电池效率，而且使用[Bmim]BF$_4$离子液体可以降低 AFC 的工作温度，使其在室温下也能够正常工作。Qiu 等[85]通过引入咪唑类离子液体(ImILs)修饰一维碳纳米管(ILs@CNT)合成了咪唑基聚醚醚酮(ImPEEK)，是一种提高阴离子交换膜电导率和碱性稳定性的有效方法。ILs@CNT 的引入为杂化膜提供了额外的离子跳跃位置和一维长距离离子导电通道，不仅改善了界面相容性，还改善了所制备杂化膜的机械性能、尺寸和热稳定性。

11.4.2　离子液体/聚合物膜

基于聚合物电解质膜的燃料电池具有较高的效率、较低的工作温度和较高的稳定性，非常适合作为电动汽车的电源[86,87]。

聚合物/离子液体混合物中使用最广泛的聚合物之一是聚偏二氟乙烯(PVDF)及其共聚物[88-90]。Lee 等[91]合成了一种新型的复合电解质膜，该膜由 1-乙基-3-甲基咪唑氟氢化物([Emim](FH)$_n$F)离子液体、含氟聚合物聚(十氟联苯-(六氟亚丙基)二酚)(s-DFBP-HFDP)和 P(VDF-co-HFP)组成。质量比为 1：0.3：1.75 的复合膜 P(VDF-co-HFP)/s-DFBP-HFDP/[Emim](FH)$_{2.3}$F 在 130℃时的离子电导率为 $3.47×10^{-2}$ S·cm^{-1}。单个燃料电池在 130℃下表现出约 1 V 的开路电压(OCV)。电池在 60.1 mA·cm^{-2} 电流密度时的最大功率密度约为 20.2 mW·cm^{-2}。

聚苯并咪唑(PBI)具有优异的热稳定性和机械稳定性，是在高温条件下掺杂酸的膜中使用和研究最广泛的聚合物。Eguizábal 等[92]研究了包裹在大孔沸石和 PBI 中的离子液体复合膜，用于高温质子交换膜。将商用沸石中的 1-H-3-甲基咪唑双(三氟甲磺酰基)酰亚胺([HMI][TFSI])添加到 PBI 浇铸溶液中，并应用于高温 PEMFC 中。由于在沸石晶体外表面上存在 HMI 阳离子和 TFSI 阴离子，具有最佳比例的复合膜在 200℃下获得了 $5.4×10^{-2}$ S·cm^{-1} 的离子电导率。

磺化的聚醚醚酮具有良好的热稳定性和高的质子传导性。Jothi 等[93]采用溶液浇铸法制备了一种烷基磷酸咪唑鎓离子液体和磺化聚醚醚酮的复合膜。磷酸二烷基酯类离子液体具有较高的水解稳定性和无水质子传导性。SPEEK/ILs 复合膜的热稳定性高于原始膜的热稳定性。Zhang 等[94]成功制备了氨基官能化介孔二氧化硅(AMS)掺杂的新型 SP/ILs/AMS 复合膜。磺化聚醚醚酮(SPEEK，SP)用作聚合物基质，采用的离子液体是 N-乙基咪唑三氟甲磺酸盐(Eim[TfO])。将其性能与掺有非功能化介孔二氧化硅(NMS)的 SP/ILs/NMS 复合膜进行了比较。傅里叶变换红外光谱(FTIR)分析表明,复合膜中的组分受分子间力约束。此外,在 AMS 中的—NH$_2$ 和 SPEEK 中的—SO$_3$H 之间发生了酸碱相互作用。形成的酸碱对有利于质子传导。SP/ILs/3-AMS-7.5 复合膜的无水质子电导率约为 SP/ILs/NMS-7.5 的 4倍。此外,AMS 与聚合物基体之间的良好界面相容性有利于建立连续的质子传递通道。SP/ILs/AMS 复合膜可用于中等温度和无水条件下的质子交换膜燃料电池。

磺化聚酰亚胺是具有良好成膜性能和高热稳定性的聚合物,可以与离子液体混合形成高质子传导性电解质。Lee 及其同事[95]研究了用于非加湿燃料电池的离子液体/磺化聚酰亚胺复合膜。质子离子液体[DEMA][TfO]在无水条件下于 120℃表现出良好的热稳定性和高的离子传导性,可用作 H$_2$/O$_2$ 燃料电池中的质子传导电解质。该膜在 120℃下具有约 1.0×10^{-2} S·cm^{-1} 的质子电导率,获得的最大电流密度为 250 mA·cm^{-2},峰值功率密度为 63 mW·cm^{-2}。

膜浇铸过程中溶剂蒸发被认为是膜性能存在显著差异的原因。Arias 等[96]证明了[DEMA][TfO]和 MmtDEMADMF 是膜浇铸过程中的最佳溶剂。结构的形成与溶剂极性无关,使用 DMF 时层间间距较高,这导致较高的电导率。

Langevin 等[97]制备了一种基于离子液体和多孔聚合物载体的复合质子传导膜,用于高温 PEMFC 中。采用具有高质子传导性的离子液体三氟甲磺酸三乙胺(TFSu-TEA)浸渍大孔载体来制备复合材料。这些膜在 130℃下显示出约 2.0×10^{-2} S·cm^{-1} 的电导率,在 150℃下显示出接近 200 MPa 的储能模量。Liew 及其同事[98]通过溶液浇铸技术制备了一种基于聚(乙烯醇)(PVA)/乙酸铵(CH$_3$COONH$_4$)/1-丁基-3-甲基咪唑鎓氯化物([Bmim]Cl)的质子传导聚合物电解质。使用乙酸铵具有增塑作用,而使用离子液体可提高离子电导率。电解质的离子电导率随着离子液体的质量增加而提供。离子电导率的提高归因于离子液体的强塑化作用,这种作用软化了聚合物主链,增加了聚合物链的柔韧性,这对于改善 Grotthus 传输机制很重要,因为这种机制必须由离子的短距离传输来支持,并且当聚合物链具有足够的迁移率时就会促进这种机制。加入 50%(质量分数)的[Bmim]Cl 后,电解质的离子电导率达到最高(5.74×10^{-3} S·cm^{-1}),应用在 PEMFC 中时室温下的最大功率密度为 18 mW·cm^{-2}。

Vázquez-Fernández 等[99]在聚合物膜中以选定的浓度(10%<PILs<50%)添加双(2-乙基己基)磷酸氢铵[EHNH$_2$][H$_2$PO$_4$]和己酸咪唑鎓 [Im][Hex]两种质子离子液体,证明了这些介质不仅能改变结构参数(结晶度和 PVDF 的电活性相),而且还提高了质子传导率和膜的机械性能。膜中的质子传导率取决于离子液体的类型和含量。含有 50%(质量分数) [EHNH$_2$][H$_2$PO$_4$]的 PVDF 复合膜,在所有样品中均显示出最佳值。但是,这种出色的质子传导性(主要归因于格罗特斯机制)在很大程度上取决于从膜中吸收水分的量、PILs 的疏水性以及抗衡阴离子的酸度。该研究结果证实了阳离子和阴离子在聚合物电解质膜中可以发挥重要作用。

Escorihuela 等[100]以衍生自 1-丁基-3-甲基咪唑鎓(Bmim)的低成本离子液体作为聚合物基质中的导电填料，制备了一系列基于聚苯并咪唑(PBI)的质子交换膜。通过流延法制备的复合膜(包含 5%中 ILs)应用于燃料电池时表现出良好的热性能、机械稳定性和氧化稳定性。通过电化学阻抗谱系统地研究了阴离子、温度对磷酸掺杂膜的质子电导率的影响。当四氟硼酸根阴离子存在于聚合物基质中时，含有 1-丁基-3 甲基咪唑鎓离子液体的 PBI 复合膜在 120℃时表现出 0.098 S·cm^{-1} 的质子电导率。这种电导率的提高可能归因于离子液体分子和沿聚合物基质分布的磷酸分子之间形成的氢键网络。

Zhang 等[101]制备了 Nafion/ILs/MHSi 复合膜并应用于燃料电池的中温质子交换膜。选择离子液体[DEMA][TfO]作为质子载体可以实现高无水质子传导性。以新型介孔和空心二氧化硅球作为新型填料，提高其在聚合物基质中的 ILs 保留能力。使用 MHSi 作为聚合物基质中的微型液体槽，Nafion/ILs/MHSi PEM 的 ILs 保留率可以达到 50%以上，而没有 MHSi 的膜中 ILs 保留率仅为 32%。由于 MHSi 的独特结构，所得复合膜在质子传导率方面显示出显著的提高。含 12%(质量分数) MHSi 的膜在 140℃下显示出 14.7 mS·cm^{-1} 的无水质子电导率，比原始的 Nafion 高近两个数量级。

Lin 等[102]制备了 1-(3-氨基丙基)-3-甲基咪唑溴化物([APmim][Br])、功能化氧化石墨烯([APmim][Br]-GO)和 1-甲基咪唑三氟甲烷磺酸盐([Mim][TfO])，并将其用作制备高温混合质子交换膜的填料和质子载体。所得膜具有良好的热稳定性和力学性能。加入适量的[APmim][Br]-GO 可显著提高杂化膜的质子电导率，其中[APmim][Br]-GO 质量分数为 1%的杂化膜的电导率最高(160℃时可达 1.48×10^{-2} mS·cm^{-1})。与不含[APmim][Br]-GO 的普通膜相比，含[APmim][Br]-GO 的杂化膜具有更好的保聚性能。这些特性使得这种 PILs 基杂化膜适合应用于高温质子交换膜燃料电池。

为了避免 PEMFC 系统在 100℃以上的温度出现效率损失并最大限度地减少催化剂中毒，Batalha 等[103]提出了用质子离子液体代替水分子作为离子的导电介质。其中，PILs 还具有出色的热稳定性。XRD 和 TGA 结果表明，氧化物网络引起的 PES 链聚合度较高，在 200℃以上具有热稳定性。这些网络还有助于将 PILs 保留在膜中，从而改善离子电导率。由于改变了离子离解度、离子部分的浓度和膜的 T_g，因此聚合物电解质的传输性质得到改善。该混合物可通过在离子液体存在下聚合各种单体或通过生成聚合物与离子液体的简单混合物来制备。但是，采用质子离子液体作为导电介质的技术通常需要在所需的 RTILs 特性和膜的机械强度之间进行权衡[104,105]。

将 ILs 进行光聚合制备 PILs 的技术具有合成时间短、易于控制并且可以在室温下进行的优势。Ortiz-Martínez 等[106]开发了基于离子液体[HSO₃-BVIm][TfO]

和单体[如甲基丙烯酸甲酯(MMA)]的新型共聚物电解质膜并将其用作质子交换膜。ATR-FTIR 证实了在交联剂和光引发剂存在下，离子液体与各单体之间成功地光诱导发生了共聚反应。所得的膜在室温下的干燥和湿润条件下，均显示出 $10^{-3} \sim 10^{-2}$ S·cm^{-1} 的离子电导率。含有 10%(摩尔分数)MMA 的聚(ILs-co-MMA)膜可获得最大功率性能，最大功率输出为 45.76 mW·cm^{-2}。在最佳 MMA 浓度下，共聚物电解质在功率输出方面明显优于原始的[HSO$_3$-BVIm][TfO]基聚合物膜。TGA 分析表明，新膜的降解温度高于 200℃，其结构能够在内部保留高水分。

可逆加成断裂链转移聚合(RAFT)是用于纳米粒子表面功能化的独特技术，能够通过更改接枝聚合物的参数(如接枝密度、链长等)来设计最终聚合物的性能，并且可以选择末端官能团使材料具有窄的纳米颗粒尺寸分布。Rambabu 等[107]成功地使用无金属催化剂和简化的 RAFT 技术将聚(乙烯基咪唑鎓)溴化物(PVImBr)聚合物接枝到了二氧化硅纳米颗粒(SiNPs)的表面上。该研究使用通用的 4-氰基戊酸二硫代苯甲酸酯制备了两组纳米粒子，一组是具有低接枝和分子量的 PVImBr(L)-g-SiNP，另一组是具有高接枝和分子量的[PVImBr(H)-g-SiNP](CPDB)。^{1}H NMR、FTIR、DLS、TGA 和 FESEM 等表征证实了聚合物的接枝量及其尺寸。这两组 PILs 接枝的纳米颗粒与聚(4,4′-二苯醚-5,5′-联苯并咪唑)(OPBI)在三种不同的填料浓度下制备了两组纳米复合材料，并研究了 PILs 接枝及其分子量对 OPBI 纳米复合材料的形态和宏观性能的影响。研究发现，掺入 PVImBr(H)-g-SiNP 的纳米复合膜由于具有更好的互溶性以及与 OPBI 链的咪唑官能团的界面相互作用而表现出更好的界面性能。此外，这些膜还显示出更高的拉伸强度、储能模量、酸负荷、质子传导率和显著降低的酸浸能力。

如何获得可以在无水条件下工作的新型质子交换膜是发展质子交换膜燃料电池的关键技术之一。基于此，研究者们已经进行了多次尝试来开发新的高温聚合物电解质。当掺杂强酸时，所得电解质具有良好的热性能、机械性能、高抗氧化性和高质子交换性能[108]。Liu 等[109]制备了一系列含氟聚苯并咪唑(6FPBI)和聚离子液体的高导电复合膜。聚离子液体含有环氧基团，可以作为交联剂通过原位反应形成交联网络，以限制磷酸泄漏。同时，在碱酸掺杂工艺之后，可以通过强离子力将 H$_2$PO$_4^-$ (PA)离子作为质子载体固定在聚离子液体上。所获得的复合膜表现出更强的磷酸稳定性。聚离子液体的含量对质子电导率可产生重要影响。含 PILs 的膜显示出的质子传导率(在 170℃时为 0.069 S·cm^{-1})比原始的 6FPBI(在 170℃时为 0.039 S·cm^{-1})更高，并且具有相似的 PA 吸收率(151%～171%)。复合膜还显示出更加优异的质子传导性和机械性能。

与传统的低温质子交换膜燃料电池相比，HT-PEMFC 可以在高于 100℃的温度下运行，具有高功率密度、对再生气体中杂质的高耐受性以及对铂催化剂的使用量减少等优势[110-112]。高温质子交换膜(HT-PEM)是 HT-PEMFC 的核心组件，在质子传输和燃料隔离中起主要作用。聚苯并咪唑(PBI)是一种高度稳定的工程塑料，具有出色的热化学稳定性，常被应用于 HT-PEM。Lui 等[113]基于含有三甲氧基硅烷基团的 1-(3-(三甲氧基硅烷)丙基)-4-(5-戊烯基)-1,4-重氮双环-[2.2.2]-溴化辛烷氯化物([TSPDO]BrCl)和降冰片烯型聚苯并咪唑(NbPBI)，通过原位自由基聚合和溶胶凝胶反应合成了 NbPBI-TSPDO₃₀交联膜,在 170℃的无水条件下该膜表现出的质子电导率为 0.061 S · cm⁻¹。Liu 等[114]制备了一系列基于含氟聚苯并咪唑(6FPBI)和可交联聚合物离子液体(cPILs)的复合交联膜。所获得的复合交联膜表现出优异的磷酸掺杂能力和质子传导性。基于复合膜的机械强度和质子传导性之间的平衡，cPILs 的最佳含量为 20%(即 6FPBI-cPILs 20 膜)。例如，PA 掺杂水平为 27.8 的 6FPBI-cPILs 20 膜在 170℃下的质子电导率为 0.106 S · cm⁻¹,远高于原始的 6FPBI 膜。6FPBI-cPILs 膜在苛刻条件下(80℃/40%RH)持续工作 96 h，表现出更好的磷酸保留能力和长期稳定性。

11.4.3　有机离子塑性晶体电解质

有机塑性晶体一般分为两类：分子塑性晶体(如琥珀腈[115-117])和有机离子塑性晶体(OIPCs)。Timmermans 在 1960 年首次发现了塑性晶体，并表征了塑性晶体的许多相关特征，例如低熔融熵($\Delta S_f <$ 20 J · K⁻¹ · mol⁻¹)等[118]。OIPCs 的挥发性极低，并且具有很高的热稳定性和电化学稳定性，使其有可能成为许多电化学设备(如锂电池、染料敏化太阳电池和燃料电池)中的固体电解质[119-123]。这些材料具有离子液体和固体电解质的优势，有望成为用于燃料电池的新型质子传导电解质。

OIPCs 通常由大型对称有机阳离子和具有扩散电荷的无机阴离子组成。这些材料在熔化之前有一个或多个固相转变，这些转变与离子的旋转或平移运动有关。这种转化导致有序的结晶相向无序结构的逐渐转变。最高温度的固相表示为Ⅰ相。较低温度的相为Ⅱ相、Ⅲ相等。这些材料的电导率的不同是由于晶体结构中存在缺陷或空位，阳离子和阴离子的旋转和平移运动以及离子的构象无序[129]。此外，它们很容易在压力下变形，这种变形是由于滑移面的运动、位错或空位迁移引起的。这些材料因其柔软性而被称为"塑性晶体"，有效地减少了对燃料电池设备的损坏，且其因体积变化造成的损失比与电极的接触损失要少[63]。塑性晶体通常用作添加剂的离子基质材料，例如锂电池的 Li⁺或染料敏化太阳电池的 I⁻/I₃⁻，从而大大提高了离子电导率。

目前对 OIPCs 的了解较少，其质子传导的机理、离子的化学结构与所得盐的物理性质之间的关系仍然不清楚。而且，基于 OIPCs 开发的固体电解质尚处于初级阶段[96]。

研究者们研究了不同的 OIPCs 系统用作燃料电池中的电解质。例如，有研究者对磷酸胆碱二氢[胆碱][DHP]进行了研究[124]。磷酸二氢根阴离子的三次旋转可以促进这种材料的质子传输。通过酸的掺杂可以显著提高 H^+ 离子扩散率。掺有磷酸的[胆碱][DHP]的热稳定性良好，在 200℃时失重极小。但是，含有 18%（摩尔分数）磷酸的 OIPCs 呈现无定形相。相反，使用 4%（质量分数）的三氟甲磺酸或 Tf_2N 酸可在不破坏晶格的情况下提高导电性。此外，掺有 4%（摩尔分数）三氟甲磺酸的[胆碱][DHP]产生了显著的质子还原电流，这是由于三氟磺酸根阴离子的碱性较低，导致掺杂样品中质子的解离更好。Yoshizawa-Fujita[125]合成了新型质子传导离子塑性晶体胆碱磷酸二氢钠[$N_{1,1,1,2OH}$][DHP]和 1-丁基-3-甲基咪唑鎓磷酸二氢钠[C_4mim][DHP]，其结构如图 11-6 所示。[$N_{1,1,1,2OH}$][DHP]在 23℃和 119℃下出现固-固相变和熔点，而[C_4mim][DHP]在 45℃、71℃和 167℃下出现固-固相变和熔点。[$N_{1,1,1,2OH}$][DHP]的 DSC 曲线以及离子电导率与温度的关系，如图 11-7 所示。塑性晶体的离子电导率在磷酸胆碱二氢中为 $1.0 \times 10^{-6} \sim 1.0 \times 10^{-3}$ S·cm^{-1}，在磷酸 1-丁基-3-甲基咪唑鎓二氢中为 1.0×10^{-5} S·cm^{-1}。在 I 相中，[$N_{1,1,1,2OH}$][DHP]显示出比[C_4mim][DHP]高一个数量级的离子电导率。

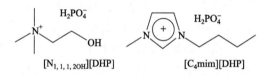

图 11-6　新型质子传导有机离子塑性晶体的结构[125]

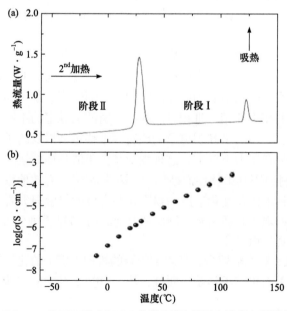

图 11-7　[$N_{1,1,1,2OH}$][DHP]的 (a)DSC 曲线和(b)离子电导率与温度的关系[115]

　　Rana 等[126]合成了基于浸渍的醋酸纤维素载体与胆碱磷酸二氢盐和各种酸的混合物的质子传导膜。在 120℃非增湿条件下对含有 18%(摩尔分数)H₃PO₄ 的[胆碱][DHP]膜的燃料电池进行了测试。电池开路电压为零，这可能是由于电极界面处不良的氢氧化反应和氧还原反应动力学所致。研究者还测试了掺杂有 4%(摩尔分数)HNTf₂ 的膜，干燥膜在 125℃下的 OCV 为零。然而，包含 50%(质量分数)水的湿膜的 OCV 约为 0.78 V。在工作条件下，电池的阻抗约为 3 Ω。

　　Zhu 及其同事研究了三氟甲磺酸胍(GTf)固体及其与三氟甲磺酸的混合物中质子传输行为[127]。纯 GTf 和 1%(摩尔分数)酸掺杂的样品均显示出较低的电导率和较强的温度依赖性。然而，对于含有 2%(摩尔分数)或更多酸的样品，其电导率达 1.0×10^{-3} S · cm⁻¹，并且不受温度的影响。在所测温度下，在 1%～2%的酸含量范围内可以发现电导率有所提高。但是，在高温下，GTf 基体也会变得导电，并有助于提高复合材料的导电性。

　　塑性晶体是一类新型的固体电解质，目前对其相关研究仍然很少。为了更好地了解其质子传输性质及其在燃料电池装置中的性能,有必要进行进一步的研究。

参 考 文 献

[1] Chen H, He Y, Zhang X, et al. A method to study the intake consistency of the dual-stack polymer electrolyte membrane fuel cell system under dynamic operating conditions. Appl Energy, 2018, 231: 1050-1058.

[2] Kempler P A, Slack J J, Baker A M. Research priorities for seasonal energy storage using electrolyzers and fuel cells. Joule, 2022, 6: 280-285.

[3] Abdel-Rehim A A. The influence of electromagnetic field on the performance and operation of a PEM fuel cell stack subjected to a relatively low electromagnetic field intensity. Energy Convers Manage, 2019, 198: 111906.

[4] Al-Othman A, Nancarrow P, Tawalbeh M, et al. Novel composite membrane based on zirconium phosphate-ionic liquids for high temperature PEM fuel cells. Int J Hydrog Energy, 2021, 46: 6100-6109.

[5] Pant R, Sengupta S, Lyulin A V, et al. Computational investigation of a protic ionic liquid doped poly-benzimidazole fuel cell electrolyte. J Mol Liq, 2020, 314: 113686.

[6] Vázquez-Fernández I, Raghibi M, Bouzina A, et al. Protic ionic liquids/poly(vinylidene fluoride) composite membranes for fuel cell application. J Energy Chem, 2021, 53: 197-207.

[7] Cha D, Yang W, Kim Y. Performance improvement of self-humidifying PEM fuel cells using water injection at various start-up conditions. Energy, 2019, 183: 514-524.

[8] Ma R, Yang T, Breaz E, et al. Data-driven proton exchange membrane fuel cell degradation predication through deep learning method. Appl Energy, 2018, 231: 102-115.

[9] Zhang W, Shen P. Recent development of polymer electrolyte membranes for fuel cells. Chem Rev, 2012, 112: 2780-2832.

[10] Nejad H C, Farshad M, Gholamalizadeh E, et al. A novel intelligent-based method to control the

output voltage of proton exchange membrane fuel cell. Energy Convers Manage, 2019, 185: 455-464.

[11] Budak Y, Devrim Y. Investigation of micro-combined heat and power application of PEM fuel cell systems. Energy Convers Manage, 2018, 160: 486-494.

[12] Skorikova G, Rauber D, Aili D, et al. Protic ionic liquids immobilized in phosphoric acid-doped polybenzimidazole matrix enable polymer electrolyte fuel cell operation at 200℃. J Membr Sci, 2020, 608: 118188.

[13] Díaz M, Ortiz A, Ortiz I. Progress in the use of ionic liquids as electrolyte membranes in fuel cells. J Membr Sci, 2014, 469: 379-396.

[14] Smitha B, Sridhar S, Khan A A. Solid polymer electrolyte membranes for fuel cell applications: A review. J Membr Sci, 2005, 259: 10-26.

[15] Zhang T, Wang P, Chen H, et al. A review of automotive proton exchange membrane fuel cell degradation under start-stop operating condition. Appl Energy, 2018, 223: 249-262.

[16] Wei M, Wang K, Zuo Y, et al. An advanced alkaline Al-air fuel cell using l-ascorbic acid interface layer upon Al anode via gradient anti-corrosion. ACS Sustain Chem Eng, 2023, 11: 3963-3974.

[17] Sajid A, Pervaiz E, Ali H, et al. A perspective on development of fuel cell materials: Electrodes and electrolyte. Int J Energy Res, 2022, 46: 6953-6988.

[18] Armand M, Endres F, Macfarlane D R, et al. Ionic-liquid materials for the electrochemical challenges of the future. Nat Mater, 2009, 8: 621.

[19] Huo S, Jiao K, Park J W. On the water transport behavior and phase transition mechanisms in cold start operation of PEM fuel cell. Appl Energy, 2019, 233: 776-788.

[20] Hu Z, Xu L, Li J, et al. A multipoint voltage-monitoring method for fuel cell inconsistency analysis. Energy Convers Manage, 2018, 177: 572-581.

[21] Wen X, Zhang Q, Guan J. Applications of metal-organic framework-derived materials in fuel cells and metal-air batteries. Coord Chem Rev, 2020, 409: 213214.

[22] Watanabe M, Thomas M L, Zhang S, et al. Application of ionic liquids to energy storage and conversion materials and devices. Chem Rev, 2017, 117: 7190-7239.

[23] Prykhodko Y, Fatyeyeva K, Hespel L, et al. Progress in hybrid composite Nafion®-based membranes for proton exchange fuel cell application. Chem Eng J, 2021, 409: 127329.

[24] Muto F, Oshima A, Kakigi T, et al. Synthesis and characterization of PEFC membranes based on fluorinated-polymer-alloy using pre-soft-EB grafting method. Nucl Instrum Methods Phys Res, Sect B, 2007, 265: 162-167.

[25] Dupuis A. Proton exchange membranes for fuel cells operated at medium temperatures: Materials and experimental techniques. Prog Mater Sci, 2011, 56: 289-327.

[26] Gubler L, Kuhn H, Schmidt T J, et al. Performance and durability of membrane electrode assemblies based on radiation-grafted FEP-g-polystyrene membranes. Fuel Cells, 2004, 4: 196-207.

[27] Peighambardoust S J, Rowshanzamir R, Amjadi R. Review of the proton exchange membranes for fuel cell applications. Int J Hydrog Energy, 2010, 35: 9349-9384.

[28] Kim D S, Yu S K, Guiver M D, et al. Highly fluorinated comb-shaped copolymer as proton exchange membranes (PEMs): Fuel cell performance. J Power Sources, 2008, 182: 100-105.

[29] Sancho T, Soler J, Pina M P. Conductivity in zeolite-polymer composite membranes for PEMFCs. J Power Sources, 2007, 169: 92-97.

[30] Quartarone E, Carollo A, Tomasi C, et al. Relationships between microstructure and transport properties of proton-conducting porous PVDF membranes. J Power Sources, 2007, 168: 126-134.

[31] Niepceron F, Lafitte B, Galiano H, et al. Composite fuel cell membranes based on an inert polymer matrix and proton-conducting hybrid silica particles. J Membr Sci, 2009, 338: 100-110.

[32] Wang L, Yi B L, Zhang H M, et al. Sulfonated polyimide/PTFE reinforced membrane for PEMFCs. J Power Sources, 2007, 167: 47-52.

[33] Hickner M A, Ghassemi H, Yu S K, et al. Alternative polymer systems for proton exchange membranes (PEMs). Chem Rev, 2004, 104: 4587-4611.

[34] Heo K B, Lee H J, Kim H J, et al. Synthesis and characterization of cross-linked poly(ether sulfone) for a fuel cell membrane. J Power Sources, 2007, 172: 215-219.

[35] Bonnet B, Jones D, Roziere J, et al. Hybrid organic-inorganic membranes for a medium temperature fuel cell. J New Mater Electrochem Syst, 2000, 3: 229-239.

[36] Zaidi S, Chen S, Mikhailenko S D, et al. Proton conducting membranes based on polyoxadiazoles. J New Mater Electrochem Syst, 2000, 3: 27-32.

[37] Cai H, Ke S, Zhong S, et al. Properties of composite membranes based on sulfonated poly(ether ether ketone)s (SPEEK)/phenoxy resin (PHR) for direct methanol fuel cells usages. J Membr Sci, 2007, 297: 162-173.

[38] Yang T. Composite membrane of sulfonated poly(ether ether ketone) and sulfated poly(vinyl alcohol) for use in direct methanol fuel cells. J Membr Sci, 2009, 342: 221-226.

[39] Atanasov V, Buerger M, Wohlfarth A, et al. Highly sulfonated poly(phenylene sulfones): Optimization of the polymerization conditions. Polym Bull, 2012, D: 317-326.

[40] Ye X, Bai H, HO W W S. Synthesis and characterization of new sulfonated polyimide copolymers and blends as proton-exchange membranes for fuel cells. J Membr Sci, 2006, 279: 570-577.

[41] Hu Z, Yan Y, Okamoto K I, et al. Synthesis and characterization of sulfonated polyimides derived from 2,2'-bis(4-sulfophenyl)-4,4'-oxydianiline as polymer electrolyte membranes for fuel cell applications. J Membr Sci, 2009, 329: 146-152.

[42] Yan J, Liu C, Wang Z, et al. Water resistant sulfonated polyimides based on 4,4'-binaphthyl-1,1',8,8'-tetracarboxylic dianhydride (BNTDA) for proton exchange membranes. Polymer, 2007, 48: 6210-6214.

[43] Bai H, Ho W W. Recent developments in fuel-processing and proton-exchange membranes for fuel cells. Polym Int, 2011, 60: 26-41.

[44] Li Q, He R, Jensen J O, et al. PBI-based polymer membranes for high temperature fuel cells-preparation, characterization and fuel cell demonstration. Fuel Cells, 2010, 4: 147-159.

[45] Lin H L, Hsieh Y S, Chiu C W, et al. Durability and stability test of proton exchange membrane fuel cells prepared from polybenzimidazole/poly(tetrafluoro ethylene) composite membrane. J Power Sources, 2009, 193: 170-174.

[46] Jörissen L, Gogel V, Kerres J, et al. New membranes for direct methanol fuel cells. J Power Sources, 2002, 105: 267-273.

[47] Zhai Y, Zhang H, Yu Z, et al. A novel H_3PO_4/Nafion-PBI composite membrane for enhanced durability of high temperature PEM fuel cells. J Power Sources, 2007, 169: 259-264.

[48] Deimede V, Voyiatzis G A, Kallitsis J K, et al. Miscibility behavior of polybenzimidazole/ sulfonated polysulfone blends for use in fuel cell applications. J Am Chem Soc, 2000, 33: 7609-7617.

[49] Kerres J, Ullrich A, Meier F, et al. Synthesis and characterization of novel acid-base polymer blends for application in membrane fuel cells. Solid State Ion, 1999, 125: 243-249.

[50] Kerresa J, Ullricha A, Häringa T, et al. Preparation, characterization and fuel cell application of new acid-base blend membranes. J New Mater Electrochem Syst, 2000, 3: 229-239.

[51] Hasiotis C, Deimede V, Kontoyannis C. New polymer electrolytes based on blends of sulfonated polysulfones with polybenzimidazole. Electrochim Acta, 2001, 46: 2401-2406.

[52] Lin Y F, Yen C Y, Ma C, et al. High proton-conducting Nafion®/-SO_3H functionalized mesoporous silica composite membranes. J Power Sources, 2007, 171: 388-395.

[53] Bébin P, Caravanier M, Galiano H. Nafion®/clay-SO_3H membrane for proton exchange membrane fuel cell application. J Membr Sci, 2006, 278: 35-42.

[54] Kannan R, Parthasarathy M, Maraveedu S U, et al. Domain size manipulation of perflouorinated polymer electrolytes by sulfonic acid-functionalized MWCNTs to enhance fuel cell performance. J Am Chem Soc, 2009, 25: 8299.

[55] Tazi B, Savadogo O. Parameters of PEM fuel-cells based on new membranes fabricated from Nafion®, silicotungstic acid and thiophene. Electrochimica Acta, 2000, 45: 4329-4339.

[56] Mahreni A, Mohamad A B, Kadhum A A H, et al. Nafion/silicon oxide/phosphotungstic acid nanocomposite membrane with enhanced proton conductivity. J Membr Sci, 2008, 327: 32-40.

[57] Mustain W E, Chatenet M, Page M, et al. Durability challenges of anion exchange membrane fuel cells. Energy Environ Sci, 2020, 13: 2805-2838.

[58] Zhong F, Wang X, Wang L, et al. Tuning geometry distortion of pyrochlore $Re_2Zr_{1.95}Ni_{0.05}O_{7+\delta}$ anodes with rich oxygen vacancies for ammonia-fed solid oxide fuel cell. Sep Purif Technol, 2023, 312: 123397.

[59] Guo M, Fang J, Xu H, et al. Synthesis and characterization of novel anion exchange membranes based on imidazolium-type ionic liquid for alkaline fuel cells. J Membr Sci, 2010, 362: 97-104.

[60] Vengatesan S, Santhi S, Jeevanantham S, et al. Quaternized poly (styrene-co-vinylbenzyl chloride) anion exchange membranes for alkaline water electrolysers. J Power Sources, 2015, 284: 361-368.

[61] Guo M, Ban T, Wang Y, et al. "Thiol-ene" crosslinked polybenzimidazoles anion exchange membrane with enhanced performance and durability. J Colloid Interface Sci, 2023, 638: 349-362.

[62] Gong Y, Chen W, Shen H Y, et al. Semi-interpenetrating polymer-network anion exchange membrane based on quaternized polyepichlorohydrin and polyvinyl alcohol for acid recovery by diffusion dialysis. Ind Eng Chem Res, 2023, 62: 5624-5634.

[63] Jheng L C, Hsu L C, Lin B Y, et al. Quaternized polybenzimidazoles with imidazolium cation moieties for anion exchange membrane fuel cells. J Membr Sci, 2014, 460: 160-170.

[64] Guo D, Zhuo Y Z, Lai A N, et al. Interpenetrating anion exchange membranes using poly (1-vinylimidazole) as bifunctional crosslinker for fuel cells. J Membr Sci, 2016, 518: 295-304.

[65] Yu W, Zhang J, Liang X, et al. Anion exchange membranes with fast ion transport channels driven by cation-dipole interactions for alkaline fuel cells. J Membr Sci, 2021, 634: 119404.

[66] Fernicola A, Scrosati B, Ohno H. Potentialities of ionic liquids as new electrolyte media in advanced electrochemical devices. Ionics, 2006, 12: 95-102.

[67] Khoo K S, Chia W Y, Wang K, et al. Development of proton-exchange membrane fuel cell with ionic liquid technology. Sci Total Environ, 2021, 793: 148705.

[68] Hou H, Schütz H M, Giffin J, et al. Correction to "acidic ionic liquids enabling intermediate temperature operation fuel cells". ACS Appl Mater Interfaces, 2021, 13: 26649-26650.

[69] Kobzar Y, Fatyeyeva K, Lobko Y, et al. New ionic liquid-based polyoxadiazole electrolytes for hydrogen middle- and high-temperature fuel cells. J Membr Sci, 2021, 640: 119774.

[70] Avid A, Ochoa J L, Huang Y, et al. Revealing the role of ionic liquids in promoting fuel cell catalysts reactivity and durability. Nat Commun, 2022, 13: 6349.

[71] Elwan H A, Mamlouk M, Scott K. A review of proton exchange membranes based on protic ionic liquid/polymer blends for polymer electrolyte membrane fuel cells. J Power Sources, 2021, 484: 229197.

[72] Hassanshahi N, Hu G, Li J. Application of ionic liquids for chemical demulsification: A review. Molecules, 2020, 25: 4915.

[73] Rana U A, Forsyth M, Macfarlane D R, et al. Toward protic ionic liquid and organic ionic plastic crystal electrolytes for fuel cells. Electrochim Acta, 2012, 84: 213-222.

[74] Nakamoto H, Noda A, Hayamizu K, et al. Proton-conducting properties of a brnsted acid base ionic liquid andionic melts consisting of bis (trifluoromethanesulfonyl) imide and benzimidazole forfuel cell electrolytes. J Phys Chem C, 2007, 111: 1541-1548.

[75] Noda A, Susan M A B H, Kudo K, et al. Brønsted acid-base ionic liquids as proton-conducting nonaqueous electrolytes. J Phys Chem B, 2003, 107: 4024-4033.

[76] Jian G, Liu J, Liu W, et al. Proton exchange membrane fuel cell working at elevated temperature with ionic liquid as electrolyte. Int J Electrochem Sci, 2011, 6: 6115-6122.

[77] Lakshminarayana G, Nogami M. Inorganic-organic hybrid membranes with anhydrous proton conduction prepared from tetramethoxysilane/methyl-trimethoxysilane/trimethylphosphate and 1-ethyl-3-methylimidazolium-bis (trifluoromethanesulfonyl) imide for H_2/O_2 fuel cells. Electrochim Acta, 2010, 55: 1160-1168.

[78] Li H, Jiang. F, Di Z, et al. Anhydrous proton-conducting glass membranes doped with ionic liquid for intermediate-temperature fuel cells. Electrochim Acta, 2012, 59: 86-90.

[79] Li Z, Liu H, Liu Y, et al. A room-temperature ionic-liquid-templated proton-conducting gelatinous electrolyte. J Phys Chem B, 2004, 108: 17512-17518.

[80] Li X-M, Wang Y, Mu Y, et al. Superprotonic conductivity of a functionalized metal-organic framework at ambient conditions. ACS Appl Mater Interfaces, 2022, 14: 9264-9271.

[81] Bardeau J F, Makhno S, Kozyrovska N, et al. New proton conducting membrane based on bacterial cellulose/polyaniline nanocomposite film impregnated with guanidinium-based ionic liquid.

Polymer, 2018, 142: 183-195.

[82] Danyliv O, Martinelli A. Nafion/protic ionic liquid blends: Nanoscale organization and transport properties. J Phys Chem C, 2019, 123: 14813-14824.

[83] Nair M G, Mohapatra S R. Perchloric acid functionalized nano-silica and protic ionic liquid based non-aqueous proton conductive polymer electrolytes. Mater Lett, 2019, 251: 148-151.

[84] Souza R F, Padilha J C, Gonçalves R S, et al. Room temperature dialkylimidazolium ionic liquid-based fuel cells. Electrochem Commun, 2003, 5: 728-731.

[85] Qiu L, Zhang B, Wu H, et al. Preparation of anion exchange membrane with enhanced conductivity and alkaline stability by incorporating ionic liquid modified carbon nanotubes. J Membr Sci, 2018, 573: 1-10.

[86] Li Y, Cleve T V, Sun R, et al. Modifying the electrocatalyst-ionomer interface via sulfonated poly (ionic liquid) block copolymers to enablehigh-performance polymer electrolyte fuel cells. ACS Energy Lett, 2020, 5: 1726-1731.

[87] Elwan H A, Thimmappa R, Mamlouk M, et al. Applications of poly ionic liquids in proton exchange membrane fuel cells: A review. J Power Sources, 2021, 510: 230371.

[88] Fernicola A, Prof S P, Prof B S, et al. New types of brnsted acid-base ionic liquids-based membranes for applications in PEMFCs. ChemPhysChem, 2010, 8: 1103-1107.

[89] Sekhon S S, Lalia B S, Kim C S, et al. Polymer electrolyte membranes based on room temperature ionic liquid: 2,3-Dimethyl-1-octyl imidazolium hexafluorophosphate (DMOImPF$_6$). Macromol Symp, 2010, 249-250: 216-220.

[90] Fallanza M, Ortiz A, Gorri D, et al. Polymer-ionic liquid composite membranes for propane/propylene separation by facilitated transport. J Membr Sci, 2013, 444: 164-172.

[91] Lee J S, Nohira T, Hagiwara R. Novel composite electrolyte membranes consisting of fluorohydrogenate ionic liquid and polymers for the unhumidified intermediate temperature fuel cell. J Power Sources, 2007, 171: 535-539.

[92] Eguizábal A, Lemus J, Pina M P. On the incorporation of protic ionic liquids imbibed in large pore zeolites to polybenzimidazole membranes for high temperature proton exchange membrane fuel cells. J Power Sources, 2013, 222: 483-492.

[93] Jothi P R, Dharmalingam S. An efficient proton conducting electrolyte membrane for high temperature fuel cell in aqueous-free medium. J Membr Sci, 2014, 450: 389-396.

[94] Zhang X, Yu S, Zhu Q, et al. Enhanced anhydrous proton conductivity of SPEEK/IL composite membrane embedded with amino functionalized mesoporous silica. Int J Hydrog Energy, 2019, 44: 6148-6159.

[95] Lee S-Y, Yasuda T, Watanabe M. Fabrication of protic ionic liquid/sulfonated polyimide composite membranes for non-humidified fuel cells. J Power Sources, 2010, 195: 5909-5914.

[96] Arias J, Gomes A. Ternary proton exchange membranes with low-cost raw materials: Solvent type influence on microstructure development, high ionic conductivity, and ionic liquid lixiviation protection. J Appl Polym Sci, 2018, 135: 46012.

[97] Langevin D, Nguyen Q T, Marais S, et al. High-temperature ionic-conducting material: Advanced structure and improved performance. J Phys Chem C, 2013, 117: 15552-15561.

[98] Liew C W, Ramesh S, Arof A K. A novel approach on ionic liquid-based poly(vinyl alcohol) proton conductive polymer electrolytes for fuel cell applications. Int J Hydrog Energy, 2014, 39: 2917-2928.

[99] Vázquez-Fernández I, Raghibi M, Bouzina A, et al. Protic ionic liquids/poly(vinylidene fluoride) composite membranes for fuel cell application. J Energy Chem, 2020, 53: 197-207.

[100] Escorihuela J, García-Bernabé A, Montero Á, et al. Ionic liquid composite polybenzimidazol membranes for high temperature PEMFC applications. Polym Polym Compos, 2019, 11: 732-746.

[101] Zhang Y, Xue R, Zhong Y, et al. Nafion/IL intermediate temperature proton exchange membranes improved by mesoporous hollow silica spheres. Fuel Cells, 2018, 18: 389-396.

[102] Lin B, Yuan W, Xu F, et al. Protic ionic liquid/functionalized graphene oxide hybrid membranes for high temperature proton exchange membrane fuel cell applications. Appl Surf Sci, 2018, 455: 295-301.

[103] Batalha J A F L, Sampaio R B, Filho J C D, et al. Synthesis and characterization of novel ion conducting membranes based on poly(ether sulfone) and protic ionic liquid. Macromol Symp, 2018, 378: 1700045.

[104] Nakajima H, Ohno H. Preparation of thermally stable polymer electrolytes from imidazolium-type ionic liquid derivatives. Polymer, 2005, 46: 11499-11504.

[105] Yasuda T, Nakamura S, Honda Y, et al. Effects of polymer structure on properties of sulfonated polyimide/protic ionic liquid composite membranes for nonhumidified fuel cell applications. ACS Appl Mater Interfaces, 2012, 4: 1783-1790.

[106] Ortiz-Martínez V M, Ortiz A, Fernández-Stefanuto V, et al. Fuel cell electrolyte membranes based on copolymers of protic ionic liquid [HSO$_3$-BVIm][TfO] with MMA and hPFSVE. Polymer, 2019, 179: 121583.

[107] Rambabu K, Shuvra S, Kutcherlapati S N R, et al. Grafting of vinylimidazolium-type poly(ionic liquid) on silica nanoparticle through RAFT polymerization for constructing nanocomposite based PEM. Polymer, 2020, 195: 122458.

[108] Nosaibe A, Amir A, Mohammad D, et al. Metal-organic framework anchored sulfonated poly(ether sulfone) as a high temperature proton exchange membrane for fuel cells. J Membr Sci, 2018, 565: 281-292.

[109] Liu F, Wang S, Chen H, et al. The impact of poly(ionic liquid) on the phosphoric acid stability of polybenzimidazole-base HT-PEMs. Renew Energ, 2021, 163: 1692-1700.

[110] Hu M, Li T, Neelakandan S, et al. Cross-linked polybenzimidazoles containing hyperbranched cross-linkers and quaternary ammoniums as high-temperature proton exchange membranes: Enhanced stability and conductivity. J Membr Sci, 2019, 593: 117435.

[111] Lee A S, Choe Y K, Matanovic I, et al. The energetics of phosphoric acid interactions reveals a new acid loss mechanism. J Mater Chem A, 2019, 7: 9867-9876.

[112] Krishnan N N, Konovalova A, Aili D, et al. Thermally crosslinked sulfonated polybenzimidazole membranes and their performance in high temperature polymer electrolyte fuel cells. J Membr Sci, 2019, 588: 117218.

[113] Liu F, Wang S, Li J, et al. Novel double cross-linked membrane based on poly (ionic liquid) and polybenzimidazole for high-temperature proton exchange membrane fuel cells. J Power Sources, 2021, 515: 230637.

[114] Liu F, Wang S, Chen H, et al. Cross-linkable polymeric ionic liquid Improve phosphoric acid retention and long-term conductivity stability in polybenzimidazole based PEMs. ACS Sustain Chem Eng, 2018, 6: 16352-16362.

[115] Long S, Howlett P C, Macfarlane D R, et al. Fast ion conduction in an acid doped pentaglycerine plastic crystal. Solid State Ion, 2006, 177: 647-652.

[116] Long S, Macfarlane D R, Forsyth M. Fast ion conduction in molecular plastic crystals. Solid State Ion, 2003, 161: 105-112.

[117] Long S, Macfarlane D R, Forsyth M. Ionic conduction in doped succinonitrile. Solid State Ion, 2004, 175: 733-738.

[118] Pringle J M, Howlett P C, Macfarlane D R, et al. Organic ionic plastic crystals: Recent advances. J Mater Chem A, 2010, 20: 2056-2062.

[119] Chen J, Peng T, Fan K, et al. Optimization of plastic crystal ionic liquid electrolyte for solid-state dye-sensitized solar cell. Electrochim Acta, 2013, 94: 1-6.

[120] Anouti M, Timperman L, Hilali M E, et al. Sulfonium bis(trifluorosulfonimide) plastic crystal ionic liquid as an electrolyte at elevated temperature for high-energy supercapacitors. J Phys Chem C, 2012, 116: 9412-9418.

[121] Li Q, Jie Z, Sun B, et al. High-temperature solid-state dye-sensitized solar cells based on organic ionic plastic crystal electrolytes. Adv Mater, 2012, 24: 945-950.

[122] Sunarso J, Shekibi Y, Efthimiadis J, et al. Optimising organic ionic plastic crystal electrolyte for all solid-state and higher than ambient temperature lithium batteries. J Solid State Electrochem, 2012, 16: 1841-1848.

[123] Shi C, Qiu L, Chen X, et al. Silica nanoparticle doped organic ionic plastic crystal electrolytes for highly efficient solid-state dye-sensitized solar cells. ACS Appl Mater Interfaces, 2013, 5: 1453-1459.

[124] Pringle J M. Recent progress in the development and use of organic ionic plastic crystal electrolytes. Phys Chem Chem Phys, 2012, 15: 1339-1351.

[125] Yoshizawa-Fujita M, Fujita K, Forsyth M, et al. A new class of proton-conducting ionic plastic crystals based on organic cations and dihydrogen phosphate. Electrochem Commun, 2007, 9: 1202-1205.

[126] Rana U A, Shakir I, Vijayraghavan R, et al. Proton transport in acid containing choline dihydrogen phosphate membranes for fuel cell. Electrochim Acta, 2013, 111: 41-48.

[127] Zhu H, Rana U A, Ranganathan V, et al. Proton transport behaviour and molecular dynamics in the guanidinium triflate solid and its mixtures with triflic acid. J Mater Chem A, 2014, 2: 681-691.

第12章

离子液体电解质在电化学电容器中的应用

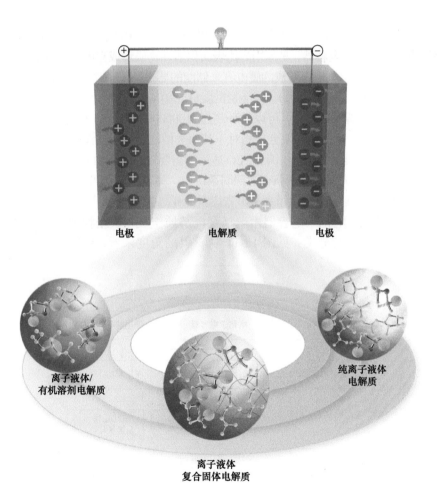

电极　　　　　电解质　　　　　电极

离子液体/
有机溶剂电解质

纯离子液体
电解质

离子液体
复合固体电解质

电化学电容器(超级电容器)具有对环境友好、寿命长、功率大等优点。目前电化学电容器使用的水系和有机电解质均具有局限性。水系电解质具有高导电性，但其相对较低的电化学稳定性强烈限制了电容器的工作电压上限。相比之下，有机电解质在更高的工作电压下实现了可接受的离子电导率。但是，有机溶剂具有挥发性和易燃性，影响了设备的安全性。离子液体具有良好的导电性、低挥发性和宽电位窗口，已成为常规有机电解质的有前途的替代品，但其黏度通常较高。如何获得电化学稳定性窗口宽、黏度低、离子电导率高的室温离子液体并将其应用于电解质是电化学电容器面临的挑战之一。

12.1　电化学电容器概述

电化学电容器(EC)是一种新型的介于传统电容器和电池之间的电化学能量存储设备，也被称为超级电容器，是利用高比表面积活性物质形成双电层电容器(EDLCs)或利用表面快速法拉第反应形成的赝电容来储能的器件。EC 的特征在于高功率密度(充放电时间范围从毫秒到几秒)、高能量密度($1 \sim 10$ Wh · g^{-1}，是传统电容器的 $10 \sim$ 100 倍)、良好的循环稳定性(可以循环超过 1000000 周以上)和使用温度范围宽($-40 \sim 70$℃)等[1]。它的主要缺点是相对于其他类型的能量存储设备(例如锂离子电池)而言，能量密度相对较低[2]，因此，EC 适用于需要短时间高功率输送的应用条件，例如应用于混合动力汽车、太阳电池照明系统中。另外，它们可用于存储和释放车辆或工业设备中的制动能量，可大幅节省燃料消耗(10%~40%)[3]。

与电池类似，电化学电容器由电极和电解质组成。根据物理特性或电荷存储机制对电容器进行分类，见图 12-1。从材料的角度来看，超级电容器可分为

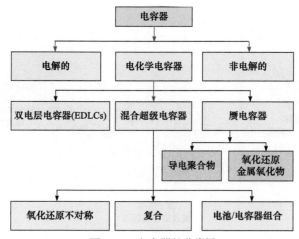

图 12-1　电容器的分类[4]

两大类: 一是使用高比表面积活性物质(例如多孔碳电极)的 EDLCs, 二是使用金属氧化物材料(例如 MnO_2、RuO_2 或 Nb_2O_5)的赝电容器[5,6]。EDLCs 和赝电容器的充电机制存在很大差异[7]。在 EDLCs 中, 通过在碳表面施加电压利用离子的吸附而逐渐充电(图 12-2), 但赝电容器的特征是涉及表面金属离子的法拉第反应。当前, 大多数商用设备都采用 EDLCs, 这主要是因为它们在循环时更加稳定。

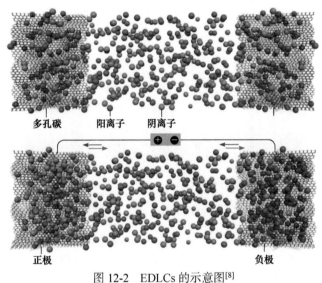

图 12-2 EDLCs 的示意图[8]

开路电压(上); 施加电压(下)

12.1.1 工作原理

最早的电容器是"莱顿瓶"。18 世纪中期, 荷兰莱顿大学的一位教授在做电学实验时发明了莱顿瓶。莱顿瓶是原始形式的电容器, 但电容量太低。1874 年, 德国科学家发明了云母电容器,但可以作为电容器介质的天然云母越来越少。1879 年, 德国物理学家 Helmholtz 根据电化学界面的双电层电容性质提出了双电层理论。1957 年, Becker 以多孔碳为电极材料、硫酸为电解质, 发明了第一个电化学电容器来储存电能。基于这种储存电能的方式, 1971 年 NEC 公司开始研发水相电化学电容器。随着储能技术和储能设备商业化的发展, 电化学电容器终于在 20 世纪 80 年代得到了较大的突破和发展, 储能容量上升了 3~4 个数量级, 从此电化学电容器开启了规模化生产的时代, 进入了大规模的商业应用阶段。之后一大批企业也陆续开发了新的电化学电容器, 例如美国 Sohio 公司开发了以溶有四羟基铵盐的非水系电解质制备的非水相碳基双电层电容器。20 世纪 90 年代后期, 大量高功率大容量型的电容器开始出现, 标志着电化学电容器进入了全面产业化发展阶段。

　　电化学电容器的主要构成包括正负电极、隔膜和电解质三个部分，其中电极又由活性材料与集流体两部分组成。正负电极浸润在电解质中，隔膜的作用是防止正负电极之间物理接触，同时又允许离子的通过，最终构成一个完整的电化学电容器单体器件，电化学电容器的结构示意图如图 12-3 所示。

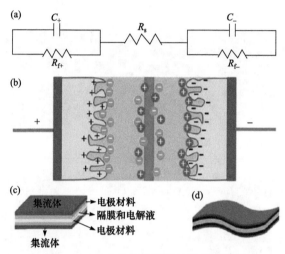

图 12-3　电化学电容器的结构示意图[9]

(a)电化学电容器的等效电路模型；(b)双电层超级电容器示意图；传统超级电容器的(c)电极及其(d)柔性对应物的典型结构示意图

12.1.2　电化学电容器中常用的电解质

　　电解质是电化学储能设备的重要组成部分之一，其物理和化学性质在这些设备的性能中发挥着重要作用[11,12]。通常，电解质的分解电势范围控制着超级电容器的击穿电压，这限制了电容器的能量和功率密度。总容量、能量、功率、电流密度、循环性能、工作电压、时间稳定性以及安全性等性能参数均与电解质材料的性能相关[10]。超级电容器对电解质的性能要求主要有四点：①使用温度范围要宽，电化学电容器的工作温度范围受电解液的温度特性影响，电解液至少要在 $-25 \sim 70^\circ\mathrm{C}$ 的温度范围内稳定工作；②化学与电化学稳定性要高；③电导率要高，电解液的电阻在超级电容器的内部阻抗中占 50%以上，所以要尽可能减小电解液的电阻，特别是在大电流放电时对电解质的电导率要求就更高；④环境友好。开发适用于超级电容器的新型电解质不仅要考虑其储能效率，还要考虑其在生产和回收过程中是否对环境造成破坏。

　　目前，超级电容器中使用的主要电解质可归类为液体电解质和固体电解质。其中，根据所用溶剂的不同，液体电解质又可以分为非水系和水系电解质[13]，而固体电解质可分为有机类和无机类。水系电解质(酸性、碱性和中性)导电性好,但其电化学窗口较窄(约为 1.23 V),限制了超级电容器的能量和功率。而基于有机溶剂的电解质具有较宽的电位窗口(约为 2~4 V),使得电容器可以获得相对较高的比能量和工作电压。有机电解质的一个严重缺陷是比它们的水性对应物黏度更高,并且具有相应更低的电导率。有机电解质的另一个主要缺点是有机溶剂的挥发性和易燃性,这会影响设备的安全性。固体电解质具有高比能量、良好的可靠性、无电解液泄漏和可实现超薄形状等优点,但是大多数固体聚合物电解质在室温下的电导率较低,而且电极/电解质之间的接触较差导致其内阻较大,这在一定程度上限制了固体电解质在超级电容器中的应用。离子液体既可以作为溶剂,又可以发挥电解质的作用[14]。尽管离子液体电解质显示出巨大潜力,但是它们的高黏性导致低的离子电导率,而且电极和离子液体之间的界面不同于传统的水系电解质和有机电解质,值得进一步研究。

离子液体电解质作为超级电容器(特别是基于双层充电的超级电容器)电解质的良好候选者,其原因主要有两个:一是可以在电极/电解质界面处提供电荷;二是离子液体电解质的稳定电位窗口可确保甚至高于有机电解质的高能量密度。离子液体电解质在超级电容器上的应用主要分为纯离子液体[15]、离子液体/有机混合[16]、离子液体/聚合物混合[17]等。

在本章中,我们主要讨论 EDLCs 的情况,因为当使用离子液体(ILs)电解质时,赝电容机制通常不起作用。

McEwen 等[18]测量了一系列基于咪唑鎓盐的电化学性质,并预测它们可以用作纯溶剂或溶于有机溶剂(如碳酸亚丙酯和乙腈)中。自此,许多研究小组建议在超级电容器内部使用纯 ILs[19-21],但缺乏有关纯离子液体形成的双层结构理论,而离子液体与传统的稀电解质[22]有明显不同,因此阻碍了研究的进一步发展。目前研究人员对 ILs/电极界面有了更好的了解,并且通过理论、模拟和光谱学的结合[23]解释了许多实验结果。例如,醚官能化锍[24]或吡咯烷鎓[25]离子液体的新体系被提议用于双电层电容器,另外有研究者还广泛研究了将两种离子液体混合[26]或一种离子液体与其他溶剂混合[27,28]的策略,目的是提高单组分液体的体积性质和界面性能。

12.2　离子液体的物化性质对电化学电容器的影响

12.2.1　热稳定性

超级电容器在工作时可能会暴露在 -50~80℃的温度范围内。碳材料在整个温度范围内(甚至超出范围)都是稳定的,因此电解质是与温度相关故障的主要起因。即使添加了盐，水系电解质由于水的冻结也无法适用于低温。有机溶剂可以适用于较低的温度，但是它们的沸点通常太低（例如，乙腈的 T_b=82℃），难以确保高温下的良好安全性。

对于离子材料来说，带相反电荷的离子之间的库仑吸引作用更强。因此，液态 ILs 在比常规溶剂高得多的温度下仍能稳定存在。Earle 等[29]在 200～300℃ 的温度和低压下蒸馏出了离子液体。但是，其高温下的稳定性受到分子分解反应的限制[30]。由于分解温度不是相变，因此无法精确确定离子液体的沸点。但是，诸如热重分析之类的方法能够检测降解过程可能开始的温度[31]，这些温度通常远高于 200℃，这表明高温对于超级电容器中 ILs 的使用没有影响。

ILs 在低温下（不考虑动态特性）作为电解质的局限性较大。通常，它们的熔点在室温附近，这限制了它们在针对低温用途的设备（例如电动汽车）中的使用。但是，Lin 等[32]通过混合两种具有相似阴离子但含有不同阳离子的离子液体，克服了这一困难。从图 12-4 中的差示扫描量热曲线可以看出，纯的 N-甲基-N-丙基哌啶二（氟磺酰基）亚胺（PIP$_{13}$FSI）和 N-丁基-N-甲基吡咯烷镓双（氟磺酰基）酰亚胺（Pyr$_{14}$FSI）的熔点分别为 6℃ 和–18℃。然而，对于它们的低共熔混合物，在–80℃以下没有观察到峰，这排除了一级或二级相变的存在。这项工作表明，基于 ILs 的超级电容器可以在非常低的温度下工作，但是其性能会下降。

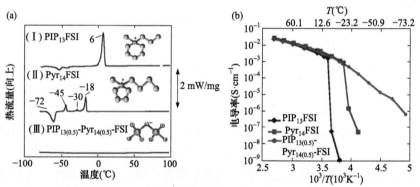

图 12-4　(a)离子液体混合物的差示扫描量热曲线及其化学结构；(b)三种电解质相对于温度变化的离子电导率[32]

Yambou 等[33]开发出了一种有效且经济的策略，用于设计基于 ILs 电解质的碳/碳 EDLC。该研究使用了黏度较低且电导率较高的 ILs 的二元混合物 [Emim][FSI]$_{0.5}$[BF$_4$]$_{0.5}$ 作为电解质。

12.2.2　工作电压

离子液体相对于溶剂型电解质的主要优点在于其宽的电化学窗口。与纯水相比，添加盐或碱性条件下可以使电容器获得更高的电压，例如使用乙酸钠盐可以达到 1.5 V[34,35]，但是与其他电解质相比，该电压仍然很低。若电解质由两种具有不同 pH 的电解质组成[34]，则可以将电容器电压提高至 2.1 V。

图 12-5 比较了基于各种有机电解质和离子液体的 EDLCs 工作电压。商用电解液通常使用乙腈或碳酸亚丙酯溶剂，相应的电压为 2.8 V。使用替代性溶剂时，电容器电压可以超过 3 V，例如基于砜的[36]或烷基化的环状碳酸酯、己二腈[37]或氰基酯[38]溶剂。但是，离子液体通常不及它们，尤其是吡咯烷鎓或醚官能化的离子液体[24]。Pohlmann 等[27]研究了将离子液体与有机溶剂混合的可能性，结果表明可以通过离子液体对电解质组成进行微调，以便在工作电压和其他特性之间找到最佳折中方案。

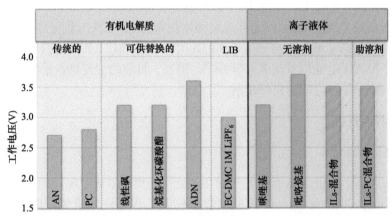

图 12-5　基于有机电解质和离子液体电解质的 EDLCs 工作电压比较[39]

AN—乙腈、PC—碳酸亚丙酯、ADN—己二腈、EC—碳酸亚乙酯、DMC—碳酸二甲酯、LiPF₆—六氟磷酸锂

为了找到使装置电压最大化的新型电解质，可以使用高通量计算对电解质材料进行筛选。该方法也适用于 EDLCs[40]等电化学储能装置的电解质[41, 42]。到目前为止，已经使用此类技术对离子液体进行了研究。由于需要在模拟设置中包含足够数量的离子对以得到大体积液体，因此需要执行从头算来确定电子性质，这涉及大量的计算[43,44]。另外，常使用的有机物具有许多价电子，这些价电子必须明确地包括在计算中，这可以通过引入隐式溶剂化模型来克服这一问题，以便在减少大量计算成本的同时模拟环境效应[45]。

12.2.3　离子导电性

离子液体是黏稠的，没有任何中性溶剂，因此原则上期望它们表现出出色的离子导电性。然而，该性质不仅仅由电荷载流子的浓度决定。在离子液体中，离子的自扩散系数过低(因此黏度也过高)[46]。在 1-乙基-3 甲基咪唑鎓双(三氟甲磺

酰基）酰亚胺（[Emim][TFSI]）中，阳离子和阴离子的扩散系数分别为
$0.495×10^{-10}$ $m^2 \cdot s^{-1}$ 和 $0.309×10^{-10}$ $m^2 \cdot s^{-1}$。室温下的离子液体[47]的这些数值比纯水
的数值（在相同温度下为 $2.3×10^{-9}$ $m^2 \cdot s^{-1}$）低两个数量级。

RTILs 中离子位移之间发生的强相关性导致与 Nernst-Einstein 方程的较大偏
差[48]。后者通过忽略所有离子相关性来预测离子电导率与自扩散系数成正比，这仅
在水系或有机溶剂中高度稀释盐的情况下才成立。在室温下离子液体的电导率约为
几 $mS \cdot cm^{-1}$。电导率表现最好的是 Emim 阳离子，例如当它与全氟烷基三氟硼酸根
阴离子结合使用时，所得液体的电导率在 298 K 时可达到 13 $mS \cdot cm^{-1}$[49]。Nürnberg
等[50]提出了通过设计具有 Li 配位链的有机阳离子来有效地利用浓 ILs 电解质中的离
子-离子相关性。核磁共振氢谱(1H NMR)和拉曼光谱(Raman)表明，侧链中具有 7
个或更多醚氧的 ILs 阳离子可以诱导 Li 与有机阳离子配位。

离子凝胶是将 RTILs 固定在无机固体材料（例如中孔二氧化硅）中的混合产
物[51]，在保持离子液体高离子电导率的同时，可以拓宽工作温度范围，因此，已
广泛用于锂离子电池以及超级电容器[52]。但是，目前的主要难点是要确保两个固
相(电极和电解质)之间的良好接触。

12.2.4 界面性质

1. ILs 中的双层

十多年前，Kornyshev[22]提出了必须改变描述离子液体双层问题的方式。使用
传统的 Gouy-Chapman-Stern(GCS)模型并不准确，因为许多基本假设都无法满足。
特别是，GCS 模型忽略了离子之间的相关性，而离子之间的相关性对于离子液体
的物理特性至关重要，另外，该模型还将离子视为点电荷。Kornyshev 还提出了
一种新的平均场理论，解释了离子的有限大小及其相互作用[53]。同时，有几个研
究小组使用各种实验技术对离子液体界面进行了初步了解。通过原子力显微镜
(AFM)观察到，在界面处有很强的分层效果[45,47]。后来通过表面力设备 SFA[54-57]
或高能 X 射线反射率[58,59]证实了这一点。图 12-6 揭示了通过后一种方法获得的
Pyr14-FAP 离子液体的部分界面电子密度分布。每层离子高度密集，这意味着可
以对带电电极表面进行快速筛选。尽管所有离子液体都存在分层，但可以观察
到特征长度的巨大差异，该特征长度对应于连续的吸附离子层之间的距离。实
际上，特征长度与离子尺寸相关，表明形成了交替的阳离子-阴离子单层或尾
到尾的阳离子-双层等。后者是在阳离子的烃链较长时形成的，原因是这些非
极性结构域易于聚集[58,60]。这种效果类似于纳米级结构域的离子液体，其大小
主要取决于离子烷基链的长度[61]。许多模拟研究还报道了与 AFM 和 SFA 结果
一致的多层离子液体的存在[62-66]。他们还提供了各种吸附层中每种离子物质浓

度的定量值。在离子液体的各种液体/蒸气或固体/液体界面上使用和频振动
(SFG)光谱却并没有得出相似的结论[67-69]。但是，很难准确评估利用该技术探
测到的液体层的长度。主信号可能仅来自顶层[70]，这可以解释为什么使用 SFG
无法观察到分层。

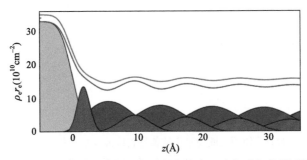

图 12-6　纯 Pyr14-FAP 离子液体的部分界面电子密度分布。总电子密度(蓝线)是衬底(绿色)、
Pyr14 阳离子(红色)和 FAP 阴离子(蓝色)贡献的总和。通过通用分层模型(紫色线)将获得的剖
面进行比较[59]

对离子液体中双电层的某些结构特点仍有待深入了解，特别是关于受极化电
极影响的液体层的宽度。Gebbie 等[71]在 SFA 的研究中观察到了远距离相互作用效
应。尽管这被作者解释为离子液体是稀电解质，但仍有许多论点与此结果相矛盾[57]。
SFA 对从稀离子溶液到纯离子液体等一系列电解质的研究表明，超过离子浓度阈
值时，筛选长度随浓度的增加而增加[72](图 12-7)。这些远距离相互作用的起源还
存在许多悬而未决的问题[73]。

吸附层内部的结构也显示出有趣的特征。在平面电极上的离子液体的第一吸
附层中可能会发生界面跃迁[76](模拟结果示例见图 12-8)。Freyland 等[77]通过使用
原位扫描隧道显微镜(STM)发现在金的(111)面上[Bmim+][PF6−]的吸附层在更高
的电势下(相对于铂参比电极为–0.2 V)形成了莫尔图形，这归因于 PF6− 有序附加
层的形成。在负电势下，STM 图与具有($\sqrt{3} \times \sqrt{3}$)结构的阴离子层的形成一致，
表明在该界面处存在二维有序过渡。进一步的 STM 研究还证实了金电极上各
种离子液体有序结构的形成[80,81]。这种金属的主要优点是单晶很容易制造，
然而，表面重建可能使观测变得困难。Elbourne 等[82]也报道了在高度取向的
热解石墨表面存在[Bmim][TFSI]的有序结构，表明这种效应在多种条件下都
会发生。在超级电容器领域之外，这些结构还可能影响许多离子液体的界面
性能，因为它们会影响反应动力学[83]、变化的反应性[84]以及与电压有关的摩
擦性能[85]等。

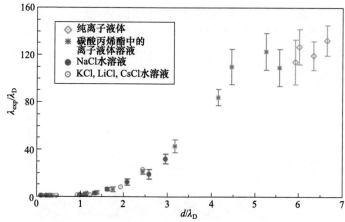

图 12-7　对于纯离子液体，使用表面力平衡从德拜长度 λ_{exp}/λ_D 获得的实验性远距离衰变长度与 d/λ_D 的关系图（其中 d 是电解质中的平均离子直径）[74,75]

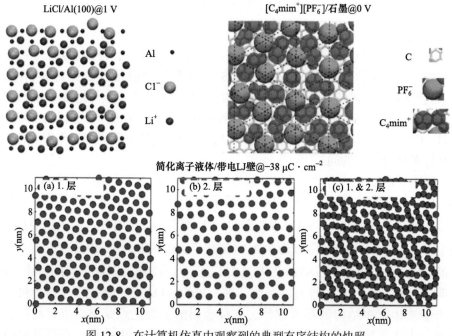

图 12-8　在计算机仿真中观察到的典型有序结构的快照

LiCl 熔融盐电解质的第一吸附层在铝电极的(100)表面上处于负电位(左上)[78]；处于中性电位的石墨电极上的 [C4mim+][PF$_6^-$] RTIL 的第一吸附层(右上)[79]；在带负电荷的 Lennard-Jones 壁上是简化的 RTILs 的前两个吸附层，具有较大的负表面电荷密度(下)

2. 限制效应

封闭环境可能对流体的结构和物理性质有很大的影响。例如，在水中碳纳米管内部氢键网络的断裂可能导致非常迅速的扩散[86]。对于黏性离子液体也有类似的报道[87]。与平面相比，当施加电压时，使用实验方法探测孔内液体的结构要困难得多。在由分层多孔碳填充各种浓度的[Bmim][TFSI]电解质组成的系统上进行的小角中子散射实验表明，RTILs 均匀地润湿了所有孔表面，而不是使某些孔不饱和[88]。吸附的[Emim][TFSI]的核磁共振波谱也观察到自发润湿[89]，相应的光谱如图 12-9 所示。两种离子的特征峰有两个，一个薄而强的峰对应于整体液体，另一个峰则是由于吸附的离子而形成的[90,91]。在这项研究中，可以通过改变电极中施加的电势来监测光谱的变化。

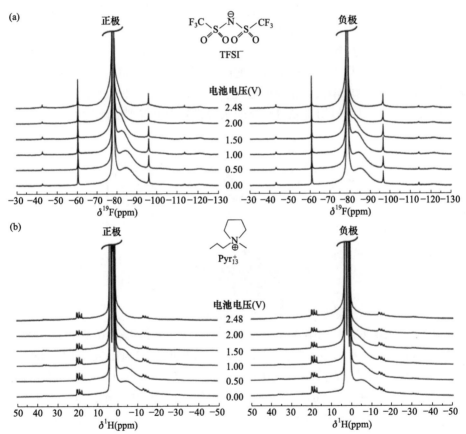

图 12-9　将充电至不同电压的超级电容器(YP50F 碳和 Pyr13-TFSI 离子液体)拆解后的电极
NMR 光谱：(a) [19]F 和(b) ^{1}H MAS(7.1 T)[89]

分子模拟已应用在从理想化结构到实际的纳米多孔碳等多种材料上。例如，Shim 和 Kim[92]研究了各种尺寸的碳纳米管内部吸附的[Emim][BF4]。结果表明，纳米管的尺寸对液体的结构有很大的影响，较小的纳米管在极化状态下显示出单一的抗衡离子，而较大的纳米管则同时包含阳离子和阴离子，如图 12-10(a)和(b)

所示。使用分子动力学[93-96]或经典密度泛函理论方法[97-98]对各种离子液体进行狭缝形孔模拟，得到了类似的结果。纳米多孔碳材料无序的情况更难以模拟。事实上，有必要使用原子结构模型来考虑各种孔径分布和许多缺陷的存在。Chmiola和 Largeot 小组[99,100]实验研究表明碳化物衍生碳的实际结构是典型的纳米多孔材料，这些结构可以通过淬灭的分子动力学[101]或通过反向蒙特卡罗模拟[102]获得。离子液体在纳米孔内没有保留其分层结构[103]。与图 12-10(c) 和(d) 所示的简单纳米管或狭缝状孔相比，轮廓分明的结构更难追踪。为了更深入地分析离子的配位，他们引入了一个新的量，即约束度[104]。约束度被定义为碳原子占据的离子周围立体角的百分比[105]，并通过该量取的最大值归一化(这对应于碳球中截留的离子的假设情况)。结果发现，离子经历各种环境，当碳原子使分子种类的配位增加时，这些离子被标记为边缘、平面、中空和袋状位点[图 12-10(c) 和(d) 分别对应于袋状和平面位点]。结果表明，离子的去配位(或者它们与乙腈的混合物中的去溶剂化)效果随着约束度的增大而相应增加。这些结果在其他各种模拟研究中得到了进一步的证实[106]，且在针对水系电解质的实验研究中也得到了证实[107]。

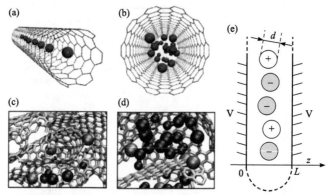

图 12-10　离子液体在纳米孔中存在的典型结构：(a)、(b) 分别为吸附在(6,6)和(10,10)纳米管内的[Emim][BF₄]的快照(红色和蓝色的球体代表 Emim 和 BF₄ 离子的质心位置)[92]。(c)、(d) 碳化物衍生碳材料中带电纳米孔内部的[Bmim][PF₆]的典型结构(蓝色：C—C 键；红色：Bmim；绿色：PF₆)[100]。(e)作为多孔电极一部分的单个横向狭缝状窄孔的横截面示意图，其中 L 为孔的宽度，V 为相对于参比电极的电压(在孔外部的"体"中)，d 为离子的直径[108]

　　离子液体是室温熔融盐，其整体短程结构的主要特征是围绕中心离子形成带有相反电荷离子的第一配位壳[109]。由极性/非极性域的存在引起的其他中等范围效应在其物理性质上也起着重要作用[61,110,111]，但它们不会破坏库仑排序效应，这意味着分子间力在纳米孔内部被明显改变。Kondrat 和 Kornyshev[108, 112]通过镜像力的形成来解释这种效应，该镜像力以指数方式屏蔽了孔内部的静电相互作用。他们将这种效应引入平均场理论和蒙特卡罗模拟中，发现当相同符号的离子堆积在内部时，离子液体形成"超离子态"。带电的纳米多孔碳横截面示意图如图 12-10(e)所示。

12.3　离子液体在电化学电容器中的应用

12.3.1　纯离子液体电解质

近年来，EDLCs 在电能存储应用中受到了广泛关注[113-115]，特别是在需要快速充放电的应用领域，例如电动汽车、智能电网中的再生制动和可再生能源收集系统[116]。EDLCs 是目前最适合大功率应用的储能器件，其原理是基于离子在电极和电解液界面的物理电吸附[117]。然而，为了将 EDLCs 拓展至电动汽车等应用领域，需要提高其能量密度。能量密度取决于电容和截止电压[3,118-120]，这与超级电容器的电解质和电极材料密切相关。目前市场中超级电容器的有机电解质是基于碳酸丙烯酯或醋酸乙烯酯中的铵盐溶液，其工作电压为 2.5～2.8 V[121]。提高其性能的主要策略之一是使用新型电解质，例如基于 ILs 或新型导电盐(在有机溶剂中)的电解质，因为它们可以将工作电压扩展到大于 3 V[13,122]。Yambou 等[33]报道了基于纳米多孔碳电极和 ILs 电解质的 EDLCs，在低温(低至–40℃)下仍能有效工作。该研究选用[Emim][FSI]和[Emim][BF$_4$]以 1∶1 摩尔比进行混合形成二元混合物，该电解质在–97℃下会保持液态直至玻璃化。ILs 电解质通常表现出高黏度，为了提高 ILs 中离子的传输速度(特别是在低温下)，该研究选择了具有大量介孔和微孔的碳电极材料为离子传输提供通道，使 EDLCs 的质量比能量和体积比能量都得到提高。

Zhang 等[123]使用碳纳米管作为活性电极材料，以室温离子液体作为电解质，证明了超级电容器可在高工作电压(≥4 V)下工作。该研究选用了四种不同的离子液体：1-丁基-3-甲基咪唑四氟硼酸酯([Bmim][BF$_4$])、二乙基-N-甲基-N-(2-甲氧基乙基)双(三氟甲磺酰基)酰亚胺铵([DEME]TFSI)、N-甲基-N-(2-甲氧基乙基)四氟硼酸铵([DEME]BF$_4$)和 1-丁基-1-甲基吡咯烷鎓双(三氟甲磺酰基)酰亚胺([Pyr$_{14}$]TFSI)。研究显示，[DEME]TFSI 的最高工作电压为 4.5 V，而 DEME-BF$_4$的最高工作电压为 4.7 V。与使用 2.7 V 的碳酸亚丙酯电解质的 EDLCs 相比，基于 4.0 V 的[Bmim][BF$_4$]、4.5 V 的 DEME-TFSI、4.7 V 的[DEME]BF$_4$和 4.3 V 的[Pyr$_{14}$]TFSI 的电容器电容都提高了 20%以上。基于[Pyr$_{14}$]TFSI 的电容器能量密度和比功率密度增加了 3 倍。使用在 4 V 下可以运行的[Bmim][BF$_4$]离子液体电解质的电容器在 65 000 周连续循环后，可保留初始电容的 80%以上。

Yambou 等[124]设计了由 1-乙基-3 甲基咪唑鎓[Emim]⁺阳离子和氟化阴离子组成的 ILs 二元混合物。将双(氟磺酰基)酰亚胺[FSI]⁻、双(三氟甲磺酰基)酰亚胺

[TFSI]⁻和四氟硼酸酯[BF₄]⁻任意二者混合可以获得在低温下为液态的离子液体[Emim] [TFSI]$_x$[FSI]$_{(1-x)}$、[Emim][FSI]$_x$[BF₄]$_{(1-x)}$和[Emim][TFSI]$_x$[BF₄]$_{(1-x)}$。与母体ILs 相比，它们表现出降低的相变焓和更低的熔融温度。在某些情况下，[Emim] [TFSI]$_x$ [FSI]$_{(1-x)}$、[Emim][FSI]$_x$[BF₄]$_{(1-x)}$和[Emim][TFSI]$_x$[BF₄]$_{(1-x)}$的 x 值范围为0.5~0.8、0.1~0.6 或 0.2~0.8 时，它们仅发生玻璃化/失透。纯化的 ILs 及其混合物的相应 Walden 图显示，即使在−25℃的低温下，它们也具有高度的离子性，可将其归类为"良好的离子液体"。[Emim][FSI]$_x$[BF₄]$_{(1-x)}$混合物中 x 范围为 0.5~0.6 时，显示出低黏度和高电导率。

　　Gupta 等[125]通过溶液流延技术，基于聚（偏二氟乙烯-共六氟丙烯）（PVDF-HFP）共聚物、离子液体（1-乙基-3-甲基咪唑鎓溴化物）[Emim]Br 和高氯酸镁盐Mg(ClO₄)₂，合成了自支撑式电解质膜。加入离子液体后显著提高了电解质的离子电导率、热稳定性以及透明性等性质。研究发现，该电解质膜在室温下的最高离子电导率约为 $2.05×10^{-2}$ S · cm^{-1}，且优化的电解质膜适用于超级电容器。

　　Thomberg 等[126]对含有纯离子液体 1-乙基-3-甲基咪唑四氟硼酸（[Emim][BF₄]）或离子液体（[Emim] [BF₄] 混合加上 5%（质量分数）碘化 1-乙基-3-甲基咪唑鎓（[Emim]I））的超级电容器在两电极和三电极系统中进行了研究。电极材料的比表面积为 2090 m² · g^{-1}，微孔表面积为 2060 m² · g^{-1}，总孔体积为 1.085 cm³ · g^{-1}。与基于纯[Emim][BF₄]的对称电容器相比，基于[Emim][BF₄]与 5% [Emim]I 的离子液体混合物的不对称电容器显示出 5 F · g^{-1} 的比电容、约 3.5 Wh · kg^{-1} 的比能量以及高比功率。但是，基于离子液体混合物的电容器理想极化率的电势区域较低，因此库仑效率和能量效率也较小。

　　含有四氰基硼酸根阴离子[B(CN)₄]的 ILs 比常规电解质具有更宽的电化学稳定性，并表现出高离子电导率。Martins 等[127]报道了含有[B(CN)₄]阴离子的 ILs，可以实现 3.7 V 的最高工作电压。即使在以相对较高的倍率（约 20 F · g^{-1} @ 15 A · g^{-1}）工作时，两电极器件也具有较高的比电容。与使用常规 ILs 的电容器相比，该超级电容器在所有测试的倍率下都可以存储更多的能量并以更高的功率工作。

　　由于具有低黏度、高电导率和易于官能化等优点，1,3-二烷基或 1,2,3-三烷基咪唑鎓ILs 得到了广泛的研究[128,129]。有研究调查了咪唑鎓和吡咯烷鎓阳离子基的氢氟酸应用在 EDLCs 中时活性炭电极的行为，还确定了在基于咪唑类 ILs 的情况下，使用阳离子尺寸最小的 ILs[氟代氢代 1,3-二甲基咪唑鎓（Dmim⁺）]可获得最大的比电容值（178 F · g^{-1}）。阳离子中的甲氧基基团完全改变了这种趋势，但是 1-甲氧基甲基-1-甲基吡咯烷鎓（MOMMPyr⁺）的离子半径比 1-乙基-1-甲基吡咯烷鎓（EMPyr⁺）的要大。物理表征结果表明，甲氧基降低了阳离子的电荷分布。因此，甲氧基可能会改变阳离子的电荷分布，从而导致相对较高的电容值。此外，与EMPyr 相比，阳离子尺寸更大的 MOMMPyr 黏度更高，在阳离子上引入吸电子基团(例如酯、氰基)或供电子基团(例如醚)会导致其黏度和熔点升高。

Likitchatchawankun 等[130]首次报道了使用离子液体的EDLCs在不同温度下各电极的瞬时发热率。离子液体的性质强烈依赖于温度，EDLCs 在正常工作过程中会产生可逆和不可逆的热量。在该研究中，EDLCs 由两个相同的活性炭电极和离子液体电解质组成，两个电极由浸没在离子液体基电解质中的网状隔离器分离，离子液体基电解质由溶解在碳酸丙烯酯(PC)中的 1 mol·L^{-1} N-丁基-N-甲基吡咯烷基双(三氟甲磺酰基)酰亚胺([Pyr$_{14}$][TFSI])组成。在 20℃、40℃和 60℃下的恒电流循环过程中，用量热计测量了各电极的瞬时发热率。不可逆热的产生归因于焦耳热效应，并随着温度的升高而减少。在充电过程中，由于离子的吸附，正负极的可逆发热率主要是放热的，而在放电过程中则是吸热的，因离子解吸而放电。由于电荷储存量的增加，它们随温度的升高而略有增加。正极的可逆发热速率略高于负极。事实上，在充电开始时，由于 Pyr$_{14}^+$ 阳离子进入活性炭孔时的过筛效应或去溶剂作用，导致在负极的可逆发热过程中观察到吸热下降。

烯基官能化在优化 ILs 的物理性能方面引起了人们的极大关注。尽管烯基对 ILs 物理参数的影响尚未完全阐明，但有研究者提出侧链上双键之间的 π-π 相互作用可能会引起微小变化。Siyahjani 等[131]研究了 ILs 中醚基的存在和长度对超级电容器性能的影响。结果表明，由于离子与聚合物链之间的相互作用，离子上醚基的存在可能会改变电解质中离子液体的离子尺寸/黏度和电导率之间的反比关系。除此之外，他们还通过 CV、EIS 和 GCD 技术计算了基于该电解质制成的 EDLCs 的电容值。AMEt-TFSI 含有比 MMEt-TFSI 更长的醚链，表现出最高的电容性能，而醚基官能化的咪唑鎓基 AL3IL-TFSI 在咪唑鎓基离子液体中表现出最好的性能。咪唑基离子液体中醚基的存在和铵基离子液体中长醚基的存在，均能增加电极表面离子的密度，从而提高电极的电容。此外，基于 AMEt-TFSI 和 AL3IL-TFSI 的超级电容器具有更宽的工作电压窗口，也获得了最高的能量密度值，如图 12-11 所示。

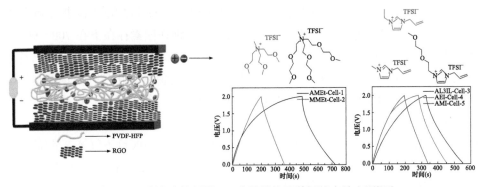

图 12-11　研究中使用的 ILs 分子结构及其恒流充放电图[131]

　　Pal 等[132]报道了基于不同离子液体(如 1-丁基-2,3-二甲基咪唑-四氟硼酸盐、1-丁基-3-甲基咪唑-四氟硼酸盐和 1-乙基-3-甲基咪唑-四氟硼酸盐)的聚偏氟乙烯-六氟丙烯基凝胶聚合物电解质的物理化学性质,并研究了离子液体的阳离子尺寸、黏度、介电常数对凝胶的物理化学性质和电化学稳定性的影响,以及基于凝胶电解质制备的电化学电容器的电化学性能。结果发现,含有 1-乙基-3-甲基咪唑-四氟硼酸根离子液体的聚合物电解质显示出优异的物化性质,并且作为设备中的电解质/隔离物时表现出良好的能量密度和循环寿命。

　　配制 ILs/ILs 二元电解质可以提高电池电压,从而提高能量密度。ILs/ILs 混合物的主要机理是通过离子静电相互作用和离子空间效应(筛分效应)来改变离子吸附的选择性[133,134]。因此,可以通过增加总体离子堆积密度并减小 EDLCs 的有效厚度来优化振荡分层结构。在由[C_2mim][BF_4]和[N_{1111}]BF_4组成的 ILs/ILs 混合电解质中,[C_2mim]$^+$与 BF_4^- 间较弱的相互作用可能会促进离子进入微孔,而[C_2mim]$^+$和[N_{1111}]$^+$之间的阳离子-阳离子相互作用可能导致填充种类增加[134]。Van Aken 等[135]改变了[C_2mim][TFSI]和[C_2mim][BF_4]二者的混合比,[C_2mim][BF_4]含量(体积分数)为 20%的混合物在负极和正极之间显示出平衡的电位分布。在进一步的 GCD 测试中,[C_2mim][TFSI]仅保留初始电容的 20%,在大约 4000 周循环后衰减很大,而含有 20%[C_2mim][BF_4]的混合物表现出的最佳保持率高达 95%。产生这些结果的原因是 3.5 V 的电压超过了纯[C_2mim][TFSI]的最大电化学窗口,而添加了 20%的[C_2mim] [BF_4]则增加了阴离子贡献的电容。电容的提升源自于离子液体平衡了阳极和阴极之间的电化学窗口。因此,优化 ILs 组成的比例可以平衡阳极和阴极之间的电容,从而提高电压,最终提高对称 EDLCs 的能量存储能力[136]。

　　用不同的杂原子(例如氮)掺杂可以改善水系和有机电解质的某些性能,例如电导率、电化学稳定性等。一些研究工作集中在使用 N 掺杂的碳作为离子电极[137-141],但是在离子液体电解质中,尚未广泛评估氮官能团在电化学性能中的作用。Sevilla 等[142]提出了一种简单的一锅法路线,该路线可以合成高度多孔的 N 掺杂碳并用作超级电容器电极。该合成方案基于有机盐柠檬酸钾在尿素存在下在 700~900℃范围内的碳化。这项研究还证明了这种类型的碳作为超级电容器电极材料以及离子液体作为电解质的适用性。Zhu 等[143]提出了一种将氮功能化与孔结构控制相结合的新方法,以生物分解产物为原料制备了氮掺杂的分级多孔碳。这一策略是通过在碳前驱体中引入氮物种来实现 C—N 形式,从而与钾发生反应,增强碳刻蚀以改善孔结构。通过这种方法制得的氮掺杂多孔碳材料(NHPCs)不仅氮含量(原子分数)高达 5%,而且比表面积高达 3142 $m^2 \cdot g^{-1}$,总孔容接近 2.6 $m^2 \cdot g^{-1}$。NHPCs 电极在离子液体电解质中表现出优异的电容性能(0.05 $A \cdot g^{-1}$ 时为 209 $F \cdot g^{-1}$,20 $A \cdot g^{-1}$

时为 148 F·g^{-1})、增强的能量密度(高达 88 Wh·kg^{-1})和优异的循环稳定性(10 000 周循环后电容损失 9%),这得益于电解质成分和改进的孔结构。

　　Jain 等[144]报道了一种非卤化表面活性离子液体(SAIL)。SAIL 是由表面活性阴离子 2-乙基己基硫酸盐和四辛基铵阳离子组成,可以用作超级电容器的高温电解质。在 298～373 K 的温度下,该 SAIL 作为基于多壁碳纳米管(MWCNT)的超级电容器的电解质进行了测试。在较低温度(253～298K)下,在同样基于 MWCNT 的超级电容器中,将 SAIL 和 SAIL/乙腈二元混合物的电化学性能作为温度的函数,与使用标准电解质(6 mol·L^{-1} KOH 的水溶液)的电化学性能进行了比较。所有基于 SAIL 电解质的溶液电阻、电荷转移电阻、等效串联电阻(ESR)都随着温度的升高而降低。与 SAIL 和乙腈的二元混合物以及 6 mol·L^{-1} KOH 水系电解质相比,以 SAIL 作为电解质的超级电容器具有高比电容、高能量密度和高功率密度,特别是在高温下表现优异,如图 12-12 所示。基于 SAIL/MWCNT 的超级电容器,比电容从 298 K 时的 75 F·g^{-1} 提高到 373 K 时的 169 F·g^{-1},而能量密度从 42 Wh·kg^{-1}(298 K)提高至 94 Wh·kg^{-1}(373 K),功率密度从 75 kW·kg^{-1}(298 K) 提高到 169 kW·kg^{-1}(373 K)。

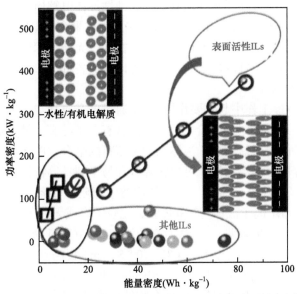

图 12-12　基于水系、有机和离子液体电解质的超级电容器的能量密度-功率密度对比图[144]

12.3.2　离子液体/有机溶剂电解质

　　在 EDLCs 的形成过程中,抗衡离子和共离子的过度筛选和交替层由 ILs 中强的离子相关性控制,这妨碍了 EDLCs 结构的优化。另一方面,EDLCs 的充电不仅受反离子吸附的支配，还取决于邻近电极的共离子解吸[145]。引入有机溶剂后，离子扩散增强，会缩短快速充放电时间，并且由于分散离子在有机溶剂中的高介电常数，还会提升 EDLCs 的电容性能[146]。德国明斯特大学的 Pohlmann 等[27]在离子液体电解液方面做了很多工作，他们将 N-丁基-N-甲基吡咯烷双(三氟甲磺酰基)酰亚胺盐(Pyr$_{14}$TFSI)与碳酸丙烯酯(PC)按 1∶1 质量比混合配成电解液，并将其用于双电层电容器。该电容器在 3.5 V 电压下可以正常工作，并且循环寿命长达 10 万周以上。与常规的 Pyr$_{14}$TFSI、Azp$_{14}$TFSI 和 Azp$_{16}$TFSI 离子液体相比，氮杂基离子液体由于离子半径相对较大而使离子液体具有较高的黏度和偏低的离子电导率，但该电解质的工作电压同样可以达到 3.5 V，在数万周循环后仍能保持良好的循环稳定性。然而，以上离子液体使用成本普遍较高，而且不能满足大电流下的能量要求。

12.3.3　离子液体复合固体电解质

赝电容器利用法拉第反应来存储电能。EDLCs 通过离子在电极和电解质界面上的反向吸附来存储电能。与赝电容器不同，EDLCs 在不涉及任何法拉第反应的情况下就能可逆地吸附离子。因此，与赝电容器相比，EDLCs 的生命周期要高得多。除此之外，赝电容器通常使用有害和腐蚀性液体电解质，从而导致装置笨重并可能引起安全问题。但是，EDLCs 可以采用固体聚合物电解质(SPE)膜，该膜具有宽的工作温度范围、低挥发性、高能量密度、无新技术要求且蒸气压可忽略不计。SPE 是薄而有弹性的聚合物基体，可以制成各种形状的电容器，例如柔性甚至可弯曲的 EDLCs。

SPE 在 EDLCs 工作中起重要作用，它是通过碱金属盐与主体聚合物的络合而合成的。PVA 是最具前景的聚合物之一，由含有羟基的碳主链组成。羟基可以促进键的形成，进而促进盐与离子液体和纳米填料的络合。PVA 具有高机械强度、无毒、生物相容性、高渗透性、可生物降解和易于制备等特性，使其适合用作储能应用中的主体聚合物。Farah 等[147]使用溶液流延法制备了独立的 PVA(掺有NaTf 盐和[Bmim]Br 离子液体)基 SPE 膜，比较了有或无离子液体的 SPE 在超级电容器中的性能。结果表明，在 PVA60 中添加 50%(质量分数)的[Bmim]Br 离子液体可将其室温下的离子电导率从 4.87× 10^{-6} S·cm^{-1} 提高到 2.31×10^{-3} S·cm^{-1}。温度依赖性研究表明，制备的 SPE 符合 Arrhenius 理论。通过 FTIR 和 XRD 研究并分析了主体聚合物、盐和离子液体之间络合物的形成。结果发现，ILs-0.5SPE 在 236℃下是稳定的。将高导电性离子液体基 SPE(IL-0.5)和无离子液体 SPE(PVA60)用于超级电容器中，基于 ILs-0.5SPE 的超级电容器在 3 mV·s^{-1} 时具有 16.32 F·g^{-1} 的最大比电容。GCD 和 EIS 曲线表明，与基于 PVA60 SPE 的超级电容器相比，基于 ILs-0.5 SPE 的超级电容器更适合储能应用。通过在 200 mA·g^{-1} 的电流密度下进行 1000 周的充放电循环测试发现，基于 ILs-0.5 SPE 的超级电容器具有良好的长期循环性能，结果如图 12-13 所示。

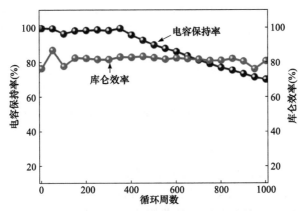

图 12-13　基于 ILs-0.5 SPE 的超级电容器的循环稳定性[145]

Manfo 等[148]使用标准溶液流延技术制备了基于聚环氧乙烷(PEO)和硫氰酸钠(NaSCN)的离子导电固体聚合物电解质(SPE)。将不同质量比的离子液体(1-乙基-3-甲基咪唑三氰胺) ([Emim][TCM])掺入聚合物盐中优化制备得到的 SPE 具有独立性、柔性、优异的热稳定性和机械稳定性。偏光光学显微镜(POM)显示了 ILs 掺杂的聚合物电解质膜的表面形态变化。为了研究离子-离子和离子-聚合物之间的相互作用，使用傅里叶变换红外光谱(FTIR)证实了聚合物电解质膜的组成性质以及聚合物盐与离子液体之间的相互作用。结构分析证实，在掺杂 ILs 之后，SPE 的结晶峰强度降低。离子液体掺杂的聚合物电解质薄膜在高温下比聚合物主体 PEO 和聚合物-盐配合物表现出更好的热稳定性。ILs 掺杂的聚合物电解质膜在降解过程中表现出还原性，在 400℃时残留质量为 29%。4%(质量分数)ILs 掺杂的 SPE 的最高离子电导率是 8.4×10^{-5} S·cm^{-1}。优化后的电解质膜离子迁移数的计算值为 0.98。

考虑到电解质泄漏的问题[149]，可以将 ILs 凝胶聚合物电解质(ILs-GPE)代替液体电解质应用于固态 EDLCs。通常，ILs-GPE 具有优良的柔韧性、宽的工作电压和不燃性，几乎可以与液体电解质相媲美[150]，这些优势有助于为各种应用装置开发灵活的结构和可调的形状[151]。一般来说，GPE 是由主体聚合物基质、盐和增塑剂组成[132]。在 ILs-GPE 中，ILs 被认为是发挥运输电解质离子和增塑剂的作用。离子液体与聚合物混合形成混合电解质既具有 ILs 的优势也可以兼具聚合物材料的特点[152,153]。

Pal 等[154]首先使用聚偏二氟乙烯共六氟丙烯聚合物基体和 1-丙基-3 甲基咪唑鎓双(三氟甲磺酰基)酰亚胺离子液体，加入双(三氟甲磺酰基)酰亚胺锂盐和增塑剂混合物(碳酸亚乙酯:碳酸亚丙酯比例 1:1)制备了凝胶聚合物电解质并研究了其热电性能。所有电解质在高达 340℃的温度下均具有出色的热稳定性、高离子电导率和宽电化学窗口。基于这些电解质,以活性炭为电极制造的超级电容器表现出可逆的电容特性和电化学稳定性。超级电容器的比电容随锂盐和增塑剂混合物的添加而增加。

Kasprzak 等[155]报道了一种可用于高压电化学电容器的含有离子液体的新型非水生物聚合物凝胶电解质。该准固体电解质由纤维素或甲壳质制成的生物聚合物基质和离子液体(1-乙基-3-甲基咪唑四氟硼酸盐([Emim]BF$_4$)构成,离子液体在其中充当增塑剂和离子导体。基于该电解质的电容器显示出高达 140~145 F·g^{-1}的比电容值和出色的电容保持率(约 90%)。Ge 等[156]使用聚(丙基磺酸盐二甲基铵丙基甲基丙烯酰胺)(PPDP)制备了聚两性离子凝胶电解质,表现出理想的 EDLCs 行为。与优良 PVA 凝胶电解质相比,基于 PPDP 凝胶电解质的固态超级电容器具有更高的电容。恒电流充放电(GCD)曲线的形状也与理想的 EDLCs 行为一致。使用 PPDP 凝胶电解质的固态超级电容器的恒电流放电时间比使用 PVA 凝胶电解质的恒电流放电时间长约 20%。采用 PPDP 凝胶电解质的固态超级电容器优异的电化学性能归因于其高保水能力、快速的离子迁移以及聚两性离子凝胶与电极之间的强相互作用。

Pandey 等[157]发现,使用 ILs-凝胶聚合物电解质([C$_4$mim]BF$_4$-GPE)的固态 EDLCs 的比电容为 110 F·g^{-1},比使用[C$_4$mim]BF$_4$-液体电解质的电容器的电容提高了 77 F·g^{-1}。Zhang 等[158]通过将离子凝胶掺入市售多孔载体中,制备了负载型离子液体凝胶膜。研究发现,使用[C$_2$mim]TFSI-GME 电解质的固态 EDLCs 表现出高比电容(153 F·g^{-1})和出色的循环稳定性,在 10 000 周充放电循环后仍能保持初始电容的 97%。Yang 等[159]通过实验证明了添加导电石墨烯(GO)可以显著提高 ILs 凝胶聚合物电解质(ILs-GPEs)的电导率。使用 GO 掺杂的[C$_2$mim]BF$_4$-GPE 电解质的固态 EDLCs 表现出更好的循环稳定性和 9.7 Wh·kg^{-1}的高能量密度。De Oliveira 等[161]研究了所合成的 PIL/ILs-GPEs 对固态 EDLCs 性能的影响。固态二元乙二胺与聚(二烯丙基二甲基铵)双(三氟甲磺酰基)酰亚胺(PILTFSI)和[C$_3$Mmim]TFSI-GPE 的二元共混物在 1000 周循环后仍可保持 93%的电容量,这明显高于基于[C$_4$mim]FSI-GPE 的固态 EDLCs 的电容量。由此可见,ILs 的性质与 PIL 的匹配对于固态 EDLCs 的电荷存储很重要。

离子液体在高温下的导电性比室温高,这为超级电容器带来了优异的电容性能。但是,温度升高会加速电容器自放电速率,从而对电容器能量的稳定性产生不利影响。Laheäär 等[162]针对基于离子液体和各种碳材料的超级电容器的自放电(SD)特性和泄漏电流水平进行了系统的研究。选用的离子液体包括 1-乙基-3-甲基咪唑鎓双(三氟甲磺酰基)酰亚胺([Emim][TFSI]) 和 1-丁基-3-甲基咪唑四氟硼酸盐([Bmim][BF₄])。与微孔活性炭相反，部分中孔碳干凝胶发生的较高 SD 速率表明法拉第诱导过程控制的 SD，而不是由电荷再分布控制。Haque 等[163]对包含 1-乙基-3 甲基咪唑乙酸盐([Emim]Ac)电解质和活性炭(AC)电极的超级电容器的热影响进行了全面研究。在150℃和2 A·g⁻¹的电流密度下，电容器可实现142 F·g⁻¹ 的高比电容。在 150℃下，等效串联电阻(ESR)仅为 0.37 Ω·cm⁻²，这是在高温下电解质的离子电导率提高的结果。室温下的 ESR 值为 2.5 Ω·cm⁻²，反映了 [Emim]Ac 和活性炭之间的良好兼容性。此外，在高达 120℃的温度下达到了超过 95%的电容保持率(在 1000 周循环结束时)，在 150℃达到了 85%的电容保持率，这些结果证实了[Emim]Ac 是碳基高温超级电容器的合适电解质。

参 考 文 献

[1] Liu X, Liu C-F, Xu S, et al. Porous organic polymers for high-performance supercapacitors. Chem Soc Rev, 2022, 51: 3181-3225.

[2] Zhao J, Burke A F. Electrochemical capacitors: Materials, technologies and performance. Energy Storage Mater, 2021, 36: 31-55.

[3] Kiruthika S, Sneha N, Gupta R. Visibly transparent supercapacitors. J Mater Chem A, 2023, 11: 4907-4936.

[4] Kumar Y, Rawal S, Joshi B, et al. Background, fundamental understanding and progress in electrochemical capacitors. J Solid State Electrochem, 2019, 23: 667-692.

[5] Yang N, Yu S, Zhang W, et al. Electrochemical capacitors with confined redox electrolytes and porous electrodes. Adv Mater, 2022, 34: 2202380.

[6] Brousse T, Bélanger D, Long J W. To be or not to be pseudocapacitive? J Electrochem Soc, 2015, 162: A5185-A5189.

[7] Salanne M, Rotenberg B, Naoi K, et al. Efficient storage mechanisms for building better supercapacitors. Nat Energy, 2016, 1: 16070.

[8] Rotenberg B, Salanne M, Simon C, et al. From localized orbitals to material properties: Building classical force fields for nonmetallic condensed matter systems. Phys Rev Lett, 2010, 104: 138301.

[9] Chen T, Dai L. Flexible supercapacitors based on carbon nanomaterials. J Mater Chem A, 2014, 2: 10756-10775.

[10] Zhao Q, Stalin S, Zhao C Z, et al. Designing solid-state electrolytes for safe, energy-dense batteries. Nat Rev Mater, 2020, 5: 229-252.

[11] Pal B, Yang S, Ramesh S, et al. Electrolyte selection for supercapacitive devices: A critical review. Nanoscale Adv, 2019, 1: 3807-3835.

[12] Haque M, Li Q, Rigato C, et al. Identification of self-discharge mechanisms of ionic liquid electrolyte based supercapacitor under high-temperature operation. J Power Sources, 2021, 485: 229328.

[13] Krummacher J, Schütter C, Hess L H, et al. Non-aqueous electrolytes for electrochemical

capacitors. Curr Opin Electrochem, 2018, 9: 64-69.

[14] Sun L, Zhuo K, Chen Y, et al. Ionic liquid-based redox active electrolytes for supercapacitors. Adv Funct Mater, 2022, 32: 2203611.

[15] Guo J, Ye M, Zhao K, et al. High voltage supercapacitor based on nonflammable high-concentration-ionic liquid electrolyte. Colloids Surf A, 2020, 598: 124858.

[16] Dou Q, Wang Y, Wang A, et al. "Water in salt/ionic liquid" electrolyte for 2.8 V aqueous lithium-ion capacitor. Sci Bull, 2020, 65: 1812-1822.

[17] Obeidat A M, Luthra V, Rastogi A C. Solid-state graphene-based supercapacitor with high-density energy storage using ionic liquid gel electrolyte: Electrochemical properties and performance in storing solar electricity. J Solid State Electrochem, 2019, 23: 1667-1683.

[18] McEwen A B, Ngo H L, Lecompte K, et al. Electrochemical properties of imidazolium salt electrolytes for electrochemical capacitor applications. J Electrochem Soc, 1999, 146: 1687-1695.

[19] Zhu H, Li L, Shi M, et al. Coupling of graphene quantum dots with MnO_2 nanosheets for boosting capacitive storage in ionic liquid electrolyte. Chem Eng J, 2022, 437: 135301.

[20] Sato T, Masuda G, Takagi K. Electrochemical properties of novel ionic liquids for electric double layer capacitor applications. Electrochim Acta, 2004, 49: 3603-3611.

[21] Tee E, Tallo I, Thomberg T, et al. Supercapacitors based on activated silicon carbide-derived carbon materials and ionic liquid. J Electrochem Soc, 2016, 163: A1317-A1325.

[22] Kornyshev A A. Double-layer in ionic liquids: Paradigm change? J Phys Chem B, 2007, 111: 5545-5557.

[23] Fedorov M V, Kornyshev A A. Ionic liquids at electrified interfaces. Chem Rev, 2014, 114: 2978-3036.

[24] Erwan C, Peter G, Alex R N, et al. Synthesis and thermophysical properties of ether-functionalized sulfonium ionic liquids as potential electrolytes for electrochemical applications. ChemPhysChem, 2016, 17: 3992-4002.

[25] Lee J H, Ryu J-B, Lee A S, et al. High-voltage ionic liquid electrolytes based on ether functionalized pyrrolidinium for electric double-layer capacitors. Electrochim Acta, 2016, 222: 1847-1852.

[26] Clough M T, Crick C R, Gräsvik J, et al. A physicochemical investigation of ionic liquid mixtures. Chem Sci, 2014, 6: 1101-1114.

[27] Pohlmann S, Olyschläger T, Goodrich P, et al. Mixtures of azepanium based ionic liquids and propylene carbonate as high voltage electrolytes for supercapacitors. Electrochim Acta, 2015, 153: 426-432.

[28] Tang X, Xiao D, Xu Z, et al. A novel ionic liquid-based electrolyte assisting the high performance of low-temperature supercapacitors. J Mater Chem A, 2022, 10: 18374-18382.

[29] Earle M J, Esperança J M S S, Gilea M A, et al. The distillation and volatility of ionic liquids. Nature, 2006, 439: 831-834.

[30] Selleri G, Poli F, Neri R, et al. Energy harvesting and storage with ceramic piezoelectric transducers coupled with an ionic liquid-based supercapacitor. J Energy Storage, 2023, 60:

106660.

[31] Wang Y, Xue K, Zhang X, et al. High-voltage electrochemical double layer capacitors enabled by polymeric ionic liquid. Electrochim Acta, 2023, 441: 141829.

[32] Lin R, Taberna P-L, Fantini S, et al. Capacitive energy storage from −50 to 100℃ using an ionic liquid electrolyte. J Phys Chem Lett, 2011, 2: 2396-2401.

[33] Yambou E P, Gorska B, Pavlenko V, et al. Fitting the porous texture of carbon electrodes to a binary ionic liquid electrolyte for the realization of low temperature EDLCs. Electrochim Acta, 2020, 350: 136416.

[34] Fic K, Meller M, Menzel J, et al. Around the thermodynamic limitations of supercapacitors operating in aqueous electrolytes. Electrochim Acta, 2016, 206: 496-503.

[35] Piwek J, Platek A, Fic K, et al. Carbon-based electrochemical capacitors with acetate aqueous electrolytes. Electrochim Acta, 2016, 215: 179-186.

[36] Sarkar K, Pathak T. Corrigendum: synthesis of 1,4-disubstituted 1,2,3-triazoles from terminal vinyl sulfones in ionic liquid: A metal-free eliminative azide-olefinic cycloaddition route to triazolyl carbohydrates and triazole-linked bissaccharides. Eur J Org Chem, 2023, 27: e202300020.

[37] Gong B, Wang K, Zhang H-Y, et al. Catalyst and process for the synthesis of adiponitrile via catalytic amination of 6-hydroxyhexanenitrile from ε-caprolactone. Ind Eng Chem Res, 2023, 62: 1338-1349.

[38] Schütter C, Passerini S, Korth M, et al. Cyano ester as solvent for high voltage electrochemical double layer capacitors. Electrochim Acta, 2017, 224: 278-284.

[39] François B, Volker P, Andrea B, et al. Carbons and electrolytes for advanced supercapacitors. Adv Mater, 2014, 26: 2219-2251.

[40] Schütter C, Husch T, Korth M, et al. Toward new solvents for EDLCs: From computational screening to electrochemical validation. J Phys Chem C, 2015, 119: 13413-13424.

[41] Lei C, Rajeev S A, Xiaohui Q, et al. Accelerating electrolyte discovery for energy storage with high-throughput screening. J Phys Chem Lett, 2015, 6: 283-291.

[42] Jain A, Persson K A, Ceder G. Research update: The materials genome initiative: Data sharing and the impact of collaborative ab initio databases. APL Mater, 2016, 4: 298-304.

[43] Izgorodina E I. Towards large-scale, fully *ab initio* calculations of ionic liquids. Phys Chem Chem Phys, 2011, 13: 4189-4207.

[44] Izgorodina E I, Seeger Z L, Scarborough D L A, et al. Quantum chemical methods for the prediction of energetic, physical, and spectroscopic properties of ionic liquids. Chem Rev, 2017, 117: 6696-6754.

[45] Firaha D S, Hollóczki O, Kirchner B. Computer-aided design of ionic liquids as CO_2 absorbents. Angew Chem Int Ed, 2015, 54: 7805-7809.

[46] Myrdek T, Popescu C, Kunz W. Physical-chemical properties of newly synthesized tetraalkylammonium alkyl ether carboxylate ionic liquids. J Mol Liq, 2021, 322: 114947.

[47] Tokuda H, Hayamizu K, Ishii K, et al. Physicochemical properties and structures of room temperature ionic liquids. 1. Variation of anionic species. J Phys Chem B, 2004, 108: 16593-16600.

[48] Kashyap H K, Annapureddy H, Raineri F O, et al. How is charge transport different in ionic liquids and electrolyte solutions? J Phys Chem B, 2011, 115: 13212-13221.

[49] Zhou Z B, Takeda M, Ue M. New hydrophobic ionic liquids based on perfluoroalkyltrifluoroborate anions. J Fluorine Chem, 2004, 125: 471-476.

[50] Nürnberg P, Atik J, Borodin O, et al. Superionicity in ionic-liquid-based electrolytes induced by positive ion-ion correlations. J Am Chem Soc, 2022, 144: 4657-4666.

[51] Bideau J L, Viau L, Vioux A. Ionogels, ionic liquid based hybrid materials. Chem Soc Rev, 2011, 40: 907-925.

[52] Brachet M, Brousse T, Bideau J L. All solid-state symmetrical activated carbon electrochemical double layer capacitors designed with ionogel electrolyte. ECS Electrochem Lett, 2014, 3: A112-A115.

[53] Bazant M Z, Storey B D, Kornyshev A A. Double layer in ionic liquids: Overscreening versus crowding. Phys Rev Lett, 2011, 106: 046102.

[54] Perkin S, Albrecht T, Klein J. Layering and shear properties of an ionic liquid, 1-ethyl-3-methylimidazolium ethylsulfate, confined to nano-films between mica surfaces. Phys Chem Chem Phys, 2010, 12: 1243-1247.

[55] Perkin S, Crowhurst L, Niedermeyer H, et al. Self-assembly in the electrical double layer of ionic liquids. Chem Commun, 2011, 47: 6572-6574.

[56] Smith A M, Lovelock K R J, Gosvami N N, et al. Monolayer to bilayer structural transition in confined pyrrolidinium-based ionic liquids. J Phys Chem Lett, 2013, 4: 378-382.

[57] Perkin S, Salanne M, Madden P, et al. Is a stern and diffuse layer model appropriate to ionic liquids at surfaces? Proc Natl Acad Sci, 2013, 110: E4121.

[58] Mezger M, Schröder H, Reichert H, et al. Molecular layering of fluorinated ionic liquids at a charged sapphire (0001) surface. Science, 2008, 322: 424-428.

[59] Markus M, Roland R, Heiko S, et al. Solid-liquid interfaces of ionic liquid solutions: Interfacial layering and bulk correlations. J Chem Phys, 2015, 142: 164707.

[60] Duarte D, Salanne M, Rotenberg B, et al. Structure of tetraalkylammonium ionic liquids in the interlayer of modified montmorillonite. J Phys: Condens Matter, 2014, 26: 284107.

[61] Canongia Lopes J N A, Pádua A A H. Nanostructural organization in ionic liquids. J Phys Chem B, 2006, 110: 3330-3335.

[62] Hu Z, Vatamanu J, Borodin O, et al. A molecular dynamics simulation study of the electric double layer and capacitance of [BMIM][PF$_6$] and [BMIM][BF$_4$] room temperature ionic liquids near charged surfaces. Phys Chem Chem Phys, 2013, 15: 14234-14247.

[63] Hu Z, Vatamanu J, Borodin O, et al. A comparative study of alkylimidazolium room temperature ionic liquids with FSI and TFSI anions near charged electrodes. Electrochim Acta, 2014, 145: 40-52.

[64] Ivaništšev V, Fedorov M V, Lynden-Bell R M. Screening of ion-graphene electrode interactions by ionic liquids: The effects of liquid structure. J Phys Chem C, 2014, 118: 5841-5847.

[65] Méndez-Morales T, Carrete J, Pérez-Rodríguez M, et al. Molecular dynamics simulations of the structure of the graphene-ionic liquid/alkali salt mixtures interface. Phys Chem Chem Phys,

2014, 16: 13271-13278.

[66] Ivaništšev V, Méndez-Morales T, Lynden-Bell R M, et al. Molecular origin of high free energy barriers for alkali metal ion transfer through ionic liquid-graphene electrode interfaces. Phys Chem Chem Phys, 2016, 18: 1302-1310.

[67] Baldelli S. Probing electric fields at the ionic liquid-electrode interface using sum frequency generation spectroscopy and electrochemistry. J Phys Chem B, 2005, 109: 13049-13051.

[68] Baldelli S. Surface structure at the ionic liquid-electrified metal interface. Acc Chem Res, 2008, 41: 421-431.

[69] Baldelli S. Interfacial structure of room-temperature ionic liquids at the solid-liquid interface as probed by sum frequency generation spectroscopy. J Phys Chem Lett, 2013, 4: 244-252.

[70] Sulpizi M, Salanne M, Sprik M, et al. Vibrational sum frequency generation spectroscopy of the water liquid-vapor interface from density functional theory-based molecular dynamics simulations. J Phys Chem Lett, 2013, 4: 83-87.

[71] Gebbie M A, Dobbs H A, Valtiner M, et al. Long-range electrostatic screening in ionic liquids. Proc Natl Acad Sci, 2015, 112: 7432-7437.

[72] Alexander M S, Alpha A L, Susan P. The electrostatic screening length in concentrated electrolytes increases with concentration. J Phys Chem Lett, 2016, 7: 2157-2163.

[73] Matthew A G, Alexander M S, Howard A D, et al. Long range electrostatic forces in ionic liquids. Chem Commun, 2017, 53: 1214-1224.

[74] Pashley R M, Israelachvili J N. Molecular layering of water in thin films between mica surfaces and its relation to hydration forces. J Colloid Interface Sci, 1984, 101: 511-523.

[75] Baimpos T, Shrestha B R, Raman S, et al. Effect of interfacial ion structuring on range and magnitude of electric double layer, hydration, and adhesive interactions between mica surfaces in 0.05~3 M Li$^+$ and Cs$^+$ electrolyte solutions. Langmuir, 2014, 30: 4322-4332.

[76] Benjamin R, Mathieu S. Structural transitions at ionic liquid interfaces. J Phys Chem Lett, 2015, 6: 4978-4985.

[77] Freyland W. Interfacial phase transitions in conducting fluids. Phys Chem Chem Phys, 2008, 10: 923-936.

[78] Tazi S, Salanne M, Simon C, et al. Potential-induced ordering transition of the adsorbed layer at the ionic liquid/electrified metal interface. J Phys Chem B, 2010, 114: 8453-8459.

[79] Merlet C, Limmer D T, Salanne M, et al. The electric double layer has a life of its own. J Phys Chem C, 2014, 118: 18291-18298.

[80] Su Y Z, Fu Y C, Yan J W, et al. Double layer of Au(100)/ionic liquid interface and its stability in imidazolium-based ionic liquids. Angew Chem Int Ed, 2010, 121: 5250-5253.

[81] Wen R, Rahn B, Magnussen O M. Potential-dependent adlayer structure and dynamics at the ionic liquid/Au(111)interface: A molecular-scale *in situ* video-STM study. Angew Chem Int Ed, 2015, 54: 6062-6066.

[82] Elbourne A, Mcdonald S, Voitchovsky K, et al. Nanostructure of the ionic liquid-graphite stern layer. ACS Nano, 2015, 9: 7608-7620.

[83] Uysal A, Zhou H, Feng G, et al. Structural origins of potential dependent hysteresis at the

electrified graphene/ionic liquid interface. J Phys Chem C, 2014, 118: 569-574.

[84] Natalia G R, Dlott D D. Structural transition in an ionic liquid controls CO_2 electrochemical reduction. J Phys Chem C, 2015, 119: 20892-20899.

[85] Sweeney J, Hausen F, Hayes R, et al. Control of nanoscale friction on gold in an ionic liquid by a potential-dependent ionic lubricant layer. Phys Rev Lett, 2012, 109: 155502.

[86] Hummer G, Rasaiah J C, Noworyta J P. Water conduction through the hydrophobic channel of a carbon nanotube. Nature, 2001, 414: 188-190.

[87] Chaban V V, Prezhdo O V. Nanoscale carbon greatly enhances mobility of a highly viscous ionic liquid. ACS Nano, 2014, 8: 8190-8197.

[88] Bañuelos J L, Feng G, Fulvio P F, et al. Densification of ionic liquid molecules within a hierarchical nanoporous carbon structure revealed by small-angle scattering and molecular dynamics simulation. Chem Mater, 2014, 26: 1144-1153.

[89] Forse A, Griffin J M, Merlet C, et al. NMR study of ion dynamics and charge storage in ionic liquid supercapacitors. J Am Chem Soc, 2015, 137: 7231-7242.

[90] Wang H, Koester K J, Trease N M, et al. Real-time NMR studies of electrochemical double-layer capacitors. J Am Chem Soc, 2011, 133: 19270-19273.

[91] Deschamps M, Gilbert E, Azais P, et al. Exploring electrolyte organization in supercapacitor electrodes with solid-state NMR. Nat Mater, 2013, 12: 351-358.

[92] Shim Y, Kim H J. Nanoporous carbon supercapacitors in an ionic liquid: A computer simulation study. ACS Nano, 2010, 4: 2345-2355.

[93] Wu P, Huang J, Meunier V, et al. Complex capacitance scaling in ionic liquids-filled nanopores. ACS Nano, 2011, 5: 9044-9051.

[94] Rajput N N, Monk J, Singh R, et al. On the influence of pore size and pore loading on structural and dynamical heterogeneities of an ionic liquid confined in a slit nanopore. J Phys Chem C, 2012, 116: 5170-5182.

[95] Wu P, Huang J, Meunier V, et al. Voltage dependent charge storage modes and capacity in subnanometer pores. J Phys Chem Lett, 2012, 3: 1732-1737.

[96] Feng G, Cummings P T. Supercapacitor capacitance exhibits oscillatory behavior as a function of nanopore size. J Phys Chem Lett, 2011, 2: 2859-2864.

[97] Jiang D E, Jin Z, Wu J. Oscillation of capacitance inside nanopores. Nano Lett, 2011, 11: 5373-5377.

[98] Pizio O, Sokołowski S, Sokołowska Z. Electric double layer capacitance of restricted primitive model for an ionic fluid in slit-like nanopores: A density functional approach. J Chem Phys, 2012, 137: 234705.

[99] Chmiola J, Yushin G, Gogotsi Y, et al. Anomalous increase in carbon capacitance at pore sizes less than 1 nanometer. Science, 2006, 313: 1760-1763.

[100] Largeot C, Portet C, Chmiola J, et al. Relation between the ion size and pore size for an electric double-layer capacitor. J Am Chem Soc, 2008, 130: 2730-2731.

[101] Palmer J C, Llobet A, Yeon S H, et al. Modeling the structural evolution of carbide-derived carbons using quenched molecular dynamics. Carbon, 2010, 48: 1116-1123.

[102] Farmahini A H, Opletal G, Bhatia S K. Structural modelling of silicon carbide-derived nanoporous carbon by hybrid reverse Monte Carlo simulation. J Phys Chem C, 2013, 117: 14081-14094.

[103] Merlet C, Rotenberg B, Madden P A, et al. On the molecular origin of supercapacitance in nanoporous carbon electrodes. Nat Mater, 2012, 11: 306-310.

[104] Merlet C, Péan C, Rotenberg B, et al. Highly confined ions store charge more efficiently in supercapacitors. Nat Commun, 2013, 4: 2701.

[105] Meel J, Filion L, Valeriani C, et al. A parameter-free, solid-angle based, nearest-neighbor algorithm. J Chem Phys, 2012, 136: 234107.

[106] Varanasi S R, Farmahini A H, Bhatia S K. Complementary effects of pore accessibility and decoordination on the capacitance of nanoporous carbon electrochemical supercapacitors. J Phys Chem C, 2015, 119: 28809-28818.

[107] Prehal C, Koczwara C, Jäckel N, et al. Quantification of ion confinement and desolvation in nanoporous carbon supercapacitors with modelling and *in situ* X-ray scattering. Nat Energy, 2017, 2: 16215.

[108] Kondrat S, Georgi N, Fedorov M V, et al. A superionic state in nano-porous double-layer capacitors: Insights from Monte Carlo simulations. Phys Chem Chem Phys, 2011, 13: 11359-11366.

[109] Salanne M, Madden P A. Polarization effects in ionic solids and melts. Mol Phys, 2011, 109: 2299-2315.

[110] Urahata S M, Ribeiro M. Structure of ionic liquids of 1-alkyl-3-methylimidazolium cations: A systematic computer simulation study. J Chem Phys, 2004, 120: 1855-1863.

[111] Kashyap H K, Hettige J J, Annapureddy H, et al. SAXS anti-peaks reveal the length-scales of dual positive-negative and polar-apolar ordering in room-temperature ionic liquids. Chem Commun, 2012, 48: 5103-5105.

[112] Kondrat S, Kornyshev A. Superionic state in double-layer capacitors with nanoporous electrodes. J Phys: Condens Matter, 2011, 23: 022201.

[113] Eftekhari A. Metrics for fast supercapacitors as energy storage devices. ACS Sustain Chem Eng, 2019, 7: 3688-3691.

[114] Li H, Qi C, Tao Y, et al. Quantifying the volumetric performance metrics of supercapacitors. Adv Energy Mater, 2019, 9: 1900079.

[115] Noori A, El-Kady M F, Rahmanifar M S, et al. Towards establishing standard performance metrics for batteries, supercapacitors and beyond. Chem Soc Rev, 2019, 48: 1272-1341.

[116] Munteshari O, Lau J, Ashby D S, et al. Effects of constituent materials on heat generation in individual EDLC electrodes. J Electrochem Soc, 2018, 165: A1547-A1557.

[117] Raza W, Ali F, Raza N, et al. Recent advancements in supercapacitor technology. Nano Energy, 2018, 52: 441-473.

[118] Xiong T, Yu Z G, Lee W S V, et al. *O*-benzenediol-functionalized carbon nanosheets as low self-discharge aqueous supercapacitors. ChemSusChem, 2018, 11: 3307-3314.

[119] Jagadale A, Zhou X, Xiong R, et al. Lithium ion capacitors (LICs): Development of the

materials. Energy Storage Mater, 2019, 19: 314-329.

[120] Likitchatchawankun A, Kundu A, Munteshari O, et al. Heat generation in all-solid-state supercapacitors with graphene electrodes and gel electrolytes. Electrochim Acta, 2019, 303: 341-353.

[121] Mostazo-López M J, Krummacher J, Balducci A, et al. Electrochemical performance of N-doped superporous activated carbons in ionic liquid-based electrolytes. Electrochim Acta, 2021, 368: 137590.

[122] Pan S, Yao M, Zhang J, et al. Recognition of ionic liquids as high-voltage electrolytes for supercapacitors. Front Chem, 2020, 8.

[123] Zhang S, Brahim S, Maat S. High-voltage operation of binder-free CNT supercapacitors using ionic liquid electrolytes. J Mater Res, 2018, 33: 1179-1188.

[124] Yambou E P, Gorska B, Béguin F. Binary mixtures of ionic liquids based on EMIm cation and fluorinated anions: Physico-chemical characterization in view of their application as low-temperature electrolytes. J Mol Liq, 2020, 298: 111959.

[125] Gupta A, Jain A, Tripathi S K. Structural and electrochemical studies of bromide derived ionic liquid-based gel polymer electrolyte for energy storage application. J Energy Stor, 2020, 32: 101723.

[126] Thomberg T, Lust E, Jänes A. Iodide ion containing ionic liquid mixture based asymmetrical capacitor performance. J Energy Stor, 2020, 32: 101845.

[127] Martins V L, Rennie A J R, Sanchez-Ramirez N, ct al. Improved performance of ionic liquid supercapacitors by using tetracyanoborate anions. ChemElectroChem, 2018, 5: 598-604.

[128] Men S, Jin Y, Licence P. Probing the impact of the N3-substituted alkyl chain on the electronic environment of the cation and the anion for 1,3-dialkylimidazolium ionic liquids. Phys Chem Chem Phys, 2020, 22: 17394-17400.

[129] Habibul N, Hu Y-Y, Hu Y, et al. Alkyl chain length affecting uptake of imidazolium based ionic liquids by ryegrass (Lolium perenne L.). J Hazard Mater, 2021, 401: 123376.

[130] Likitchatchawankun A, Whang G, Lau J, et al. Effect of temperature on irreversible and reversible heat generation rates in ionic liquid-based electric double layer capacitors. Electrochim Acta, 2020, 338: 135802.

[131] Siyahjani S, Oner S, Diker H, et al. Enhanced capacitive behaviour of graphene based electrochemical double layer capacitors by etheric substitution on ionic liquids. J Power Sources, 2020, 467: 228353.

[132] Pal P, Ghosh A. Solid-state gel polymer electrolytes based on ionic liquids containing imidazolium cations and tetrafluoroborate anions for electrochemical double layer capacitors: Influence of cations size and viscosity of ionic liquids. J Power Sources, 2018, 406: 128-140.

[133] Lian C, Liu K, Van Aken K L, et al. Enhancing the capacitive performance of electric double-layer capacitors with ionic liquid mixtures. ACS Energy Lett, 2016, 1: 21-26.

[134] Wang X, Mehandzhiyski A Y, Arstad B, et al. Selective charging behavior in an ionic mixture electrolyte-supercapacitor system for higher energy and power. J Am Chem Soc, 2017, 139: 18681-18687.

[135] Van Aken K, Beidaghi M, Gogotsi Y. Formulation of ionic-liquid electrolyte to expand the voltage window of supercapacitors. Angew Chem, 2015, 127: 4888-4891.

[136] Yin L, Li S, Liu X, et al. Ionic liquid electrolytes in electric double layer capacitors. Sci China Mater, 2019, 62: 1537-1555.

[137] Xu S W, Zhao Y Q, Xu Y X, et al. Heteroatom doped porous carbon sheets derived from protein-rich wheat gluten for supercapacitors: The synergistic effect of pore properties and heteroatom on the electrochemical performance in different electrolytes. J Power Sources, 2018, 401: 375-385.

[138] Yan R, Antonietti M, Oschatz M. Toward the experimental understanding of the energy storage mechanism and ion dynamics in ionic liquid based supercapacitors. Adv Energy Mater, 2018, 8: 1800026.

[139] Mostazo-López M J, Ruiz-Rosas R, Tagaya T, et al. Nitrogen doped superactivated carbons prepared at mild conditions as electrodes for supercapacitors in organic electrolyte. J Carbon Res, 2020, 6: 56.

[140] Tagaya T, Hatakeyama Y, Shiraishi S, et al. Nitrogen-doped seamless activated carbon electrode with excellent durability for electric double layer capacitor. J Electrochem Soc, 2020, 167: 060523.

[141] Zheng Y, Wang H, Sun S, et al. Sustainable nitrogen-doped carbon electrodes for high-performance supercapacitors and Li-ion capacitors. Sustain Energy Fuels, 2020, 4: 1789-1800.

[142] Sevilla M, Ferrero G A, Diez N, et al. One-step synthesis of ultra-high surface area nanoporous carbons and their application for electrochemical energy storage. Carbon, 2018, 131: 193-200.

[143] Zhu Y, Chen M, Zhang Y, et al. A biomass-derived nitrogen-doped porous carbon for high-energy supercapacitor. Carbon, 2018, 140: 404-412.

[144] Jain P, Antzutkin O N. Nonhalogenated surface-active ionic liquid as an electrolyte for supercapacitors. ACS Appl Energy Mater, 2021, 4: 7775-7785.

[145] Noh C, Jung Y. Understanding the charging dynamics of an ionic liquid electric double layer capacitor via molecular dynamics simulations. Phys Chem Chem Phys, 2019, 21: 6790-6800.

[146] Zhang Q, Liu X, Yin L, et al. Electrochemical impedance spectroscopy on the capacitance of ionic liquid-acetonitrile electrolytes. Electrochim Acta, 2018, 270: 352-362.

[147] Farah N, Ng H M, Numan A, et al. Solid polymer electrolytes based on poly(vinyl alcohol) incorporated with sodium salt and ionic liquid for electrical double layer capacitor. Mater Sci Eng B, 2019, 251: 114468.

[148] Manfo T A, Konwar S, Singh P K, et al. PEO + NaSCN and ionic liquid based polymer electrolyte for supercapacitor. Mater Today: Proc, 2021, 34: 802-812.

[149] Mishra K, Arif T, Kumar R, et al. Effect of Al_2O_3 nanoparticles on ionic conductivity of PVDF-HFP/PMMA blend-based Na^+-ion conducting nanocomposite gel polymer electrolyte. J Solid State Electrochem, 2019, 23: 2401-2409.

[150] Yadav N, Singh M K, Yadav N, et al. High performance quasi-solid-state supercapacitors with peanut-shell-derived porous carbon. J Power Sources, 2018, 402: 133-146.

[151] Zhong C, Deng Y, Hu W, et al. A review of electrolyte materials and compositions for

electrochemical supercapacitors. Chem Soc Rev, 2015, 44: 7484-7539.

[152] Wang S, Zhang D, He X, et al. Polyzwitterionic double-network ionogel electrolytes for supercapacitors with cryogenic-effective stability. Chem Eng J, 2022, 438: 135607.

[153] Zhao H, Zhang H, Wang Z, et al. Chain-elongated ionic liquid electrolytes for low self-discharge all-solid-state supercapacitors at high temperature. ChemSusChem, 2021, 14: 3895-3903.

[154] Pal P, Ghosh A. Highly efficient gel polymer electrolytes for all solid-state electrochemical charge storage devices. Electrochim Acta, 2018, 278: 137-148.

[155] Kasprzak D, Galiński M. Biopolymer-based gel electrolytes with an ionic liquid for high-voltage electrochemical capacitors. Electrochem Commun, 2022, 138: 107282.

[156] Ge K, Liu G. Suppression of self-discharge in solid-state supercapacitors using a zwitterionic gel electrolyte. Chem Commun, 2019, 55: 7167-7170.

[157] Pandey G P, Liu T, Hancock C, et al. Thermostable gel polymer electrolyte based on succinonitrile and ionic liquid for high-performance solid-state supercapacitors. J Power Sources, 2016, 328: 510-519.

[158] Zhang X, Kar M, Mendes T C, et al. Supported ionic liquid gel membrane electrolytes for flexible supercapacitors. Adv Energy Mater, 2018, 8: 1702702.

[159] Yang X, Zhang F, Zhang L, et al. A high-performance graphene oxide-doped ion gel as gel polymer electrolyte for all-solid-state supercapacitor applications. Adv Funct Mater, 2013, 23: 3353-3360.

[160] Liu Y, Zhao J, He F, et al. Influence of alkyl spacer length on ion transport, polarization and electro-responsive electrorheological effect of self-crosslinked poly (ionic liquid) s. Polymer, 2019, 171: 161-172.

[161] De Oliveira P S C, Alexandre S A, Silva G G, et al. PIL/IL gel polymer electrolytes: The influence of the IL ions on the properties of solid-state supercapacitors. Eur Polym J, 2018, 108: 452-460.

[162] Laheäär A, Arenillas A, Béguin F. Change of self-discharge mechanism as a fast tool for estimating long-term stability of ionic liquid based supercapacitors. J Power Sources, 2018, 396: 220-229.

[163] Haque M, Li Q, Smith A D, et al. Thermal influence on the electrochemical behavior of a supercapacitor containing an ionic liquid electrolyte. Electrochim Acta, 2018, 263: 249-260.

第 13 章

离子液体电解质在太阳电池中的应用

早在 19 世纪初，法国 Becquerel 首次观察到光电转化现象。19 世纪末，Moser 通过实验进一步证实了光电现象，并将染料增敏现象从照相技术引入光电效应中。20 世纪末，世界上首个硅太阳电池诞生，之后以半导体材料为代表的 pn 结太阳电池开始迅猛发展。自此，各种各样的太阳电池相继问世。

13.1 太阳电池概述

太阳能被认为是可以不受限制地用于下一代的可再生能源补给[1]。研究者们在半导体 pn 结的光电转换理论基础上，利用光伏效应的原理研制了太阳电池。自 20 世纪中叶，第一块被实际应用的太阳电池问世之后，经过了很长时间的研发，太阳电池的效率得到明显提高[2]。现在最常用的光伏电池是由硅(Si)、碲化镉(CdTe)、硒化铜铟/硫化物(CIS)或多结基材料制成[3]。目前硅太阳电池和无机半导体化合物太阳电池的光电转化效率达到 33%，但这两种电池制备成本高且难度系数大的特点限制了它们更好地发展和生产应用。实际上，这种基于无机固态器件太阳电池的市场主导地位正受到基于互穿网络结构的第三代太阳电池的挑战[4]，如染料敏化太阳电池(DSSC)、有机聚合物太阳电池和钙钛矿太阳电池[5]。第三代太阳电池的设计旨在通过廉价、简单且易于制造的工艺来降低成本。在新型太阳电池中，DSSC 是成本较低、光电转化效率较高、性价比较高的一种电池，其制备工艺简单，被认为是最具发展前景的新型太阳电池。

太阳电池的工作原理是利用光电半导体材料吸收光能之后发生光电效应。阳光辐射在光电半导体材料上，光子可以促进电子发生能级跃迁反应，被激发出来的电子形成定向移动，就产生了电流。可见，太阳电池工作的物质主要是光电半导体材料。根据材料的不同，电子迁移的载体也就不同，可将太阳电池分为：染料敏化太阳电池(纳米晶太阳电池)[6,7]、硅太阳电池、有机太阳电池[8]、多元化合物薄膜太阳电池。

自太阳电池研制出来以后，人们对半导体的研究越来越透彻。1954 年美国研制出了世界上第一块基于半导体材料的太阳电池，打破了由传统异质结太阳电池统治的局面，在全世界掀起了研究光电化学电池的热潮。之后 60 年代，美国就将太阳电池运用到人造卫星上作为电源使用。70 年代，能源危机促使世界各国开始思考新型能源来代替常规能源，最具代表性的新能源就是太阳能。之后世界各国开始大力着手太阳电池的生产，当时太阳电池的总量超过了其他电池总量，并且成本不断降低。80 年代，以硅为主导的半导体材料的太阳电池蓬勃发展，光电转化效率得到了大幅度提高。从此，太阳电池开始正式进入商业生产当中。

20 世纪 80 年代至今，薄膜太阳电池由于成本低、生产制备工艺简单，得到大力发展。在多晶薄膜中，硫化镉、碲化镉多晶薄膜电池比单晶硅电池成本低，其光电转换效率也比非晶硅薄膜太阳电池高。但由于镉有剧毒性，对空气和土壤会造成严重的环境污染，因此多晶薄膜电池并不能完全取代晶体硅太阳电池的地位(太阳电池光伏产业链见图 13-1)。

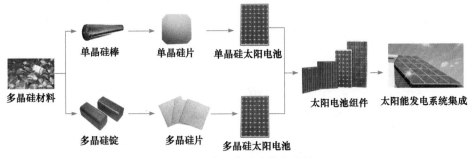

图 13-1　太阳电池光伏产业链

　　目前，硅材料的纯化工艺复杂且要求较高、能源回收周期长、成本昂贵，这大大限制了硅太阳电池的普及和大规模应用。而其他的无机薄膜电池含有 Cd、As、Pb、Ga 等对环境造成严重污染的元素，并且使用的 In、Te、Se 等都是比较稀有的元素，所以不适合大规模应用。20 世纪 90 年代初发展起来的染料敏化太阳电池是一种新型的光电化学太阳电池[3,9]。

13.2　染料敏化太阳电池

13.2.1　工作原理

　　染料敏化太阳电池(DSSC)是瑞士 Grätzel 教授等于 1991 年发明的一种新型光电化学太阳电池，也称为 Grätzel 电池[10]，具有资源丰富、成本低、光电转化效率高等优点。

　　如图 13-2 所示，典型的 DSSC 通常由染料敏化的中孔 TiO_2 光电阳极和主要包含三碘/碘(I^-/I_3^-)氧化还原对的液体电解质以及涂有 Pt 的反电极组成。DSSC 中反应的基本顺序如图 13-3 所示。具体过程如下：①吸收光能后，染料被激发(dye → dye*)，电子从被激发的染料中注入(dye*)进入 TiO_2 层的导带；②注入的电子渗透通过 TiO_2 基体，并被收集在带有透明导电氧化物的玻璃基板上，例如掺氟氧化锡玻璃(即 FTO)等；③经过外部电路；④电子在 Pt 对电极处重新引入到电池中，三碘离子(I_3^-)被还原为碘离子(I^-)；⑤同时，碘离子使氧化的染料(dye+)再生，从而产生了电流。

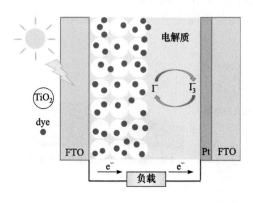

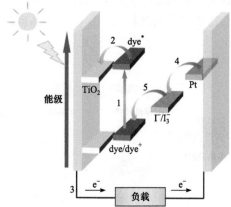

图 13-2　DSSC 的组成结构示意图　　　　　　图 13-3　DSSC 中反应的基本顺序

　　DSSC 与传统的 pn 结太阳电池不同，它对光的捕获和电荷传输是分开进行的。因为 TiO₂ 的禁带较宽，因而需要在半导体上附着一层对可见光吸收良好的染料作为光敏剂。如图 13-4 所示，DSSC 的光电流产生过程中，电子通常经历 7 个过程。①染料受到入射光激发之后，染料分子中的电子受激活由基态跃迁到激发态。②将电子注入导带中，此时染料分子转变为氧化态。③注入导带中的电子在导电基底富集，并通过外电路流向对电极，形成电流。④电子供体 I⁻ 离子还原氧化态燃料，使染料分子恢复为还原态而再生。⑤电子供体 I⁻ 离子提供电子后变为 I_3^-，扩散到对电极，在电极表面上得到电子而还原。⑥导带中传输的电子与进入膜孔中电解液的 I_3^- 离子发生复合反应。⑦注入半导体导带中电子与处于氧化态染料之间发生复合。图 13-4 为 DSSC 的工作原理示意图，其中，E_r 为费米能级，E_{cb} 为

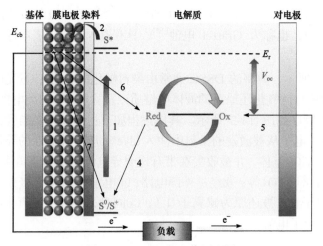

图 13-4　DSSC 的工作原理图

半导体的导带边，Ox 和 Red 为电解质中的氧化还原电对，S、S*和 S⁺分别为染料的基态、激发态和氧化态。

13.2.2　DSSC 电解质

染料敏化太阳电池的制造成本低，可实现较高的太阳能转换效率[11]。在很多研究中，已经提出了多种策略来增强 DSSC 的性能，例如光阳极[12]、染料[13]、对电极等[14]。

电解质在提高光电转换效率和稳定性方面起着至关重要的作用，所以电解质的性质直接关系到 DSSC 的稳定性和光电性质。影响电解质性质的主要因素有氧化还原电对和溶剂。常见的氧化还原电对有 I^-/I_3^-、Br^-/Br^{3-}、$SeCN^-/(SeCN)^{3-}$、$SCN^-/(SCN)^{2-}$等。其中，I^-/I_3^- 是最常用的，也是效果最好的。

DSSC 的电解质主要发挥空穴和传输电子的作用。电解质中的所有溶剂、添加剂、金属离子的种类和氧化还原电对都可以对电池性能起到关键影响。性能好的电对拥有较高的电子传输速率，可迅速发生氧化还原反应，来减少电子在电极的聚集；在光阳极又要有相对较慢的电子传输速率，来减少半导体导带的电子与电解质或染料的电子受体发生复合的可能。

在 DSSC 中，电解质充当光阳极和反电极之间的重要介体，目的是通过使用还原态物质(例如，I^-/I_3^- 中的 I^-)，在光阳极/电解质界面上再生氧化染料(dye⁺)，从而利用其离子或氧化还原物质的组分在两个电极之间传导电流。在反电极上，I_3^- 被还原成 I^-，从而完成电路，而没有净化学变化。另一方面，电解质中的氧化还原物质具有一定的氧化还原标准电势，该电势不同于染料敏化的 TiO_2 光阳极的准费米能级。根据该能级差，设置开路电压(V_{OC})的值来驱动 DSSC 中的电子流[15]。因此，电解质是维持 DSSC 循环功能的关键。然而，DSSC 中的传统液体电解质使用有机溶剂会引起溶剂的蒸发、电池的气密性变差等问题，从而限制了电池的耐用性。这些问题也给 DSSC 模块的制造带来了诸多问题，并阻碍了其在高温下(即在连续的光浸下)的实际应用[16-19]。

13.2.3　常用液体电解质

有机液体电解质是太阳电池中研究最早也是最成熟的电解质。传统的有机电解质是由碘单质(形成 I^-/I_3^- 氧化还原电对)和碘化物溶解在有机溶剂(碳酸酯类或乙腈)中，辅以胍盐或 N-甲基苯并咪唑、4-叔丁基吡咯等添加剂所构成。其中 LiI 是最常用的碘化物，因为它既能提供 I^-，又能影响半导体的费米能级和改善电池的光电转化效率[20-22]。所以，当染料受激后将电子注入半导体导带后，氧化态染料必须从电解质中获取电子还原到基态。为了方便染料的再生，氧化还原电对应与染料的氧化还原电势相匹配，而且氧化还原电对的氧化还原反应要求完全可逆[20]。与此同时，电对也影响着其他重要反应过程，如暗电流反应和电子迁移等[23,24]。

液体电解质主要是由氧化还原电对、有机溶剂和添加剂三部分组成，其优点众多，例如组成成分易于设计和调节、对半导体纳米多孔膜的渗透性好和电荷扩散速率快等。有机液体电解质所选择的溶剂应利于电荷载流子的迅速扩散，同时不引起染料从氧化物表面的脱离。乙腈是有机液体电解质中应用最广泛的溶剂，因为它对纳米多孔膜的浸润性好、介电常数大、渗透性良好、化学性质稳定、黏度很低、溶解性好。添加剂(如 4-叔丁基吡咯)能通过降低 TiO_2 表面质子或阳离子的表面电荷而影响 TiO_2 的表面电荷。另外，它还能通过与 I_2 配位或阻止 I_3^- 进入 TiO_2 表面而抑制 TiO_2 导带中的注入电子与 I_3^- 复合。

有机液体电解质的应用很广泛，但也存在着致命的缺陷。例如，I^-/I_3^- 电对的氧化还原电势大概在 $0.3\sim0.4$ V($vs.$ NHE)左右。大部分染料的最高占据分子轨道(HOMO)的能级大概在 1.0 V 左右，这导致它们的电位不匹配，而且氧化还原电对 I^-/I_3^- 较低的氧化还原电势容易导致较低的光电压。碘单质易升华的特点也会造成电解质中碘单质的损失，进而影响电池的性能。I_3^- 的吸光性较强，与半导体表面的染料会形成光吸收竞争，进而限制电池的理论光电流。

为了解决以上缺陷，研究者从三个方面进行了相关研究：①发展含其他氧化还原电对的有机液体电解质以克服电对的氧化还原电势不匹配的问题；②发展准固态或固体电解质以抑制或减缓有机溶剂易挥发等问题；③采用不含碘单质的电解质以避免其与染料的光吸收竞争和腐蚀性等问题。

13.3　离子液体在染料敏化太阳电池中的应用

13.3.1　离子液体电解质

为了开发适于实际应用的 DSSC，必须克服液体电解质中有机溶剂的挥发问题。所以，寻找合适的材料替代有机溶剂成为研究的热点[25-27]。

离子液体是一类特殊的环境友好型化合物,可以作为强溶剂和导电流体(电解质)。离子液体作为电解质时表现出很多特性，例如优异的离子传导性、出色的溶解性、优异的化学和热稳定性、高功率转换效率和机械稳定性[28-32]。离子液体应用于染料敏化太阳电池的电解质是由 Grätzel 教授课题组[33-35]率先尝试的，主要是为了减少电解质溶液的挥发和泄漏。他们将合成出的低黏度的咪唑类室温离子液体和基于室温离子液体掺杂碘的高黏度离子液体以 $1:9$ 的比例混合来代替有机溶剂，得到电池的转化效率不到 0.5%。效率较低是因为选用的离子液体的黏度较高，会给电解质内部带来较为严重的传输限制，从而影响离子扩散。许多含有各种阴离子的咪唑基室温离子液体已被用作 DSSC 中的电解质[36]。阴离子包括 I^-、$N(CN)_2^-$、$B(CN)_4^-$、$(CF_3COO)_2N^-$、BF_4^-、PF_6^-、NCS^- 等。然而，单一离子液体电解质会引起高黏度、低电导率和低流动性，从而限制装置的转换效率。为解决这些问题，研究者们开发了一系列二元和三元离子液体电解质[37]。

通常情况下，使用纯离子液体电解质所形成的电解质黏度较高，会降低 I^- 和 I_3^- 的扩散速度，电池的效率不高。He 等[38]通过静态密度泛函理论和经典分子动力学模拟研究了染料再生的机制并证实了这一点。由于有机溶剂电解质对纳米多孔膜的渗透性好，所以氧化还原电对扩散快[39]。

基于有机溶剂的液体电解质具有挥发性、溶剂泄漏和封装存在风险等特点，这是长期应用中损害电池性能的重要因素[40-44]。为了克服这些限制，人们已经做出了许多努力来取代挥发性有机化合物(VOCs)以提高电解质的稳定性，例如利用导电凝胶聚合物电解质、p 型半导体和基于离子液体的准固态电解质来代替液体电解质[45,46]。

基于咪唑鎓阳离子的室温离子液体[47]具有独特的特性，例如高热稳定性、低蒸气压、相对低的黏度和宽的电化学窗口[48]。离子液体浓度的降低是影响 DSSC 效率的主要问题之一。Fatima 等[49]通过分析浓度的变化来评估 1-乙基-3-甲基咪唑鎓双(三氟甲基磺酰基)酰亚胺[Emim][NTf₂]离子液体的降解(电压采用 1 V、2 V、4 V、6 V、8 V 和 10 V)。FTIR 结果表明，[Emim][NTf₂]离子液体的浓度几乎没有什么变化。与标准曲线相比，1~10 V 的[Emim][NTf₂]离子液体光谱和官能团没有变化。每个电压下在 60 min 时的降解百分比分别为 8.48%、7.90%、3.82%、6.08%、3.51%和 2.86%。在 5 min、6 V 条件下，最高铁(Fe)含量为 224.45 ppm。事实证明，[Emim][NTf₂]在 1~10 V 的电压范围内具有很高的电化学稳定性。

Tseng 等[50]通过含咪唑鎓离子液体单体([MEBIm]-I)、聚(乙二醇)甲基醚甲基丙烯酸甲酯(POEM)和丙烯腈在各种摩尔比下的自由基共聚反应，合成了一系列含咪唑鎓离子液体共聚物，以研究化学结构对离子液体共聚物的离子电导率、离子扩散系数和催化活性的影响。环氧乙烷链段的存在增强了含 POEM 的离子液体共聚物的离子扩散系数和电导率。适当含量的丙烯腈单元的结合增强了离子液体共聚物的催化活性。该研究还评估了由这些基于离子液体共聚物的电解质组装而成的DSSC 的光伏和电化学阻抗特性。基于离子液体电解质的 DSSC 实现了 7.57%的最大功率转换效率，最大短路电流密度为 16.0 mA·cm⁻²，开路电压为 0.84 mV，在AM 1.5 照明下强度为 100 mW·cm⁻²。

淀粉基凝胶聚合物电解质(GPE)是 DSSC 有前途的准固态电解质体系。Lobregas 等[51]通过将 1-缩水甘油基-3-甲基咪唑氯化物(GMIC)离子液体接枝到马铃薯多糖链上,得到阳离子淀粉(CS)。尽管新型阳离子淀粉的取代度较低(0.084),但其所具有的黄褐色、高水溶性、片状形态、高热稳定性和高糊化温度等特点使其明显区别于原淀粉。在 DMSO 溶剂中,阳离子淀粉形成凝胶,加入 GMIC 离子液体(CS：GMIC 比为 1：3)作为增塑剂,得到凝胶聚合物电解质体系。将优化后的 CS-GPE 作为准固态电解质体系引入 DSSC,其效率为 0.514%。

　　Sun 等[52]通过混合四个离子液体制备了多组分共晶盐,实现了比单个离子液体更高的离子电导率,并系统研究了混合策略对低共熔盐的影响。结果表明,混合策略不仅可以将单个离子液体的固态性质调整为液态共晶盐,而且可以大大提高最终多组分共晶盐的离子电导率。基于该多组分共晶盐的 DSSC 装置可以得到4.81%的功率转换效率(PCE),其稳定性也优于使用挥发性有机溶剂的装置。

　　户外应用的 DSSC 必须同时具有高效率和长期稳定性。Wang 等[53]研究了一种可以满足这些要求的基于共增感离子液体电解质的 DSSC,其关键特征是发挥两种有机染料的协同作用,在介观 TiO$_2$ 支架表面的共吸附导致形成紧密而坚固的自组装单层膜,从而在整个可见光范围收集阳光,并将光子转换为具有近似统一量子效率的电荷。除了产生光电流外,致密的染料层还阻止了从 TiO$_2$ 到氧化还原电解质的反电子转移,从而增加了光电压。该研究首次使基于离子液体的 DSSC 的转换效率达到 10%。

　　Miao 等[54]开发了一种新型的离子液体-金属配合物[ILMC,1-(1-羧乙基)-3-甲基咪唑鎓溴化物与 Eu 中心结合]。与典型的咪唑类离子液体([Pmim]I)相比,基于 ILMC 的 DSSC 显示出优异的光伏性能。在不添加任何添加剂的情况下,转换效率接近 7%。与没有金属中心的离子液体电解质(4.13%)相比,DSSC 转换效率得到了显著改善(图 13-5)。机理研究表明,ILMC 电解质具有较高的电导率(图 13-6)和更长的寿命。

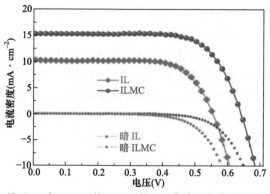

图 13-5　基于 IL 和 ILMC 的 DSSC 的 *I-V* 曲线和相应的暗电流曲线[47]

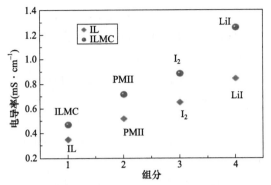

图 13-6　基于 IL 和 ILMC 的电导率[47]

组分 1 代表 IL 或 ILMC，组分 2、3 和 4 分别代表在组分 1 中添加 [Pmim]I、$0.1 \, mol \cdot L^{-1} \, I_2$ 或 $0.1 \, mol \cdot L^{-1} \, LiI$

由于室温离子液体在环境条件下仍为液态，因此在运输、长期运行或高温条件下，室温离子液体基电解质的流动性和潜在泄漏风险仍然是不可避免的。为了解决这个问题，聚离子液体被广泛研究作为 DSSC 的电解质。

13.3.2　聚离子液体电解质

离子液体染料敏化太阳电池是一种近年来才发展起来的新型太阳电池，受到了科学界的广泛关注。相比传统 DSSC，其具有非挥发性、热稳定性和化学稳定性好、电化学窗口大、易封装性、溶解性能良好、可设计性强、广泛的适用性等优点。在离子液体 DSSC 的研究中，最受关注的是如何进一步提高光电转化效率及其安全稳定性，因此有关离子液体 DSSC 的性能研究和测试具有非常重要的意义。如图 13-7 所示，离子液体 DSSC 主要是由导电玻璃、对电极、离子液体电解质、染料敏化剂、纳米多孔半导体薄膜等组成。离子液体 DSSC 的光阳极是纳米多孔半导体薄膜聚集在载有透明导电膜的玻璃板上组成的。对电极是带有透明导电膜的玻璃上镀上 Pt 构成的，它起着还原催化剂的作用，染料敏化剂吸附在纳米多孔二氧化钛膜面上。光阳极和光阴极之间注入的是含有氧化还原电对的离子液体电解质，使用最为普遍的氧化还原电对是 I_3^-/I^-。纳米多孔半导体薄膜通常选用 TiO_2、ZnO 等金属氧化物作为材料[55,56]。

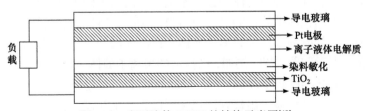

图 13-7　离子液体 DSSC 的结构示意图[48]

透明导电玻璃通常是 FTO 玻璃或 TCO 玻璃，镀 Pt 的导电玻璃作为对电极，发挥传输和收集电子的作用；多孔纳米 TiO_2 薄膜起着电子传导和吸附染料分子的作用；离子液体电解质能促进电子传输和氧化还原反应。

电极中的反应都是在表面上进行的，所以电极的表面修饰可有效提高电池的转换效率。由吸收光能、反射光能和投射光能三部分组成了离子液体 DSSC 的入射光。在这三部分中，只有吸收光能才能使染料分子从基态跃迁到激发态，所以应该增大吸收光而减少另外两种光能。电池表面的制绒和减反射膜都可以有效减少反射光能。电池电极还应该具有高电导率、高透过率，能够将电子对和空穴导出，从而最大化地实现电子和空穴的分离。除此之外，离子液体电解质决定了太阳电池的稳定性和挥发性。稳定性决定了电池寿命，挥发性决定了电池使用的安全性。离子液体本身的特性(分子量、黏度、电荷密度和离子尺寸)会影响电子的迁移率。离子液体的电荷密度越大，分子量、黏度和离子尺寸越小，则电子迁移速率越快。通过以上理论分析并考虑影响离子液体 DSSC 效率的诸多因素，有研究者设计了一种绒面化的离子液体 DSSC，其基本结构如图 13-8 所示。

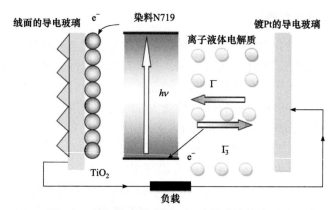

图 13-8　绒面化离子液体 DSSC 的设计结构图[49]

离子液体电解液如 1-丙基-3-甲基碘化咪唑(PMII)、1-丁基-3-甲基碘化咪唑(BMII)和 1-己基-3-甲基碘化咪唑(HMII)通常可应用于 DSSC 中。但是，基于离子液体的电解质表现出特征的流动性，不适于广泛扩展到柔性 DSSC[57]。因此，需要开发多种能固化离子液体的电解质材料。例如，可以通过将聚合物链结合到离子液体中作为胶凝剂来设计聚离子液体，以固化离子液体电解质，从而防止流动性和潜在的泄漏问题[58-60]。例如，已报道的聚离子液体，聚((1-(4-乙烯基苯基)甲基)-3-丁基-碘咪唑碘化物)的分子量为 20 000，分子量足够大以至于可以呈现固体状态[61]。聚离子液体显示出极好的机械强度，甚至在没有液体介质的情况下也可以表现出良好的离子传导性[62]。

对于聚离子液体在 DSSC 中的应用，Wang 等[63,64]合成了一系列固态聚离子液体。聚（1-烷基-3-（丙烯酰氧基）碘代咪唑鎓碘化物）（PAAII）具有不同的烷基侧链，如图 13-9 所示。其中，带有乙基侧链的离子液体，即聚（1-乙基-3-（丙烯酰氧基）碘代咪唑鎓碘化物）（PEAII），显示出最高的离子电导率（3.63×10^{-4} S·cm^{-1}）。由于聚合物主链的空间位阻和咪唑环的共轭作用，碘化物阴离子与阳离子之间的吸引力较弱，从而促进了碘化物阴离子在电解质中的扩散，这意味着电子可以通过 I$^-$ 从对电极快速迁移到氧化染料。没有密封且使用 PEAII 作为固体电解质的 DSSC 在阳光照射下的电池效率为 5.29%，经过 1000 小时的长期耐用性测试，其初始效率约为 85%。Fang 等[65]合成了一种酸性聚离子液体用作 DSSC 的电解质，即聚[3-(4-乙烯基吡啶)丙烷磺酸碘化物-co-丙烯腈]（P-HI）。P-HI 聚离子液体包含磺酸基，该磺酸基与其他离子液体具有静电力，形成连续且均匀的骨架，可以增强氧化还原电对在电解质中的传输。将含有 N-甲基苯并咪唑（NMB）、硫氰酸胍（GuNCS）、1-己基-3-甲基碘化咪唑鎓（HMII）和 1-烯丙基-3-甲基咪唑碘化物（AMII）的 P-HI 基电解质用于 DSSC，在阳光照射下，电池效率高达 6.95%。

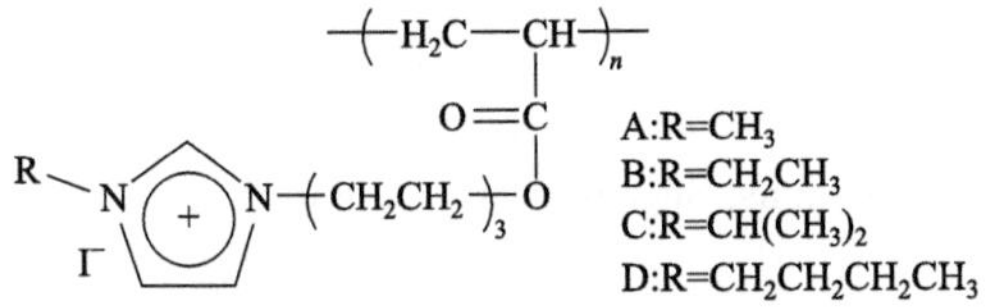

图 13-9　PAAII 的化学结构[56]

Zhao 等[66]合成了两种聚离子液体，包括聚（1-丁基-3-乙烯基咪唑溴化物）（[PBVIm]Br）和聚（1-丁基-3-乙烯基咪唑双（三氟甲磺酰基）酰亚胺）（[PBVIm][TFSI]）。DSSC 的电解液中含有 I$_2$、LiI、4-叔丁基吡啶和上述聚离子液体中的一种。使用[PBVIm][TFSI]基电解质的 DSSC 电池效率为 4.40%，远高于使用[PBVIm]Br 基电解质的电池效率（2.20%）。与[PBVIm]Br 基电解液相比，[PBVIm][TFSI]基电解液的优异性能主要是由于其较低的黏度（4800 cP）和较高的电导率（4.08×10^{-4} S·cm^{-1}）。

参 考 文 献

[1] Yun S, Qin Y, Uhl A R, et al. New-generation integrated devices based on dye-sensitized and perovskite solar cells. Energy Environ Sci, 2018, 11: 476-526.

[2] Chirilă A, Reinhard P, Pianezzi F, et al. Potassium-induced surface modification of Cu(In,Ga)Se$_2$ thin films for high-efficiency solar cells. Nat Mater, 2013, 12: 1107-1111.

[3] Su'ait M S, Rahman M Y A, Ahmad A. Review on polymer electrolyte in dye-sensitized solar cells (DSSCs). Sol Energy, 2015, 115: 452-470.

[4] Lee C-P, Li C-T, Ho K-C. Use of organic materials in dye-sensitized solar cells. Mater Today, 2017, 20: 267-283.

[5] Xu J, Cui J, Yang S, et al. Unraveling passivation mechanism of imidazolium-based ionic liquids on inorganic perovskite to achieve near-record-efficiency $CsPbI_2Br$ solar cells. Nano-Micro Lett, 2022, 14: 7.

[6] Ryu U, Jee S, Park J-S, et al. Correction to nanocrystalline titanium metal-organic frameworks for highly efficient and flexible perovskite solar cells. ACS Nano, 2018, 12: 4968-4975.

[7] Ryu U, Jee S, Park J-S, et al. Nanocrystalline titanium metal-organic frameworks for highly efficient and flexible perovskite solar cells. ACS Nano, 2018, 12: 4968-4975.

[8] Li Y, Liu H, Wu J, et al. Additive and high-temperature processing boost the photovoltaic performance of nonfullerene organic solar cells fabricated with blade coating and nonhalogenated solvents. ACS Appl Mater Interfaces, 2021, 13: 10240-10248.

[9] Dragonetti C, Colombo A. Recent advances in dye-sensitized solar cells. Molecules, 2021, 26: 20133-20136.

[10] O'Regan B, Grätzel M. A low-cost, high-efficiency solar cell based on dye-sensitized colloidal TiO_2 films. Nature, 1991, 353: 737-740.

[11] Chai Y, Wan C, Cheng, et al. Biomass-derived carbon for dye-sensitized solar cells: A review. J Mater Sci, 2023, 58: 6057-6075.

[12] Erten-Ela S, Vakuliuk O, Tarnowska A, et al. Synthesis of zinc chlorophyll materials for dye-sensitized solar cell applications. Spectrochim Acta Part A: Mol Biomol Spectrosc, 2015, 135: 676-682.

[13] Richhariya G, Kumar A, Tekasakul P, et al. Natural dyes for dye sensitized solar cell: A review. Renew Sust Energ Rev, 2017, 69: 705-718.

[14] Li L, Zhao L, Jiang X, et al. Efficient dye-sensitized solar cells based on bioinspired copper redox mediators by tailoring counterions. J Mater Chem A, 2022: 10, 4131-4136.

[15] Wei D. Dye sensitized solar cells. Int J Mol Sci, 2010, 11: 1103-1113.

[16] Lee C P, Lee K M, Chen P Y, et al. On the addition of conducting ceramic nanoparticles in solvent-free ionic liquid electrolyte for dye-sensitized solar cells. Sol Energy Mater Sol Cells, 2009, 93: 1411-1416.

[17] Li D, Da Q, Deng M, et al. Optimization the solid-state electrolytes for dye-sensitized solar cells. Energy Environ Sci, 2009, 2: 283-291.

[18] Chawarambwa F L, Putri T E, Attri P, et al. Effects of concentrated light on the performance and stability of a quasi-solid electrolyte in dye-sensitized solar cells. Chem Phys Lett, 2021, 781: 138986-138994.

[19] Devadiga D, Selvakumar M, Shetty P, et al. Dye-sensitized solar cell for indoor applications: A mini-review. J Electron Mater, 2021, 50: 3187-3206.

[20] Kurokawa Y, Kato T, Pandey S S. Controlling the electrocatalytic activities of conducting polymer thin films toward suitability as cost-effective counter electrodes of dye-sensitized solar cells. Synth Met, 2023, 296: 117362.

[21] Yu Q, Wang Y, Yi Z, et al. High-efficiency dye-sensitized solar cells: The influence of lithium ions on exciton dissociation, charge recombination, and surface states. ACS Nano, 2010, 4:

6032-6038.

[22] Koops S E, O'Regan B C, Barnes P, et al. Parameters influencing the efficiency of electron injection in dye-sensitized solar cells. J Am Chem Soc, 2009, 131: 4808-4818.

[23] Kelly C A, Meyer G J. Excited state processes at sensitized nanocrystalline thin film semicon-ductor interfaces. Nature, 2001, 211: 295-315.

[24] Oskam G, Bergeron B V, Meyer G J, et al. Pseudohalogens for dye-sensitized TiO_2 photoelectroc-hemical cells. J Phys Chem B, 2001, 105: 6867-6873.

[25] Kim J H, Park S Y, Lim D H, et al. Eco-friendly dye-sensitized solar cells based on water-electrolytes and chlorophyll. Mat, 2021, 14: 608-618.

[26] Mehmood U, Aslam A, Arshad M H, et al. Mixed cations polymer gel electrolytes for quasi-solid-state dye-sensitized ssolar cells. IEEE J Photovolt, 2021, 11: 664-667.

[27] Tontapha S, Uppachai P, Amornkitbamrung V. Fabrication of functional materials for dye-sensitized solar cells. Front Energy Res, 2021, 9: 641974-641983.

[28] Armand M, Endres F, Macfarlane D R, et al. Ionic-liquid materials for the electrochemical challenges of the future. Nat Mater, 2009, 8: 621-629.

[29] Plechkova N V, Seddon K R. Applications of ionic liquids in the chemical industry. Chem Soc Rev, 2008, 37: 123-150.

[30] Ranke J, Stolte S, Arning J, et al. Design of sustainable chemical products: The example of ionic liquids. Chem Rev, 2007, 107: 2183-2206.

[31] Wasserscheid P. Chemistry: Volatile times for ionic liquids. Nature, 2006, 439: 797.

[32] Shen M C, Tzong L W, Pei Y C, et al. Poly (ionic liquid) prepared by photopolymerization of ionic liquid monomers as quasi-solid-state electrolytes for dye-sensitized solar cells. React Funct Polym, 2016, 108: 103-112.

[33] Rajavelua K, Sudipb M, Kothandaraman R, et al. Synthesis and DSSC application of triazole bridged dendrimers with benzoheterazole surface groups. Sol Energy Mater Sol Cells, 2018, 166: 379-389.

[34] Qi S, Xu B, Tiong V T, et al. Progress on iron oxides and chalcogenides as anodes for sodium-ion batteries. Chem Eng J, 2020, 379: 122261-122322.

[35] Gunasekaran A, Sorrentino A, Asiri A M, et al. Guar gum-based polymer gel electrolyte for dye-sensitized solar cell applications. Sol Energy, 2020, 208: 160-165.

[36] Kuang D, Klein C, Zhang Z, et al. Stable, high-efficiency ionic-liquid-based mesoscopic dye-sensitized solar cells. Small, 2010, 3: 2094-2102.

[37] Bai Y, Cao Y, Zhang J, et al. High-performance dye-sensitized solar cells based on solvent-free electrolytes produced from eutectic melts. Nat Mater, 2008, 7: 626-630.

[38] He L, Guo Y, Kloo L. An ab initio molecular dynamics study of the mechanism and rate of dye regeneration by iodide ions in dye-sensitized solar cells. ACS Sustain Chem Eng, 2022, 10: 2224-2233.

[39] Michael G. Conversion of sunlight to electric power by nanocrystalline dye-sensitized solar cells. J Photochem Photobiol A Chem, 2004, 164: 3-14.

[40] Mahalingam R, Ashok K K, Perumal R, et al. Interfacial charge transport studies and fabrication of high performance DSSC with ethylene cored unsymmetrical dendrimers as quasi electrolytes. J Mol Liq, 2018, 265: 717-726.

[41] Nguyen P T, Nguyen T D T, Nguyen V S, et al. Application of deep eutectic solvent from phenol and choline chloride in electrolyte to improve stability performance in dye-sensitized solar cells. J Mol Liq, 2019, 277: 157-162.

[42] Le C-P, Ho K-C. Poly(ionic liquid)s for dye-sensitized solar cells: A mini-review. Eur Polym J, 2018, 108: 420-428.

[43] Maldon B, Thamwattana N. A fractional diffusion model for dye-sensitized solar cells. Molecules, 2020, 25: 2966-2975.

[44] Błaszczyk A, Joachimiak-Lechman K, Sady S, et al. Environmental performance of dye-sensitized solar cells based on natural dyes. Sol Energy, 2021, 215: 346-355.

[45] Atasiei R, Raicopol M, Andronescu C, et al. Investigation of the conduction properties of ionic liquid crystal electrolyte used in dye sensitized solar cells. J Mol Liq, 2018, 267: 81-88.

[46] Venkatesana S, Darlima E S, Tsai M-H, et al. Graphene oxide sponge as nanofillers in printable electrolytes in high-performance quasi-solid-state dye-sensitized solar cells. ACS Appl Mater Interfaces, 2018, 10: 10955-10964.

[47] Nimfh A, Wan Z, Kak C. Eutectic ionic liquids as potential electrolytes in dye-sensitized solar cells: Physicochemical and conductivity studies. J Mol Liq, 2020, 320: 114381-114391.

[48] Lohmoh M A, Wirzal M, Halim N, et al. Electrochemical stability on 1-ethyl-3-methylimidazolium bis(trifluoromethyl sulfonyl)imide ionic liquid for dye sensitized solar cell application. J Mol Liq, 2020, 313: 113594-113612.

[49] Fatima J, Faheem U, Razlan Z M, et al. An approach to classification and hi-tech applications of room-temperature ionic liquids (RTILs): A review. J Mol Liq, 2018, 271: 403-420.

[50] Tseng S K, Wang R H, Wu J L, et al. Synthesis of a series of novel imidazolium-containing ionic liquid copolymers for dye-sensitized solar cells. Polymer, 2020, 210: 123074-123083.

[51] Lobregas M, Camacho D H. Gel polymer electrolyte system based on starch grafted with ionic liquid: Synthesis, characterization and its application in dye-sensitized solar cell. Electrochim Acta, 2018, 298: 219-228.

[52] Sun P, Pan B, Zhao J, et al. Multi-component eutectic salts to enhance the conductivity of solvent-free ionic liquid electrolytes for dye-sensitized solar cells. Electrochim Acta, 2019, 314: 219-226.

[53] Wang P, Yang L, Wu H, et al. Stable and efficient organic dye-sensitized solar cell based on ionic liquid electrolyte. Joule, 2018, 2: 2145-2153.

[54] Miao Q, Zhang S, Hui X, et al. A novel ionic liquid-metal complex electrolyte for a remarkable increase in the efficiency of dye-sensitized solar cells. Chem Commun, 2013, 49: 6980-6982.

[55] Li Z, Hou Y, Ma Y, et al. Recent advances in one-dimensional electrospun semiconductor nanostructures for UV photodetector applications: A review. J Alloys Compd, 2023, 948: 169718.

[56] Pandey D K, Kagdada H L, Materny A, et al. Hybrid structure of ionic liquid and ZnO nano clusters for potential application in dye-sensitized solar cells. J Mol Liq, 2020, 322: 114538-114578.

[57] Chirani M R, Kowsari E, SalarAmoli H, et al. Covalently functionalized graphene oxide with cobalt-nitrogen-enriched complex containing iodide ligand as charge carrier nanofiller for eco-friendly high performance ionic liquid-based dye-sensitized solar cell. J Mol Liq, 2020, 325: 115198-115207.

[58] Qian W, Texter J, Feng Y. Frontiers in poly (ionic liquid) s: Syntheses and applications. Chem Soc Rev, 2017, 46: 1124-1159.

[59] O'Regan B, Grätzel M. Molten salt type polymer electrolytes. Electrochim Acta, 2001, 46: 1407-1411.

[60] Hu Y, Xu L, Zhang W, et al. Large-scale and controllable syntheses of covalently-crosslinked poly(ionic liquid) nanoporous membranes. Angew Chem Int Ed, 2023, 62: e202302168.

[61] Won S C, Jong K K, Sung H A, et al. Highly efficient I_2-free solid-state dye-sensitized solar cells fabricated with polymerized ionic liquid and graft copolymer-directed mesoporous film. Electrochem Commun, 2011, 13: 1349-1352.

[62] Watanabe T, Oe E, Mizutani Y, et al. Toughening of poly(ionic liquid)-based ion gels with cellulose nanofibers as a sacrificial network. Soft Matter, 2023, 19: 2745-2754.

[63] Wang G, Liang W, Zhuo S, et al. An iodine-free electrolyte based on ionic liquid polymers for all-solid-state dye-sensitized solar cells. Chem Commun, 2011, 47: 2700-2702.

[64] Wang G, Zhuo S, Wang L, et al. Mono-ion transport electrolyte based on ionic liquid polymer for all-solid-state dye-sensitized solar cells. Sol Energy, 2012, 86: 1546-1551.

[65] Fang Y, Xiang W, Zhou X, et al. High-performance novel acidic ionic liquid polymer/ionic liquid composite polymer electrolyte for dye-sensitized solar cells. Electrochem Commun, 2011, 13: 60-63.

[66] Zhao J, Shen X, Yan F, et al. Solvent-free ionic liquid/poly (ionic liquid) electrolytes for quasi-solid-state dye-sensitized solar cells. J Mater Chem, 2011, 21: 7326-7330.

第14章

结 束 语

为满足小型消费电子产品、大型汽车以及电网存储等各种能源需求，各国政府不断推动电池技术向更先进、更便宜、更安全的方向发展，并制定了宏伟的目标。《美国国家锂电池发展蓝图 2021—2030》指出，要加速锂电池研发，以实现包括固态和锂金属在内的革命性电池技术的示范和规模化生产，在 2030 年达到生产成本低于 60 美元·kWh^{-1}、比能量达到 500 Wh·kg^{-1}，且不含钴和镍；日本新能源和工业技术开发组织(NEDO)发布了《新一代电池科学创新研究计划》(RISING II)项目，预计 2030 年实现 500 Wh·kg^{-1} 的能量密度；中国政府宣布了《新能源汽车产业发展规划(2021～2035 年)》项目，目标是电池的能量密度在 2025 年达到 400 Wh·kg^{-1}，2030 年达到 500 Wh·kg^{-1}。高性能电池研究发展路线图如图 14-1 所示。近年来，各类电池都得到了一定的发展，但是仍然需要付出大量的努力来设计新材料和开发先进电池，电池的综合性能和制造成本将决定其商业可行性。对于电池来说，追求高能量密度仍将是未来十年的目标，同时，其他诸如高安全性、长使用寿命、高倍率能力和低成本等性能也需要得到更多的重视。随着电芯中液体电解质含量逐渐下降，固/液混合电解质将逐步替代液体电解质，并最终发展成为全固态电解质。全固态电池是电池的终极发展目标。

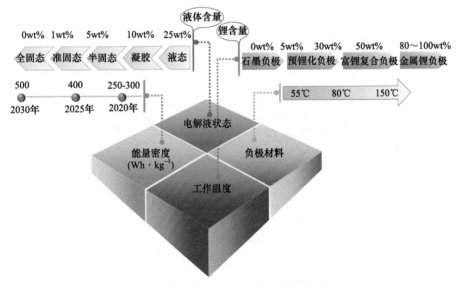

图 14-1 高性能电池研究发展路线图

14.1 离子液体电解质的全家谱

开发功能性电解质被广泛认为是实现下一代电能存储系统的关键。在过去几年中，离子液体电解质在各种电化学体系中取得了诸多进展，实现了一些传统电解质无法达到的性能改进。例如，离子液体优异的热性能为电池带来了高温可操作性的优势，提高了电池的安全性[1]；离子液体有助于在碱金属电极上形成均匀且坚固的 SEI 膜，使电池实现高库仑效率和长循环寿命[2]；离子液体电解质比有机电解质体系表现出更强的枝晶抑制能力，可以实现更高的倍率性能和容量保持率[3]。

　　离子液体通常由带正电的阳离子和带负电的阴离子组合而成，种类繁多。不同种类的离子液体表现出不同的物理和化学行为，但能够作为电解质使用的离子液体种类却十分有限。阳离子主要包括非官能化的咪唑、吡咯烷基、含磷阳离子等，而阴离子主要是[BF₄]⁻、[TFSI]⁻、[FSI]⁻、[PF₆]⁻等高稳定性、低黏度的物种。离子液体电解质的电化学性质与阴阳离子的结构密切相关。通过精心筛选阴离子或阳离子种类，可以无限地调整和设计电解质的物理化学和电化学性质。图 14-2 列出了可以作为电解质的各种离子液体及其阴、阳离子结构。

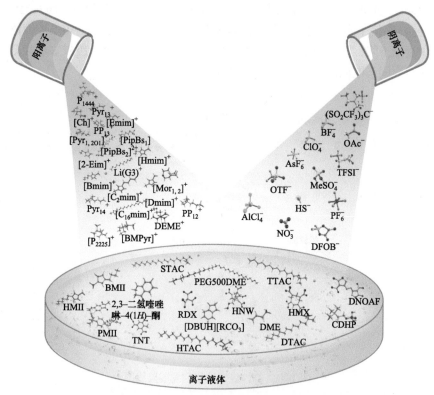

图 14-2　常见离子液体电解质的阳离子、阴离子及其组合后的结构图

14.2　离子液体电解质的技术问题清单

离子液体可以以多种形式应用于各种储能电池的电解质中，当以纯离子液体

的形式作为电解质溶剂时，其昂贵的成本会阻碍纯离子液体在电池中的大范围应用。而且，离子液体的高黏度会导致低电导率，也会带来对电极和隔膜的润湿性困难、影响传质效率等问题。因此，目前离子液体在电池中的应用更多的是与有机溶剂混合制备成离子液体/有机共溶剂电解质或者作为添加剂应用于凝胶聚合物电解质和无机氧化物固体电解质中形成离子液体复合固体电解质。此外，离子液体的纯度会显著影响其许多物理性质，因此，离子液体的纯化方法须要求规范、方便，便于物化性质测定的重现性。许多离子液体在空气中的吸湿性也较之许多有机溶剂大很多，因此在对离子液体进行测定与使用时一定要保证是在干燥的环境下或是在手套箱中进行。目前，对离子液体物化性质的系统研究还是十分有限的，针对一些特定反应需要而进行的特殊性质的测定更少。而且，还有大量的关于离子液体本质的知识领域需要深入开拓。例如，离子液体的毒性尚不明确；其极性的研究还没有统一适用的标准；离子液体间的传质现象也只是初步测定；溶解度/可溶性信息也仅局限于几种物质而且不是量化的。能够基于简单的实验数据或使用方便的计算方法来选择理想的离子液体将是离子液体物性研究的终极目标，但这方面的报道并不多，只有少量关于熔点的相关研究出现。离子液体作为各种储能系统电解质的前景光明，但其存在的这些技术问题会不同程度地影响各种电池体系的性能，如图 14-3 所示。

图 14-3　离子液体电解质在各种储能电池中的技术问题清单

在锂离子电池中，几乎所有的离子液体都具有高黏度，且黏度会随着电荷载体(盐)浓度的增加而增大,这使得 Li$^+$在离子液体中的迁移数很低,限制了锂离子电池的倍率能力。离子液体的高成本(主要来自阴离子,例如 TFSI$^-$和 FSI$^-$)是其在锂离子电池中广泛应用的另一个限制因素[4]。离子液体/聚合物复合电解质通常具有低模量,离子液体/无机材料复合电解质通常具有脆性。在某些情况下,在离子液体/聚合物复合电解质和离子液体/无机材料复合电解质中会观察到离子液体具有高离子电导率和高电化学氧化电位,但对稳定钝化层的形成条件尚不完全清楚。此外,一些离子液体存在与 Li$^+$共嵌入电极的问题。用于锂离子电池的离子液体基复合电解质的挑战还包括丰富复合电解质的制备方法,阐明电解质性质(离子迁移、电化学稳定窗口、机械强度)与结构和组成之间的关系,以及拓宽含离子液体的复合电解质种类。今后,离子液体基复合电解质的研究与生产需注意降低成本并开发可靠的放大方法[5]。

在钠离子电池中,目前尚无理想的离子液体电解质配方能够同时具有合适的电位窗口、快速离子传导和应对极端温度的能力。阴阳离子和溶剂化结构、钠盐形式和浓度、电池结构和操作规程仍须进一步优化,以同时实现正负电极的最佳性能。此外,离子液体电解质的体积特性、电极材料与离子液体的界面特性、黏结剂和导电添加剂与离子液体的相互作用等问题都需进行系统研究[6],从而加快离子液体电解质在钠离子电池中的商业应用开发进程。

在双离子电池中,电解质不仅充当传输离子的基本介质,而且是实现能量储存过程至关重要的活性材料。具有宽电化学稳定窗口和高热稳定性的离子液体是双离子电池中较有前途的电解质候选材料。但离子液体固有的高黏度导致电极材料的润湿性差以及对锂盐的溶解度低等问题,限制了双离子电池的实际应用[7]。阴离子的嵌入会使电池的电位升高(高于 4.0~4.5V,相对于 Li/Li$^+$),不可避免地导致电解质成分的分解,并产生消耗电解质的有害副反应。此外,未来仍然需要单独设计和优化电解质系统和电极材料,调节电解质/电极界面(SEI 膜、电化学稳定性、电荷转移动力学等)并实现电解质与负极/正极材料的有效匹配(N/P 比、动力学匹配)[8]。

在锂硫电池中,纯的离子液体电解质能抑制多硫化物的溶解,但存在黏度高的问题,导致电池的倍率性能差[9]。由离子液体基电解质和有机助溶剂组成的复合电解质是一种很有前途的替代物。研究发现,多硫化物的溶解强烈依赖于电解质的给体能力,即给体能力越弱,多硫化物的溶解度越低[10]。因此,适当调整电解液中有机溶剂的比例对锂硫电池获得高比容量和循环稳定性至关重要[11]。使用聚离子液体时,锂金属阳极上的钝化层可以抑制锂枝晶,提高锂硫电池的循环稳定性[12]。然而,由离子液体诱导的钝化层通常表现出较大的过电压,这对于实际应用是不利的[13]。用合适的亲锂基团修饰离子液体可能是一个可行的选择[14]。通过阳离子结构与多硫化物间的相互作用可以将离子液体锚定在阴极区域,从而改

善循环过程中多硫化物转化的动力学[15]。然而，到目前为止，将离子液体应用于
S 阴极的研究仍然很少[16]。探索新的离子液体来修饰导电基质或隔膜是一个有意
义的方向[17]，这可以解释离子液体在捕获和提高多硫化物转化率中的重要作用。
此外，目前的研究中还缺乏具体的计算方法来验证多硫化物和离子液体之间的相
互作用机制[5]。

在锂空气电池中，离子液体在正常条件下具有很高的化学稳定性，但各种阳
离子和阴离子的不同结合会显著影响其化学特性。因此，考虑到 Li-O$_2$ 电池的实
际运行，离子液体电解质在高反应性环境中的稳定性至关重要。尽管 Li-O$_2$ 电池
在咪唑基离子液体电解质中的性能有所改善，但人们对其稳定性仍不看好[18]。在
电化学反应过程中，O$_2^-$ 物种会攻击咪唑环，从而诱导开环过程。据报道，化学稳
定性高的吡咯烷胺类离子液体也不足以抵抗高氧化物种的挥发性。[TFSA]$^-$ 阴离子
被证实在 Li-O$_2$ 电池中比[FSA]$^-$ 阴离子具有更高的稳定性和可逆性。然而，[TFSA]$^-$
中的 S—N 键在电化学运行过程中也会断裂，从而导致其分解[19]。尽管吡咯烷胺
和[TFSA]$^-$ 在现阶段实现了足够好的稳定性和性能，但仍需要探索提高其稳定性的
策略或新型离子液体[20]，以获得具有长期电化学稳定性且实用的 Li-O$_2$ 电池。

在燃料电池中，离子液体的热稳定性优异，挥发性低，在 100℃以上仍具有
高电导率，是燃料电池电解质材料中有前途的候选材料。在使用传统电解质的燃
料电池中，质子传导添加剂可能会从电解质中蒸发从而造成损失，且电池组件容
易受到腐蚀。电化学稳定的离子液体电解质必须保证溶解的质子可以自由穿梭，
以便在基于离子液体电解质的燃料电池的阳极和阴极之间有效地传递质子[21]。离子
液体电解质应用在燃料电池中的挑战在于如何保留离子液体电解质所提供的优势
(非挥发性和非腐蚀性)的同时，实现燃料电池阳极和阴极之间的快速质子传输[22]。

在电化学电容器中，如何使基于离子液体电解质的超级电容器实现高能量和
高功率的协同输出是目前的研究重点。此外，离子液体的强吸湿性和高成本也严
重阻碍了其实际应用。一方面，离子液体电解质体系中的含水量过高不仅会降低
电解质体系的性能，还会增加储存和包装成本[23]。另一方面，昂贵的合成成本也
严重阻碍了离子液体在消费类超级电容器中的应用发展。因此，解决吸湿性和控
制成本将是离子液体电解质在超级电容器中应用的巨大挑战[5]。

在太阳电池中，电池热稳定性差的问题主要源于液体电解质中使用了容易挥
发的有机溶剂。在太阳电池电解质配方中加入离子液体可以有效提高太阳电池的
热稳定性。尽管使用离子液体取得了一些积极效果，但是有机溶剂仍被用作太阳
电池电解质的主要组分。为了实现太阳电池的商业化，减少或消除有机溶剂作为
电解液中的主要成分变得至关重要。然而，在电解质中仅使用离子液体作为溶剂
会降低太阳电池的功率转换效率[24]。因此，使用离子液体电解质时必须权衡太阳
电池的性能、效率和长期稳定性三者之间的关系[25]。

14.3　离子液体电解质的未来发展方向

　　离子液体电解质在电化学储能体系中具备巨大的应用潜力，但是其能够实际应用前仍有许多关键技术问题需要重点解决。例如，如何与其他溶剂或电极材料进行兼容和匹配，如何深入研究扩大种类，如何实现凝胶化和固化处理，如何使性能得到量化处理，如何优化制备方法以及如何与其他溶剂进行混合处理等。只有各种关键问题得到突破，才能改善电导率低、与电极材料存在副反应、界面浸润性等问题，从而使离子液体朝着低黏度、高离子迁移率、低成本且具备强环境适应能力的方向发展。

　　根据离子液体电解质目前存在的各种技术问题，其未来发展方向需要重点关注以下八个方面(图 14-4)。

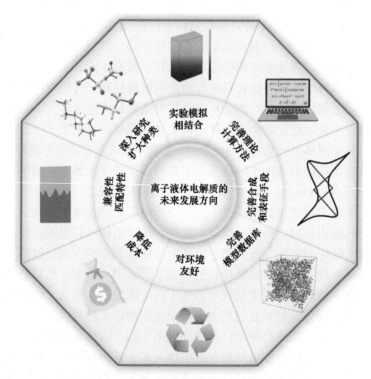

图 14-4　离子液体电解质的未来发展方向

　　第一，离子液体作为储能设备电解质的性能仍需进一步优化。离子液体的电导率低、黏度高(其黏度比一般有机溶剂高 1~2 个数量级)，会使电池的倍率性能不理想。因此，基于构效关系，分析并实现功能导向研究，实现电化学窗口、黏度、电导率等多参数的性能量化处理，开发综合性能更加优异的新型离子液体，是当前迫切需要解决的问题。

第二，面向不同电化学体系的应用，对离子液体电解质与体系中其他组分材料（如电极、聚合物、溶剂、隔膜、设备）之间的匹配特性等进行系统优化，使电化学储能体系达到性能稳定。另外，明确各组分之间的相互作用机理是实现离子液体电解质高效应用于电化学储能领域的难点和重点。

第三，离子液体的制备和纯化过程相对烦琐，其高成本使其市场推广和产业化进程依旧缓慢。从降本增效的角度出发，未来或许可以从以下三个不同的途径降低材料生产成本或提高材料价值：一是开发更简单、更易大规模生产的制备流程；二是促进离子液体的循环使用；三是开发基于离子液体的高附加值产品或材料。

第四，目前使用的离子液体在本质上是有一定毒性的，因此离子液体并不适合大规模应用于那些涉及产生大量废物的领域，否则会对环境造成一定的影响和威胁。目前人们对离子液体的毒性有很多担忧，未来仍需要对离子液体的毒性进行进一步研究，以完全确定离子液体的毒性[26]。

第五，目前对离子液体电解质的热力学数据、动力学数据以及相应的热/动力学模型研究相对较少，而且也缺乏完整的离子液体物性和结构方面的参数。只有从本质上了解阴阳离子的相互作用规律，通过现象看本质，才能更好地理解离子液体的结构对其物化性质的影响。建立全面系统的离子液体结构与物化性质的关联数据库，可以指导并促进离子液体电解质的进一步开发和应用。

第六，合成方法与表征手段可以直接影响和反映离子液体电解质的结构和性质，多种合成方法和表征手段的联合使用、互相配合，才能更全面、更科学地合成和辨别离子液体电解质的不同成分和各种特性。除了常规的研究方法，一些小众表征方法的应用或许会带来意料之外的惊喜，例如宽带介质光谱法[27]。通过对更绿色环保、节约成本、产率高的离子液体的合成方法和表征手段进行不断完善，可以更深入、更准确地研究离子液体的物化性质。

第七，离子液体体系不同于常规的分子溶剂体系，许多传统的理论模型无法直接适用，给基于离子液体体系的绿色工程应用带来极大挑战。不断发展 DFT、MD 和量子力学计算等理论计算方法[28]，有助于进一步探究不同离子液体电解质的微观机制，在分子、电子水平上丰富人们对离子液体的认识。例如，对 MD 模拟所开发的力场进一步优化[29]，可以实现离子液体电解质在某些应用的模拟过程。

第八，未来迫切需要通过试验和模拟相结合、多种先进表征手段与理论计算相结合，才能深入探究基于离子液体电解质的电池中的界面机理和 SEI 膜形成机理，以优化界面结构，从而更好地了解电池中发生的氧化还原反应[30]。

14.4　离子液体行业现状与产业链布局

自 1996 年将第一个基于离子液体的工艺商业化以来, 离子液体在各种应用中的使用呈爆炸式增长。德国 BASF 公司于 2002 年在其位于德国路德维希港的工厂宣布了使用离子液体的商业工艺示例, 即 BASIL™(利用离子液体清除双相酸)工艺[31]。他们成功地证明了 ILs 可以大规模使用, 并且可以有效地回收利用, 这为离子液体的广泛应用奠定了基础。在过去的 30 年里, 工业规模的 ILs 生产持续增加。目前在市场上估计可以买到成百上千种商品化的离子液体, 质量从几克到上千克, 甚至有些离子液体的产量可以超过 1t[32]。

只有开发出多种新颖的离子液体并拓展其市场, 才具有将离子液体实际应用在电解质中的可能性。如图 14-5(a)所示, 离子液体的上游原材料为石油化学品的衍生材料, 产业相对成熟, 原材料供给充足, 价格相对稳定; 中间为离子液体的设计与合成; 在下游领域中, 离子液体在催化与合成、提取与分离、食品行业、绿色溶剂领域应用较成熟, 并逐步广泛应用于其他各种领域, 例如传感器电解质、生物质溶解、电子设备的电解质、液压油和润滑油、聚合物添加剂、金属沉积以及溶解、石油产品、核污染废料、润滑材料、太阳能工业、电池材料、人造肌肉和加工纤维素等领域。催化/合成为离子液体下游应用的第一大市场, 年需求量3200 t 左右。全球离子液体下游应用分布情况如图 14-5(b)所示。

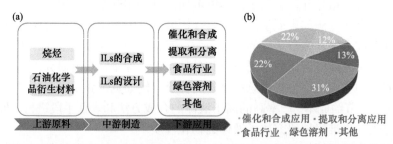

图 14-5　(a)离子液体产业链基本结构; (b)全球离子液体下游应用分布情况

近年来, 随着对离子液体研究的不断深入, 电化学、电解质等下游应用市场快速发展, 环保要求的日趋严格也促使离子液体行业市场规模及需求量持续攀升。离子液体于 2010 年实现产业化生产, 受良好的市场前景吸引, 进入该领域的企业数量不断增加, 2017 年全球离子液体需求达 1.5 万 t。根据新思界产业研究中心发布的《2020～2025 年中国离子液体行业市场深度调研及发展前景预测报告》显示, 预计到 2024 年全球离子液体需求量将达到 6.6 万 t, 市场规模将达到 25.8 亿美元。图 14-6 展示了离子液体的产量需求和主要生产企业。

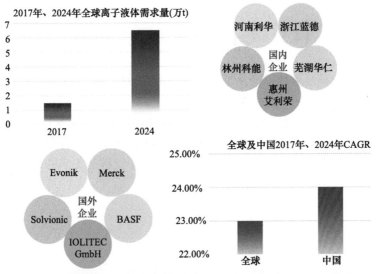

图 14-6 离子液体的产量需求(左上、右下)和主要生产企业(右上、左下)

目前，离子液体属于新兴行业，由于核心技术封锁严密，对企业的研发投入以及技术迭代要求较高。全球离子液体市场被国际巨头把控，美国、德国的全球大型化工企业占据 75%左右的市场份额。从全球市场的竞争格局来看，目前全球有关离子液体的生产企业数量超过 1500 家。实力较强、企业规模较大、技术先进的主要生产企业有 BASF、Merck、Solvionic、Evonik、IOLITEC GmbH 等。相比于欧美企业，我国离子液体研究及行业发展相对较晚，目前市场仍处于发展培育初期阶段，导致国内企业的市场竞争力不高，大多应用市场尚未开发。国内重点企业包括浙江蓝德、萱嘉集团、林州科能、惠州艾利荣、芜湖华仁、江西金凯化工、河南利华制药、深圳固立成、默尼化工(上海)等。总体来看，离子液体的市场前景较好，可以吸引较多投资者进入，但由于行业对于环保、技术要求较高，限制部分企业入内，这有利于大型企业拓展市场规模，提升市场集中度，逐渐形成龙头格局。

虽然离子液体的市场远低于过去十年的预期，但表现出越来越多令人鼓舞的趋势。最令人印象深刻的是迄今为止已实施的 57 项离子液体应用，与 2008 年的 13 项相比，这是一个明显的进步。总的来说，离子液体将继续从实验室阶段跨越到实施技术的前沿[33]。随着新型方法和可规模化合成路线的发展，ILs 的价格一直在下降，甚至现在一些 PILs 的价格与传统有机溶剂相近，这为离子液体基材料的进一步探索开辟了道路。

14.5　离子液体未来的应用畅想

近些年来，离子液体已经从早期的绿色溶剂发展为今天的多功能材料，在化工催化、智能窗户、纳米反应器、电推进发射器、生物医药、环境修复、胶黏剂、离子皮肤、电子鼻、海水淡化等新型领域(如图 14-7 所示)发挥了独特的作用，显著促进了相关领域的创新性发展。离子液体越来越多地以各种各样的形式出现在优秀的研究成果中，在理论与生产的矛盾共同体中支撑起更多的奇思妙想。

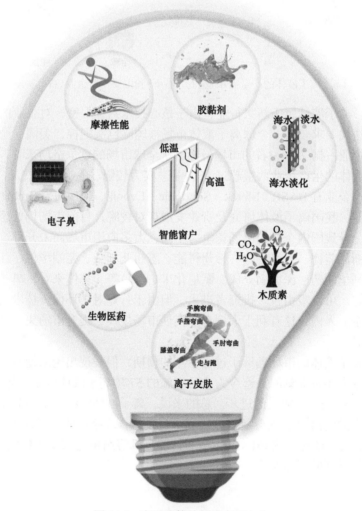

图 14-7　离子液体的新型应用方向

具有热响应或光响应性质的聚离子液体可以作为智能窗户的主要组分，利用温度变化或者光照来实现窗户透明程度的调控。例如，一些含有二茂铁的聚季鏻盐离子液体不仅具有热响应性能，还具有氧化还原响应性能，已实现了智能窗户的热、电双响应性能[34]；将电致变色基团与热响应聚离子液体相结合，调控其临界温度于室温附近，利用夏冬季节的温度变化和昼夜温差，则可以设计光、电双响应的智能窗户[35]。Alves 等[36]使用聚(3,4-乙烯二氧噻吩)(PEDOT)和含有 1-乙基-3-甲基-咪唑硫氰酸离子液体([Emim][SCN])的结冷胶开发了新型环保 SPE 电致变色器件(ECD)，该器件可以应用于显示器、传感器、智能玻璃等。

光响应离子液体可以乳化烷烃和水，形成乳液结构，并应用于纳米反应器领域。利用紫外、可见光的交替照射，可实现乳液的可逆乳化和破乳，据此原理设计的多功能纳米反应器，可以实现反应、分离、乳液组分循环利用的有效集成[37-39]。

在离子液体电推进发射器领域，通过合理控制外加电场可以将离子液体直接从液相转换成高速带电粒子(离子、离子簇、带电液滴)并产生推力，从而避免传统气相电离推进方式中电子自由程对推力器尺寸的限制，以及碰撞电离带来的能量损失和复杂的推力器结构。因此，离子液体电推进器具有突出的潜在性能优势，是微纳卫星极具吸引力的动力解决方案[40]。

在催化剂领域，离子液体的引入可以明显提高催化剂的催化活性，甚至催化一些其他催化剂无法实现的化学反应。将有机阳离子离子液体与共价有机框架材料(COF)相结合，可以制备用于催化不对称 Henry 反应的新型多相催化剂[41-43]。

离子液体在生物医药领域(包括再生医学、生物检测以及药物/生物大分子递送等方向)也具有潜在应用价值。由于离子液体具有正电荷特性，对带负电的细菌细胞膜可展现出高度的亲和性，因此可高效杀菌。离子液体还具有阴离子可交换性，具有不同疏水性的阴离子或许能够实现对离子液体抗菌性能的调控。通过绿色化学合成的离子液体有望在生物活性成分(如蛋白质等)的分离/纯化和提取方面展现出应用价值[44-48]。

在离子皮肤领域，离子液体作为优良的溶剂或者传统聚合物(如聚脲胺酯、聚己内酯、聚甲基丙烯酸酯等)的助剂，可显著改善离子皮肤的灵敏度和机械性能。这类离子皮肤可以做成柔性可穿戴传感器来精确监测人的脉搏以及其他物理运动，同时具有优异的稳定性、抗冻性能和自修复能力[49-53]。此外，一些变色聚合物与离子液体耦合可以设计出随环境变化显示不同颜色的伪装离子皮肤[54]。Zhou 等[55]通过分子设计和聚合物合成，制备了一种新型离子液体分段聚电解质水凝胶。由这种聚电解质水凝胶制备的柔性电子传感器，即使在极端环境(−20℃)下也能稳定、灵敏地检测人体不同部位的运动，证明了这种水凝胶在医疗保健监测和可穿戴柔性应变传感器中的巨大潜力。

胶黏剂材料在各个领域都有广泛的应用，但开发新型的多功能胶黏剂是一个巨大的挑战[56, 57]。最近，Zhang 等[58]通过简单地将烷氧基部分引入含有双(三氟甲磺酰基)酰亚胺(TFSI⁻)阴离子的聚离子液体(PILs)的阳离子主链中，可以将传统的 PILs 设计为高效黏合剂。引入的柔性烷氧基链不仅降低了 PILs 的玻璃化转变温度，而且赋予这些材料强大的氢键相互作用，与 PILs 独特的静电相互作用一起，有助于提高内聚能和界面黏附能。因此，与传统 PIL 的非黏性行为相比，这些烷氧基 PIL 在各种基材(玻璃、陶瓷、不锈钢、铝和聚合物)上表现出高度黏性。

离子液体还可以辅助检测或去除水或大气等环境中的污染物[59, 60]。Lu 等[61]通过将疏水性羧基官能化的 IL(IL-COOH)封装到 Fe_3O_4@Zr-MOF 中，成功地制备了新型的 IL-官能化的磁性纳米复合材料(IL-COOH/Fe_3O_4@Zr-MOF)。这项研究还为设计和制备用于去除或检测环境样品中污染物的多功能纳米复合材料提供了借鉴思路。

在电子鼻领域，利用离子液体与不同气体分子之间的选择性相互作用，在生物聚合物或石墨烯中引入离子液体，通过复合材料电导性质的变化，则可以改善这些气敏电子鼻的响应能力和稳定性，实现不同气体的快速、高灵敏检测[62, 63]。

在海水淡化领域，具有下临界溶解温度的离子液体(如二甲基苯磺酸四丁基鏻、三甲基苯磺酸三丁基辛基鏻等)可以用作海水淡化的提取液，通过温度变化实现离子液体对水分子的吸收和释放。例如，利用 $1.2\ mol \cdot L^{-1}$ NaCl 原料液，在 14℃ 可实现 $1.5\ L \cdot m^{-2} \cdot h^{-1}$ 的纯水流量，同时将传统温度诱导海水脱盐的能耗从 $660\ kWh \cdot m^{-3}$ 降低到 $9\ kWh \cdot m^{-3}$[64]。

为了实现木质素脱甲基化方法的无卤素改进，Zhao 等[65]利用低成本、无卤素的多功能 PILs，发展了一种更加绿色的木质素脱甲基化策略，将木质素高效转化为多酚。在所研究的 8 种 PILs 中，不含卤素的[EOA][OAc]对木质素可以发挥溶解和脱甲基化双功能作用，脱甲基化活性最高。该研究不仅实现了木质素在无卤素条件下的高效脱甲基化，而且具有成本低、反应条件相对温和、回收效果好等优点，对于木质素的高值化利用以及多酚工业的发展具有重要意义。

离子液体由于其独特的电学特性、内部结构而具有良好的承载能力和润滑特性，被认为是一种有广泛应用前景的润滑剂。固体-离子液体的界面性质、理论模型及实验方法对离子液体的相关摩擦性质也都有重要的指导作用。

总体来看，离子液体种类较多，应用场景丰富。离子液体的发展符合现代绿色可持续制造的发展方向，随着相关技术突破以及应用场景扩展，市场渗透率不断增长，将推动我国离子液体整体产业发展持续加快，在未来仍面临着较为广阔的发展空间。未来的离子液体将朝以下方向进行重点研究：

(1)固液表界面力学研究：未来随着固液表界面力学研究的不断深入以及实验与表征仪器的发展，离子液体的科学研究与工程应用也将日益广泛[66]。

(2)构效关系和作用机理研究：除了物理化学、谱学、量子化学计算等方法外，应重视多尺度模拟计算方法的应用，深入认识离子液体与功能材料的协同作用机制，从而指导新型离子液体的设计、合成与应用。

(3)离子液体的绿色化：要尽量利用可生物降解的原料，设计无毒、无害、生物相容性好、响应速度快、灵敏度高、稳定性好的离子液体，注重离子液体的循环利用。

(4)发展智能离子液体：加大对热、光、电、磁、CO_2等具有响应特性的智能离子液体的开发与研究，以满足众多领域对基于离子液体智能材料的需要。

(5)协同创新研究机制：基于离子液体的先进材料研究涉及化学、化工、能源、材料等多个学科，应加强学科交叉研究，将离子液体的最新研究成果应用到材料发展的前沿领域，推动离子液体和先进材料的协同创新。

总之，离子液体不仅在电解质方向有着令人欣喜的前景，在催化、合成、水处理、空气过滤、防腐涂料等方面也有着举足轻重的地位[67-71]。在离子液体的未来发展过程中，人们会探索更多种类的离子液体，深入了解并掌握离子液体的理化性能，对离子液体进行一定的结构设计，选择更加适配的阴阳离子，根据需求对离子液体的熔点、黏度、极性等物化性质进行相应的调整，优化离子液体合成手段，从而探索和开发出更多环境友好型且具有更低成本和更优异性能的离子液体，从而使离子液体的应用更加广泛[72-84]。

参 考 文 献

[1] Oltean G, Plylahan N, Ihrfors C, et al. Towards Li-ion batteries operating at 80℃: Ionic liquid versus conventional liquid electrolytes. Batteries, 2018, 4: 2.

[2] Lyu H, Li Y, Jafta C J, et al. Bis(trimethylsilyl) 2-fluoromalonate derivatives as electrolyte additives for high voltage lithium ion batteries. J Power Sources, 2019, 412: 527-535.

[3] Manalastas Jr W, Rikarte J, Chater R J, et al. Mechanical failure of garnet electrolytes during Li electrodeposition observed by in-operando microscopy. J Power Sources, 2019, 412: 287-293.

[4] Zhang J, Yao X, Misra R K, et al. Progress in electrolytes for beyond-lithium-ion batteries. Journal of Materials Science & Technology, 2020, 44: 237-257.

[5] Xu C, Yang G, Wu D, et al. Roadmap on ionic liquid electrolytes for energy storage devices. Chemistry—An Asian Journal, 2021, 16: 549-562.

[6] Matsumoto K, Hwang J, Kaushik S, et al. Advances in sodium secondary batteries utilizing ionic liquid electrolytes. Energy Environ Sci, 2019, 12: 3247-3287.

[7] Li J, Hui K S, Dinh D A, et al. Review of electrolyte strategies for competitive dual-ion batteries. Mater Today Sustainability, 2022, 19: 100188.

[8] Ou X, Gong D, Han C, et al. Advances and prospects of dual-ion batteries. Adv Energy Mater, 2021, 11: 2102498.

[9] Wang H, Wang L, Zhang H, et al. Fully-active crosslinking network derived from ionic liquid and MXene to efficiently immobilize polysulfides and promote redox reactions. Chem Eng J, 2022, 431: 134179.

[10] Adeoye H A, Dent M, Watts J F, et al. Solubility and dissolution kinetics of sulfur and sulfides in electrolyte solvents for lithium-sulfur and sodium-sulfur batteries. J Chem Phys, 2023, 158: 064702.

[11] Peng Y, Badam R, Jayakumar T P, et al. Drastic effect of salt concentration in ionic liquid on performance of lithium sulfur battery. J Electrochem Soc, 2022, 169: 050515.

[12] Li X, Zheng Y, Pan Q, et al. Polymerized ionic liquid-containing interpenetrating network solid polymer electrolytes for all-solid-state lithium metal batteries. ACS Appl Mater Interfaces, 2019, 11: 34904-34912.

[13] Fan L, Deng N, Yan J, et al. The recent research status quo and the prospect of electrolytes for lithium sulfur batteries. Chem Eng J, 2019, 369: 874-897.

[14] Josef E, Yan Y, Stan M C, et al. Ionic liquids and their polymers in lithium-sulfur batteries. Isr J Chem, 2019, 59: 832-842.

[15] Liu J, Ren L, Wang Y, et al. A highly-stable bifunctional $NiCo_2S_4$ nanoarray@carbon paper electrode for aqueous polysulfide/iodide redox flow battery. J Power Sources, 2023, 561: 232607.

[16] Yuan Y, Li Z, Peng X, et al. Advanced sulfur cathode with polymer gel coating absorbing ionic liquid-containing electrolyte. J Solid State Electrochem, 2021, 25: 1393-1399.

[17] Choi C S, Whang G J, McNeil P E, et al. Photopatternable porous separators for micro-electrochemical energy storage systems. Adv Mater, 2022, 34: 2108792.

[18] Vivek J P, Homewood T, Garcia-Araez N. An unsuitable $Li-O_2$ battery electrolyte made suitable with the use of redox mediators. J Phys Chem C, 2019, 123: 20241-20250.

[19] Liu K, Wang Z, Shi L, et al. Ionic liquids for high performance lithium metal batteries. J Energy Chem, 2021, 59: 320-333.

[20] Zheng Y, Wang D, Kaushik S, et al. Ionic liquid electrolytes for next-generation electrochemical energy devices. EnergyChem, 2022, 4: 100075.

[21] Pradhan S, Kumar Sahu P, Priyadarshini S, et al. Prospects and insights of protic ionic liquids: The new generation solvents used in fuel cells. Mater Today: Proc, 2022, https://doi.org/10.1016/j.matpr. 2022.06. 409.

[22] Smith D E, Walsh D A. The nature of proton shuttling in protic ionic liquid fuel cells. Adv Energy Mater, 2019, 9: 1900744.

[23] Pang L, Wang H. Inorganic aqueous anionic redox liquid electrolyte for supercapacitors. Adv Mater Technol, 2022, 7: 2100501.

[24] Zhang K, Zhang X, Brooks K G, et al. Role of ionic liquids in perovskite solar cells. Solar RRL, 2023, 1: 2300115.

[25] Abu Talip R A, Yahya W Z N, Bustam M A. Ionic liquids roles and perspectives in electrolyte for dye-sensitized solar cells. Sustainability, 2020, 12: 7598.

[26] Khoo K S, Chia W Y, Wang K, et al. Development of proton-exchange membrane fuel cell with ionic liquid technology. Sci Total Environ, 2021, 793: 148705.

[27] Mazzer H, Cardozo-Filho L, Fernandes P R. Broadband dielectric spectroscopy of protic ethylammonium-based ionic liquids synthetized with different anions. J Mol Liq, 2018, 269: 556-563.

[28] Otero-Mato J M, Rivera-Pousa A, Montes-Campos H, et al. Computational study of the structure of ternary ionic liquid/salt/polymer electrolytes based on protic ionic liquids. J Mol Liq, 2021, 333: 115883.

[29] Jónsson E. Ionic liquids as electrolytes for energy storage applications: A modelling perspective. Energy Storage Mater, 2020, 25: 827-835.

[30] Qian J, Jin B, Li Y, et al. Research progress on gel polymer electrolytes for lithium-sulfur batteries. J Energy Chem, 2021, 56: 420-437.

[31] Freemantle M. BASF's smart ionic liquid. Chem Eng News, 2003, 81: 9.

[32] Greer A J, Jacquemin J, Hardacre C. Industrial applications of ionic liquids. Molecules, 2020, 25: 5207.

[33] Shiflett M B. Commercial applications of ionic liquids [M]. Cham: Springer, 2020.

[34] Zhang K, Zhang M, Feng X, et al. Switching light transmittance by responsive organometallic poly(ionic liquid)s: Control by cross talk of thermal and redox stimuli. Adv Funct Mater, 2017, 27: 1702784.

[35] Rathod P V, Puguan J M C, Kim H. Self-bleaching dual responsive poly(ionic liquid) with optical bistability toward climate-adaptable solar modulation. Chem Eng J, 2021, 422: 130065.

[36] Alves R, Fidalgo-Marijuan A, Campos-Arias L, et al. Solid polymer electrolytes based on gellan gum and ionic liquid for sustainable electrochromic devices. ACS Appl Mater Interfaces, 2022, 14: 15494-15503.

[37] Li Z, Shi Y, Zhu A, et al. Light-responsive, reversible emulsification and demulsification of oil-in-water pickering emulsions for catalysis. Angew Chem, 2021, 133: 3974-3979.

[38] Pei X, Xiong D, Pei Y, et al. Switchable oil-water phase separation of ionic liquid-based microemulsions by CO_2. Green Chem, 2018, 20: 4236-4244.

[39] Pei Y, Ru J, Yao K, et al. Nanoreactors stable up to 200 ℃: A class of high temperature microemulsions composed solely of ionic liquids. Chem Commun, 2018, 54: 6260-6263.

[40] Huang C, Li J, Li M, et al. Experimental investigation on current modes of ionic liquid electrospray from a coned porous emitter. Acta Astronaut, 2021, 183: 286-299.

[41] Chen M, Zhang J, Liu C, et al. Construction of pyridine-based chiral ionic covalent organic frameworks as a heterogeneous catalyst for promoting asymmetric henry reactions. Org Lett, 2021, 23: 1748-1752.

[42] Wang F, Jia Y, Liang J, et al. Intensifying strategy of ionic liquids for Pd-based catalysts in anthraquinone hydrogenation. Catal Sci Technol, 2022, 12: 1766-1776.

[43] Sha Y, Zhang J, Cheng X, et al. Anchoring ionic liquid in copper electrocatalyst for improving CO_2 conversion to ethylene. Angew Chem Int Ed, 2022, 61: e202200039.

[44] Nikfarjam N, Ghomi M, Agarwal T, et al. Antimicrobial ionic liquid-based materials for biomedical applications. Adv Funct Mater, 2021, 31: 2104148.

[45] Sengupta A, Ethirajan S K, Kamaz M, et al. Synthesis and characterization of antibacterial poly ionic liquid membranes with tunable performance. Sep Purif Technol, 2019, 212: 307-315.

[46] Raucci M G, Fasolino I, Pastore S G, et al. Antimicrobial imidazolium ionic liquids for the development of minimal invasive calcium phosphate-based bionanocomposites. ACS Appl Mater

Interfaces, 2018, 10: 42766-42776.

[47] Bekdemir A, Tanner E E L, Kirkpatrick J, et al. Ionic liquid-mediated transdermal delivery of thrombosis-detecting nanosensors. Adv Healthcare Mater, 2022, 11: 2102685.

[48] Hamadani C M, Chandrasiri I, Yaddehige M L, et al. Improved nanoformulation and bio-functionalization of linear-dendritic block copolymers with biocompatible ionic liquids. Nanoscale, 2022, 14: 6021-6036.

[49] Li T, Wang Y, Li S, et al. Mechanically robust, elastic, and healable ionogels for highly sensitive ultra‐durable ionic skins. Adv Mater, 2020, 32: 2002706.

[50] Yiming B, Guo X, Ali N, et al. Ambiently and mechanically stable ionogels for soft ionotronics. Adv Funct Mater, 2021, 31: 2102773.

[51] He X, Dong J, Zhang X, et al. Self-healing, anti-fatigue, antimicrobial ionic conductive hydrogels based on choline-amino acid polyionic liquids for multi-functional sensors. Chem Eng J, 2022, 435: 135168.

[52] Hu A, Liu C, Cui Z, et al. Wearable sensors adapted to extreme environments based on the robust ionogel electrolytes with dual hydrogen networks. ACS Appl Mater Interfaces, 2022, 14: 12713-12721.

[53] Wei S, Liu L, Huang X, et al. Flexible and foldable films of SWCNT thermoelectric composites and an S-shape thermoelectric generator with a vertical temperature gradient. ACS Appl Mater Interfaces, 2022, 14: 5973-5982.

[54] Koo J, Amoli V, Kim S Y, et al. Low-power, deformable, dynamic multicolor electrochromic skin. Nano Energy, 2020, 78: 105199.

[55] Zhou Y, Fei X, Tian J, et al. A ionic liquid enhanced conductive hydrogel for strain sensing applications. J Colloid Interface Sci, 2022, 606: 192-203.

[56] Xiang S, Zheng F, Chen S, et al. Self-healable, recyclable, and ultrastrong adhesive ionogel for multifunctional strain sensor. ACS Appl Mater Interfaces, 2021, 13: 20653-20661.

[57] Zhang Y, Mu M, Yang Z, et al. Ultralong-chain ionic liquid surfactants derived from natural erucic acid. ACS Sustainable Chem Eng, 2022, 10: 2545-2555.

[58] Zhang J, Chen Z, Zhang Y, et al. Poly(ionic liquid)s containing alkoxy chains and bis(trifluoromethanesulfonyl) imide anions as highly adhesive materials. Adv Mater, 2021, 33: 2100962.

[59] Mandal W, Fajal S, Mollick S, et al. Unveiling the impact of diverse morphology of ionic porous organic polymers with mechanistic insight on the ultrafast and selective removal of toxic pollutants from water. ACS Appl Mater Interfaces, 2022, 14: 20042-20052.

[60] Fernandez E, G. Saiz P, Peřinka N, et al. Printed capacitive sensors based on ionic liquid/metal‐organic framework composites for volatile organic compounds detection. Adv Funct Mater, 2021, 31: 2010703.

[61] Lu D, Qin M, Liu C, et al. Ionic liquid-functionalized magnetic metal-organic framework nanocomposites for efficient extraction and sensitive detection of fluoroquinolone antibiotics in environmental water. ACS Appl Mater Interfaces, 2021, 13: 5357-5367.

[62] Gonçalves W B, Teixeira W S R, Cervantes E P, et al. Application of an electronic nose as a new

technology for rapid detection of adulteration in honey. Appl Sci, 2023, 13: 4881.

[63] Oliveira A R, Costa H M A, Ramou E, et al. Effect of polymer hydrophobicity in the performance of hybrid gel gas sensors for e-noses. Sensors, 2023, 23: 3531.

[64] Cai Y, Shen W, Wei J, et al. Energy-efficient desalination by forward osmosis using responsive ionic liquid draw solutes. Environ Sci Water Res Technol, 2015, 1: 341-347.

[65] Zhao W, Wei C, Cui Y, et al. Efficient demethylation of lignin for polyphenol production enabled by low-cost bifunctional protic ionic liquid under mild and halogen-free conditions. Chem Eng J, 2022, 443: 136486.

[66] He Y, Li H, Qu C, et al. Recent understanding of solid-liquid friction in ionic liquids. Green Chem Eng, 2021, 2: 145-157.

[67] Fallah Z, Zare E N, Khan M A, et al. Ionic liquid-based antimicrobial materials for water treatment, air filtration, food packaging and anticorrosion coatings. Adv Colloid Interface Sci, 2021, 294: 102454.

[68] Yang Q, Zhang Q, Zhu S, et al. Exploration of ion transport in blends of an ionic liquid and a polymerized ionic liquid graft copolymer. J Phys Chem B, 2022, 126: 716-722.

[69] de Jesus S S, Maciel Filho R. Are ionic liquids eco-friendly? Renewable Sustainable Energy Rev, 2022, 157: 112039.

[70] Kakiuchi T, Kawamoto T, Yamazaki T, et al. Potentiometric properties of the electrochemical cells equipped with ionic liquid salt bridge and its application to determine the solubility of the ionic liquid and the mean activity coefficients of the chloride salt of the ionic liquid-constituent cation in water. J Electroanal Chem, 2022, 909: 116036.

[71] Krugly E, Pauliukaityte I, Ciuzas D, et al. Cellulose electrospinning from ionic liquids: The effects of ionic liquid removal on the fiber morphology. Carbohydr Polym, 2022, 285: 119260.

[72] Talebi M, Patil R A, Armstrong D W. Physicochemical properties of branched-chain dicationic ionic liquids. J Mol Liq, 2018, 256: 247-255.

[73] Vélez J, Álvarez L, Del Río C, et al. Imidazolium-based mono and dicationic ionic liquid sodium polymer gel electrolytes. Electrochim Acta, 2017, 241: 517-525.

[74] Vélez J, Vazquez-Santos M B, Amarilla J M, et al. Geminal pyrrolidinium and piperidinium dicationic ionic liquid electrolytes. Synthesis, characterization and cell performance in LiMn$_2$O$_4$ rechargeable lithium cells. J Power Sources, 2019, 439: 227098.

[75] Vraneš M, Papović S, Idrissi A, et al. New methylpyridinium ionic liquids—Influence of the position of-CH$_3$ group on physicochemical and structural properties. J Mol Liq, 2019, 283: 208-220.

[76] Yang H, Luo X-F, Matsumoto K, et al. Physicochemical and electrochemical properties of the (fluorosulfonyl) (trifluoromethylsulfonyl) amide ionic liquid for Na secondary batteries. J Power Sources, 2020, 470: 228406.

[77] Yu Q, Zhang C, Dong R, et al. Physicochemical and tribological properties of gemini-type halogen-free dicationic ionic liquids. Friction, 2021, 9: 344-355.

[78] Zaky M, Nessim M, Deyab M. Synthesis of new ionic liquids based on dicationic imidazolium and their anti-corrosion performances. J Mol Liq, 2019, 290: 111230.

[79] Zhang D, Li B, Hong M, et al. Synthesis and characterization of physicochemical properties of new ether-functionalized amino acid ionic liquids. J Mol Liq, 2020, 304: 112718.

[80] Zhang D, Zhang S-S, Hong M, et al. Physicochemical properties of ether-functionalized ionic liquids [$C_n OC_2 mim$][Gly] (n=1～5). J Therm Anal Calorim, 2020, 140: 2757-2764.

[81] Talebi M, Patil R A, Sidisky L M, et al. Variation of anionic moieties of dicationic ionic liquid GC stationary phases: Effect on stability and selectivity. Anal Chim Acta, 2018, 1042: 155-164.

[82] Ramenskaya L, Grishina E, Kudryakova N. Physicochemical features of short-chain 1-alkyl-3-methylimidazolium bis(trifluoromethylsulfonyl)-imide ionic liquids containing equilibrium water absorbed from air. J Mol Liq, 2018, 272: 759-765.

[83] Gusain R, Panda S, Bakshi P S, et al. Thermophysical properties of trioctylalkylammonium bis(salicylato) borate ionic liquids: Effect of alkyl chain length. J Mol Liq, 2018, 269: 540-546.

[84] Fischer P J, Do M P, Reich R M, et al. Synthesis and physicochemical characterization of room temperature ionic liquids and their application in sodium ion batteries. Phys Chem Chem Phys, 2018, 20: 29412-29422.